# 游戏设计
# 艺术

[美] Jesse Schell 著

刘嘉俊 杨逸 欧阳立博 陈闻 陆佳琪 译

# The Art of
# Game Design
A Book of Lenses, Third Edition

電子工業出版社
Publishing House of Electronics Industry
北京·BEIJING

# 内 容 简 介

不需要是技术专家，只要阅读《游戏设计艺术》，学习佳作，深刻领悟游戏设计的真谛，人人都可以成为优秀的游戏设计师！

本书深入讲解最基础的游戏设计原则，展示桌面、卡牌、体育游戏中的技巧如何在电子游戏中生效。书中列出了 100 多个透镜，帮助你从各种角度观察游戏设计，例如心理、建筑、音乐、视觉、电影、软件工程、主题公园设计、数学、谜题设计和人类学等方方面面。本书主要内容包括游戏的体验、构成游戏的元素、元素支撑的主题、游戏的改进、游戏机制、游戏中的角色、游戏设计团队、如何开发好的游戏、如何推销游戏、设计者的责任等。

本书包含许多 VR 和 AR 平台的上佳范例，如《神秘海域 4》和《最后生还者》，以及免费游戏、混合游戏、严肃游戏等方面的当代名作。

**图书在版编目（CIP）数据**

游戏设计艺术：纪念版 / （美）杰西·谢尔（Jesse Schell）著；刘嘉俊等译. —北京：电子工业出版社，2024.5
书名原文：The Art of Game Design: A Book of Lenses, Third Edition
ISBN 978-7-121-42415-1

Ⅰ. ①游…　Ⅱ. ①杰…　②刘…　Ⅲ. ①游戏—软件设计　Ⅳ. ①TP311.5

中国国家版本馆 CIP 数据核字（2024）第 074568 号

责任编辑：孙学瑛　陈晓猛
印　　刷：三河市良远印务有限公司
装　　订：三河市良远印务有限公司
出版发行：电子工业出版社
　　　　　北京市海淀区万寿路 173 信箱　邮编 100036
开　　本：787×980　1/16　印张：40.25　字数：901.6 千字
版　　次：2024 年 5 月第 1 版（原著第 3 版）
印　　次：2025 年 2 月第 3 次印刷
定　　价：258.00 元

凡所购买电子工业出版社图书有缺损问题，请向购买书店调换。若书店售缺，请与本社发行部联系，联系及邮购电话：（010）88254888，88258888。

质量投诉请发邮件至 zlts@phei.com.cn，盗版侵权举报请发邮件至 dbqq@phei.com.cn。

本书咨询联系方式：faq@phei.com.cn。

# 作者序

I am so pleased that the third edition of The Art of Game Design has been translated into Chinese! When I wrote the first edition in 2008, I had no idea it would be so well-received, much less that there would prove to be interest in it all over the world. But game design is an art form that is blossoming everywhere, with new types of exciting games appearing each week in every country ——so I guess I shouldn't be surprised that there is so much interest!

The Third Edition was initially released to celebrate the tenth anniversary of the original edition. And so much has changed since then! A new chapter, "Presence," has been added for this edition to address the design of virtual and augmented reality games, and the beautiful color illustrations that have been part of the Art of Game Design card deck, are now integrated into the text. Also, many small changes have been introduced to keep the text up-to-date and relevant. Special care has been taken to thoughtfully address the dangers of stereotyping players by gender, and the responsibility of the designer to create games that include as many different kinds of players as possible.

I very much want to compliment the translators of this edition. The special care they have taken to capture my meanings makes me feel sure that this translation is as good as it can be. China continues to be a world leader in innovative game design and development, and I am very glad that my book can be available to help Chinese game developers continue to lead the way with inventive and exciting new games. I do hope you enjoy this book. Feel free to reach out to me with feedback, I'd love to hear from you.

You are a game designer!

——Jesse Schell

February 10, 2021.

欣闻《游戏设计艺术》中文版刊行，回顾 2008 年我撰写第 1 版时，完全没想到后来会受到如此好评，乃至蒙世界各地读者错爱。然而，游戏设计确是在全球遍地开花的艺术形式，各个国家每周都有新类型的精彩游戏涌现——如此想来，承蒙错爱，并无可怪！

本书英文第 2 版面世时，正值第 1 版付梓十周年之际。回顾十年前，多少事情已改变！本书新增了"用交互界面创造临场感"一章来探讨虚拟现实、增强现实游戏。此外原书附送的游戏设计卡牌彩图也整合入了正文。此外，为了确保本书的时代性和针对性，还做了许多小调整。为免有以性别刻板印象对待玩家之嫌，并履行设计师创造尽量包容不同玩家的游戏之责任，本书也尽力做到周全。

我还想盛赞本书的译者们，他们体会我文意的苦心，让我感到译本质量有所保障。中国如今是，将来也是全世界游戏设计与开发创新的一大领袖。我也很高兴自己的书得以帮助中国游戏开发者们继续以充满独创性的精彩新游戏引领潮流。真心希望你能喜欢本书。欢迎向我提出反馈，我很乐意听到你的意见。

你是游戏设计师！

——杰西·谢尔

2021 年 2 月 10 日

# 译者序

## 回顾

本书第 2 版面世是在 2016 年。其时我以翻译本书为契机，离开了当时服务的网易游戏，前往作者任教的卡内基梅隆大学娱乐技术中心（CMU ETC）求学。

五年过去，时殊世异。其间我受到了本书作者的言传身教，又先后在佛罗里达州奥兰多的 EA Tiburon 工作室、加利福尼亚州圣地亚哥的 Rockstar San Diego 工作室任游戏设计师。数次迁徙中，我横越北美大陆，以全世界的顶尖开发者们为师为友。此后我又回归祖国，继续从事游戏设计工作。

回顾这段经历，本书带来的启迪无价。

五年前，我可以用本书某些章节中提到的理论，对照当时制作的游戏，发现其细节问题所在；五年后，作者开宗明义阐发的道理——"游戏设计师一大核心能力在于倾听"——已指导我跨越不同国家、文化的开发组，为不同平台、市场的顾客开发深受欢迎且取得重大商业成功的游戏产品。书中的指导，令我在大洋两岸都受用不尽。

## 变化

随着我们迎来 2021 年，本书第 3 版面世，随着国内游戏产业愈加开放，曾经少有人走的路上，探索者已经变多。以本书为纽带，我得以结识许多来自国内的游戏行业从业者。他们中的许多人已经在玩家们熟知的北美企业成功就职，还有更多正在或计划踏上前往国外从业或深造的道路。与此同时，也有许多欧美日等国家和地区的从业者，带着各自的经验和方法来到中国，冀望做出业绩与改变。

世界各地的游戏产业和游戏设计思路正在互相学习、逐渐靠近。加之社会发展改变了游戏玩家和产业的图景，来自国内的从业者们正面临前所未有的机遇与挑战。

作为个人，我深感游戏设计师的成功之路没有定式，正如游戏产品的成功没有定式一样。以五年为期，此前鲜有踏足的路，如今可能是康庄大道。令人感慨"何其事之相反，而其迹相类也"！

## 实践

在本书第 33 章，作者引用"踢倒净瓶"的禅宗公案，说明有能力做出成果，是知识学习的顶峰。正如作者所言，课堂、阅读或视频在教授游戏设计这一复杂关系系统时，会面临较大困难。只有亲手来"玩"，即设计和制作游戏，才能让你在阅读本书之后，深刻了解游戏设计。过去五年来，我一直在坚持设计游戏，并以书中内容观照之。

我也希望本书读者能够在学习定义、概念和道理之后，身体力行，设计与制作游戏，不断精进。若是本书能在实践的路上对读者有所裨益，就再好不过了。

# 致谢

感谢电子工业出版社博文视点的各位编辑，你们的辛勤工作让本书得以面世，为中文读者带来最新内容。也感谢合作译制本书的各位译者：杨逸、欧阳立博、陈闻、陆佳琪。大家通力合作，让本书得以和读者见面。感谢我的伴侣吴智琪始终如一的陪伴和支持，令此次译制过程少有疑难，多有享受。

最后，感谢本书读者的阅读、支持、反馈、批评和鼓励，是你们令本书背后的工作者有热情持续工作下去。谢谢！各位读者——也是游戏设计师们的支持，恰恰实践了作者全书中的最后一句话：

"我们游戏设计师就是要团结嘛。"

刘嘉俊

2021 年 4 月

# 你好

你好呀！来来来，快请进！真是稀客！我都不知道你今天要来。抱歉屋子里有点乱，我正写书呢。请——请随便坐。很好，很好。我瞧瞧……咱们从哪儿说起呢？哦——我该介绍自己的！

我叫 Jesse Schell，一直热爱设计游戏。这是我的照片：

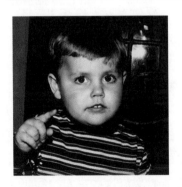

我那时比现在矮。拍了这张照片之后，我做了各种各样的事情。我在马戏团当过专业杂耍艺人；做过作家、喜剧演员、魔术师学徒；又在 IBM 和贝尔通信研究所当过软件工程师。我还帮迪士尼公司设计和研发过主题公园的互动游乐设施，我还设计过大型多人在线游戏。我自己创办了游戏工作室，在卡内基梅隆大学当过教授。但每当有人问起我是做什么的时候，我都回答我是游戏设计师。

之所以说这些，是因为在本书中我会多次从这些经历中举出例子。每一段经历都在游戏设计的艺术方面给了我宝贵教益。这听来也许有些故作惊人之语，但随着你阅读的深入，应该能从中了解游戏设计是怎样与自己生活中的许多体验有意义地相连的。

有一件事我要先说好：本书的主旨固然是教你成为更好的电子游戏设计师，其中许多要探讨的原则却不是专门针对电子游戏的——你会发现很多原则都可在更宽泛的领域应用。好消息是，你要读到的许多内容，不论设计何种游戏，都一样有用——数字的、模拟的，或者其他各种游戏皆然。

## 游戏设计是什么

在开头，彻底弄清"游戏设计"是什么对我们很重要。毕竟接下来整本书都要谈这个，有些人还不太清楚呢。

> 游戏设计，即决定一个游戏应当有怎样的行为。

就是这样。光看字面，好像有点太简单了。

"你是说，做一个游戏，只要决定一件事就行了？"

不是。要决定一个游戏应当怎样，一般要做成百上千项决定。

"我需要特别的设备来设计游戏吗？"

不用。因为游戏设计不过是做决定，你完全可以在脑海中设计一个游戏。不过，一般来说，你需要把这些决定写下来。因为我们的记忆力很弱，若不写下来，就很容易忘记重要的东西。此外，如果想要借他人之力帮你做决定或打造游戏，你就必须设法与他们交流这些决定，写下来是一种好办法。

"那编程呢？游戏设计师不都得是程序员吗？"

不必。首先，许多游戏都不用电脑或者特别技术就可以玩，例如，桌面游戏、卡牌游戏、体育游戏等。其次，就算是电脑游戏、其他电子游戏，也能决定它们应该做成什么样，而不必事先知道实现这些决定的全部技术细节。当然，如果能了解这些细节会大有助益，自己是熟练的文案作者或美工亦然。这可以让你更快更好地做出决定，但并不是非有不可。好比建筑师与木匠的关系：建筑师不必懂得木匠知道的一切，但建筑师必须知道木匠能做什么。

"也就是说，游戏设计师只要想好游戏的故事就行了？"

不对。决定故事只是游戏设计的诸多方面之一。还有决定规则、视觉与感觉、节奏、冒险、奖赏、惩罚，以及一切玩家要体验的东西，都是设计师的职责。

"所以，设计师决定好游戏应该做成什么样，写下来，然后就不管了？"

不太可能。谁也没有完美的想象力，我们在脑海中、纸面上设计的游戏几乎不可能如期出现。许多决定不经设计师在游戏中实际观察，根本就做不出来。鉴于此，设计师一般都会从头到尾跟进整个游戏的全部开发流程，一路决定游戏应该做成什么样。

区别"游戏开发者"和"游戏设计师"二者非常重要。与游戏创作过程有关联的任何人都可被称为游戏开发者。工程师、动画师、模型师、音乐人、作家、制作人、设计师，只要从事游戏制作，都叫游戏开发者。而设计师只是开发者的一种。

"所以，只有设计师才能对游戏做出决定？"

不如反过来说：对游戏做成什么样做出过决定的人，就是游戏设计师。设计师是个角色，不是某个人。团队中几乎每个开发者，通过创造游戏内容，都或多或少决定了游戏将来的样子。这些就是游戏设计的决定，一旦你做出这些决定，你就是游戏设计师了。因此，不管你在游戏开发团队中的角色如何，了解游戏设计的原理都能让你工作得更好。

# 等待"门捷列夫"

> 真正的发现之旅不在于寻找新风景，而是拥有新眼光。
>
> ——马塞尔·普鲁斯特

本书的主旨是，令你尽可能成为优秀的游戏设计师。

可惜，目前尚未有"游戏设计的统一理论"，没有简单的公式告诉我们怎么做出好游戏。那么，怎么办呢？

我们现在的立场好比古代炼金术士。在门捷列夫发现元素周期表之前的时代，基础元素之间的联系尚未揭开，炼金术士只能靠一堆拼凑起来的简单规则来解释不同化学物质是怎样合成的。当然这些规则不完整，有时是错误的，总有些玄幻色彩。但就是靠着这些规则，炼金术士们造出了意想不到的东西，他们对真理的追求最终发展出了现代化学。

游戏设计师们还在等待他们的"门捷列夫"。眼下我们没有元素周期表，只有自己拼凑的一堆原理和规则，虽不完美，但也足以完成任务。我尝试将其中的精华集合在一起，让你研究、思考、加以应用，还有看别人如何应用。

若你能从尽可能多的视角来观察自己的游戏，优秀的游戏设计就会出现。我把这些视角称为"透镜"，因为每一个透镜都是观察你的设计的一种角度。它们不是蓝图或者配方，而是检视自己设计的工具，我将在书中逐个加以介绍。随书还制作了一套卡片，每张卡片上都总结了一个透镜。同时，你可在[链接 1]中下载免费的手机应用，或购买实体卡片，让你在设计过程中更容易地利用这些透镜。

这些透镜都不完美，也不完备，但都在特定环境中有其功用。因为每一个透镜都为你提供了观察自己设计的独特角度。其宗旨在于，就算看不到完整的图形，但用上每个并非完美的小透镜，从许多不同角度观察你的问题，也能够加以审慎思考，找出最佳设计。我也希望我们有一面全知的透镜，但没有。所以，与其丢掉我们拥有的这么多不完美透镜，不如将它们收集起来尽可能多地加以使用。因为，我们接下来会看到，在游戏设计中艺术多于科学，游戏设计更像烹饪，然后必须承认，我们的"门捷列夫"永远不会来了。

## 专注基础

许多人都假定，学习游戏设计原理的最好方法是，研究最现代、复杂、高科技的游戏。这种方法完全错误。电子游戏不过是传统游戏在新媒介里的自然发展，其中的规则并未改变。建筑师在懂得设计摩天楼之前，一定要懂得设计小屋。我们也要经常研究简单的游戏，其中一些是电子游戏，但有些还要更简单：骰子游戏、卡牌游戏、桌面游戏、操场游戏。如果不能理解这些游戏的原理，又怎能奢望了解更复杂的游戏呢？有人可能会说那些游戏太老不值得研究，但正如梭罗所言："我们甚至不消研究大自然，因为她已经老了。"游戏，就是游戏。令经典游戏好玩的原理，与令现代游戏好玩的原理一模一样。它们的成功不像许多现代游戏是因为技术新颖，在经典游戏中有许多深刻的特质，我们身为游戏设计师必须去研究并掌握。

除了专注于经典游戏，本书还努力传达游戏设计最深刻、最基础的原理，而不是针对特定品类的原理（做好叙事型第一人称设计游戏的 15 条建议！）。虽然品类来了又去，但游戏设计的基础原理是人类心理学的原理，伴随我们已久，将来还会继续。充分了解这些基础之后，你就能掌握出现的任何品类，甚至能自己发明新品类。本书与其他游戏设计书不同，不求事无巨细地覆盖一切内容，只教你深耕最肥沃的土地。

此外，尽管本书教授的原理可用来创作传统桌面和卡牌游戏，但书中内容还是大量倾向电子游戏产业。为什么？因为游戏设计师的职责是创作新游戏。计算机技术的爆发令游戏设计领域许多前所未见的创新得以实现。如今世上存活的游戏设计师比人类历史上的总和都要多。若你想创作游戏，则很大可能工作在新科技的某个前沿领域，而本书可以告诉你怎样做到。虽然其中大部分的原理在传统游戏品类中一样适用。

## 与陌路人交谈

> 不可忘记用爱心接待客旅，因为曾有接待客旅的，不知不觉就接待了天使。
>
> ——希伯来书 13：2

游戏开发者是出了名的惧外症患者，也就是害怕陌生事物。我说的陌生不是不认识的人，而是不熟悉的技术、做法、原理。仿佛他们都觉得只要什么东西不是游戏行业发源的，就不值一提。而其实，游戏开发者只是太忙碌，没空观察周遭。要做出好游戏很难，所以开发者们专心致志，埋头干活。他们一般都没时间寻找新的技术并想出办法将其整合进自己的游戏里——还要冒新技术失败的风险。所以，他们大多求稳，抓住自己已知的东西，结果很遗憾，只能造出市面上一大堆千篇一律的游戏。

但若想要成功，想要创作伟大的、创新的东西，你的做法就必须不同。这本书不会教你做千篇一律的游戏。这本书讲的是创造优秀的新设计。如果你看到这本书对非数字游戏投去关注就吃惊，那么看到书中运用的原理、方法，还有和游戏根本不相关的案例，肯定会更加吃惊。本书引用的案例来自音乐、建筑、电影、科学、绘画、文学，以及太阳之下的一切领域。不应该吗？在其他领域中所投注的许多努力，甚至成百上千年的工作都可为我所用，何必从零开始发展所有的原理呢？设计原理无处不有，因为设计无处不在，并且设计处处并无二致。这本书不光从其他领域汲取设计灵感，还会说服你也这样做。你所知的一切、经历的一切，在设计台上都是好游戏。

# 地图

> 人学什么并无太大差别。一切知识都是相关的，人无论学习什么，若能坚持，终会变成有学问的人。
>
> ——希帕蒂亚

游戏设计这题目不好写。透镜和基础都是有用的工具，但要真正理解游戏设计，就要了解创意、心理学、艺术、技术、商业组成的一张网。这张网中的一切都互相连接，无比复杂，牵一发则动全身，而理解其中一个元素也能影响对其余元素的理解。许多有经验的游戏设计师通过试错，学习每个元素及其之间的关系，一年一年慢慢地在脑中建立起了这张网。所以游戏设计书才这么难写。书一定是线性的，一次只能讲一个观点。鉴于此，许多游戏设计书都有一种不完整的感觉——就好像向导拿着手电带读者夜游，读者能看见许多有趣的东西，但不理解它们是怎么拼到一起的。

游戏设计就是一场冒险，而冒险一定要带地图。在本书中，我创造了一张地图来展示游戏设计中的关系网络。你可以在书结尾的部分看到完整地图，但一下子看到整张地图会感到信息太多，迷惑不解。毕加索曾经说过："要创造，必先毁灭。"我们就要这么办。首先我们要把一切都抛开，从一张白纸开始画我们的地图。与此同时，我也要鼓励你，抛开有关游戏设计的一切先见。这样，你才能以开放的头脑来靠近这个深奥却迷人的话题。

第 1 章开头我们要加入单独一个元素：设计师。之后的章节会一一加入其他元素，逐步搭建起设计师、玩家、游戏、团队、客户之间的复杂关系系统。这样你就能看清他们是怎样组合在一起的，又为什么如此组合在一起。到书的结尾，在纸上和你的脑中都会有这些关系的地图。当然，纸上的地图并不重要——你脑中的地图才重要。而且，地图也不涵盖全境，必然有不完美的地方。但希望在本书帮助你在脑中建立关系地图之后，你可以在现实中测试这张精神地图，沿途发现可以改善的部分，不断修订、扩大之。每个设计师都在旅途中建立自己的关系地图，如果你是游戏设计的新手，那么本书可以给你的地图开个头；如果你已是老练的设计师，那么希望这本书也能给你一些想法，改善你已有的地图。

## 学会思考

> 举一隅不以三隅反，则不复也。
>
> ——孔子

孔夫子怎么这样说？好老师不应该言必巨细无遗，把四隅都告诉你吗？错了。要真正学习、记忆、理解，你的头脑必须处在提问求知的状态。若不处在这种渴求深刻理解的状态，那么最饱含智慧的原理只会从你身边流过。本书中有些内容不会巨细无遗地阐明——当你自己发现了这些故意模糊掉的真相时，它对你才重要。

采用这种故意隐藏的做法还有一个原因。我们之前讨论过，游戏设计不是一门精确的科学，其中饱含神秘与矛盾。我们的透镜既不完备也不完美。要成为伟大的游戏设计师，光熟悉书中的这套原理不足以成事。你必须能自己思考，找出为何某条原理在某一案例中不适用，然后发明自己的新原理。我们正在等待的"门捷列夫"，也许就是你。

# 我为什么讨厌书

我讨厌书，因为书只教人谈论自己不懂的东西。

——让·雅克·卢梭

不要以为读了这本书，或者任何一本书，你就能变成游戏设计师，更不要提成为优秀的游戏设计师了。游戏设计不是一套原理，而是一种活动。光读书当不了歌手、飞行员、篮球选手，也不能变成游戏设计师。要成为游戏设计师，只有一条路，就是设计游戏——更精确点，是设计别人真正喜爱的游戏。也就是说，随便把游戏创意写下来是不够的。你一定要造出游戏，亲自来玩，让别人来玩。如果感觉不满意（不会满意的），就要修改、修改、再修改，十几次修改，直到创作出大家确实爱玩的游戏为止。这样经过几次，你会开始理解游戏设计究竟是什么。游戏设计师之间有种说法："你做的前 10 个游戏都是垃圾，所以快把它们丢到一边去吧。"本书中的原理能协助指导你的设计，为做出又快又好的设计提供有用的视角，但只有亲身实践才能成为优秀设计师。如果你其实对当个优秀游戏设计师并不感兴趣，那么赶快把书放下吧，本书对你没有意义。但如果你真想当个游戏设计师，那么本书不是终点，而是起点——从这里开始一段学习、实践、吸收、合成的过程，持续终生。

# 目　录

# 第1章

# 太初之时，有设计师

图 1.1

## 咒语

总有想做设计师的人问我，"你是怎么当上游戏设计师的呢？"我的回答很简单："设计游戏。马上开始！不要再等！别等到这段话讲完！开始设计吧！快！趁现在！"

有些人照办了。但很多人感到自信心不足，似乎陷入第 22 条军规[①]的困境：假如只有游戏设计师才能设计游戏，而只有设计游戏才能成为游戏设计师，那岂不是永远迈不出第一步？如果你有这种感觉，那么答案其实很简单。只要念诵如下咒语即可：

我是游戏设计师。

---

[①] 译者注：指个人面对自相矛盾的规定，无法逃脱的悖论。典出美国长篇小说《第 22 条军规》。

我是认真的。马上，大声说出来。别害羞——这里只有我们两个人而已。

你念了吗？念完了的话，恭喜你，你已经是游戏设计师了。或许，眼下你还觉得自己并不算真正的游戏设计师，只是在假扮而已。没关系，因为我们接下来会谈到，人会成为自己假装成为的人。就这样假装下去，你认为游戏设计师该做什么，就做什么。要不了多久，你就会意外地发现自己是游戏设计师了。如果信心动摇，那么只要再念咒语即可：我是游戏设计师。有时候，我会如此重复这句话：

你是谁？

我是游戏设计师。

不对，你不是。

我是游戏设计师。

你是哪种设计师？

我是游戏设计师。

你是说你会玩游戏。

我是游戏设计师。

也许这个树立信心的游戏初看起来很蠢，但作为游戏设计师，这远远不是你要做的最蠢的事。而且，擅长建立自信非常重要，因为对自己能力的怀疑将永远挥之不去。做新手设计师的时候，你会想，"这个我没做过——我根本不知道自己在做什么。"有了一点儿经验后，你会想，"我的技能面这么窄——这个新游戏完全不同，说不定上次我只是运气好。"而当你成为资深的设计师后，又会想，"世界已经变了。也许我已经失去了那种触觉。"

撇开那些无用的想法吧。它们帮不了你。若一件事势在必行，你便不能再去想此事可行还是不可行。观察一下那些有超群创造力的大脑，虽然个个不同，但能发现它们有一个共性：不惧嘲笑。有的人之所以成功，完全是因为太迟钝，不知其事不可为。而恰恰是这种人能带来一些最伟大的创新。游戏设计就是做决定，而做决定就必须有自信。

是不是有时也会失败呢？没错，你会的。你会经历很多次失败。你会经历比成功多得多的失败。但这些失败是通往成功的唯一途径。你会慢慢爱上失败，因为每一次失败都让你离惊世大作更近一步。杂耍艺人之间有这样的说法："不掉东西，就没有在学习。而没有在学习，便不算杂耍艺人。"游戏设计中也有同样的道理：若不失败，则说明你不够努力，你也就不算真正的游戏设计师。

## 游戏设计师需要什么技能

我把全部知识作为我的领域。

——弗朗西斯·培根

简单来说，一切技能。你可能擅长的任何事情，都可以成为游戏设计师的有用技能。这里按英文字母顺序，列出一些主要的：

- 动画——现代游戏中有许多需要看起来鲜活的角色。"动画（animation）"这个词的本义就是"赋予生命"。了解角色动画的能力与局限，可为你打开一扇门，让你发现前所未有的聪明的游戏设计创意。
- 人类学——你将在游戏受众的自然居住地里研究他们，设法探究他们内心的欲望，这样你的游戏才能满足其欲望。
- 建筑学——你设计的不只是建筑；你要设计整座城市、整个世界。熟悉建筑领域，也就是了解人与空间的关系。这能让你在创造游戏世界时占尽先机。
- 头脑风暴——你需要创造数以十计，不，数以百计的新想法。
- 商业——游戏就是一种产业。大部分游戏都是为赚钱而做的。对事物的商业部分了解越深，就越有可能做出你梦想中的游戏。
- 电影制作方法——许多游戏里都有电影。几乎所有现代电子游戏中都有一个虚拟的摄像机。如果想传达有冲击力的情感体验，就必须了解电影的艺术。
- 沟通——此处列出的、未列出的一切学科领域的人员，你都要与之交流。你需要平息争论，解决沟通不畅的问题，了解你的团队成员、客户和受众对游戏的真实感受。

- 创意写作——你将要创造完整的虚拟世界及其中的住民，还要决定其中发生的一切事件。

- 经济学——许多现代电子游戏都涉及包含游戏资源在内的复杂经济体系。了解经济学的原理，会有意料之外的用处。

- 工程学——现代电子游戏涉及当今世界最复杂的工程，一些作品的代码量数以百万行计。技术创新让新的玩法成为可能。有创意的游戏设计师必须了解每一项技术的局限和能力。

- 玩游戏——自然，熟悉游戏对你颇有用处，但不局限于你想创作的游戏类型。了解从"贴驴尾巴"到《铁甲飞龙》的每一种游戏的制作过程，会为你创作新游戏提供必需的原材料。

- 历史——许多游戏设定在真实的历史中。就算是设计幻想类的游戏，也能从历史中汲取大量灵感。

- 管理——只要有为共同目标工作的团队，就一定存在管理。优秀的设计师可以在管理不善的情况下，通过秘密的"向上管理"完成任务，取得成功。

- 数学——游戏中充满着数学、概率、风险分析、复杂的计分系统，更不用说计算机图形学和计算机科学背后的数学了。熟练的设计师必须时不时到数学领域中深挖一下，不能有所畏惧。

- 音乐——音乐是灵魂的语言。如果你的游戏想真正触动人、浸没人、拥抱人，那么没有音乐是不可能的。

- 心理学——你的目标是令人感到幸福。你必须理解人脑的运作机制，否则设计过程便漫无目的。

- 公开演讲——你需要经常向一群人展示你的想法。有时你的演讲是为了获取反馈；有时又是为了说服大家承认你的天才创意。不论为了什么，你的演讲都必须自信、清晰、自然又有趣，否则大家会怀疑你也不知道自己在做什么。

- 声音设计——只有声音才能让大脑相信自己身临其境。换言之，"耳闻为实。"

- 技术写作——你需要创建文档,清晰地描述你的复杂设计,不留任何漏洞或缺陷。
- 视觉艺术——你的游戏中将充满图形元素。你必须熟练运用图形设计的语言,知道如何在游戏中创造你想要的感觉。

当然,除此之外还有许多。是不是很吓人?哪有人能掌握这么多东西?真相是,确实没人可以。但这些东西你熟悉得越多,即使掌握得不完美,你的能力也越有所提升。因为成长都是在超越自身极限的时候发生的。这是游戏设计师必须自信无畏的另一个理由。但有一项技能,是一切技能的关键。

## 最重要的技能

在所有技能中,有一项是最重要的,大部分人听来会觉得太奇特,于是我都没有把它列在上面。有些人猜测是"创意",我认为这算是第二重要的技能。有些人猜测是"批判性思维"或"逻辑",因为游戏设计就是做决定。这些技能也确实重要,但绝非最重要的。

还有人说是"沟通",这就比较接近了。可惜"沟通"这个词几个世纪以来已被腐蚀了意义。其原意是指思想的交换,但现在已经成为"谈话"的同义词,例如"我有些事情要和你沟通一下"。谈话当然是重要的技能,但良好的沟通和优秀的游戏设计都发源于一件比这基础得多、重要得多的事情。

倾听。

游戏设计师最重要的技能,是倾听。

游戏设计师需要倾听的声音大致可以分为五类:团队、受众、游戏、客户、自己。本书的大部分内容都是在探讨如何倾听这五种声音。

这听起来或许荒谬。倾听也算技能吗?我们的耳朵又没有像眼睛那样的"耳皮",如何能闭耳不听呢?

我说的倾听,不是指听见别人说的话,而是一种更深刻的、经过思考的倾听。举个例子,你在上班,看见了朋友弗雷德。"嗨,弗雷德,你好吗?"你问。弗雷德皱皱眉,眼睛向下看去,别扭地摇晃几下,似乎在内心里搜索着句子。然后他避开你的眼神,轻声说,"呃,还好吧,我猜。"接着他定了定神,吸一口气，看着你的眼睛，下定了决心，但听来又不那么可信地稍微放大了音量，"我，呃——挺好的。你呢？"

那么，弗雷德好吗？他嘴上说着"他挺好"。不错，弗雷德挺好的。如果你仅仅"聆听表象"，或许会做出这种结论。但如果你深度倾听，用心观察弗雷德的肢体语言、微妙的表情、语调和手势，也许会听见完全不同的信息："其实，我不好。我碰到了很严重的问题，也许想和你谈一谈。但如果没得到你的保证——你真正关心我的麻烦，我就不会和你谈，毕竟这是有点涉及隐私的事情。不过要是你不愿意被扯进来，我就不会打搅你，只假装一切都好就是了。"

所有这些都包含在弗雷德的一句"我挺好"里面。假如你真的深度倾听了他说的话，就能听见这些信息，洪亮如钟，历历可辨，仿佛大声说出来的一般。游戏设计师必须日复一日，在做每一项决定的时候如此倾听。

当你经过思考后再去倾听时，就能认清一切，并且不断自问："这样对吗？""为什么要那样？""她真的这么觉得吗？""原来如此，这说明什么呢？"

游戏设计师布莱恩·莫里亚蒂指出，有一段时期，人们并不说"倾听（listen）"，而说"倾斜（list）[1]"！这是怎么来的呢？想想看，我们倾听的时候有什么动作？我们会把头微微侧向一边——所以我们的头部确实如同海上的航船一样，倾斜了。当我们侧向一边时，就打破了自身的平衡；我们接受了倾覆的可能。当我们倾听时，我们也将自己置于险境，接受这样的可能性：接下来听到的事情可能让我们心神倾覆，与我们的一切知识相龃龉。这是开放思想的终极形式。这是了解真相的唯一途径。你必须像孩子一样看待一切，不带假设，观察全部，像赫尔曼·黑塞在《悉达多》中描述的那样：

> 以一颗宁静的心灵、一种期盼而又宽容的心境去倾听，抛弃一切欲望和激情，抛弃一切评判与见解。[2]

---

① 译者注：list 一词有航船在水上倾斜的意思。
② 译者注：杨玉功译，《悉达多》，赫尔曼·黑塞著，上海人民出版社。

## 五种倾听

正因为游戏设计是这样一张交织的网，所以在本书中，我们会反复谈到五种不同的倾听，并探索它们之间的关联。

你需要倾听团队的声音（第 26、27 章）。因为你要与团队一道构建你的游戏，做出关键的游戏设计决策。还记得那一长串技能列表吗？你和你的团队或许能拥有其全部。若能深度地倾听团队的声音，与他们真正沟通，你们就能发挥一体的作用，仿佛每个人都共享了全部的技能。

你需要倾听受众的声音（第 9 至 11 章、第 24、25、33 章）。因为他们是将来玩你的游戏的人。说到底，如果他们不喜欢你的游戏，你就失败了。而知道他们能不能喜欢你的游戏的唯一方法，就是深度地倾听，直到了解他们胜过他们自身。

你需要倾听游戏的声音（本书的大部分章节）。这到底是什么意思呢？这句话是说，你要彻底了解你的游戏的方方面面。正如一个机修工只要听引擎的声音就知道车子哪里出了问题，你也要通过"倾听"游戏的运行，知道它哪里出了问题。

你需要倾听客户的声音（第 30 至 32 章）。客户是付钱请你设计游戏的人。如果你不能满足他们的需求，他们就会另请高明。只有深度地倾听他们的声音，你才能够辨别他们内心深处真正的需求。

最后，你需要倾听你自己的声音（第 1、7、35 章）。这件事说起来容易，对许多人而言却是最难的一种倾听。不过，若你能掌握它，它就会成为你最有力的一件工具，成为巨量创意背后的秘宝。

## 天才的秘密

说了这么多貌似高端的事情，你的自信说不定已经在消退了。也许你在暗自思忖游戏设计是否真正适合你。也许你还发现，熟练的游戏设计师似乎有着从事这项工作的特殊禀赋。对他们来说，一切轻松又自然。而你虽然热爱游戏，却要暗自怀疑自己有没有足够的天赋来做一个成功的游戏设计师。其实，说到天赋，有一个小秘密：天赋分两种。第一种是先天擅长某项特定技能的天赋。这是"小天赋"。如果你有这种天赋，那么诸如游戏设计、数学、弹钢琴之类的技能就能自然而然地学会。你能轻松自如地施展它们，几乎不用思考。但你不一定享受其过程。世上有数以百千万计的怀有各种小天赋的人们，虽然拥有技能，却并未通过天赋的技能达成伟大的成就。这是因为他们缺乏"大天赋"。

所谓"大天赋"，就是对工作的爱。这乍看起来说反了，喜爱使用一种技能，怎么会比技能本身还重要呢？原因非常简单：如果你怀着大天赋——对游戏设计的爱，你就会发动自己一切有限的技能来设计游戏，并且能坚持下去。而你对这项工作的爱终究会闪光，让你的作品充满一种难以言喻的光芒，这光芒来自你对它的爱。而通过操练，你的游戏设计技能就会像肌肉一样胀大，变得强壮。最终，你会凭借这个技能追及乃至超过那些只有小天赋的人们。然后人们会说，"哇，那个人可真是天才的游戏设计师。"当然，他们会觉得你拥有小天赋。但只有你自己知道技能的秘密来源，那就是大天赋：对工作的爱。

不过，也许你也不确定自己有没有大天赋，也不知道自己是不是真正热爱设计游戏。我遇到过许多学生，纯粹为了试试水便开始设计游戏，最后意外发现他们真心爱这项工作。我也遇到过许多人，起初确信自己注定要做游戏设计师，其中一些甚至有着小天赋，但经历过游戏设计的真正过程，他们才发现原来自己并不合适。

只有一条路可以知道你究竟是否身怀大天赋。在这条路上一直走下去，看你的心是否因此歌唱。

所以，念起你的咒语吧，我们这就出发！

我是游戏设计师。

我是游戏设计师。

我是游戏设计师。

我是游戏设计师。

## 拓展阅读

《太阳马戏团：火花——点燃我们心中的创意之火》，约翰·U·培根、琳恩·休厄德著。这是一本很棒的小书，教你怎么找到自己的道路。

《游戏设计师修炼秘籍》，布伦达·布瑞斯韦特、施雷伯著。这是一套非常出色的习题集，想锻炼你的游戏设计肌肉时可以做。

# 第2章
# 设计师创造体验

图 2.1

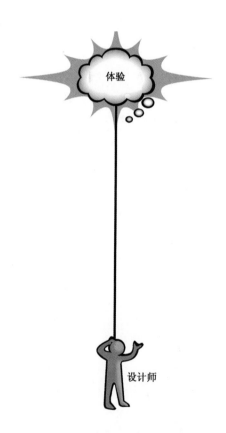

我已知结局，

这是让你崩溃的部分，

我不知道是什么让你崩溃，

但这就是影片结束的方式。

——明日巨星乐队，《实验电影》

于此时此刻，在无数易打动读者心扉、心智或心灵的效果中，我
该选择哪一种呢？

——埃德加·爱伦·坡，《写作的哲学》

在第1章中，我们确立了一切始于游戏设计师，而游戏设计师需要具备特定的技能，现在是时候讨论游戏设计师能够运用这些技能来做什么了。换言之，我们可以问："游戏设计师的目标是什么？"最初，答案显而易见：游戏设计师的目标就是设计游戏。

其实不然。

最终，游戏设计师并不关注他的游戏。游戏只是达到目的的方式。对游戏设计师自身而言，游戏不过是一些道具——一堆卡片或者几袋硬币。如果没有人玩这个游戏，那么它将毫无价值。为什么？玩游戏的过程中到底发生了怎样奇妙的事情？

人们在玩游戏时产生体验，这种体验才是游戏设计师真正关注的。一个缺少体验的游戏毫无价值。

现在我不得不提醒你：我们即将进入一个难以讨论的领域，不是因为我们不熟悉它——事实上正相反，是因为我们太熟悉它了。我们所见的（看那落日！）、所做的（你驾驶过飞机吗？）、所想的（天空为什么是蓝色的？）或者所感受的（这场雪好冷啊！）都是一种体验。从定义上说，我们能体验到的事物都是体验。尽管我们大部分的生活都是体验，但体验仍然难以想象（甚至想象体验本身就是一种体验）。就算如此熟悉体验，我们依然很难描述清楚。你看不见它、摸不着它、抓不住它——你甚至无法分享它。没有哪两个人能对同一事物产生完全相同的体验——每个人对任何一件事的体验都是独一无二的。

这就是体验的悖论。在某些层面，它们是隐晦和模糊的；而在另一些层面，它们又是众所周知的。虽然体验如此棘手，但游戏设计师真正关注的正是如何创造体验，我们无法回避。退回到游戏中的具体概念，我们必须尽可能领悟、理解、掌握人类体验的本质。

# 游戏不等于体验

图 2.2

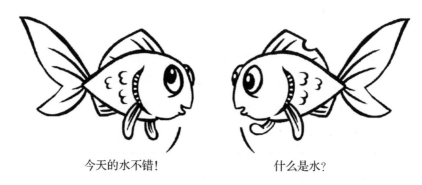

今天的水不错！　　　　　　　　　什么是水？

我们必须明确一点：游戏不等于体验。游戏能够带来体验，但它并不是体验本身。对某些人而言，这一概念可能很难理解。古代的禅宗曾提出过一个问题："假如森林中有一棵树倒下了，但附近没有人听见它倒下时发出的声音，那么它发出声音了吗？"这已经是老生常谈了，但它却是我们需要讨论的。如果我们对"声音"的定义是空气中的分子振动，那么答案是肯定的，这棵树倒下时发出了声音；如果我们对"声音"的定义是听见声音的体验，那么答案就是否定的，没有人听见，这棵树倒下就没有发出声音。作为设计师，我们实际上并不在意这棵树及它倒下的方式——我们只在意听见它倒下声音的体验。倒下的树只是达成目标的一种方式，如果没有人在那里听，那么我们并不在意这棵树。

游戏设计师只在意那些看起来存在的东西。玩家和游戏是真实存在的，而体验是想象的——但是游戏设计师的能力需要通过这些想象的事物来衡量，因为这就是人们玩游戏的目的。

如果我们能通过一些高科技魔法为人们直接创造体验，而不用通过一些潜在媒介——游戏板、电脑、屏幕——我们就会这样做。在某种意义上，这就是"人工现实"之梦——能够创造体验而不被承载体验的媒介所束缚。这是一个美妙的梦，但仅仅是梦，因为我们无法直接创造体验。或许在遥远的未来，我们能够通过难以想象的科技直接创造体验，时间会证明一切。而对于当下的我们，所能做的就是创造人工元素（一系列规则、游戏板、电脑程序），在玩家与之交互的过程中产生特定类型的体验。

正是这一点使游戏设计变得十分困难，就像造一艘瓶中船一样，我们被远远地隔离在我们实际想创造的事物之外。我们创造一些人工元素让玩家与之交互，祈祷他们能够享受交互产生的体验。我们无法直接看到自己的工作成果，毕竟这是别人获得的体验，无法分享。

这正是深度倾听对于游戏设计师来说至关重要的原因。

## 这是游戏特有的吗

你也许会问，和其他类型的体验相比，为什么游戏体验这么特殊，需要我们深入到它的情感化体验之中。在某种层面上，游戏没有任何特殊之处。所有娱乐类型（书籍、电影、戏剧、音乐、马术表演）的设计师，乃至所有领域——都需要处理同样的问题：如何创造出能使玩家在与之交互中产生特定体验的事物？

由于某种隐晦的原因，游戏中的人工元素与体验之间的差别显然比其他类型的娱乐更大。与那些创造线性体验的设计师相比，游戏设计师需要处理更多的交互内容。书籍或剧本的作者设计的是线性体验，他们的创造物与读者或观众的体验之间有一种相当直接的关联。游戏设计师却不这么简单，我们赋予玩家很强的控制力，他们在体验过程中可以改变节奏或事件的顺序。我们甚至会加入一些随机事件！这使得游戏中的人工元素和体验的差别比其他线性娱乐更明显。与此同时，我们也更加难以确定玩家心中到底会产生怎样的体验。

那么，我们为什么要这么做呢？为何游戏体验如此特殊，以至于我们要放弃其他线性娱乐的享受呢？我们是受虐狂吗？我们仅仅是为了挑战自我吗？

不，与游戏设计师做的其他任何事情一样，我们制作游戏是因为它创造的体验。它们能使玩家产生特定的感受：选择感、自由感、责任感、成就感、友谊和其他，这些感受只有基于游戏体验才能获得。这就是我们愿意克服一切困难的原因——产生从其他途径都无法获得的独特体验。

# 追寻彩虹的三种途径

> 这里没有规则！我们只是在努力实现点什么！
>
> ——托马斯·爱迪生

那么——我们已经确定需要做什么——创造那种可以带来美妙和难忘体验的游戏。为了实现这一目的，我们必须付出巨大的努力，发掘人类大脑的神秘和人类心灵的奥秘。没有任何一个学科能够完美描述这么庞大的领域（门捷列夫，你在哪？），但是一些不同的学科能够描述它的一部分。其中有三个突出的学科：心理学、人类学和设计学。心理学家想探索激励人的原理，人类学家想在人类的层面上了解人们，设计师只是想让人们变得开心。我们将从这三个学科中借鉴一些方法，让我们想一想这三个学科都能给我们带来些什么。

## 心理学

心理学家研究控制人类大脑思维的机制，还有哪个学科能比心理学更有益于我们学习人类体验的本质呢？事实上，他们对大脑已经有了一些非常有用的发现，本书将介绍其中一部分。你可能会期望我们对于如何创造伟大体验的探索就此结束，期望心理学家已经有了所有的答案，遗憾的是并非如此。因为他们是科学家，科学家必须在真理或者可以被证明的领域中工作。20 世纪早期，心理学家分裂成两个阵营。一方是行为学家，他们仅关注可量化的行为，采用"黑盒"方式进行思维研究，他们的主要工具是客观的可控实验。另一方是现象学家，他们研究游戏设计师最关注的东西——人类体验的本质和"对事物的感受"，他们的主要工具是反思——在事件发生后审视自己的体验。

很不幸的是，行为学家获得了胜利，理由显而易见。行为主义关注客观的、可重复的实验，这使得这门学科发扬光大。当一个行为学家完成实验并发表一篇论文后，其他的行为学家可以在相同条件下重复这个实验，并在大多数情况下得到相似的结论。相反地，现象学家的方法比较主观，体验本身并不能被直接衡量——只有易于描述和难以描述的体验。当你在大脑中进行一项实验时，你如何确定实验条件都是可控的呢？尽管研究我们内在的思想和感受是如此美妙和有用，但这样的科学并不可靠。结果就是，现代心理学越向前发展，就离我们最关注的——人类体验的本质越远。

尽管心理学不能给出我们需要的所有答案，但它确实提供了一些对我们非常有用的东西。不仅如此，它还提供了一些可以有效利用的途径。游戏设计师不需要被严谨的科学责任感所束缚，我们能够同时使用行为主义的实验和现象主义的反思来学习我们想了解的知识。作为设计师，我们并不关注客观现实世界中的绝对真实，而只关注在主观体验世界中的相对真实。

但也许在行为主义和现象主义这两个极端之间存在着另一个更科学的途径呢？

## 人类学

> 人类学是最具人文主义的科学，也是最具科学性的人文学科。
>
> ——阿尔弗雷德·L·克罗伯

人类学是另一个研究人类及其思想行为的主要分支，它比心理学采用更全面的方式观察人类，包括他们的身体、精神和文化的方方面面。人类学研究世界上各种人群的相同点和不同点，不仅包括现在，而且贯穿整个人类的历史。

游戏设计师特别感兴趣的是文化人类学，这门学科在大多数情况下通过实地来考察研究人类的生活方式。文化人类学家居住在他们研究课题的所在地，尝试把自己完全融入所研究的目标人群。他们力争对文化和实践进行客观观察，同时不断反思，不辞辛苦地将自己放在实验对象的位置。这样可以帮助文化人类学家更好地想象实验对象的感受。

我们可以从人类学家的研究中学到很多关于人类本质的重要知识——但

更重要的是，把文化人类学家的研究方法引入我们的游戏设计，与他们交谈，学习他们的一切，把我们置身于他们的位置，这样我们就能获得客观观点中没有的洞察力。

## 设计学

不用惊讶，第三个研究人类体验的重要学科是设计学。我们能从几乎所有种类的设计师身上学习到有用的东西：音乐家，建筑学家，作家，制片人，工业设计师，网页设计师，编舞家，视觉设计师，等等。这些来源于不同学科的"经验法则"完美描绘了人类体验的有用原则。但不幸的是，我们往往很难运用这些原则。与科学家不同，设计师很少发表关于他们成果的论文，各领域中最优秀的设计师很少知道其他设计领域的作品。一个音乐家可能熟知韵律知识，但可能很少思考如何将韵律的原则应用到非音乐的领域，比如小说或者舞台表演领域，尽管它们可能产生有意义的实践应用，因为它们本质上起源于同一个地方：人类的大脑。所以为了使用其他设计领域的原则，我们需要张开一张广阔的网。任何创造出体验与享受的人，对我们都有教育意义，因此我们要尽可能地接受外物，从每个领域的设计师身上学习原则和案例。

既然所有的设计原则都源于人类的大脑，那么我们在理想情况下就能够通过心理学和人类学的共同基础找到连接所有设计原则的方法。我们将在本书中使用一些方法。也许有一天，这三个学科找到了一个统一所有原则的方法。然而对于现在，我们需要为它们搭建一些桥梁——这三个学科很少产生交叉，所以这并不是一项小工程。另外，一些桥梁将会非常有效！我们面前的任务——游戏设计，是如此艰难，以至于我们不能吝啬获得知识的方式。没有哪个方式能够单独解决我们所有的问题，所以我们要把它们组合起来，尝试混合使用它们，就像我们从工具箱中选择并使用工具一样。我们必须开放思维并且勇于实践——优秀的创意可能来源于任何地方，但只有帮助我们提升游戏体验的创意才是好创意。

# 反思：力量、风险和实践

> 一个科学狂人会毫不犹豫地用自己做实验。
>
> ——芬顿·克雷普

为了掌握人类的体验，我们已经探讨了几个能够找到有用工具的学科。现在让我们将精力集中于一种被应用于三个学科的工具：反思。反思看起来就像简单地审视自己的思想和感受——这就是你自己的体验。也许你永远无法了解其他人的体验，但你能确定自己的。在某种意义上，你所能确定的也仅限于此。通过深刻地体会自身的感受，观察、评估和描述自己的体验，你能够在游戏过程中迅速做出判断：哪些地方做得不错，而哪些地方没有达到目标，以及为什么。

"且慢，"你可能会说，"反思真的是个好主意吗？如果对科学家们来说它并不足够好，那么为什么对我们有用呢？"这是个好问题，反思可能带来两大危险。

## 危险 1：反思可能导致对事实做出错误结论

这是科学家反对将反思作为有效调查方法的主要原因。多年以来，许多伪科学家提出的不切实际的理论大多基于反思。这种事情时常发生，因为在我们个人经验中，看起来正确的事物并不总是正确的。举个例子，苏格拉底曾记录道，当我们学习一些新知识时，会觉得在很久之前就已经掌握了，学习的过程仿佛是回忆起一些被遗忘的知识。这是个有趣的现象，大部分人都能够记起这样的学习体验。但苏格拉底进行了更为深入的思考并得出了一个结论：既然学习就好像对知识的再收集，那么我们一定是转世的灵魂，在学习的过程中回忆起了上辈子的知识。

这就是基于反思得出现实结论的问题所在——因为看起来正确的结论并不一定是真正正确的。人们容易踏入这样一种陷阱：用禁不起质疑的逻辑为感觉上一定正确的理论提供支持。科学家会控制自己避免踏入这样的陷阱。在科学领域，反思自然有一席之地——它可以帮助一个人从逻辑不成立的角度检验问题。优秀的科学家总是会反思——但他们不会依靠反思得出科学结论。

幸运的是，游戏设计并不是科学！尽管"客观真理的现实"很有趣并且有用，但我们主要关注的是"感觉上的正确"。亚里士多德为我们提供了另一个经典的例子可以完美解释这一现象。他撰写了大量不同主题的著作，例如逻辑、物理、自然历史和哲学。他以深刻的自我反思闻名，当我们检视他的作品时，我们发现了一些有趣的事。他的许多关于物理和自然历史的想法，在如今都受到了质疑，为什么？因为他太过于依赖感觉上的正确，而没有进行控制变量的实验。他的反思导致他的许多结论据我们现在所知是错误的。比如以下几种：

- 重的物体比轻的物体下落得更快。
- 意识存在于人的内心。
- 生命是自发产生的。

那么为什么我们把他当作一个天才，而不是一个疯子？因为他的其他贡献，关于形而上学、戏剧、道德和思维在现代依然有用。在这些领域，感觉的正确比客观的正确更重要，他通过深刻反思得出的大部分结论在几千年之后依然经得起检验。

这一课很简单：当处理人们的内心思维、尝试理解体验、感受事物时，反思是一种强有力和可信赖的工具。作为游戏设计师，我们不需要过度担忧第一种危险。我们应当更加关注对事物的感受而不是事物客观上的正确。因此，当我们判定体验的质量时，我们能够更加信任自己的感觉和本能。

## 危险2：自己的体验不一定适用于其他人

我们必须谨慎对待反思的第二个危险。在了解第一个危险的过程中，由于我们是设计师而非科学家，我们拿到了一张"逃出生天卡"。但是脱离第二个陷阱并不容易。这是一个主观性的危险，许多设计师会陷入这样的陷阱："如果我喜欢这个游戏，那么它就是一个好游戏。"有时候这是正确的，但在另外一些情况下，如果受众与你的偏好不同，那么这个结论就是错误的。一些设计师会陷入两个极端：从"我只为与我一样的玩家设计游戏，这是我唯一能够确定我的游戏是好游戏的方法"，到"不能采用反思和主观的观点，只能相信游戏测试的结果"。这两种想法都有一定的合理性，但也都存在一些弊端和问题：

"我只为与我一样的玩家设计游戏，这是我唯一能够确定我的游戏是好游戏的方法"有这些问题：

- 游戏设计师在很大程度上有特殊的偏好。也许与你一样的玩家的数量不足以让你的游戏具有投资价值。
- 你很难一个人设计或者开发游戏。如果团队中的不同成员对于最佳设计有不同的想法，那么你很难与他们达成共识。
- 许多类型的游戏和受众都在你可接触的范围之外。

"不能采用反思和个人观点，只能相信游戏测试的结果"有这些问题：

- 你无法用游戏测试解决所有的问题，尤其在游戏设计的早期阶段，你根本没有可供测试的游戏。这时必须用"个人观点"判定游戏设计的好坏。
- 在一个游戏完全成型之前，测试者也许难以接受一个非同寻常的创意。也许直到完成整个游戏，他们才会欣赏这种想法。如果你不相信自己关于游戏品质的感受，那么在游戏测试者的建议下，也许你会丢掉那只可以成为白天鹅的"丑小鸭"。
- 游戏测试只能偶尔进行，但你每天都需要做出重要的游戏设计决定。

如果不采用极端的方式，那么你只有再次通过倾听才能摆脱这种危险。对游戏设计的反思不仅是一个倾听自己的过程，还是一个倾听他人的过程。通过观察你自己的体验，然后观察他人的体验，尝试把你放在他们的位置，你就能慢慢发掘出你的体验与其他人体验的差异。一旦你对这种差异有清晰的体会，你就能够像文化人类学家一样，开始把你自己放在受众的位置，对他们是否会享受这种体验做出预测。这是一种必须被不断练习的微妙艺术——通过练习，你的技能会得到提高。

## 仔细分析你的想法

在隐形世界中工作，至少要和在可见世界中一样努力。

——鲁米

　　了解自己的感受并不是一件容易的事。对于设计师来说，仅仅获得关于玩家偏好的总体感受并不够。你必须明确表达自己喜欢什么，讨厌什么，以及为什么。我上大学时的一个朋友从来不能明确地表达这一点。我们经常会用以下对话把对方逼疯：

　　我：你今天在自助餐厅吃了什么？

　　他：比萨，一点儿也不好吃。

　　我：不好吃？怎么不好吃呢？

　　他：就是不好吃而已。

　　我：你是说食物太凉了？太硬了？太湿了？太苦了？放了太多的沙司？还是放得不够？放了太多的干酪？到底是哪种不好？

　　他：我不知道——反正就是不好吃。

　　他只是无法清楚地分析他的体验。在这个比萨的例子中，他知道他不爱吃但不能（或者不想费心）分析他的体验，并将之总结为一个观点，为比萨的改进提出建议。这种剖析体验是你反思的主要目标——这是设计师必须做的事。当你玩一个游戏时，你必须分析它让你感受如何、它让你想到什么、它让你做了什么。你必须能够清晰地表达出你的分析方法。你必须用语言描述它，因为感觉是抽象的，而文字是具体的，你需要用这种具体的概念向其他人描述你希望自己的游戏能够带来的体验。不仅在设计和玩你的游戏的过程中，在玩其他人制作的游戏时，你都需要做这种分析。事实上，你应该分析任何你可能产生的体验。你分析得越多，你就能越清晰地知道你的游戏应该创造哪种体验。

　　我们有一个特殊的词语可以表达这种自己产生的感受：情感。我们的逻辑思维能够轻易地让情感变得微不足道，但情感是所有值得纪念的体验的基石。所以我们不能忘记情感对于体验设计的重要性，让我们把它作为 1 号透镜。

## 1 号透镜：情感

　　人们可能会忘记你所说的，但他们永远不会忘记你带给他们的感觉。

——玛雅·安吉罗

为了确定你创造的情感是正确的，问自己以下问题：

- 我希望玩家能够体验到怎样的情感？为什么？
- 当人们（包括自己）玩游戏时，他们产生了怎样的情感？为什么？
- 我怎样缩小实际体验与我的设想之间的差距？

插画：蕾切尔·多瑞特

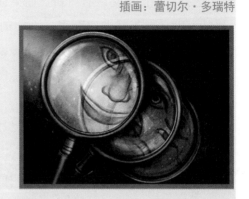

## 战胜海森堡原理

但是反思仍然有一个巨大的挑战。观察行为本身就是一种体验，那么我们怎样才能获得不受干扰的体验呢？我们常常会面临这个问题。当你尝试观察自己打字时，你会发现你打字的速度减慢了，打字过程中也会产生许多错误。在享受一个电影或游戏时尝试观察你自己，享受感会很快消失殆尽。有人把这个现象称作"分析的无奈"，其他人把这个现象称作"海森堡原理"。这条原理源自量子力学中的海森堡不确定原理，它指出无法在不干扰一个粒子特性的情况下观察这个粒子的特性。类似地，体验的本质无法在不被干扰的情况下获得。这让反思看起来毫无作用。尽管这是一个具有挑战性的难题，但实践过程中仍然存在一些有效的应对方法。我们中的大多数人并不愿意公开讨论自己思想进程的本质，所以接下来的几条可能听起来很奇怪。

### 分析记忆

体验可以被我们记住，这是个好消息。我们很难在体验发生时分析体验，因为用于分析的大脑通常正全神贯注于体验本身。分析你记忆中的体验更加简单。记忆并不完美，但分析记忆总比什么都没有好。当然你记得越多分析的效果就越好，所以要么选择保有强有力体验的记忆（通常会带来最好的灵感），要么选择清晰的记忆进行分析。如果你进行过精神训练，那么对介入一段体验（比如游戏体验）将非常有用，不要刻意抱着分析的目的玩游戏，而是等到游戏结束之后，立刻分析这段玩游戏的记忆。带着这样的目的能够帮助你记得更多体验的细节而不会干涉体验本身。你只需要记住你将要分析体验，而无须让这种想法干扰体验，真奇妙！

## 两次经历

分析记忆的另一个方法就是重复你的体验两次。第一次不要停下来分析——仅仅注重体验。然后回头再来一遍，这一次要分析所有的体验——甚至可以停下来记笔记。在你的脑海中，有一些纯粹的新鲜体验，第二次经历体验会让你"释放它"，让你有机会停下来思考体验的感觉和原因。

## 暗中一瞥

有没有可能观察体验而不破坏它？有，但你需要一些练习。这听起来可能很奇怪，如果你在体验产生时"偷偷地快速一瞥"，那么通常能观察它而不打断它。这就像在公共场合看了一眼陌生人一样，暗中看他们几眼，他们不会注意到你。但如果盯的时间太长，那么他们就会注意到你。幸运的是，通过短暂的"精神一瞥"，你能够从体验中获得很多知识。这也需要一些精神训练，或者需要忘我的分析。如果你能熟练地进行这种"精神一瞥"，那么保持下去，不要经过思考，这将越来越少地中断体验。许多人发现真正打断他们思维训练或者体验训练的是内在精神的对话。当你在脑海中质疑并回答太多问题时，你的体验就毁了。一个快速一瞥更像"刺激吗？是的"这样的过程，然后你能立刻停止分析并回到体验中，直到下一次"偷偷地快速一瞥"。

## 默默观察

当观察正在发生的事情时，你可能不仅想扫一眼，而且想持续地观察。你会希望脱离自己的身体，看着你自己，希望能比普通的观察者看到更多。你能够听见所有的想法，感受到所有的体验。进入这种状态时，你好像有两个大脑：

一个在运动，忙于体验；而另一个静止，默默地观察其他事物。这听起来完全不可思议，但这是可能的，而且非常有用。这是一种难以实现的状态，但是可以达到。这看起来很像禅道中自我审视的练习，它与通过冥想练习观察自己的呼吸循环没有什么不同。通常我们不用思考就能呼吸，但我们能够有意识地控制我们的呼吸进程——所以会干扰它。然而通过这种练习，你能够观察你的自然的、无意识的呼吸，而不会干扰它。但是这个过程需要练习，就像观察你的体验一样。观察你的体验能够在任何地方进行——看电视时、工作时、玩耍时，甚至做任何事的时候。你不会立刻掌握，但如果你持续地体验和练习，你将会有所领悟，这将需要大量的练习。如果你真的想听从你的内心，理解人类体验的本质，那么你会发现这种练习是值得的。

## 本质体验

但是，怎样让这些体验和观察结果真正融入游戏呢？如果我想做一个打雪仗的游戏，那么分析脑海中打雪仗的记忆能否真的影响我的游戏？不借助真正的积雪和现实世界中的朋友，我找不到任何一种方式能够完美再现真实的打雪仗体验——那么什么才是关键呢？

关键就是：一个优秀的游戏不需要你完美复制真实的体验。你需要做的是为你的游戏找出这种体验的本质。那么什么是"体验的本质"呢？每个值得纪念的体验都有一些让它与众不同的关键特征。比如当你重温记忆中的打雪仗体验时，你可能会想起一大堆东西。其中一些你会认为是对于这种体验必不可少的："雪太大了，学校都放假了。""我们在街道上玩耍。""积雪十分适合揉成雪球""天气很冷，但是阳光充足——有蔚蓝色的天空。""外面到处都是孩子。""我们用雪堆了一个大堡垒。""弗雷德的雪球扔得真高——我向上看时，他又扔了一个，正好砸中我的头。""我们情不自禁地笑了。"而有一部分体验你会认为并不重要："我穿着灯芯绒制成的裤子。""我的口袋里有一些薄荷糖。""一个遛狗的人在看着我们。"

作为游戏设计师，在尝试设计一种体验时，你的目标是寻找能够定义你想要的体验的基本元素，并想办法让它们成为游戏设计中的一部分。通过这种方式，你的玩家能够体会到这些基本元素。本书的大部分内容都将告诉你一些方法，你可以凭借这些方法设计游戏，让玩家获得这些体验。其中的关键就是，本质体验能够通过一种形式传递，这与真实的体验不同。让我们继续以打雪仗为例，你能用几种方式通过打雪仗的游戏表达"天气很冷"的体验呢？如果这是一个视频游戏，你当然能够使用一些美术效果：人们呼吸时会产生一些白气，他们的动作在颤抖。你可以用一些音效——或许一道呼啸而来的寒风能带来冰冷的感觉。也许你想象中的那一天并没有寒风，但是音效能够抓住本质，给玩家传达寒冷的体验。如果寒冷的体验对你非常重要，那么也可以设置一些相关的游戏规则。可能玩家脱去手套之后，能够制造更好的雪球，但如果他们的手太冷，他们就必须把手套戴上。这些例子可能没有真的发生，但是这些游戏规则传递了寒冷的感觉。这就是游戏的一部分。

一些人认为这种方式很奇怪——他们说"只要设计一个游戏，看看我们能从中得到怎样的体验就好了！"我假设这是正确的——如果你不知道你想要什么，你就不会关注你得到了什么。如果你确实知道你想要什么，那么你对自己的游戏能够给玩家带来怎样的感受便会有一种愿景——你需要考虑怎样传达这种本质体验。这就带给我们下一个透镜：

## 2 号透镜：本质体验

若要使用这个透镜，就需要停止思考你的游戏，而开始思考玩家的体验。问自己以下问题：

插画：扎卡里·D·科尔

- 我想要让玩家获得怎样的体验？
- 这种体验的本质是什么？
- 我的游戏如何抓住这种本质？

如果在你的游戏中，你想要创造的体验与实际创造的体验差异太大，那么你的游戏就需要修改：你需要清晰地表明你想要创造的体验，找出尽可能多的方法把这种体验放入游戏。

Wii Sports 上有一个非常出色的棒球游戏，它的设计是"本质体验"透镜的一个极佳案例。最初，设计师想要尽可能将游戏做得像真的在打棒球一样，其中有一个加分项是你能够像挥舞球棒一样挥舞你的控制器。随着开发不断进行，他们意识到他们没有时间模拟棒球的每一个方面。所以他们做出了一个大胆的决定，既然挥舞控制器就是这个游戏最独特的部分，那么他们必须将全部的注意力集中于此，让这部分棒球体验变得最好——这是他们觉得最本质的部分。他们决定，其他的细节（九局，偷垒）都不会成为他们想要创造的本质体验的一部分。

当设计师克里斯·克拉格创造桌面角色扮演游戏《詹姆斯·邦德007》时，他最大程度地利用了"本质体验"透镜。克拉格对之前尝试的特工类角色扮演游戏的失败非常泄气，就像 TSR 的《最高机密》一样，那个游戏玩起来太像一个战争游戏了——里面那种让间谍电影激动人心的本质不复存在。对于《邦德》这个游戏，克拉格设计了一些机制，玩起来就好像看詹姆斯·邦德电影一样令人兴奋。一个明显的例子是创造了一种叫作"英雄点"的东西。在传统的角色扮演游戏中，当玩家想要尝试进行一个有风险的行为时，比如从窗口跳到一架飞行的直升机上，游戏系统就会对成功概率做出一系列计算，让玩家掷骰子，就这样。这对游戏系统产生了一个很困难的平衡问题：如果尝试危险行为的成功率太低，玩家就会避免做这种尝试；如果成功率太高，那么玩家就像扮演一个超级英雄一样，尝试并成功完成许多不可能的壮举。克拉格的方法是给玩家预定好英雄点，通过高风险的行为代替掷骰子。在每场冒险中，每个玩家只有很少量的点数能够使用，他们必须谨慎地决定应该何时使用这些点数——当使用英雄点时，就会出现十分壮观的场景，这才真正地抓住了詹姆斯·邦德小说与电影的本质。

许多设计师并没有使用"本质体验"透镜。他们只是简单地跟随自己的直觉，偶然发现凑巧能让玩家享受体验的游戏结构。这种方式的危险之处在于，它的成功很大程度上依靠运气。将单纯的体验从游戏中分离出来是十分有效的：如果你对玩家获得的体验有明确的想象，并知道游戏中的哪一部分创造了这种体验，你就能更清楚地知道怎样才能把你的游戏变得更好，因为你知道游戏中哪些元素能够安全地改变，而哪些不行。游戏设计师的终极目标是传达体验。当你对理想中的体验和它所需的元素有了清晰的认识时，你的设计就有了方向。如果没有这种目标，你就只能在黑暗中徘徊。

## 你的感受都是真实的

实际上所有对体验的讨论都会带来一个很奇怪的想法。我们所能了解的现实都是现实的体验。我们又知道我们的体验"并不是真的现实"。我们会用自己的意识和大脑过滤现实，实际体验到的意识是一种幻觉——一点儿也不真切。但这种幻觉是我们所能拥有的最真实的东西，因为这就是我们自己的想法。这是一个让哲学家头痛的问题，但对游戏设计师是一件好事，这意味着我们的游戏创造了所设计的体验，并且这种体验可能比日常体验更真实、更有意义。

我们将在第 10 章进行更加深入的探讨，现在我们应该花点儿时间讨论一下这些体验发生的场景。

# 第3章
# 体验发生于场景

图 3.1

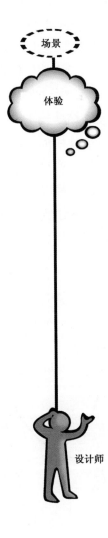

# 流沙平台

数字游戏领域已经对"平台"展开了大量的讨论。玩家和设计师经常讨论电脑、主机、手机、平板、网页、掌机、街机等。哪一种最好？哪一种最赚钱？哪一种最有趣？哪一种最有可能在三年内屹立不倒？当一个平台成功时，人们总是倾向于认为它将沿着这条道路一直走下去。但事实并非如此。有些平台活下来了，有些却没有。电视节目很大程度上取代了收音广播，但并没能取代电影。街机游戏被电脑游戏取代，而电脑游戏又被主机游戏取代，但后来电脑游戏卷土重来，而现在手机游戏和平板游戏正在崛起。这是随机的吗？当然不是。我们身边技术的兴衰规律就如同人类本性一样古老而存续。我们再三犯的错误就是过于关注现在的技术（尽管新技术才刚刚起步），而忘记了关注生活中熟悉到视而不见的事物：生活中使用这些技术的地方，我把它称之为场景。

我们需要转变内心来看待过去使用的技术，而不是我们使用它的模式，这是一种很有用的练习，能帮助我们观察过去、现在和未来的游戏玩法。我将分享我过去使用的场景系统（图 3.2），我用它思考游戏的玩法。这不是一个完美的系统——有缺失，也有重合——不过当我思考哪一种玩法在哪个场景下最合适及其原因的时候，这个系统就很有用。

图 3.2

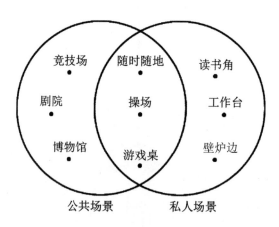

竞技场

随时随地

读书角

剧院

操场

工作台

博物馆

游戏桌

壁炉边

公共场景　　　　私人场景

# 私人场景

　　游戏玩法常常具有私密性。为了沉浸在幻想世界中，我们需要一个安全的地方，在这里既不孤单，也不被认识的人们包围。我们的家自然就是最重要的游戏空间之一。

## 壁炉边

　　人类的一种定义就是与火的关系。在我们学会使用火以前，我们像普通的动物一样生存。一旦我们掌控并驯服了火，它就从文化、心理和身体的各个方面改变了人类。我们有了光线、温暖和安全感。火让我们能够烹制食物，允许进化出简单的消化系统和更复杂的大脑。维系火种是一种持续不断的责任，这使得家庭或大型社会群体比以前更为重要。现在明火已经不常见，但许多人家里仍然筑有壁炉，如果没有壁炉，那么我们总觉得有些不对。一些人类学家提出了这样一种理论，我们盯着火焰时会陷入一种出神的状态，这可能是一种进化的结果——如果大脑觉得连续盯着火焰数小时会感到平静和安宁，你就比那些分心让火熄灭的人多一些生存优势。

　　在大多数现代家庭中，电视屏幕已经取代了壁炉的位置。这是一种很好的替代。电视与壁炉很相似，它的尺寸刚好合适，在黑暗中可以发出光线，也有相似的光线闪烁，不需要家庭成员通过讲故事来娱乐其他人，这种现代的"火"自己就能讲出故事。

　　不必惊讶，壁炉边也是一个玩游戏的好地方。在这里最适合玩那些能够娱乐众人的游戏，大家既可以一起玩，也有观赏的乐趣。任天堂的 Wii 是一个出色的为壁炉边设计的游戏系统，Wii 拥有一系列游戏，不仅能让整个家庭一起玩，而且由于能够在虚拟世界中运用体感，因此仅观赏游戏就能带来足够的快乐。从壁炉边的角度来看，我们不用对任天堂的后续系统 Wii U 的一败涂地感到惊讶，Wii U 专注于分离的手持屏幕，只能由一个玩家玩耍与享受。而一些知名的唱跳游戏，例如《歌星》和《舞动全身》就很适合在壁炉边玩。因为一百万年以前我们就已经在壁炉边唱歌和跳舞了。

当新的科技产生时，人们总是迅速认为壁炉边的时代结束了。"电视的终结"和"主机游戏的终结"总是在新闻中出现。当然，我们在家庭的中心享受故事、歌曲和游戏的方式将会持续地改变和进化，但从人类起源开始，壁炉就已经与我们在一起了——别指望它会很快消失。

## 工作台

大多数家庭都会在角落里设置一些用于解决疑难问题的私密空间。无论是地下室中用于进行木工工程或者修复工程的工作台、用于制作或者修补衣物的缝纫机，还是安静角落里用于完成家庭作业或者写作的书桌，我倾向于把这些都称作"工作台"。这些地方通常是单独的、安静的，甚至会有些凌乱，因为工作是杂乱的，而客人几乎不会到这里来。当电脑进入家庭之后，它们迅速找到了在工作台上的位置，因为在电脑上工作和玩游戏的感觉都是强烈而孤独的。工作台游戏与壁炉边游戏有很多有趣的不同之处。为了更加普及，多人在线战术竞技游戏（MOBA）如《英雄联盟》和大型多人在线游戏（MMO）如《魔兽世界》，更倾向于占据工作台而不是壁炉边。Valve 公司的 Steam 平台的成功源于这样一种现实：其他游戏公司（比如索尼、微软、任天堂和苹果）更专注于其他场景，而让 Steam 占据了工作台。

工作台游戏难度更高而且玩起来更紧张，玩一次需要持续数小时。在这些游戏中，玩家通常不和其他家庭成员一起玩，而是与其他在线的玩家一起玩，这些玩家对游戏提供的挑战的重要性有着相似的观点。到了 2019 年，我认为当头戴式虚拟现实设备进入家庭时，由于它的紧张感和私密性，它们会更倾向于在工作台定居下来而非壁炉边。

## 读书角

对人类来说，读书只在最近的几百年间流行起来，是一种相当新颖的娱乐方式，但它已经打下了非常坚实的基础。书仿佛有一种魔力，当你拿着书独自坐下时，它能带着你的思绪飘到一个完全不同的世界，那里充满了令人兴奋且有趣的人物和地点。书是可移动的——我们能够在任何地方阅读，但我们更倾向于某些特定的地方。大部分人不会在壁炉边阅读，除非他一个人在家，因为这里通常会很吵而且充满了干扰。在工作台旁读书也不是一个好主意，尽管这里私密且安静，但通常不是很舒服。工作台通常是一个让姿势前倾的地方，而读书需要采用后仰的姿势。典型的读书角是卧室或者家中任何一个有椅子或沙发并且远离电视的房间。

但是读书和游戏有什么联系呢？联系并不明显。电脑游戏和主机游戏并不适合在读书角玩。苹果发布的 iPad 并没有给游戏行业留下深刻的印象。它不像手机一样能够让你在任何地点玩游戏，它也没有操控系统，不能让玩家获得与在壁炉边或者工作台旁相似的游戏体验，这让游戏行业很大程度上忽视了它。但是 iPad 抓住了机会，成为阅读和观看影片的平台，并迅速成长为游戏界的一股重要力量。为什么？因为这是一个在读书角玩游戏的完美平台。在床上玩平板游戏，在沙发上玩，或者在安静的角落玩，是如此的平和与轻松，就好像读书一样。在平板上获得成功的游戏与在主机或者电脑上获得成功的游戏有很大的区别。它们玩起来更容易、更简单、更放松——这正是最适合读书角的游戏。

## 公共场景

当然不是所有的游戏都在家中进行。这个世界令人兴奋，充满了激动人心的人物、地点、事件。几千年以前，我们就已经知道了场地式娱乐（LBE）的秘密。无论你在运营一间酒馆、剧院、饭店、主题公园，还是街机游戏厅，规则都是一样的：给予他们在家中无法得到的体验。

### 剧院

剧院有一股魔法般的力量。它们有许多不同的外形、尺寸和目的。无论是用于比赛、电影、音乐演出、体育赛事，还是天文表演，它们都有一个共同点：大量的人聚集在一起，共同见证某些事件。当一群人专注于一系列事件的发生时，就会出现一些魔法般的力量。无论怎样，我们总能从其他观众身上获得一些东西，我有时在想，我们的潜意识能够感觉到其他人对这场表演的感受，这帮助我们更专注于自己的感受。这可能就是为什么电视节目总是播放哈哈大笑的声音——共同参与一种体验能够带来满足感。

在剧院中玩游戏会有一个严重的问题，人太多了。游戏需要交互，想要成为每个玩家独特的体验。随着时间流逝，人们已经开始尝试在观众参与的地方创造剧院化的体验，但是并没有获得长期的成功。交互的欢乐被大量的座位打了折扣，可能是因为人们容易感到疲倦，或者因为剧院太小而无法体现。也许有人能够通过一些技术找到克服这些困难的方法——不过任何解决方案想必都是十分聪明的。

## 竞技场

几千年来，竞技比赛已经成为专门的游戏类别。从赛马到拳击，再到所有种类的团队运动都发生在竞技场中。大多数时候，竞技场都很庞大，而且是露天的，专门为这种游戏而设计。棒球场、高尔夫球场、足球场、网球场、赛马场甚至审判室——这些都是竞技场。另外，由于经过专门的设计，大多数时候竞技场都在公共场合，能够让其他人见证这里正在发生的一切——换句话说，输赢并不是保密的，而更像一种公共的记录行为。由于人们能够对他们所看到的游戏产生强烈的兴奋感，所以许多竞技场的外围就是剧院，从而实现了在一个地点创造两种场景的目的！

现在数字化的游戏玩法才刚开始影响传统的户外运动竞技项目。但传统的户外竞技项目并没能阻止数字玩法取代竞技场玩法。多人第一人称射击游戏就是一种竞技场玩法：尽管从技术的角度来说，人们应该位于工作台或者壁炉边，但是他们的大脑在竞技场中。另外，虚拟剧院围绕这种玩法涌现了出来，因为越来越多的人喜欢观看其他人玩电子游戏，不管是直播（一些电竞比赛同时有数百万玩家在观看）还是录像——通过 YouTube 或者 Twitch。尽管界限很模糊，但我认为随着新的移动技术和现实增强技术的出现，我们将看到传统竞技场变得更加数字化。

## 博物馆

有时我们需要把自己从日常生活中解放出来，我们会觉得观赏外来的事物、游览新的地点能够给我们带来全新的变化，拓宽我们的知识面，而且更重要的是，我们可能产生一些新的观念，让我们周边熟悉的事物焕然一新。当然，我把各种博物馆都称为博物馆，也把许多其他地方当作博物馆。动物园和水族馆都是博物馆的一种，当我们去旅游时，我们把游览的城市也当作一个博物馆。甚至去陌生的商场消费也是一种游览博物馆的行为，我们会浏览并想象拥有所有种类的新奇商品。

游戏可以被看作博物馆的一个特殊搭档，很多游戏正是发源于此。越来越多的博物馆会包含一些游戏体验，把它作为一种向游客介绍信息的方式。游览一个街机游戏室也能带来一种游览博物馆的体验，你观看了一个又一个游戏，尝试玩它们，看看什么才是最喜欢的。

# 半公共/半私人场景

在具有私密性的家庭和具有开放性的公共场合之外，还存在着一些其他的场景，或者说这些场景找到了一种在二者之间共存的方法。这种存在于公共和私人边缘的场景的灵活性增加了场景的了趣味性和重要性。

## 游戏桌

桌上游戏十分特别。玩家面对面坐在一起，亲密无间，就像上帝在玩弄由他控制的玩具世界一样。当然在家里也能这样，我们更倾向于在客人来访时这么做，让我们的家相对于平时变得更公共一些。但桌上游戏也存在于一些更加公共的场合中，比如酒吧里的一张旧桌子，或者赌场里的扑克台。桌上游戏能够给玩家带来一种特别的紧张感。有趣的是，尽管在世界的不同地方，三明治和寿司卷却在相近的年代（18 世纪）被发明出来，因为桌游爱好者都着迷于他们的游戏，所以他们都需要一种不会打断游戏的进食方式。

很久以来，木板游戏、卡片游戏和骰子游戏一直是游戏桌上的主流。到目前为止，除了一些实验性质的平板游戏，数字游戏在这个场景中还没有崭露太多的头角，很可能是由于它们依赖于竖直的屏幕。随着触摸屏变得更便宜、更大，实境（AR）眼镜进入市场，数字游戏可能进入桌游领域，打开一个全新的世界。

## 操场

作为热爱游戏的成年人，我们有时会忘了游戏很大程度上是孩子们的主题。孩子们喜欢用不同的方式在家里玩耍，有时他们也享受在竞技场一般的场景中通过运动带来的仪式感，他们喜欢和朋友们一起进行户外运动。当我们听到"操场"时，第一反应经常是公园中的运动区域。这是一种类型的操场，当然，任何孩子们聚集起来玩耍的地方，比如后院、街道、空地或者树洞，都是一种操场。

成年人很容易忘记操场运动，因为我们大多数时候不再通过这种方式玩耍。但是孩子们总是很喜欢，而且他们必须喜欢——这是他们成长的必要部分。到目前为止，视频游戏产业在很大程度上忽视了操场游戏，因为针对操场开发游戏并不十分可行——但随着技术的更新和终端的移动化，这种情况会发生巨大的改变。

## 随时随地

有一些游戏对玩耍的地点并不在意。字谜、数独和找词语游戏是随时随地进行的经典例子，玩家在公交车上或者忙里偷闲时玩这些游戏会产生极大的快乐。当然智能手机游戏的爆发性增长已经永久地改变了随时随地玩游戏的舞台，极大地丰富了这些游戏的种类。然而这些游戏几乎毫无价值，由于可以随时中断且在小屏幕上进行，这些游戏有一些独特的特性。它们趋向于有较低的可玩性，有更简单的交互和故事。另外，它们仅能填补一天中的碎片时间，玩家并不倾向于在上面消费很多钱，宁愿这些是尽可能免费的。我们将在第 32章深入探讨这些游戏的细节及其商业模式的特殊性。

## 场景之间的混合与搭配

找出这些场景的缺失和重合部分很简单。当我在一间餐厅中玩弹球游戏时，我到底处于哪一种场景之中呢？保龄球馆是哪一种场景？赌场是一座博物馆，还是竞技场，还是游戏桌，或者其他场景？任天堂的 Switch 是一个非凡的平台，它无论在壁炉边、在读书角、在游戏桌，还是在其他任何地方，都可以发挥很好的作用。能否找出完美的场景分类并不重要，重要的是审视过去的游戏和平台，这样你就能熟知这些场景的特点，尽管游戏和技术总在发生改变，场景却很少变化。最后，用一个透镜来帮助你看到真相。

我们已经讨论了体验及其产生的场景，我们需要面对一个更加棘手的问题：是什么让游戏成为游戏？

### 3 号透镜：场景

在游戏设计中，玩游戏的场景会对游戏产生巨大的影响。为了确定你没有凭空设计游戏，问自己以下问题：

插画：扎卡里·D·科尔

- 我想要制作的游戏最适合哪种场景？
- 场景中是否有一些特殊的属性会影响我的游戏？
- 我的游戏中有哪些元素能够与场景和谐共处？哪些元素不行？

## 拓展阅读

克里斯多弗·亚历山大等人撰写的《建筑模式语言》。这是一本令人深思的著作，讲述了人类与居住空间的关系。我们将在第 21 章再次介绍这本书。

# 第4章
# 体验从游戏中诞生

图 4.1

讨论体验设计是一件美妙的事,创造伟大的体验就是我们的目标。但我们无法直接接触体验,也无法直接操纵它。游戏设计师能够直接控制的是游戏。游戏就是你手中的黏土,你可以把它捏成各种形状,创造令人着迷的游戏体验。

那么我们要讨论哪种类型的游戏呢?在本书中,我们要讨论所有类型的游戏:桌面游戏、卡牌游戏、体育游戏、操场游戏、聚会游戏、赌博游戏、解谜游戏、街机游戏、电子游戏、电脑游戏、视频游戏,还有其他所有你能想到的游戏。正如我们所看到的,同样的设计原理适用于所有的游戏。你可能会惊讶地发现,尽管游戏有如此多的类型,但我们可以把它们都视为同一种,也就是说,虽然这些游戏都有所不同,但我们可以把它们都视为游戏。

这些游戏有哪些共同点?或者换句话说,我们怎样定义"游戏"?

## 对定义的争论

在继续讨论之前,我想要先明确为什么我们需要寻找这样一种定义。当我们在谈论"游戏"时,我们到底在谈论什么?大部分情况下,当我们谈到游戏时,我们都知道自己在谈论什么。不同的人对游戏的理解确实有一些差异,但基本上我们都知道什么是游戏。有时在讨论中,关于一个游戏是不是"真正的游戏"可能会引发一场争论,每个参与者都必须明确表达他们对游戏的定义,只有确定了这一点,讨论才能继续下去。对于游戏的正确定义及什么才是游戏,每个人都有自己的观点,这并没有太大的问题,正如他们对于什么才是真正的"音乐""艺术"或者"运动"也有相似的观点。

一些人,比如大部分学者,并不持有这样的观点。他们认为与艺术领域一样,游戏设计领域缺少标准化的定义是一种"危机"。通常来说,大部分关注这一点的人实际上很少参与游戏的设计与开发。那么没有标准化的词汇,怎样才能让现实世界的设计师与开发者都明白呢?与其他人一样:当出现歧义时,他们就向对方解释清楚。这样会拖慢讨论进度和设计进程吗?是的,这需要时间,设计师必须停下来解释他们想表达的意思,这会使讨论变慢一点儿(只有一点儿而已)。但从长远来看,这种对定义的中断往往能够节省时间,因为暂停结束后,设计师都清楚地了解了其他人的意思。

要是在讨论游戏设计的问题时，所有人都能查阅一部包含标准术语的字典，会不会有所帮助？这当然会很方便，但完全没有必要，即使我们没有这样的字典，我们依然离障碍或者危机很远。只是有些不方便，因为我们有时需要停下来，想清楚我们到底想要表达什么，以及我们实际想说什么。从长远来看，这可以让我们变成更好的设计师，因为我们被迫进行了更多的思考。另外，这样一部字典不会永远提供好的标准——随着技术的变迁，我们需要重新考虑一些旧的观念和术语，重新定义其中的一部分并加入新的术语——这样看来，定义和再定义的过程是永无止境的，或者至少会随着游戏相关技术的进步而变化。

另外，有人认为缺少游戏设计词汇的"真正问题"不是标准化定义的问题，而是缺少术语来描述一些在游戏设计过程中出现的复杂创意。所以他们认为我们应该尽快试着为所有的元素命名。这就像把马车放置在马的前面一样本末倒置，因为我们面临的真正问题并不是缺少描述游戏设计元素的单词——问题是对这些想法的真正含义缺少清晰的思考。与许多其他设计领域一样，游戏设计师会跟随自己的直觉和感受来判断游戏的好坏，有时他们很难明确表达一个特定设计的好坏——他们看到的时候才能确定，这样他们才能够设计伟大的游戏。当然你也能这么做。重要的是当你评判一个设计好坏及其原因的时候，你需要清楚地陈述你想要表达的意思，尤其要说出如何提高和改进。是否知道游戏设计的词汇并不重要——重要的是知道游戏设计的理念——我们认为这些词汇都无关紧要。这些标准化的术语会随着时间的流逝而不断变化——这并不是一个可以立刻完成的过程。设计师会把有用的术语留下来，其他的则被他们抛在一边。

这意味着，重要游戏设计理念的清晰陈述及指向它们的术语总在被不断地引入，本书中会涉及其中的一些。它们并不是权威的定义，而是我希望你能用它们来清晰地表达你的想法。如果你有更好的想法，或者更好的术语，请使用它代替我的定义——如果你的理念和术语确实非常清晰而有力，那么它们就能流行起来并帮助其他人更清晰地思考和表达他们的想法。

我们需要处理的部分想法必定是模糊的，例如"体验""玩耍"和"游戏"，不同的人有不同的定义。这些术语代表的意思在经过几千年的思考与讨论之后依然没有一个清晰的定义，它们看起来不太可能在短期内被确定下来。

这意味着我们应该避免尝试定义它们吗？绝对不是这样的。定义术语能够让你清晰简洁并有分析性地进行思考。一份术语清单和它们的定义对你的帮助有限。尽管你最终得出的定义可能并不完美，但讨论这些术语定义的过程能够让你得到提高并强化你思考设计的能力。出于这些原因，你可能发现本章会给你带来更多的问题而不是答案。但这都无关紧要：这本书的目标就是让你成为一名更加优秀的设计师，而优秀的设计师必须学会思考。

## 什么是游戏

> 术语的定义才是智慧的开端。
>
> ——苏格拉底

既然我们已经探讨了定义这些术语的原因，那么就让我们从一些能够确定的东西开始尝试，我们可以这样开始：

游戏是一种玩的东西。

没有人会否认这一点。但这并没有太大的意义。比如，游戏和玩具有什么不同之处吗？当然，游戏比玩具更加复杂，包含了不同种类的玩乐方式。我们还可以换句话说：

玩具是一些你可以玩的东西。

好吧，很有趣。既然玩具比游戏更简单，那么我们也许应该先试着定义它。让我们看看是否能够更好地定义玩具。你可以与朋友们一起玩，但他们不是玩具。玩具是一种物品。

玩具是一种可以玩的物品。

这看起来有点像样了。但我可能在打电话时玩弄一卷胶带。这意味着胶带是玩具吗？从技术上说，是的，但这很可能不是一个好玩具。实际上，任何你玩弄的东西都可以被归类为玩具。恐怕我们应该考虑一下什么样的才算一个好玩具。在我们的大脑中，"乐趣"是一个与好玩具联系在一起的词语。实际上，你可以这样表述：

好的玩具是一件玩起来很有乐趣的物品。

还不错。但当我们说到"乐趣"的时候是想表达什么意思？我们只是单纯地表达愉悦或者享受吗？愉悦是乐趣的一部分，但乐趣就是愉悦吗？有很多种体验都很愉悦，比如，吃一块三明治或者躺在阳光下，如果把这种体验叫作乐趣的话就很奇怪了。不，乐趣有一种特殊的火花，会对人们产生特殊的刺激。通常来说，乐趣包含了惊喜。那么乐趣的定义可能是这样的：

乐趣是一种带有惊喜的愉悦感。

这会是正确的吗？就这样简单吗？你可能感到很奇怪，你在一生中都使用这个单词，也知道它的确切含义，但被问及时却无法清楚地表达出来。一个测试定义的好方法是找反例。你能找到一件事，它很有趣但不能让你感到愉悦吗？或者有趣但不包含惊喜的感觉？相反地，你能找到一件充满愉悦与惊喜但却很无趣的物品吗？惊喜和有趣在每个游戏设计中都是重要的部分，它们成为我们接下来介绍的两个透镜。

## 4号透镜：惊喜

惊喜是一种我们很容易忘记的基础情绪。使用这个透镜来提醒自己让你的游戏充满惊喜。问自己以下问题：

- 当玩家玩我的游戏时，有哪些部分会让他们感到惊喜？
- 我的游戏中的故事有惊喜吗？游戏规则呢？艺术作品呢？技术呢？
- 我的游戏规则能够让玩家给其他玩家带来惊喜吗？
- 我的游戏规则能够让玩家给自己带来惊喜吗？

惊喜是所有娱乐活动的重要组成部分——它是幽默、策略和解决问题的基础。我们的大脑很容易感受到惊喜。在一个实验中，测试者将糖水或者普通水喷到参与者的口中，获得随机模式喷雾的参与者会比获得固定模式喷雾的参与者有更好的体验——即使他们获得了同样数量的糖水。在另外的实验中，大脑扫描显示，即使在不愉快的惊喜中，大脑的愉悦中心也会被触发。

插画：戴安娃·巴顿

## 5号透镜：乐趣

尽管有时乐趣无法被分析，但在几乎所有的游戏中乐趣都是令人喜爱的。为了最大化游戏的乐趣，问自己以下问题：

插画：乔恩·舒特

- 我的游戏中的哪个部分很有乐趣，为什么？
- 哪个部分需要变得更加有乐趣？

那么，回到玩具中。我们说玩具就是一个你可以玩的物品，一个好玩具就是一个能够在玩耍的过程中带来乐趣的物品。但什么才是玩耍？这是一个很狡猾的问题。当我们看到人们玩耍的时候，我们都知道什么是玩耍，但很难描述清楚。许多人已经尝试对"玩耍"做出一个坚实的定义，不过他们大部分都失败了，让我们来看一些例子。

> 玩耍是旺盛精力的释放过程。

> ——弗兰德里奇·席勒

这是一种过时的"剩余能量"理论，它认为玩耍的目标就是挥霍多余的精力。纵观历史，心理学已经出现了过度简化复杂行为的倾向，这就是其中的一例。他使用了单词"漫无目的"，就好像玩耍没有目标一样，而事实却相反。当然我们能够找到比这个更好的定义。

> 玩耍是指那些伴有愉悦、兴奋、力量和自我认知感的活动。

> ——J·巴纳德·吉尔摩

这个定义当然覆盖了一些领域。这些领域经常与玩耍有关联。但从某种程度上说，这个定义看起来并不完整。还有其他因素也与玩耍相关，比如想象力、竞技和解决问题。与此同时，这个定义太宽泛了。比如，一位总经理可能通过努力工作来促成订单，并在其中产生这样的体验：愉悦、兴奋、力量和自我认知感，但要是把这种行为称为玩耍就会很奇怪。让我们尝试一些其他的定义。

玩耍是在相对严谨的框架中的自由活动。

——凯特·萨伦和埃里克·齐默尔曼

这是一个不同寻常的定义，来自《玩乐之道》。它企图为玩耍做出一个开放式的定义，使它可以包含这些"沿着墙的光线游戏"和"玩汽车方向盘的游戏"。尽管我们很难找到一些我们能够玩却不在这个定义中的游戏，但我们可以很容易想到一些在这个定义中却不属于玩耍的例子。比如一个孩子被要求擦洗厨房地板，孩子很享受（享受可能是错误的单词）在一个严谨的框架中（地板）自由移动（能够自由地刷刷子），但是把这个活动归类为玩耍会很奇怪。尽管如此，从这个定义的角度来考虑你的游戏会很有趣。可能另一个定义能够更好地抓住玩耍的精髓。

玩耍是人们自愿并且乐于去做的事情。

——乔治·桑塔亚那

这个定义很有趣。首先让我们思考"自发性"（自愿）。玩耍往往是自发进行的。当我们说到一件事很好玩的时候，这就是我们想要说的一部分。但是所有的玩耍都是自发的吗？不，例如有人也许会提前几个月就计划玩一场垒球游戏，但当这个游戏最终进行时，它仍然属于玩耍。所以自发性有时是玩耍的一部分，但并不总是这样的。有人认为自发性对于玩耍的定义非常重要，任何企图抑制自发性的行为都会使得一个活动不再是玩耍。伯纳德·梅根陈述了他的观点："在我的定义中，游戏，尤其是竞争性的游戏，那些带有胜利和失败的游戏并不是玩耍"。这个观点太极端了，以至于看起来很可笑——用这种逻辑，游戏（我们通常认为的那些）并不是一些你能够玩的东西。把这个极端的部分放在一边，自发性看起来确实是玩耍的重要组成部分。

那么桑塔亚那定义的第二个部分——"乐于去做"怎么样？通过这个短语，他看起来就像在说"我们玩，是因为我们喜欢玩。"这听起来微不足道，但这是玩耍的一个重要特质。如果我们不想做这件事，那么它就可能不是玩耍。这意味着一项活动本身并不能被分类为"工作活动"或者"玩乐活动"，关键是一个人对于这项活动的态度。就像魔法保姆玛丽·波平斯用谢尔曼兄弟的美妙歌曲《一勺蜜糖》告诉我们的：

> 在所有必须完成的工作中，
>
> 有一种快乐的元素。
>
> 你可以找到快乐并捕获它！
>
> 工作就成了游戏。

但是我们要怎样找到快乐呢？思考心理学家米哈里·奇克森特米哈伊的一个故事：工人里科·麦德林怎样把他的工作变成一种游戏。

> 里科的任务是，当一个工件传递到他的面前时，他要用43秒的时间完成对这个工件的操作——在每个工作日中，他需要完成大概600次这样完全相同的操作。大多数人很快就会对这个工作感到厌烦。但里科已经从事这个工作5年了，他仍然享受着这一切。原因就是他对待他的工作就像奥林匹克运动员练习自己的项目一样：我怎样打破我的纪录？

这种态度的转变让里科把工作变成了游戏。这会怎样影响他的工作表现呢？5年后，他一天的最好平均成绩是处理每个工件仅用时28秒。而他仍然很喜欢这份工作："这再好不过了。"里科说，"比看电视好得多。"

这里发生了什么？为什么单纯设定一个目标会把我们通常定义为工作的活动重新定义为玩耍？答案看起来是他从事这项活动的原因改变了。他不再为其他人做这件事，他为了自己的个人理由做这件事。桑塔亚那详细阐述了他的定义，一个更深刻的定义。

> 工作和玩耍……等同于奴役和自由。

当我们工作时，我们这么做是因为我们被要求这么做。我们为了食物工作，因为我们是饥饿的奴隶。我们需要工作来付租金，因为我们是安全感和舒适感的奴隶。一些奴役是自愿的，比如心甘情愿地赚钱照顾家庭，尽管如此，这仍是奴役。我们做这些事是因为我们必须去做，而不是因为我们想要做。你被要求得越多，你就越感觉像在工作。你被要求得越少，你就越感觉像在玩耍。换句话说，"这对于所有的玩耍都是不变的真理…无论哪个玩耍的人都在自由地玩，无论哪个必须玩耍的人都无法玩。"

确定了这些，我想要和你分享一些我对于玩耍的定义，尽管它和这些定义一样不完美，但它有自己有趣的观点。我发现当我想要定义一个人类的活动时，减少关注这个活动本身而更多关注驱动这个活动的想法和感受会很有用。我不禁注意到大多数玩乐活动看起来是在尝试回答这样的问题：

- 当我转动把手时会发生什么？
- 我们能击败这支队伍吗？
- 我能把这些黏土做成什么？
- 我能跳绳多少次？
- 通过这个关卡后会发生什么？

当你运用自己的判断力，自由而不是被迫地寻找问题的答案时，我们会认为你是出于好奇心。但是好奇心并不意味着你在玩耍。玩耍包括一些其他的东西——自愿的行为，通常是自愿地接触或改变事物的行为——你可能想表达为操作事物。所以一个可能的定义是：

> 玩耍是满足好奇心的行为。

当里科想要击败他的装配线目标时，他会问这样一个问题："我能打破自己的纪录吗？"这时候，他的活动目的不再是赚钱养家糊口，而是满足关于这个个人问题的好奇心。

这个定义把一些我们平常不认为是玩耍的行为当作玩耍，比如艺术家在油画布上做实验。从另一个角度看，他可能说他在"玩颜色"。化学家尝试做一些实验来测试一个宠物理论——他在玩耍吗？他可能说他在"把玩一个想法"。这个定义有一些瑕疵（你能找出来吗？），但我认为这是一个很有用的观点，并且是我个人最喜欢的对于玩耍的定义。这个定义也带来了6号透镜。

## 6号透镜：好奇心

若要使用这个透镜，就需要思考玩家的真正动机——不是游戏的目标，而是玩家想要完成目标的真正原因。问自己以下问题：

- 我的游戏给玩家的思维提出了怎样的问题？
- 我正在做哪些努力让他们在意这些问题？
- 我能做什么来使他们提出更多的问题？

比如，一个解谜电子游戏在每一关中都可能有一个时间限定的目标，玩家尝试问这样一个问题："我能在 30 秒之内找到过关的方法吗？"一个让他们更加在意的方法是，当他们解决了任意一个谜题后播放一段有趣的动画，那么玩家就会问这样一个问题："我想知道下一个动画是什么？"

插画：艾玛·巴克尔

## 不，认真一些，什么才是游戏呢

我们已经找到了一些关于玩具和乐趣的定义，甚至还在玩耍的定义上进行了实战。让我们再次试着回答最初的问题：我们应该怎样定义"游戏"？

在前文中，我们从"游戏是一种玩的东西。"开始定义游戏，这看起来是正确的，但还不够准确。与"玩耍"的定义一样，许多人已经尝试定义"游戏"了。让我们看看其中的一些观点：

> 游戏是一种对自主控制系统的练习，其中包含力量的竞争，被规则限制以产生一个不平衡的结果。

——埃利奥特·埃夫登和布莱恩·萨顿-史密斯

哇哦，很系统！让我们把这句话分解：

首先，"一种对自主控制系统的练习"：即游戏与玩耍一样，都是完全的自主行为。

其次，"力量的竞争"：这看起来是大多数游戏的一部分。两个或者更多的阵营互相竞争获得优势。一些单人游戏并不总会带来这种感受（你会把俄罗斯方块当成力量的竞争吗？），但这个短语传达了两个概念：游戏有目标，游戏也有冲突。

再次，"被规则限制"：这是十分重要的一点！游戏有它的规则。玩具不需要规则。规则显然是游戏定义的一部分。

最后，"一个不平衡的结果"：不平衡是一个有趣的单词。这并不简单地意味着不平等，相反，它表明游戏最初是平衡的，但是后来变得不平衡了。换句话说，游戏从平衡开始，最后有人获得了胜利。大多数游戏都是这样的——如果你玩游戏，那么不是赢就是输。

所以，这个定义指出了游戏的一些关键特质：

Q1. 游戏是完全自主的。

Q2. 游戏有目标。

Q3. 游戏有冲突。

Q4. 游戏有规则。

Q5. 游戏有输赢。

让我们思考另一个定义，这个定义来自设计界，而不是学术界：

> （游戏是）一个拥有内生意义的交互结构，需要玩家努力完成目标。

> ——格雷格·科斯蒂基安

这其中的一部分内容很清晰，但是"内生"到底是什么？我们马上就会知道。让我们把这个定义像上一个那样分解。

首先，"交互结构"：科斯蒂基安想要让大家清楚地知道，玩家是主动的，而不是被动的，玩家和游戏之间会进行交互。这才是游戏的真相——游戏有一种结构（被规则定义），你可以与之交互，而它也能与你交互。

其次，"努力完成目标"：我们再一次看到了目标，而"努力"表明了冲突。但是它暗示了更多的意思——它暗示了挑战。一定程度上科斯蒂基安想要定义的不仅是游戏，而且是优秀的游戏。糟糕的游戏有太少或者太多的挑战，优秀游戏的挑战则恰到好处。

再次，"内生意义"："内生"是一个绝佳的术语，科斯蒂基安把这个词语从生物学领域带入游戏设计，这个词语的意思是"由器官或者系统的内部因素引起"，或者是"内在发生"。那么什么是"内生意义"？科斯蒂基安强调了：在游戏中有价值的部分也仅仅在游戏中才有价值。大富翁货币只在《大富翁》的游戏环境中才有意义，是游戏本身赋予了它这种意义。当我们玩游戏时，大富翁货币对我们十分重要。而在游戏以外，它一文不值。这些想法和术语对我们都十分有用，因为这往往是衡量游戏吸引力的巧妙方法。玩轮盘赌博游戏并不一定要用真钱——人们可以使用筹码或者游戏币。但是这种游戏本身产生较少内生价值。人们只有在用真钱做赌注时才会玩这个游戏，因为它本身并不是一个特别吸引人的游戏。游戏越吸引人，游戏产生的内生价值就越大。一些大型多人角色扮演游戏已经证明了它们具有足够的吸引力，使得玩家的虚拟游戏道具能够在游戏外用真钱交易。内生价值是一种十分有用的观点，这带来了7号透镜。

## 7号透镜：内生价值

一个游戏的成功与玩家认为它是否重要紧密相关。要使用这个透镜，就要思考在你的游戏中，玩家对道具、目标和分数的感受。问自己以下问题：

● 在我的游戏中哪些东西对玩家很有价值？

● 怎样让这些东西对玩家更有价值？

● 游戏中的价值与玩家的动机之间有怎样的关系？

插画：迈克尔·林

记住，道具的价值和游戏的比分直观地反映了玩家想要在游戏中获胜的程度。通过思考玩家真正关心的事物及其原因，你就知道应该怎样改进你的游戏。

一个关于内在价值透镜的案例是：超级任天堂与世嘉五代上的游戏《大笨猫》是一个标准的平台游戏。你扮演一只猫，试图到达关卡的结尾，打败敌人、躲避障碍物、收集纱线球得到更多的分数。然而分数只与收集了多少物品有关，赚取分数也不会获得其他任何游戏奖励。大多数玩家一开始会收集纱线球，希望它们很有价值，但是当他们玩了一段时间后，他们完全忽视了纱线球，专注于打败敌人、躲避障碍物和到达关卡的结尾。为什么？因为玩家的动机（看看6号透镜"好奇心"）仅仅是完成关卡。一个更高的分数并没有任何效果，所以纱线球没有内生价值。理论上来说，一个通关的玩家可能有一些新的动机：再次打败敌人并获得更高的分数。实际上，这个游戏本身太难了，以至于通关的玩家少之又少。

世嘉五代上的《刺猬索尼克2》是一个相似的平台游戏，但它并没有这个问题。在《刺猬索尼克2》中你可以收集戒指而不是纱线球，而收集戒指的数量对玩家十分重要——戒指拥有很强的内生价值。为什么呢？因为携带戒指能够保护你避免被敌人打败，每当你收集到100个戒指后，你就能够获得一条额外生命，这增加了通关的机会。最后，《刺猬索尼克2》比《大笨猫》更具吸引力，这种机制就是因素之一，它能通过内生价值向你清晰地展示它的重要性。

科斯蒂基安的定义给了我们三个新的特质，我们可以将它们加入列表：

Q6. 游戏是可交互的。

Q7. 游戏具有挑战性。

Q8. 游戏能够创造它自己的内生价值。

让我们看一下另外一条游戏的定义。

> 游戏是一个封闭的正式系统，会给玩家带来结构化的冲突，并产生一个不平衡的结果。
>
> ——特雷西·富勒顿、克里斯·斯文和史蒂文·霍夫曼

这句话中的大多数内容已经在前面的定义中涉及了，但我仍要指出其中两个部分：

首先，"吸引玩家"：玩家觉得游戏具有吸引力是件好事，这意味着玩家感受到了沉浸式的体验。严格来说我们应该把这一点作为优秀游戏的特质，而不是面向所有的游戏，但这确实是非常重要的一点。

其次，"一个封闭的正式系统"：这揭示了很多东西。"系统"说明游戏是

由相互关联的元素协同工作而构成的。"正式"说明这个系统被清晰地定义了，也就是说，它有自己的规则。"封闭"是一个有趣的部分。它说明这个系统有边界。这一点还没有在其他定义中被提到，仅仅在内生价值中涉及了一些。许多元素共同构成了游戏的边界。约翰·赫伊津哈把它叫作"魔法圈"，它确实有一种魔力。与游戏之外相比，我们沉浸在游戏中时会产生不同的想法、感受和价值观。游戏不过是一些规则的集合，它如何对我们产生这种魔法般的效应？为了理解这些，我们只能寄希望于人类的思维。

让我们回顾一下从这些定义中提炼出来的游戏特质列表。

Q1. 游戏是完全自主的。

Q2. 游戏有目标。

Q3. 游戏有冲突。

Q4. 游戏有规则。

Q5. 游戏有输赢。

Q6. 游戏是可交互的。

Q7. 游戏具有挑战性。

Q8. 游戏能够创造它自己的内生价值。

Q9. 游戏能吸引玩家。

Q10. 游戏是封闭的正式系统。

列表很长，不是吗？计算机程序员阿兰·凯曾经提醒过我："如果你写了一个子程序，里面包含了十个以上的参数，那么你应该反省一下，可能你已经迷失了。"他的意思是说，如果你罗列了过多的条目才能表达你的意思，那么你应该找到一个更好的方法来重组这些想法。实际上，目前我们的列表也并不完整，很可能我们也错过了一些特质。

像玩游戏这样简单、吸引人又与生俱来的行为，却有这么笨重的定义，这看起来会很奇怪。也许是因为我们使用了错误的方法。不要从外而内地寻找玩法体验，而要专注于游戏怎样与人关联在一起，就像我们已经做的那样，我们可以从另一个角度思考：人们怎样与游戏关联在一起？

人们为什么这么喜欢游戏？这个问题有许多答案，但是只对部分游戏成立："我喜欢和朋友们一起玩游戏""我喜欢体育活动""我喜欢沉浸在另一个世界中"，等等。但是当人们谈论到玩游戏时，他们经常会给出这个答案："我喜欢解决问题"。这看起来能够适用于所有的游戏。

这有些奇怪，不是吗？通常而言，我们觉得问题就像一种麻烦，但我们确实能够从解决问题中获得快乐。并且作为人类，我们确实善于解决问题。我们复杂的大脑比其他动物更善于解决问题，这是我们最大的优势。那么，我们享受解决问题就看起来不那么奇怪了。解决问题的快感看起来是一种进化的生存机制。享受解决问题的人能够解决更多的问题，并且很可能由于善于解决问题而更容易生存下来。

但这意味着大多数游戏都包含了解决问题吗？我们很难想出一个不是这样的游戏。一个有目标的游戏会有效地给你呈现一个需要解决的问题，比如这些例子：

- 找出一种比其他队伍获得更多分数的方法。
- 找出一种比其他玩家更快到达终点的方法。
- 找出一种通过关卡的方法。
- 找出一种在其他玩家击败你之前打败他们的方法。

赌博游戏看起来是一个例外。有人玩掷骰子是为了解决问题吗？当然，问题就是怎样正确计算风险并尽可能赚更多的钱，另一个狡猾的例子就是带有随机结果的游戏，就像孩子们玩的卡牌游戏《战争》。在《战争》中，两个玩家各有一堆游戏卡牌。他们同时翻开顶端的卡牌并比较两张牌的大小。牌大的玩家在这一回合中获胜，他可以得到这两张牌。如果是平局，那么他们会继续翻牌，胜利者就能获得更多的卡牌。当有玩家得到了所有的卡牌时，这个游戏就结束了。

这样的游戏怎么会包含任何解决问题的成分呢？结果已经被预先设定好了——玩家没有任何选择的余地，游戏会显示最终谁是赢家。虽然如此，孩子们会像玩其他游戏一样开心地玩这个游戏，他们并不认为这个游戏与其他游戏有任何区别。这困扰了我很久，所以我用文化人类学家的观点看待这个问题。我与孩子们一起玩游戏，并努力记住他们玩《战争》时的感受。答案很快就浮出水面。对孩子们而言，这就是一个问题解决类游戏。他们尝试解决的问题就是"我是否掌握命运来赢下这场游戏"。他们会尝试各种各样的方法来玩游戏。

他们会期待奇迹、恳求命运或者用疯狂的方式翻转卡牌——他们试图用各种迷信的行为来赢得游戏。最终他们学会了《战争》这一课：你无法控制命运。他们意识到问题是无法解决的，到了这个时候，《战争》就不再是一个游戏，只是一种活动了，他们很快就会换一个新的解决问题的游戏。

另一个争议是，有人可能会提出，不是每个与游戏玩法相关的活动都是问题解决类活动。人们在游戏中最享受的部分，比如社交互动或者体育运动，与解决问题没有任何关系。尽管这些额外的活动会提升游戏的乐趣，但它们却不是游戏的必要组成部分。如果我们从游戏中移除了解决问题的部分，那么游戏就无法成为游戏，仅仅是一个活动罢了。

如果所有的游戏都包含解决问题的成分，并且解决问题就是把我们定义为人类这个物种的理由之一，那么也许我们应该仔细观察用于解决问题的精神机制，来看看它们是否与游戏的属性有关。

## 解决问题101

让我们想一想，我们在解决问题时做了什么，怎样与游戏特性列表联系起来。

我们做的第一件事就是描述我们想要解决的问题，这就是定义一个清晰的目标（Q2）。下一步，我们为问题构建框架。我们确定它的范围和问题空间的本质。我们也要确定可以运用哪些方法来解决问题，这就是我们确定问题的规则（Q4）。我们很难描述应该怎样去做。这并不完全是一个口头进程。我们仿佛在大脑中建立了一个内在的最小简化版本的现实世界，这个世界中只包含一些用于解决问题的必要关系。它就像一个更干净的微型现实世界环境，让我们可以更轻松地在其中思考、操作或者交互（Q6）。在某种意义上，我们确立了一个带有目标的、封闭的正式系统（Q10）。在我们努力完成目标时，会遇到许多挑战（Q7），这是因为这个系统包含了一些冲突（Q3）。如果我们在意这个问题，那么我们会很快沉浸到解决问题之中（Q9）。这个时候，由于我们专注于内在的问题空间，我们就会有些忘记现实世界。由于问题空间并不是现实世界，只是现实世界的一个简化版本，而解决问题对我们又很重要，因此如果问题空间中的元素能让我们更接近于解决问题这一目标，那么这些元素很快就会获得一种内在的重要性，这种重要性不需要被关联到问题内容的外部（Q8）。最终，我们击败了这个问题或者被这个问题击败，这就是胜利或者失败（Q5）。

我们可以看到魔法圈的真实面貌：我们的内在解决问题系统。这并不会让它失去魔力。在某种程度上，我们的大脑能够基于现实世界创造一些微型现实。这些微型现实能够高效地为特定的问题从现实世界中提取必要的元素，使得这个内在世界中的操作和从中得出的结论在现实世界中依然有效。我们很难知道这是怎样完成的——但这确实非常有效。

我们对游戏的定义能够像这样简单吗？

　　　　游戏是一种解决问题的活动。

这不可能正确，这个描述可能没错，但它太宽泛了。许多解决问题的活动并不是游戏。其中大部分活动看起来更像工作，况且大部分活动从字面上来说（我们怎样将这些小工具的生产成本降低 8%呢？）就是工作。但我们已经确定了玩乐活动与工作活动的区别，这与活动本身无关，而与一个人进行这种活动的动机有关。机智的读者会注意到，我们在分析解决问题时包含了十项特性中的九项。关键特性"游戏完全是自愿进行的"（Q1）被遗漏了。不，游戏不可能是单纯的解决问题的活动。一个玩游戏的人必定带有这种特殊的、难以定义的态度，我们认为这种态度对游戏本质的描述是必要的。那么更好地涵盖所有十项特性的描述应该是这样的：

　　　　游戏是一种以嬉戏态度进行的解决问题的活动。

这是一个简单而精确的定义，而不是一些空洞的术语。无论你是否接受这个定义，这个定义都是一个很有用的观点：把你的游戏当作一个需要被解决的问题。这个观点就是 8 号透镜。

## 8 号透镜：解决问题

若要使用这个透镜，就要思考一下游戏中的问题。每个游戏都有一些等待被解决的问题，在你的游戏中，玩家需要解决哪些问题才能在游戏中获胜？问自己以下问题：

插画：谢丽尔·奇奥

- 我的游戏要求玩家解决哪些问题？
- 是否有一些隐藏的问题作为玩法的一部分出现？
- 在我的游戏中，怎样产生新的问题来保持对玩家的吸引力？

## 我们努力的成果

既然我们已经在定义术语上做出了许多努力，那么回顾一下我们得出了什么结论？

- 乐趣是一种带有惊喜的愉悦感。
- 玩耍是满足好奇心的行为。
- 玩具是一种可以玩的物品。
- 好的玩具是一件玩起来有乐趣的物品。
- 游戏是一种以嬉戏态度进行的解决问题的活动。

这些结论是解锁宇宙奥秘的钥匙吗？不。只有当这些结论能够给你带来一些新的视角，帮助你制作更好的游戏时，它们才有价值。如果确实是这样的，那就太棒了！如果不是这样的，那么最好继续寻找一些能够带来新视角的结论。你可能并不完全同意这些定义——这也不错。这说明你在思考。那么继续思考吧！看看你是否能想出一个比我现在使用的更好的例子。定义这些术语最终的目的是获得新的视角——这些视角是我们努力的成果，而不是定义本身。你的新定义可能会带来新的、更好的视角，给予我们更多的帮助。我唯一能确定的是：

我们无法在洞悉生命本身的全部真相之前了解游戏的全部真相。

——雷曼和威蒂

那么别在这儿磨蹭了。我们花费了足够多的时间思考游戏是什么。现在让我们看看游戏的构成元素。

## 拓展阅读

罗格·卡洛伊斯撰写的《男人、玩乐与游戏》。这本写于 1961 年的书长久以来都是学者研究游戏的首选。不仅如此，这本书对游戏玩法的本质有许多独辟蹊径的观点，读起来让人爱不释手。

詹姆斯·P·卡斯撰写的《有限与无限的游戏》。这是一本简短而令人备受鼓舞的书，它对游戏与生活的关系有着迷人的哲学陈述。

尼科尔·拉扎罗撰写的《我们为什么玩游戏：故事以外情感的四个关键要素》。这是一次对乐趣维度的激进探索。

卡蒂·萨伦与埃里克·齐默尔曼撰写的《玩乐之道》的第 7 章与第 8 章。这两章包含一些关于游戏定义的值得深思的结论。

巴纳德·休茨撰写的《蝈蝈：游戏、生活与乌托邦》。这是一场关于游戏本质的不可思议的心理学实验。休茨对游戏的定义激怒了我，然而我却无法驳倒他。

# 第5章
# 游戏由元素构成

图 5.1

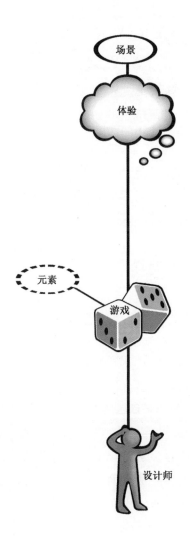

场景

体验

元素

游戏

设计师

# 什么组成了小游戏

图 5.2

在我女儿三岁的时候，有一天她突然对物品的组成产生了兴趣。她兴奋地在房间中溜达，指着各种东西，想要用她的问题难倒我：

"爸爸，桌子是用什么做的呢？"

"木头。"

"爸爸，汤匙是用什么做的呢？"

"金属。"

"爸爸，这个玩具是用什么做的呢？"

"塑料。"

当她转过头寻找新的物品时，我转向她，问了她一个问题。

"你自己是由什么组成的呢？"

她停下来想了想，低下头观察自己的双手，又翻过来研究。然后，她大声说："我是由皮肤组成的！"

对一个三岁大的孩子而言，这是一个非常合理的结论。当然，随着我们不断长大，我们会学到更多人体组成方面的知识——人体是由骨骼、肌肉、内脏和其他部分组成的复杂系统。即使我们是成年人，对于人类解剖学的理解也是不完整的（你能立刻指出你的脾脏所在，然后说出它的作用和工作原理吗？）。但这对我们大多数人来说是可以接受的，因为现有的知识在生活中已经够用了。

但我们希望医生告诉我们更多的知识。医生需要真正了解身体内部是如何运行的，各个部分是如何关联的；当一个人的身体出现问题时，怎样找出病因并治愈他。

如果到目前为止，你还只是个游戏玩家，那么你可能对游戏的组成没有进行过太多深入的思考。想一想视频游戏，你可能像大多数人一样有一个模糊的概念：游戏就是一个故事世界，有一些规则，背后有一个计算机程序使之能够正常运行。这样的结论对大多数人而言已经足够了。

但是，你猜怎样？你现在站在了医生的位置。你需要熟悉你的病人（游戏），它究竟由哪些元素组成，这些元素是如何组合在一起的，是什么让它们运转起来的。当游戏出现问题时，你需要指出真正的原因，然后想出最棒的解决方案，否则你的游戏就会死去。如果这听起来还不够难，那么你可能会做一些大多数医生都不会做的事情：创造一种任何人都没有看到过的新生命（完全崭新的游戏），然后把它实现。

这本书大多数时候都会致力于拓展这种基本的理解力。我们对解剖游戏的研究始于理解所有游戏中都包含的四种基本元素。

# 四种基本元素

有很多种方式可以分解和归类组成游戏的各种元素。在图 5.3 中，我展示了一种很有用的分类方法，我把它叫作元素四分法。让我们简单浏览这四种基本元素和它们之间的关系。

1. 机制。这是游戏的过程和规则。机制描述了游戏目标、玩家完成目标的方式，以及当他们尝试玩游戏时会发生什么。如果你把游戏与更加线性的娱乐体验相比（读书、看电影，等等），你会注意到尽管线性体验包含技术、故事和美学，但它们并不包含机制，因为正是机制让游戏成为游戏。当你选择了一系列对玩法有重要作用的机制时，你需要选择技术来支持它们；选择美学来呈献给玩家；选择一个故事来让你的（有时候很奇特的）机制吸引玩家。我们会在第 12 章到第 14 章中对机制进行更详细的阐述。

图 5.3

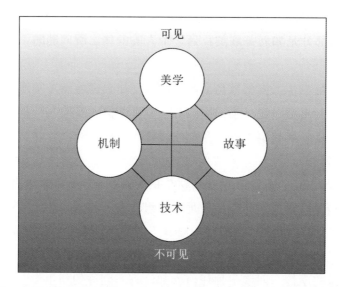

2. 故事。这是游戏中事件展开的顺序。它既可能是线性或预先设定的，也可能是有分支或者随机发生的。当你想通过游戏讲述一个故事时，你需要选择合适的机制来推动故事的发展，让故事浮出水面。就像所有的故事讲述者一样，你需要通过美学来加强故事的表现力，通过技术来配合游戏中将要出现的特定故事。我们将在第 17 章和 18 章中研究故事及其与机制的特殊关系。

3. 美学。这是游戏的外观、声音、气味、味道和感觉。美学对玩家的体验有最直接的影响，因而它是游戏设计中非常重要的一个方面。如果你想让玩家体验到独特的外观、语音并让玩家沉浸其中，你就需要选择一种不仅能够将美学表达出来，而且能够将它放大的技术。你需要选择一种机制让玩家感受到游戏世界中的美学已经被确定了，你需要通过一系列的故事让美学在合适的时机凸显出来，展现出最强的感染力。美学能够强化其他游戏元素、创造一个更有纪念意义的体验。选择美学的技能会在第 23 章讨论。

4. 技术。这里不是专指"高科技"，而是任何能让你的游戏实现的材质和交互方式，就像纸和铅笔、塑料原型或者高能激光一样。你选择的技术应该能够让你的游戏完成特定的任务，并禁止它做其他事情。技术从本质上来说是一种媒介，美学通过它展现出来，机制通过它产生作用，故事通过它被讲述出来。我们将在第 29 章详细讨论怎样为你的游戏选择合适的技术。

"没有任何一种元素比其他的元素更重要"，理解这句话很重要。这四种基本元素被排列为一个菱形，是为了避免呈现任何重要性，并阐明能见度。技术元素对玩家而言通常是最不可见的，美学元素最清晰可见，而机制和故事处于中间的位置。我们也可以用另外的方法来排列它们。例如，为了强调技术和机制是左脑元素，而故事和美学是右脑元素，我们可以把这四种基本元素排列成正方形。为了强调元素之间强烈的关联性，可以把它们排列成一个四面体金字塔——这都没关系。

我们需要理解的是，这四种基本元素都是必要的。无论设计什么游戏，你都需要对这四种基本元素做出重要的决定。没有任何一个比其他的更重要，每一个都能强有力地影响其他元素。我发现很难让人们认识到这四种基本元素是平等的。游戏设计师倾向于认为机制是最主要的，艺术家认为美学是最主要的，工程师认为技术是最重要的，而编剧认为故事是最重要的。认为与自己相关的部分最重要是人类的天性。但请相信我，作为游戏设计师，它们都是你的一部分。每种元素对玩家的游戏体验都有相同的影响力，所以每种元素都应该获得相同的关注度。当使用 9 号透镜时，这个观点很重要。

## 9 号透镜：四种基本元素

若要使用这个透镜，就要观察你的游戏实际上是由什么元素组成的，单独考虑各种元素，然后将它们统一看待，问自己以下问题：

插画：里根·海勒

- 我的游戏设计使用了全部的四种基本元素吗？
- 我的设计能够通过增强一种或者多种元素来获得提高吗？
- 四种基本元素是否和谐，互相作用并向同一个主题努力？

思考一下 1987 年由西角友宏设计并由太东公司发行的游戏《太空入侵者》。如果（从某种程度上）你不熟悉这个游戏，那么赶快上网搜索，了解它的基础组成。我们将运用四种基本元素的方法来分析该游戏的设计。

技术：所有的新游戏在某种程度上都有所革新。《太空入侵者》背后的技术是为这个游戏量身定制的。这是第一个允许玩家与不断逼近的军队战斗的视频游戏。这个设计只有通过为它特别定制的主板才可能实现。通过这项技术，一系列新的游戏机制能够展现出来，而这项技术也为此而产生。

机制：《太空入侵者》的游戏机制是崭新的，非常刺激。更重要的是，这很有趣并且很平衡。玩家不仅能与外星人互相射击，还能躲在可被摧毁的盾牌之后（玩家自己也可以选择摧毁盾牌）。不仅如此，通过射击神秘的飞碟，玩家还能获得额外的分数奖励。游戏没有时间限制，因为游戏会通过两种方式结束：玩家的飞船被外星人摧毁，或者外星人抵达玩家的星球。外星人靠得越近，就越容易射击，但是分数也越低。射击远处的外星人拥有更高的分数。另一个有趣的机制是，每击落 48 个外星人，他们的入侵就会加速。这带来了紧张感，让有趣的故事体现出来。从根本上说，《太空入侵者》背后的机制在当时十分坚固、平衡，而且很有创新性。

故事：这个游戏不需要故事。它本可以是一个抽象的游戏：玩家操纵三角形"武器"向方块射击。但是故事能够让游戏更加令人兴奋并且更容易理解。最初的《太空入侵者》并不是一个关于外星人入侵的故事。它原本的游戏内容是向逼近的人类军队开火。据说太东公司认为这会传达一种不好的信息，所以就改变了故事。一个关于外星人的新故事会更有效，理由如下：

- 市面上已经发布了一些战争主题的游戏（例如，1976 年发布的《海狼》），但当时关于太空战争的游戏却十分新颖。
- 一些玩家不喜欢在游戏中向人类形象射击（1976 年发布的《死亡竞速》已经让暴力成为视频游戏中的敏感问题）。
- 先进的电脑绘图技术让他们有能力创造未来主题。

- 进攻的战士需要在地上跑步前进，这意味着游戏必须有一个从上至下的视角。《太空入侵者》给你这样一种感觉：外星人正在向你的行星表面降落，你朝上向他们射击。在某种程度上，悬停飞行的外星人是可信的，并让这个故事更有戏剧性——"如果他们降落到了地球，那么我们的末日就到了。"故事的改变带来了摄像视角的改变，这对美学的影响也具有戏剧性。

美学：有人嘲笑它的视觉表现看起来很原始，但游戏设计师在游戏中设计了许多细节。外星人并不完全相同，他们有 3 种不同的类型，射击每一种类型的外星人会让玩家拥有不同的分数。他们有 2 帧效果不错的行进动画。这个游戏原本并不能显示颜色——但一种基本技术的改变解决了这个问题！由于玩家被限制在屏幕的底部，外星人在中部而飞碟在顶部，因此游戏设计师设置了透明的彩色条纹来分割屏幕，你的飞船和护盾是绿色的，外星人是白色的，飞碟是红色的。游戏中技术的简单改变仅仅是因为游戏机制的需要，这一改变极大地增强了美学表现效果。声音也是美学中一个重要的组成部分。行进的入侵者会发出一种心跳声，当他们加速时，心跳声也会加速，让玩家觉得身临其境。当然，游戏中还有其他的音效用于增强游戏的故事性。最令人印象深刻的是，当你的飞船被外星人的导弹击中时，会有惩罚性的嗡嗡声。但不是所有的美学都被禁锢在游戏中，在《太空入侵者》的街机机箱上，有一幅引人入胜的绘画，简略地描绘了邪恶的外星入侵者的故事。

《太空入侵者》的成功在一定程度上可以归功于这四种基本元素，它们都向同一个目标努力——让玩家体验到与外星人之间激烈的太空战斗。每一种元素会兼顾其他的元素，一种元素的不足会激发游戏设计师的灵感来调整其他元素。在通过"四种基本元素"透镜看待你的设计时，你需要拥有一些敏锐的洞察力。

图 5.4

## 皮肤与骨骼

　　我们将在本书中更详细地讨论这四种基本元素，也会剖析游戏的其他方面。学到这么多是一件很美好的事情，这样你就能够透过游戏的皮肤（玩家体验），深入到骨骼（组成游戏的元素）。但你必须意识到一个其他游戏设计师可能会踏入的陷阱：一些游戏设计师总是思考游戏内部的细节，而忘记了玩家体验。你不仅需要理解各种各样的游戏元素及它们之间的关系，你还必须考虑它们与体验的关系。这是游戏设计中的一个巨大挑战：在理解元素及其关系是如何产生体验的同时感受游戏体验。你必须同时看到皮肤和骨骼。如果你只专注于皮肤，那么你会思考体验，却不理解为什么会有这样的体验或者怎样增强这种体验。如果你只专注于骨骼，那么你可能让一个游戏结构在理论上十分完美，而在现实中十分糟糕。如果你能够同时专注于这两件事，你就能在看到游戏运行方式的同时感受到游戏体验的力量。

在第 2 章中，我们讨论了观察和分析游戏体验的重要性和挑战性。这种挑战并不足够，你还需要思考游戏中产生体验的元素。这需要练习，就像第 2 章中观察体验需要练习一样。从根本上，你需要拓展一项技能：在观察你自己的体验的同时思考产生体验的潜在原因。

这种重要的技能叫作全息设计，它的详细内容在 10 号透镜中。

## 10 号透镜：全息设计

若要使用这个透镜，就必须一次性看到游戏的全部：四种基本元素和玩家体验，以及它们是怎样关联起来的。你可以把注意力从皮肤转移到骨骼再转移到皮肤，但更好的方法是全息观察游戏和体验。

插画：扎卡里·D·科尔

问自己以下问题：

- 游戏中的哪种元素产生了令人享受的体验？
- 游戏中的哪种元素会让玩家在体验中分心？
- 怎样改变游戏元素来改善游戏体验？

在后面的章节中，我们仍将讨论组成游戏的元素。现在让我们把注意力转到让这些元素协同工作的原因上。

# 第6章
# 元素支撑起主题

图 6.1

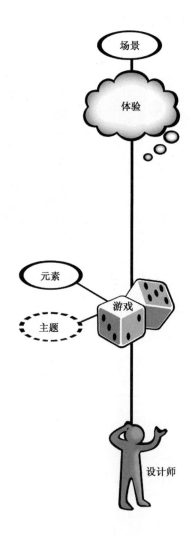

一部伟大的著作必然有一个伟大的主题。

——赫尔曼·梅尔维尔

# 微不足道的游戏

伟大的主题和深刻的意义经常与文学或者其他艺术作品相联系。而当"微不足道的游戏"追求同样程度的伟大时，是否会显得过于狂妄？

作为游戏设计师，我们必须面对这样一个痛苦的现实：在许多人的观念中，游戏只是一种毫无意义的消遣活动。当我与持有这些观点的人们交流时，我能让他们承认有些游戏其实很重要。比如他们参与或观赏的运动游戏，或是让他们与重要人物建立关系的卡牌或桌面游戏，或是含有他们认可的故事线和角色的电子游戏。而当我指出游戏并不是毫无意义的时候，他们解释道，"好吧，其实我在意的并不是游戏本身——而是它带给我的体验。"正如我们之前讨论过的，体验并不会随机地与游戏联系在一起，而是由玩家与游戏互动产生的。体验的各个部分对人们都至关重要，例如体育赛事中的戏剧性，桥牌玩家的友谊或者象棋爱好者之间的竞争，等等，这些都由游戏设计决定。

一些人认为游戏，尤其是电子游戏，不可能具有深刻的意义，因为它们是粗制滥造的。在 20 世纪初也有这样一次对于电影的争议，当时的电影还处于黑白默片阶段。随着技术的发展，这种争议烟消云散了。这样的事情也发生在游戏身上。在 20 世纪 70 年代早期，电子游戏简单到几乎完全是抽象的。而到如今，游戏已经可以包含文字、图片、视频、音效和音乐。随着技术的进步，越来越多的人类生活和表达的内容被融合到游戏中。所有的元素都可以成为游戏的一部分。你能够把一幅油画、一段无线电广播或者一部电影放入游戏，但你不能把游戏放入这些元素。所有已经出现或者将要出现的其他媒体都是游戏的子集。由于这些媒体的技术限制，游戏会把它们都囊括在内。

事实上，游戏的问题在于它在最近才被视为严肃的表达媒介。整个世界需要花时间来习惯这种观念。但是我们没有必要等待，我们现在就能够创造包含伟大主题的游戏。但是我们为什么要这么做呢？只是为了艺术表达的自私需求吗？不，因为我们是游戏设计师。我们的目标不是艺术表达，而是创造伟大的体验。我们可能创造无主题或者弱主题的游戏。然而如果我们的游戏有一个统一的、能引发共鸣的主题，我们创造的体验就会更加强烈。

# 统一的主题

如果你的设计围绕一个单一的主题，那么它最大的优势就是游戏中所有的元素将互相强化，因为它们向着一个共同的目标发挥作用。在制作游戏的过程中形成主题是再好不过的了。越快确定一个主题，接下来的制作将会越简单，因为你能够用一个简单的方式决定哪些元素应该出现在你的游戏中：如果这个元素能够强化主题，就留下，反之就从游戏中去掉。

可以通过两个简单的步骤利用主题来增强你的游戏体验：

步骤 1：确定你的主题是什么。

步骤 2：采用所有可能的方法来强化这个主题。

这听起来很简单，但什么是主题呢？主题就是你的游戏是关于什么的。这是一种能够把整个游戏联系起来的创意——一种所有的元素都必须支撑的创意。如果你不知道你的主题是什么，那么你的游戏很可能无法最大限度地吸引玩家。大多数游戏的主题都是基于体验的，也就是说，设计的目标是传达给玩家必要的体验。

设计师里奇·戈尔德在他的著作《够了！创意》中阐述了一个确定主题的简单案例。当他还是个孩子时，他有一本关于大象的书。这本书的主题很简单：给孩子们传达一种体验，让他们理解大象是什么。在某种意义上，你会说这个主题就是"大象是什么？"那么，步骤 1 已经完成了。这就把我们带到了步骤 2：采用所有可能的方法来强化这个主题。作者很明显这么做了——这本书包含关于大象的各种各样的文字和图片。另外，他们把整本书包括封面和内页都裁剪为大象的形状。你需要到处寻找机会，用更聪明和难以预期的方式强化你的主题。

下面我们给出一个更详细的案例，这个案例基于一个我为迪士尼公司制作的虚拟现实游戏，它的名字叫作《加勒比海盗：海盗宝藏之战》。我们的团队

（迪士尼 VR 工作室）被赋予了一项任务：为广受欢迎的加勒比海盗主题公园中的游乐设施制作一个交互改编的版本，让它可以出现在所有的迪士尼乐园中。我们知道，目标是要把它放入一个计算机增强虚拟环境，这是一个位于迪士尼探索世界（迪士尼世界中的虚拟现实中心）的带有 3D 投射的小房间，体验大约需要持续五分钟，但我们还没有设定故事线或者特定的游戏目标。

我们已经有了一个主题的开端：这个主题的吸引力是海盗，这就把范围缩小了，但我们希望能够更加明确一些。我们要用哪一种视角来看待海盗呢？这里有一些我们能够采用的：

- 一部关于海盗的历史纪录片。
- 一场海盗船之间的海战。
- 一起搜寻海盗财宝的行动。
- 海盗是必须被打败的坏人。

除此以外，我们也想出了一些其他的创意。你可以看到，就算是具备了像"海盗"这样明确的概念，我们依然无法确定主题，因为围绕这个概念，我们可以创造太多可能的体验。我们开始做调研，寻找游戏创意和艺术创意，以求获得一个明确而统一的主题。

我们阅读了大量关于海盗的历史文献，也观赏了一些其他人制作的海盗主题电子游戏。我们还与那些参与制作加勒比海盗游乐设施的人交流。虽然我们获得了很多很棒的细节，但是在确定主题这件事上却没有任何进展。有一天，我们驱车前往迪士尼乐园去近距离研究这些游乐设施。我们在乐园关闭前玩了几十次游戏，然后疯狂地记笔记与拍照。游乐设施里包含大量的细节——这实在令人叹服。我们能够看到这样的细节非常重要。但是海盗的故事呢？很奇怪，加勒比海盗的游乐设施并没有讲述一个连贯的故事。它只是展现了一些海盗生活的沉浸式画面。在某种意义上，这确实很有效：故事留给玩家自己去遐想就好了。

虽然我们从游乐设施中获得了一些很棒的细节，但我们仍然没有主题。我们采访了乐园的员工；在乐园营业时，我们向游客了解他们在游乐设施中获得的感受。我们得到了很多细节，关于这个游乐设施看起来怎样，它让人们产生了怎样的感受，他们最喜欢的部分是什么，但没有任何一条能够带给我们一个坚实的观点，好让我们确定主题。

　　在回去的路上，我们讨论了看到的各种细节，因为没有一条清晰的线索，我们感到有点烦躁。我们坐着思考时，情不自禁地就哼起了朗朗上口的主题曲，我们已经在游乐设施里听过了无数遍这首歌……"哟呵，哟呵，这就是我的海盗生涯啊。"突然，这一切变得清晰起来！加勒比海盗的游乐设施并不是关于海盗本身的，而是关于海盗生活。整个游乐设施的目标就是满足人们的幻想：把社会规则抛在一边，然后成为一名真正的海盗！这回顾起来可能很简单，但是在我们的思考下，这个转变明确了所有的事。这不是历史的再现，也不是一个关于击败海盗的故事，而是在每个人内心之中涌动的、成为海盗的梦想。还有比沉浸式互动体验更能表现出想成为海盗这个意愿的吗？我们现在有了一个基于体验的主题：海盗梦。

　　这样，步骤 1 就完成了。我们确定了主题。现在进行步骤 2：采用所有可能的方法来强化这个主题。为了强化这个主题，我们确实努力采用了各种方法。下面是一些具体的例子：

- CAVE 的外形：过去我们通常使用正方形或六边形的 CAVE。但这一次为了适合模拟一条海盗船，我们制作了一个全新的、带有四块屏幕的 CAVE。
- 立体投影：不是每个 CAVE 体验都会使用立体投影。但是我们选择这么做，因为立体投影能够带来纵深感。让你的眼睛聚焦于远方，能够帮助你产生身处海上的感觉。
- 定制的 3D 眼镜：许多剧院使用现成的 3D 眼镜，这种眼镜在侧边有遮挡物，可以在看电影的时候减少分心。我们知道一个人的运动感在很大程度上会被外围视野所影响，所以这种遮挡物就是一个问题了——如果玩家无法获得足够的航海感，那么主题对他们的影响就会减少。我们与制造商达成了协议，定制了不带遮挡的 3D 眼镜。
- 运动平台：我们想要让玩家感觉身处摇晃的船只，选用运动平台看起来是一个好主意，但是应该选用哪种类型的呢？最终我们定制了一个充气的，因为感觉上它最像海上航行的船只。
- 操作界面：海盗梦的一部分是驾驶海盗船，而另一部分是发射大炮。

我们本来准备使用控制手柄或者其他现成的硬件设施，但与主题并不
搭配。最后，我们用舵轮驱动整艘船只，并且玩家能够操作一个真实
的金属大炮进行瞄准和射击。

- 视觉表现：我们需要把每项设计都变得漂亮。游乐设施的特性是具有
  "超现实"的外观，这与我们的主题完美适配。我们使用高端的图像硬
  件和大量的纹理、模型来完成相似的外观设计。

- 音乐：尽管有些麻烦，我们仍然获得了使用游乐设施中音乐的许可。
  它能够完美地衬托出主题并用一种怀旧的方式把游戏与游乐设施联
  系起来。

- 音效：我们的音效设计师定制了一套包含十个扬声器的音效系统，这
  个系统能够从任意方向播放声音，让你感觉仿佛置身大海之上。一些
  扬声器的设计为只播放大炮发射炮弹时发出的爆炸声，它们被精确地
  设置在距离船只合适的位置上，这样大炮的音波就可以震撼你，你可
  以听到并感受到大炮的轰鸣。

- 自由感：海盗是自由的代表。我们把游戏机制设计为让玩家能够航行
  到他们选择的任何海域，同时保证玩家获得兴奋的体验。我们将在第
  18章详细讨论如何完成这一点。

- 死人不会泄密：在游戏中处理死亡是一大难题。一些人建议，既然这
  是电子游戏，我们应该像传统的电子游戏一样处理这个问题：如果你
  死了，就会有一些惩罚，然后你就可以再次复活并回归到游戏中。但
  这并不合适海盗梦这样的主题——在海盗梦中，你不会死，即使你死了，
  也会以一个戏剧性的方式离开，而且你无法再次复活。更进一步地，
  既然戏剧性是海盗梦的一部分，我们就要努力尝试为五分钟体验保持
  戏剧兴趣曲线（将在第16章解释）。如果玩家在游戏过程中突然死亡，
  那么这种体验就会毁灭。我们的解决方案是让玩家无懈可击地通过大
  部分的游戏进程，如果他们在体验过程中受到了太多的攻击，那么在
  最终的战斗结束时，他们的船只就会以戏剧性的方式沉没。虽然这打
  破了电子游戏的传统，但主题显然比传统更重要。

- 宝藏：收集各种各样的部落宝藏是海盗梦的基本组成部分。不幸的是，

在电子游戏中很难渲染出大堆真实的金子。我们使用了一项特殊的技术，可以让手绘的平面财宝看起来像固态的三维物体，还能把这些财宝放置在船的甲板上。

- 灯光：我们需要点亮玩家所在房间的灯。那么怎样才能把光线与主题结合起来呢？我们在光上使用了特殊的滤镜，让它看起来好像从水面反射而来。

- 摆放物品的地方：在人们玩游戏的时候，他们需要一个地方来放置他们的背包、钱包等。我们原本只需要制作一个架子，但我们没有这么做，而是用渔网制作了一个包，渔网看起来仿佛本身就属于这艘船。

- 空调：场地上主管器材的人问我们是否考虑过在游戏房间的何处放置空调的出风口。我们最初的想法是"谁在乎呢？"但我们随后想到了"我们应该怎样利用空调来强化主题？"最后，空调出风口被放置在船的前端，向后吹风。玩家会感觉到微风拂过，就像他们在海上航行一样。

- 蓝胡子之眼：我们无法找到让 3D 眼镜符合主题的好方法。我们试验过让它们看起来像海盗帽和头巾，但效果并不好。一位机智的先生提议，应该让玩家都戴上眼罩，这样 3D 效果就没必要了。最终，我们放弃了这些想法，保持这个细节与主题无关。当游戏被装载进迪士尼世界时，我们亲自去体验了一下。让我们惊讶的是，带领我们去甲板的角色成员预先声明道："在登上甲板之前，你们必须戴上蓝胡子之眼。"这太令人惊奇了，因为这并不包含在给角色成员的"官方剧本"中。游乐设施的工作人员弥补了我们失败的设计。这是一个简单有效的方式，把一个从我们手中逃脱的细节主题化，这也有力地说明了，当你有一个强大的统一的主题时，团队中的任何人都能够更加简便地做出有用的贡献。

这并不是完整的列表，我们做的所有事和所有的决定都聚焦于是否能够强化主题，传达我们想要给予玩家的必要体验。你可能认为，没有庞大的预算就无法完成幻想风格的主题。但是很多主题化的细节都很便宜。它们可以是一行文字、一种颜色，或者一个音效。主题化很有趣——一旦你习惯于尝试做尽可能多的事来搭配你的主题，你就很难停下来。但是为什么你要停下来？这带给了我们11号透镜。

## 11号透镜：统一

若要使用这个透镜，就要尽可能地考虑这背后所有的原因。问自己以下问题：

插画：戴安娜·巴顿

- 我的主题是什么？
- 我已经采用了所有可能的方法来强化这个主题吗？

"统一"透镜与 9 号透镜"四种基本元素"很搭配。使用"四种基本元素"透镜从你的游戏中分割出元素，你就能够从统一的主题的角度更方便地研究它们。

# 共鸣

一个统一的主题太棒了——它能让你的设计专注于一个单一的目标。但是主题也有高下之分。最好的主题是能够引起玩家共鸣的主题——这些主题能够触碰到玩家内心的深处。"海盗梦"是一个有力的主题，因为这个梦想是每个人——孩子、成年人、男人和女人——都曾一度拥有的。在某种程度上，它与我们的自由欲望产生了共鸣——把我们从义务中解放出来，从担忧和关心中解放出来，让我们自由地做任何想做的事。

当你设法触及这些共鸣主题之一时，你就获得了一些深刻而有力的东西，这些东西有一种真正的能力，能够让人们感动并给予他们一场卓越而革新的体验。我们之前讨论过，一些主题是基于体验的，这意味着它们都在传达一种本质体验。当这种体验能够与玩家的幻想和欲望产生共鸣时，它就能迅速转变为一种重要的体验。另外，还有一类主题能够像基于体验的主题一样产生共鸣，有时甚至更加有力，这就是基于真相的主题。

想一想电影《泰坦尼克号》。这部电影深深地打动了全世界的观众。为什么？当然它拍摄得很好，有很棒的特效和甜蜜（尽管有时过分感伤）的爱情故事，但很多电影都有这些元素。它的特殊之处是，电影中所有的元素都强化了一个深刻且能引起共鸣的主题。那么它的主题是什么呢？最初，你可能会认为它的主题就是泰坦尼克本身和它的悲剧事故。这当然是电影的一个重要组成部分。事实上，你可能会说这是电影的主题之一，但并不是最重要的主题。实际上最重要的主题不是基于体验的，相反地，它只是基于一句话，我能够用一些像"爱情比生命更重要，比死亡更强大"这样的短句来陈述。这是一句有力的陈述，也是我们很多人在心中都深信不疑的陈述。当然这不是一个科学真理，但对很多人来说，这是一个深埋心底、很少表达的个人真理。

很多好莱坞的内部人员都不相信这部电影能够成功：因为观众已经知道了电影的结局。但你能找到一个比这艘会杀死几乎所有人的船更好的场景来讲述一个如此有力主题的故事吗？昂贵的特效不是毫无理由的——这些特效能够紧紧抓住主题的入口，我们一定会觉得所有的画面都像真的一样，就像我们身临其境，就像我们自己也要死了。

基于真相的主题有时很难定位。这些深刻真理的一部分能力就是隐藏自己。当然，游戏设计师甚至无法意识到他们已经选择了一个主题或者能够用语言描述它——他们只能感受到特定的体验。但是你应该花费精力去探索对这些事的亲身感受，直到你能够正确地表达你的主题。这样你就能更容易地分辨出什么应该而什么不应该进入你的游戏，并且会让你更轻松地向你的团队展示做出这些决定的理由。当史蒂芬·金写下他的著名小说《魔女嘉莉》时，他在写第二遍草稿时才意识到这是一个关于鲜血的小说，不仅是恐怖电影的鲜血，而且是一种对鲜血内涵的探索，从受伤，到家庭羁绊，到成年。当他意识到这些时，他知道可以通过很多方式调整和强化这个故事。

罗伯·达维奥的奇幻桌面游戏《危机：遗产》就是一个优秀的基于真相主题的案例。在这个不同寻常的游戏中，达维奥完成了一些世界上其他桌面游戏从未有过的尝试——他创造了一种游戏机制，比如当你玩这个游戏的时候，你的抉择会永久地改变游戏内容。这个规则坚持让你用不可移动的贴纸改变游戏板，用永久的马克笔在游戏板上书写来主张领地，扯掉和丢弃游戏卡片，甚至永久性地改变游戏规则。这些不同寻常的游戏机制很新颖，让人着迷，但是更重要的是，它们都强化了游戏的中心主题：战争改变了世界。

　　另一个真相主题的案例就是海格力斯的故事。VR 工作室团队被要求制作一个基于迪士尼版本的远古传说海格力斯的游戏。一个故事流传下来并被一而再地传播是有原因的。就像这个故事，它历经了几千年的时光，暗示了在这个故事的背后隐藏了一个基于真相的主题。虽然海格力斯是个强壮的人，但这并不是他能够引起人们共鸣的原因。我们查阅了各种版本的故事。有趣的是，哪怕是在古代，这个故事也没有一个公认的叙述。有时候海格力斯有 10 个工人，有时候有 12 个，有时候甚至有 20 个。但这些故事都有一些共同的元素。在每个故事中，海格力斯都非常高尚，以至于他战胜了死亡。这个真理如此深刻以至于它就是很多信仰的核心：只要你足够高尚，你就能战胜死亡。迪士尼的动画家在海格力斯和冥界之主哈德斯的冲突中体现了这个主题。我们在游戏中延续了这个主题，大部分的故事都发生在冥界，直到最后，你成功地回到生者的世界，并与哈德斯进行了一场最终的空中决战。这里有一些子主题，比如关于团队的重要性，但最终我们把这些子主题都用于服务主要的主题。

　　有时，你想要一个个地考虑你的主题。这里有另一个迪士尼的故事：当我们开始制作《卡通城 Online》（迪士尼的首个大型多人游戏）项目时，我们仍然无法确定主题。我们已经在《卡通城 Online》中做了很多工作，研究了电影《谁陷害了兔子罗杰》和迪士尼乐园中关于卡通城的章节。奇怪的是，卡通城并不在任何一个地方有明确的定义，尽管我们认为卡通城是强大的。这是因为每个人对卡通城都有一个先入为主的印象——就好像他们知道一直有一个特殊的地方，当卡通角色不在屏幕上时，都住在那里。这个（有点惊悚的）事实告诉我们，我们正在触及一些基本和隐藏的要素。当我们开始制作一个理想中的卡通城时，有三个方面凸显了出来：

1. 与朋友们开心地玩耍。
2. 逃离现实生活。
3. 天真的和超然的。

第一条很适合在线网络游戏，我们喜欢这一点。第二条有很多层含义——卡通是一种优秀的逃离现实的形式。第三条（我们将在 19 章讨论更多的细节）说明卡通城比现实世界更单纯，你在卡通城中也比在现实世界中更强大。

所有的这些都帮助我们阐明了我们想要在游戏中看到的事物，但没有一个能告诉我们一个明确的主题。这些看起来更像子主题。在某种程度上，我们意识到这三个方面放在一起，会强化描绘出一些我们已经在第 4 章中讨论过的细节：玩耍。玩耍就是获得快乐并与你的朋友们逃离现实，一个游戏世界比现实世界更单纯，而且你拥有更强大的力量。但我们并不认为玩耍本身能够作为一个有力的主题。我们需要一些更加具有冲突性的元素。这引导我们找到了游戏的天然反面：工作。这就很清楚了——"工作 vs 玩耍"将会是一个强有力的主题。更详细的描述是，"工作试图消灭玩耍，但玩耍必须生存"就是我们找到的基于真理的主题。就像我们在第 4 章做的那样，把工作和玩耍换成"奴役"和"自由"，这个主题的力量就更加清晰了。这感觉就真的对了。我们想要创造一个孩子和父母能够一起玩的游戏，这个游戏要有一个和双方都相关的主题——还有比探索他们生活中的主要冲突更好玩的事情吗？我们就这么做了。于是，《卡通城 Online》是这样一个故事：机器人管理员（齿轮）想要把彩色的卡通城变为昏暗的办公室。卡通人物联合起来用笑话和恶作剧反抗这些齿轮，齿轮则用办公用品反击。这个故事很奇怪，以至于它在公司中吸引了一些注意力，但我们对这个故事的成功很有信心，因为我们知道它表达的主题能够引起观众的共鸣。

共鸣主题能把你的作品升华为艺术。艺术家会引领你进入无法独自到达的领域，而主题就是让你前行的工具。当然，不是每个主题都必须成为一个共鸣主题。不过当你找到一个深刻的共鸣主题时，你就值得好好利用它。这些主题中的一些是基于体验的，另一些是基于真相的。你无法通过逻辑分辨出哪一个主题是有共鸣性的——你必须在内心深处亲自感受这种共鸣。这是一种很重要的自我倾听的形式，也是 12 号透镜。

## 12 号透镜：共鸣

若要使用这个透镜，就必须寻找隐藏的力量，问自己以下问题：

- 在我的游戏中，能感觉到哪些有力的或者特殊的元素？
- 当我向他人描述我的游戏时，哪些创意能让他们真的兴奋？
- 如果没有任何限制，这个游戏将会变成什么样？
- 我对这个游戏的方向有一定的直觉，
  那到底是什么在驱动这种直觉呢？

插画：尼克·丹尼尔

共鸣透镜是一件安静美妙的乐器，也是一件倾听自己和他人的工具。我们把重要的事物深埋心底，当某些东西引起这些事物的共鸣时，就会触动我们的内心。事实上这些隐藏的事物给了它们力量，但也让我们难以追寻。

# 回归现实

你可能觉得，所有关于共鸣主题的内容对于游戏设计都好像故弄玄虚。对于有些游戏而言可能确实是这样的。《愤怒的小鸟》有一个深刻的能引发共鸣的主题吗？也许没有，但是它肯定有一个统一的主题来帮助完成整个游戏的设计。共鸣主题能够为你的作品增加巨大的力量，但即使没有共鸣主题，一个游戏依然能够通过统一的主题来集中体验，从而使体验得到改善。

一些设计师拒绝主题的概念，因为他们认为："玩家从来不会注意到主题。"确实，玩家并不总能够清楚地认识到真正打动他们的是作品的主题——这是因为主题经常作用于潜意识的层面。玩家知道他们喜欢一个游戏，但他们很难说清为什么喜欢。在许多场合，他们喜欢的理由可能是所有的元素都在加强一个他们认为很有趣或者很重要的主题。主题并不会像谜题一般故意留下隐藏的信息。主题会把你的作品聚焦到对玩家有意义的事物上。

在游戏设计过程中，不同的游戏设计师会采用不同的方式来利用主题。现在是时候来探索游戏设计过程中的其他方面了。

## 拓展阅读

里奇·戈尔德撰写的《够了！创意》。在任天堂公司力量手套设计师的智慧宝库中，提供主题仅仅是话题之一。

# 第7章
# 游戏始于一个创意

图 7.1

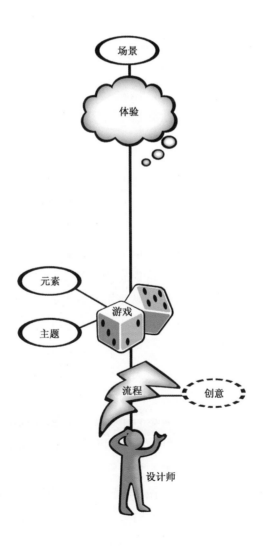

我希望本书能够鼓励你尝试设计一些属于你自己的游戏。当你想要设计游戏时（或许你已经开始了），你可能会觉得自己没有使用正确的方法，没有使用"真正的"游戏设计师所用到的方法。我猜你设计游戏的方法可能是这样的：

1. 想出一个创意。

2. 尝试制作出来。

3. 不断测试和改进，直到它看起来不错为止。

这听起来有些业余。不过，你猜怎样？这正是游戏设计师工作的方式。本章内容到这里就结束了，除了这个事实：有些设计方式会比另外一些更好。既然你已经知道要做什么了，在本章和下一章中，我们将讨论怎样做出一个尽可能优秀的游戏。

# 灵感

正如我之前提到的，我曾经做过几年专职杂技演员。14 岁的时候，我只会表演两个杂技节目。我第一次参加的是杂技节，如果你没参与过，这很值得去看一看——在一个大体育馆中，有各种水平的杂技演员在交流、试验和分享新的技术。你能够在那儿尝试一些不可能的戏法，即使失败了也丝毫不用害羞。但我第一次独自参加时却完全没有这些感受，我实在是太紧张了——毕竟我还不是一个真正的杂技演员。大多数时候我都在到处走动，四处张望，把手插在口袋里，害怕突然有人指着我大喊："嘿！他在干什么？"当然，这并没有发生。每个在节日中的人都和我一样——自学。直到我慢慢觉得放松了，便害羞地拿出我的小袋子，做一些练习。当我看到其他人表演杂技时，我就试着模仿他们——有时我也能做得像模像样。但当我四处尝试一些更多的杂技时，有一位杂技演员吸引了我的注意力。他是一个穿着灰蓝色连衣裤的老头，他的戏法看起来和其他人的一点儿也不一样。他使用独特的模式和节奏，他的戏法虽然不比其他人的难，但是看起来很美。我观看了很久才意识到，他表演的那些看起来独一无二的戏法就是我已经会做的——但当他表演时，它们就有了如此不同的风格、感受，看起来就好像全新的杂技。我观察了大约二十分钟，突然他看着我说："怎么了？"

"什么怎么了？"我说道，有点尴尬。

"你想要模仿我的杂技吗？"

"我——我想我并不知道应该怎么做，"我结结巴巴地说。

他大笑起来。"是的，他们也不知道。你知道为什么我的表演看起来如此与众不同吗？"

"嗯……是因为勤于练习吗？"我猜道。

"不——每个人都会练习。看看你周围！他们都在练呢。我的戏法看起来与众不同是因为我学习它们的方式与众不同。而这些人只是互相学习，哪种方式更好呢？你可以像他们那样学到很多戏法。但你永远都不会脱颖而出。"

我陷入了思考，"那么，请问您从哪里学到这些杂技呢？"我问道。"从书里面吗？"

"啊哈，书？书是个不错的东西。但我不是从书里面学的。你想要知道这个秘密吗？"

"当然。"

"秘密就是：不要从其他杂技演员那里寻找灵感——到别处去看看。"他又开始表演一个很美的杂技动作，他的双臂螺旋上升，又突然踮起脚尖开始旋转，"我在纽约观赏一台芭蕾舞表演时，学到了这个杂技。而这个……"他走到一边，随着手臂前后飞舞，不断地扔起并接住几个小球。"在缅因州，我看到一群天鹅从湖中飞起，然后我学会了这个杂技。再看看这个……"他做了一个怪异的机械动作让小球向特定的角度运动。"我从长岛的一台纸带打孔机中学到了这个动作。"他大笑了一会儿，停下了他的表演。"有人尝试模仿这些步伐，但是他们做不到。他们总是想要……是的，看看那个小伙儿，那儿！"他指着体育馆另一边的一个扎着马尾辫的杂技演员，他正在表演一个芭蕾的步伐。但是看起来很笨拙。看起来少了一些什么，但我说不上来。

"看，这些人可以模仿我的步伐，但他们无法模仿我的灵感。"他表演了一个戏法，让我想起了双螺旋上升。这时，主持人宣布一个初学者研讨会开始了——我向他表示感谢就离开了。我再也没有见过他，但我永远也不会忘记他。我希望能知道他的名字，因为他的建议永远地改变了我的创作方向。

## 13 号透镜：无尽灵感

当你知道如何倾听时，每个人都可以成为大师。

——拉姆·达斯

若要使用这个透镜，就不要思考你的游戏，也不要观察那些看起来差不多的游戏。正相反，你要四处看看。

问自己以下问题：

● 在我的生活中有哪些想要与他人分享的体验？

● 有哪些小技巧可以让我捕捉到体验的本质，并把它纳入我的游戏？

使用这个透镜需要开放的心态和强大的想象力。你需要了解自己的感受，观察周围发生的一切事物。你必须尝试一些不可能的事——一场比武不可能用掷骰子的方式获得兴奋感，一个电子游戏也无法让玩家害怕黑暗。不是吗？使用这个透镜寻找一些非游戏的体验，为你的游戏提供灵感。四种不同的元素（技术、机制、故事和美学）能够被一个单纯的灵感组合起来，也能构筑不同的灵感，你应该将它们混合起来创造一些崭新的游戏。当你以现实生活为基础指导你的决定时，你的体验将获得无可匹敌的力量和独一无二的特点。

插画：山姆·叶

这个透镜与 1 号透镜"本质体验"能够结合起来。使用"无尽灵感"透镜寻找美妙的体验，使用"本质体验"透镜将它们纳入你的游戏。

设计师克里斯·克拉格鼓励所有的设计师寻找关键的情感体验，围绕这个体验来构筑游戏，他把这称为"内心情感的艺术指引"。很多人赞同这个概念。四个研究生（凯尔·加布勒、凯尔·格雷、马特·库契奇和沙林·舍第汗）在一个学期中制作了 50 个电子游戏并将他们所学到的知识撰写为一篇卓越的论文——《怎样在七天内完成一个游戏原型》。以下是一部分摘录：

我们发现，作为头脑风暴的替代物，收集一些带有个人倾向的艺术和音乐作品是富有成效的。人们认为，许多像《重力之脑》或者《在雨中》这样的游戏会产生很强的情绪，有很强烈的情感吸引力。这并不令人意外。在这些或者其他许多例子中，由音乐和艺术原型联合创造的情感能够驱动游戏的玩法设计、故事和最终效果。

加布勒先生："《粘粘之塔》背后的创意来源于一次步行回家后，我（出于某些原因）收听到阿斯多尔·皮亚佐拉创作的《热情探戈》的开场部分，我仿佛看到这样一个朦胧的景象：一座高塔矗立在落日中，每个人都走出家门，带着椅子、桌子，以及任何能够用来在市中心搭建高塔的东西。我不知道为什么会这样，但他们想要爬得更高——他们并不是优秀的工程师，所以你需要帮助他们。最终原型有一个更欢快的结尾，我使用皮亚佐拉创作的更加欢乐的《自由探戈》替换了最终乐曲，这就是一个由最初的情感目标完成整个游戏的例子。"

灵感是最优秀的游戏背后隐藏的秘密之一。但怎样才能将一个灵感变为一个伟大的游戏设计呢？

第一步就是承认你遇到了一个难题。

# 描述问题

爱上你的问题，而不是解决问题的方法。

——佚名

设计的目的就是解决问题，游戏设计也不例外。在你想出创意之前，你需要确定你为什么要做这件事，那么描述问题就是一种清晰的表达方式。好的问题描述能够体现你的目标与约束。例如，你最初的问题描述可能是这样的：

"我怎样制作一个能让孩子们真正喜欢的网页游戏呢？"

这句话清晰地表现出了你的目标（孩子们真正喜欢的游戏）和你的约束（必须是基于网页的游戏）。有一个清晰的开端能让你意识到你可能过度束缚了真正的问题。可能你已经开始思考"基于网页的游戏"，但你完全没有理由限定自己只能做游戏——只要孩子们喜欢，可能一个基于网页的玩具或者活动也不错。那么你可能需要用更宽泛的术语来重新描述你的问题。

"我怎样创造一种能让孩子们真正喜欢的基于网页的体验呢？"

正确地描述问题是一件很重要的事——如果你的问题太宽泛，那么你可能想到一些不符合目标的设计，如果问题太狭窄（因为你会专注于解决方案而不是问题本身），那么你可能将一些明智的解决方案拒之门外，因为你已经认定了只有某种特定的解决方案才对你的问题有效。能够想到明智的解决方案的人，和会先花费时间找出真正问题所在的人，总是同一批人。爱上你的解决方案是个危险的诱惑，相反，为什么不试试爱上你的问题呢？

清晰地描述你的问题将带来三项优势：

1．更广阔的创造空间。很多人快速转向解决方案并开始他们的创作过程。如果你带着问题而不是建议性的方案开始你的工作，那么你可以探索一个更广阔的创造空间，找到其他人无法发现的隐藏的解决方案。

2．更清晰的评估。你将具有对提出的创意质量更强的评估能力：它们解决问题的质量如何？

3．更顺畅的交流。当你参与一个团队的设计时，一个问题被清晰地定义之后，交流会更加便捷。合作者们往往会尝试解决不同的问题，而没有意识到这个问题还没有被清晰地描述过。

有时候，在意识到真正的问题之前，你可能已经探索出了一些创意。这也不错！只要确保在你发现问题之后，赶快把问题重新描述清楚即可。

一个完整的游戏设计将覆盖所有四种基本元素：技术、机制、故事和美学。你的问题描述往往会把你约束在这四种中的一种（或者多种）已经确立的元素之上，你将从这里开始。你在尝试描述自己的问题时，用四个维度的观点检验这个描述会很有用——告诉你哪里可以自由设计而哪里不行。看一看以下四个问题描述，这些问题已经对哪些元素做出了限制？

1．我怎样制作一个利用磁铁特性的趣味桌面游戏？

2．我怎样制作一个能够讲述奇幻森林历险记的电子游戏？

3．我怎样制作一个感觉像超现实主义绘画的游戏？

4．我怎样改进俄罗斯方块？

要是一种魔法能让你没有约束，结果会怎样？要是通过某种方式，你可以自由地制作一个关于任何事物、利用任何你想要的媒介的游戏会怎样？如果是这样（看起来不太可能！），那么你需要决定一些约束。选择一个你想要完成的故事或者一个你想要探索的游戏机制。一旦选择了一些东西，你就有了一个问题描述。把游戏看作问题的解决方案，这是一种有用的视角，也是 14 号透镜。

## 14 号透镜：问题描述

若要使用这个透镜，就把你的游戏当作解决问题的方案。

问自己以下问题：

- 我真正想要解决什么问题？
- 我是否做过一些与真正目标无关的游戏设定？

插画：谢丽尔·奇奥

- 游戏是不是这个问题最好的解决方案？为什么？
- 我将怎样分辨出问题是否已经解决？

为你的游戏定义好约束条件和目标并把这些作为问题描述，这能帮助你更快地进入清晰的游戏设计。

# 如何睡眠

我们已经描述了问题并准备进行头脑风暴了！准备好之后就立刻开始。睡眠是产生创意的重要组成部分——优秀的设计师会最大化地利用睡眠的力量。我认为没有人能比超现实主义画家萨尔瓦多·达利更好地解释这一点。

接下来的部分（达利的秘密 3）是从他的著作《五十个魔法技术的秘密》中摘录而来的：

> 利用睡眠的关键是你必须坐在一张扶手椅上，最好是西班牙风格的，让你的头后仰，靠在拉伸的皮革靠背上。把你的双手放置在椅子的扶手处，让自己进入一个完全放松的状态。

> 在这种姿势下，你必须用左手的拇指与食指抓住一把沉重的钥匙并保持悬空。在钥匙的下方事先放置好一个翻过来的盘子。完成这些准备工作后，你只要等待午间的睡意轻轻袭来，仿佛你身体的方糖中凝结出了一滴精神上的美酒。当钥匙从你的指尖滑落时，你会被钥匙掉落到盘子上发出的声音惊醒。你同样能肯定，这个小憩在你无法获得真正的睡眠时是完全足够的，因为你知道通过这样的休息，你的整个身心都再次恢复了活力。

## 你的无声伙伴

> 我们被自己的潜意识迷惑和纠缠，以至于忘记了很久以来的事实，上帝主要在睡梦与幻觉中出现。
>
> ——卡尔·荣格

达利疯了吗？在晚上睡个好觉的好处无须多言，但打个小盹到底能有什么好处呢？答案只有在你考虑你的创意从何而来时才会变得清楚。我们大部分优秀的、聪明的、创造性的创意都不是通过逻辑思维得来的。真正的好想法看起来会随时随地出现。也就是说，这些想法从我们深层次的意识中出现——我们称之为潜意识。潜意识的思维不那么容易理解，但它是创造力主要的甚至所有的来源。

当我们思考梦境时，这种力量是显而易见的。在你出生之前，你的潜意识就已经开始以每晚3个的速度创造这些戏剧般的梦境了，每个梦境都完全不同。与一系列随机的景象不同，大多数人经常能够获得有意义的梦境。有很多在梦中解决重要问题的事例，其中最著名的一个事例就是化学家弗里德里希·冯·凯库勒的故事。他一直迷惑于苯（$C_6H_6$）的结构，无论是他还是其他任何人尝试组合原子链都没有效果。他们没有获得任何有用的结论，有些科学家甚至认为他们对分子键的本质肯定存在一些误解。后来，弗里德里希做了一个梦：

> 原子们再次在我的眼前跳舞。我的意识之眼清晰地看到许多过往的经验，我能够分辨出更加宏大的结构，这些结构包含不同的形式或者序列，互相交织在一起；它们不断运动、旋转，像蛇一样扭曲。但那是什么？一条蛇咬住了它的尾巴，这个图像在我的眼前不断地旋转。一道闪电划过，我醒了。

醒来以后，他知道了苯的结构就像一个指环一样。现在你能够说弗里德里希自己想出了这个答案吗？通过他的描述，他仅仅看到了答案在他面前播放，然后意识到这就是答案。就像梦境的作者已经解决了问题，仅仅是将答案呈现给弗里德里希。那么谁是梦境的作者呢？

在某种层面上，潜意识就是我们的一部分；但在另一些层面上，它看起来又是分离的。一些人很不喜欢把潜意识当作另一个人的观点。这个观点听起来有点疯狂。但创造力本身就是疯狂的，所以这不应该阻止我们——实际上，反而应该激励我们。那么，为什么不把它当作另一个独立的个体对待呢？没人会知道——这会是你的小秘密。虽然听起来很奇异，但把你的潜意识当作另一个人来对待会很有用。因为人类总想要给事物赋予人格，这让我们可以通过熟悉的模型来思考和互动。你不是一个人在练习——几千年来，许多有创造力的大脑都在研究。史蒂芬·金在他的著作《关于写作》中这样描述他的无声伙伴：

> 我们都有一位缪斯女神（通常来说，缪斯是女性，但我的是个男性，恐怕我们必须接受这一点），但他并不准备在你的书房翩然落下，将创造力的魔法之尘撒落到你的打字机或者计算机上。他就在地上，是个住地下室的小伙子。你必须下降到他的层次，给他提供一个居住的房间。你必须完成所有的重复劳动。换句话说，当缪斯坐在那儿抽着雪茄，赞美他的保龄球奖杯并对你不屑一顾时，你觉得这不公平

吗？我想这是公平的。这个缪斯小子可能并不好看，话也不多（我能得到的只有苦力，除非他在工作），但他拥有灵感。就算他要你在半夜里挑灯夜战都是对的，因为这个抽着雪茄、有着小翅膀的人拥有一个魔力背包，背包中的道具会改变你的一生。

相信我，我知道这一点。

如果我们将创造性潜意识视作另一个人，那么这个人是怎样的呢？你可能对于你的潜意识已经有了一些精神上的印象。大多数人的创造性潜意识都有一些共通的性格：

- 无法交谈，或者至少不选择用语言交流。它也不会通过文字交流，而倾向于通过想象力和情感交流。
- 冲动。不会提前做好规划，想要活在当下。
- 情绪化。会扫过你所有的感受——开心、生气、兴奋、害怕，潜意识对事物的感受看起来比显意识更加深刻和强大。
- 贪玩。总是充满好奇心，喜欢玩文字游戏和恶作剧。
- 荒谬。不被逻辑和理性约束，潜意识带来的想法经常毫无意义。想要去月亮上吗？可能你需要一个长梯子。有时这些错误的想法会分散你的注意力，但有时它们可能就是你一直在寻找的明智观点——例如，谁听说过一个环形的分子呢？

我有时在想，马克思兄弟电影中的哈勃·马克思这个角色长期大受欢迎，可能和一个事实有关，他几乎完美地符合创造性潜意识的形象——可能这就是属于他的共鸣主题。哈勃并不说话（或者不想说），总是很冲动（看见能吃的都会吃、追求女孩、打架），非常情绪化（总是大笑、大哭、生气），贪玩，也很不合常理。然而当他遇到难题时，他那些疯狂的解决方案经常让他反败为胜。在安静的场合，他会演奏天使般美妙的乐曲——并不是为了其他人的赞美，只是想要让自己获得乐趣。我希望把哈勃当作创造性潜意识的守护者（看看图7.2）。

图 7.2

萨尔瓦多·达利在一个晚餐盘上为哈勃·马克思画像

　　尽管有时候与创造性潜意识一起工作会让你觉得自己的大脑中好像有一个四岁大的疯孩子。没有这个合理的大脑做好规划和未雨绸缪，这个孩子就无法独自生存下来。出于这种原因，许多人养成了忽视潜意识建议的习惯。如果你正在缴税，那么这可能是个好想法。如果你正在做关于游戏的头脑风暴，那么你无声的伙伴会比你自己更加强大。牢牢记住，它每天晚上都在为你创造娱乐的虚拟世界，在你出生之前就开始了，它比你所希望的更接近体验的本质。这里有一些小建议，可以让你从这个不同寻常的小伙伴身上得到最大的收获。

## 潜意识建议 1：给予关注

　　"我们应该留意梦境吗？"约瑟夫问道，"我们能解读它们吗？"

　　大师看着他的眼睛说："我们应该留意任何事，因为我们可以解读所有事。"

——赫尔曼·海塞，《玻璃念珠游戏》

　　与往常一样，倾听是关键，这一次是倾听你自己（的一部分）。潜意识和其他人没有什么区别：如果你习惯于忽视它，那么它就会停止提供建议。如果你习惯于倾听它，认真考虑它的想法，那么当你为它提供了一个优秀的创意时感谢它，它就会给予你更多更好的建议。应该怎样倾听那些不会说话的潜意识呢？你需要做的就是对你的思想、你的感受、你的情感或者你的梦境给予更多的关注，因为这些都是潜意识与你交流的方式。这听起来很奇怪，但是很有效——你对潜意识所表达的关注越多，它就会为你完成越多的工作。

例如，你正在为一个冲浪游戏进行头脑风暴。你在思考应该把游戏设置在哪个海滩上，或者哪种摄像视角更适合这个冲浪游戏。突然，你冒出了一个想法："要是冲浪板是香蕉会怎样？"当然这听起来很疯狂——你觉得这个想法来自哪里？现在你可以告诉你自己，"这很蠢——让我们回到现实，谢谢。"或者你可以花费一些时间认真考虑这个创意："好吧，如果冲浪板是香蕉又怎样呢？"紧接着另一个想法出现了："一些猴子踩在香蕉上冲浪。"这时这个创意突然看起来不那么傻了——也许这个猴子踩着香蕉冲浪的游戏，是一个与众不同的新游戏，会比你原本计划的更现实的游戏给你带来更广泛的受众。即使你最终否决了这个想法，你的潜意识也会感觉受到一些尊重，并参与到更严肃的头脑风暴进程之中，因为你花时间考虑了他的提议——你付出了什么？只有几秒的思考而已。

## 潜意识建议 2：记录你的创意

当然，你会在头脑风暴会议中记录下你的想法，但为什么不总是把想法都记录下来呢？人类的记忆太可怕了。记下你的所有创意会发生两件事。第一，如果你不记下来，那么你就会把许多创意统统忘掉；第二，你可以清空你的大脑来思考其他的事情。当你想到一个很重要的创意却没有记下时，它就被放置在你的大脑中，占据着大脑的空间和精神能量，因为你的大脑认为它很重要，不能忘记这个重要的创意。而在你记下这个创意时会发生一些奇妙的事情——你的大脑可能认为不需要花费太多精力记住这件事。大脑再一次变得干净和开放，而不是杂乱而拥挤。日本人把这种精神状态叫作"mizu no kokoro"，经常被翻译为"如水一般清澈的思维"。这让我们能够自由地思考一整天的设计，而不会被重要却未记录的想法束缚。一个便宜的录音机或者录音应用能够变为游戏设计师的无价之宝。当你冒出了一个有趣的想法时，只要录进录音机中就能在以后处理。你必须有定期转录这些记录的习惯，事实是，相对于收集大量创意和清晰的精神工作空间，这只是个很小的代价。

## 潜意识建议 3：（明智地）满足他的欲望

让我们在这里开诚布公——潜意识有它的欲望，其中的一些是很原始的。这些欲望看起来是它工作的一部分——就好像理性大脑的工作是决定哪些欲望可以被放心地满足和怎样去满足。如果潜意识的某些欲望太过于强烈，就会陷入其中。当它沉迷于此时，就无法完成漂亮的创意工作了。如果你正试着为一个即时战略游戏思考新的创意，而你能想到的只有巧克力棒，或者你的男友/女友为什么离你而去，或者你有多讨厌你的室友，你就不太可能完成漂亮的工作，因为这些入侵的思想会让你分心，而这些入侵思想的来源，也就是你的潜意识，它同样不会完成任何工作，而它本应承担最重的任务。我们将在第 11 章讨论马斯洛的需求层次理论，它能够给予我们很好的指导——如果你没有食物、安全感和健康的人际关系，就难以从事自我实现的创造性工作。所以，把解决这些事情作为优先事项，然后做出让步来满足你的潜意识，这样它就能投入时间来产出天才般的创意。当然，你也要运用你的判断力——一些欲望是很危险的，应该被抑制而不是被满足，因为如果你满足了这些欲望，那么它们就会生长，从长远看会让事情变得越来越糟糕。很多充满创意的人的自我毁灭很可能都来源于与潜意识亲密却混乱的关系。

## 潜意识建议 4：睡眠

> 很多人都有一个同样的感受：晚上难以解决的问题，睡一觉就迎刃而解了。
>
> ——约翰·斯坦贝克

就像萨尔瓦多·达利指出的，睡眠很重要，而不仅仅是握着钥匙的小憩。我们过去认为睡眠是为了身体——但现在已经明白了，睡眠主要是为了大脑。一些奇怪的进程，例如整理、归档和重组看起来都在睡眠中进行。显然，潜意识至少在一部分睡眠循环中依然保持苏醒和活跃状态——在产生梦境的阶段。我已经和我的创造性潜意识建立了联系，我有时会或多或少地感觉到它是否在我的周围，我能明确地感受到，在我没有获得足够的睡眠时，它经常不在。当我（或者是我们？）没有足够的睡眠时，它就好像在打盹，或者至少很少参与我正在做的事情，这种缺席经常在我的工作中出现。我已经不止一次在头脑风暴会议中发现过这种情况：一开始我几乎没有贡献任何有用的东西，直到感觉到它"出现了"，一大堆有用的创意就涌现了。

## 潜意识建议 5：尽力而为

> 那么现在，你必须开动你的脑筋，克制自己的活动，然后看看会出现怎样伟大的灵魂。
>
> ——拉尔夫·沃尔多·爱默生

> 你没有任何创意——它们准备好时才会让你知道。
>
> ——史蒂芬·莫法特

你是否曾经尝试在一段对话中记起一个名字，也许是你认识的人，也许是电影明星，或者是一个你知道自己认识的但一时无法想起来的人？你转动眼珠，尝试迫使答案立刻出现在你的大脑中——但是什么也没有发生。然后你放弃了，继续谈论下一个话题。几分钟后，答案突然在大脑中闪现了。那么你觉得答案是从哪儿来的呢？看起来在你做其他事情时，潜意识依然在背后为你解决问题。当它找到答案后，就呈现给你。集中注意力或者给予压力并不会让它工作得更快；事实上，这看起来会减慢速度，因为没有人可以与他们肩上的幻影一同工作。对于你的创造性工作来说也是一个道理。不要希望立刻从潜意识中获得答案。给它一个需要解决的问题（又是一个清晰描述问题的优势！），让它知道这个问题很重要，然后就随它工作去吧。答案也许会很快出来，也许需要一些时间，或者永远也想不出来。但是唠叨或者压迫不会让它想得更快——反而只会变慢。

## 个人关系

你可能发现你与潜意识的关系与我描述的不同。它本应如此——不同的人的大脑会用不同的方式工作。最重要的是找到最适合你的方法，你能做的就是通过跟随你的直觉（被你的潜意识暗示）找到什么才是有创造力的，然后不断尝试和试验。其中的一些方法看起来会很奇怪。握着钥匙睡觉很奇怪，但这对达利很有效。把潜意识当作一个全天候的室友很奇怪，但这对史蒂芬·金很有效。为了成为最棒的游戏设计师，你必须找到对你有效的技巧，没有人能告诉你这种技巧是什么——你必须自己探索。

# 16个关键的头脑风暴建议

> 创造力就是为了那些不能在第一时间想到优秀创意的人准备的。
>
> ——佚名

你和你无声的伙伴都准备好处理问题了。现在到了最有趣的一部分：头脑风暴！当创意从大脑中涌现时很有趣——但要是没有创意那就太可怕了！那么，怎样才能确保获得创意呢？

## 头脑风暴建议1：记下答案

你已经描述了问题。现在开始写下解决方案吧！为什么要写下来？为什么不是仅仅坐着想象直到闪耀的创意自己冒出来？因为你的记忆力太糟糕了！你需要把几十甚至上百个创意的碎片混合拼接起来，而你永远无法记住全部。更糟糕的是，就像我们之前讨论的，当你的大脑中有许多不相关的创意时，它们会阻碍新创意的产生。那么就为新创意腾出空间吧！你是否曾经被某个人气得发疯而写了一封恶毒的信（你可能永远不会寄出去），然后瞬间感觉好多了？当你将你的想法记录到纸上时就会产生魔法般的改变。就这么做吧！

## 头脑风暴建议 2：写字还是打字

记录创意最好的方式是什么？选择最适合你的就好！一些人喜欢打字，而另一些人喜欢书写。漫画家、作家琳达·巴里认为，一支划动的笔上有特殊的魔法，能够将创意从你的大脑中拉出来，这是计算机键盘永远无法做到的。我同意这个观点。

我个人喜欢在没有线条的纸上书写，因为这让我可以表达得更多且富有创造性——你可以圈出创意，画一些草稿，用箭头连接创意，删去无用的创意等。你以后总能把精华的部分输入计算机。

## 头脑风暴建议 3：草图

不是所有的创意都能够用文字简单地表达出来。那么就画一些图吧！你画得好不好根本无关紧要——尽管尝试就好了！如果能够生动地表达你的创意，那么你不仅会更加容易地记得它们，你的图画还会激发更多的创意，只需试一下即可。你会惊讶于这条建议是如此好用。想要制作一个关于老鼠的游戏吗？开始画几只老鼠——寥寥几笔，再加上一些斑点。我保证你会发现创意在你的脑海中闪现了出来，而一分钟前那儿还是混沌一片。

## 头脑风暴建议 4：玩具

另一个让你的大脑形象地参与你的问题的方法，就是放一些玩具在桌子上。选择一些和你的问题有关的玩具，再选择一些无关的玩具！为什么像 TGI Friday 这样的餐厅的墙上会放那么多奇怪的玩具？这些只是装饰物吗？当然不是。当人们看到这些玩具时，他们会想要谈一谈它们。谈论的事情越多，他们的用餐体验就会越好。如果这对餐厅有效，那么对你也会有效。玩具并不只是通过视觉促进你的创造力——也能通过触觉的方式。更进一步，为什么不带来一大块黏土或者彩泥？这样你就能为你的创意制作一个小雕塑！这听起来很傻，但创意活动就是这样的！

## 头脑风暴建议 5：改变你的视角

在本书中，所有透镜表达的观点都是让你从另一个角度看待你的游戏。所以为什么总是停留在那里呢？不要只坐在椅子上进行头脑风暴——站在你的椅子上——从这个角度看待事物就完全不一样了！也可以去不同的地方——让你沉浸在不同的环境中。在公交车上、在海滩边、在商场中或者在玩具店里进行头脑风暴吧，你也可以倒立——任何能够带来想象力或者让你思考新事物的方法都值得一试。

## 头脑风暴建议 6：沉浸你自己

你已经描述了自己的问题，现在将自己浸入其中！在商场中找到你的目标受众——他们在买什么？为什么？去偷听他们——他们在谈论什么？什么对他们很重要？你需要密切关注这些人。你已经设定一项技术了吗？学习关于它的一切——在你的墙上写满它的规则，找出它从未有人注意到的秘密。你已经锁定一个主题或者故事线了吗？找出其他相似的改编故事，然后阅读它们。你需要将一些古老的玩法机制推陈出新吗？找到所有运用这些机制的游戏，并尽可能多玩——还要玩一些不使用这些机制的游戏！

## 头脑风暴建议 7：开几个玩笑

一些人对于在工作中运用幽默感会很紧张，但当你进行头脑风暴时，一些笑话能够帮助你完成工作。笑话（你是个壁橱恐惧症患者吗？）能够放松我们的大脑（有可能是一部分，是吗？），让我们从之前遗漏的角度看待事物（拯救鲸鱼！收集所有的装置！）——新的角度就是产生新创意的地方！我也要警告你！笑话会让你跑题，尤其是在团队环境中。有时跑题是没问题的（分心时可能不会有好创意）——只要你能把团队拉回正轨。头脑风暴应该遵循一条规则："谁先跑题了，谁就要负责将话题引回正轨。"

## 头脑风暴建议 8：不惜代价

从小时候起，我们大多数人都被教育不要浪费资源："不要用好的马克笔！""不要浪费水！""不要浪费钱！"头脑风暴不是节约的时候。永远不要让材料挡住你创造性的步伐。你正在寻求价值连城的创意——不能让一点儿纸张与墨水的小钱成为你的障碍。进行头脑风暴时，我喜欢使用好的钢笔和高规格的纸，我喜欢写下很大的字，并且只写在纸的一面上。为什么？这样我就可以把所有的纸都平铺在桌子上或者地板上了，如果需要的话，我可以远距离思考所有的想法。也可能是因为这让整个过程变得很庄重。但更可能是这种感觉不错！当进行头脑风暴时，你需要做你认为感觉不错的事情——任何你做的让你更有创造力的小事都能增加你想出伟大创意的机会。对一个人感觉良好的事可能对另一个人并不奏效——你必须持续试验来找到什么对你最有效。如果你不能得到你更加想要的材料，就不要有太多的抱怨——运用你所拥有的！还有工作等着你完成呢！

## 头脑风暴建议 9：写在墙上

你可能更倾向于将想法写在白板或者纸上。如果是这样，就这么做！如果你在一个团队环境下进行头脑风暴，你就需要一些方案来让所有人都能立刻看到。一些人喜欢使用索引卡来写下他们的想法。这样就能钉在公告板上，也能够方便地移动位置。但缺点是，有时这种纸对于一个宏伟的创意而言太小了。我发现我更喜欢巨大的（2 英尺×2.5 英尺）剪贴表（很贵，但是我们不在乎！）或者带有记号带的纸。通过该方法，你能够在墙上写下清单，即使你离开房间后也能轻松移动它们。更妙的是，你能够把它们拿下来堆在一起，卷好并收藏起来。一年以后，当有人问"嘿，我们去年想到的那些机器人游戏创意在哪里？"的时候，你就可以把这些纸展开并放置到墙上，然后重新开始你们的头脑风暴，就好像原本没有停下过一样。

## 头脑风暴建议 10：空间记忆

这个绝妙的短语来自汤姆·凯莉撰写的一本名为《创新的艺术》（*The Art*

*of Innovation*）的书。把创意放置在墙上的另一个理由是：我们对清单的记忆力很糟糕，但对身边事物位置的记忆力却很优秀。把创意放置在房间中，围绕着你，你能够更清楚地记住它们的位置。这很重要，因为你将要试着找到几十种创意之间的联系，你需要获得任何可能的帮助——尤其是当你将要进行多个环节的头脑风暴时。这样做的效果很显著。如果你将一串创意挂在墙上后离开了几个星期，那么你可能忘记了其中的绝大部分。但是回到这个贴满了创意的房间，你会感觉好像从未离开过。

## 头脑风暴建议 11：记下所有东西

> 找到好点子的最佳方法就是多想点子。

> ——莱纳斯·鲍林

你已经有了精美的钢笔、纸张、咖啡、一些玩具、一些黏土，你已经有了所有你认为能让你变得富有创造力的东西。现在，你正等着闪耀的想法自己冒出来。大错特错！别等着——赶快写下一切你觉得与你的问题隐隐相关的想法。写下每一个在你脑海中出现的愚蠢想法。许多想法都会很愚蠢，但在真正的创意出现之前，你必须将这些愚蠢的想法从你的大脑中清理出来。有时一个愚蠢的想法能够给你带来天才般的灵感，所以你应该把这些想法统统写下来。不要检查你自己。你必须克服对错误的恐惧，克服对愚蠢的恐惧。这对我们大多数人来说都很难，但可以通过练习改进。如果你正在与其他人一起进行头脑风暴，那么也不要审视他们——他们的愚蠢想法也和你的一样。

## 头脑风暴建议 12：为你的清单计数

在大多数头脑风暴过程中都会出现一些清单。当你制作清单时，为它们标上数字！这样做有两个效果：第一，让这个清单讨论起来更方便（"我喜欢第 3 到第 7 条创意，但我最喜欢的是第 8 条"）；第二，这可能很奇怪，标上数字后，清单上的条目就有了确定的优先级。看看下面这两个列表：

| | |
|---|---|
| 1. 鸡汤 | ● 鸡汤 |
| 2. 雨伞 | ● 雨伞 |
| 3. 风 | ● 风 |
| 4. 铲子 | ● 铲子 |

是不是有数字的清单在某种程度上看起来更重要？如果其中之一突然消失了，你会更容易察觉。这种特性会让你（还有其他人）更加严肃地对待清单上的创意。

## 头脑风暴建议 13：颠覆你的设定

我从设计师罗伯·达维奥身上学到了这个绝妙的建议。为你的游戏中假定为正确的项目列出一个清单，例如"假设这个游戏要在室内玩""假设玩家会看着屏幕"和"假设玩家只用一根手指触摸屏幕"。因为我们做出了太多的假设，所以这个清单可能会很长。一旦你完成了这个清单，浏览每一个条目，仔细思考如果这条假设是错误的，游戏会变得怎样。大多数情况下，假设必须成立。但是打破你的假设会给你带来深刻的洞察力。罗伯说他在设计《危机：遗产》（*Risk：Legacy*）时，他考虑打破标准的桌面游戏假设："前一场游戏并不会影响下一场。"

## 头脑风暴建议 14：组合和搭配分类

最好的情况是游戏创意如有神助一般在你的大脑中成长起来。但并不是每次都会这样。一个帮助聚集创意的好办法就是按照分类进行头脑风暴。四种基本元素在这里很合适。例如，你可能已经决定为少女制作一个游戏。你可能列出几张清单，然后开始互相组合与搭配。一些清单如下。

技术创意

1. 智能手机游戏。
2. 头戴式虚拟现实游戏。
3. 个人电脑。
4. 内置即时消息。

5．游戏主机。

机制创意

1．模拟类游戏。

2．虚拟交互游戏。

3．赢家能够交到很多朋友。

4．试着传播其他玩家的传闻。

5．试着帮助更多人。

6．类俄罗斯方块游戏。

故事创意

1．高校主题戏剧。

2．大学主题。

3．你扮演丘比特。

4．你是电视明星。

5．医院主题。

6．音乐主题。

a）你是摇滚明星。

b）你是个舞蹈家。

美感创意

1．卡通渲染。

2．动漫风格。

3．所有的角色都是动物。

4．用蓝调音乐定义游戏。

5．用尖锐的摇滚/朋克风格来界定感觉。

　　一旦有了这样几份清单（可能每份清单上都有几十项创意），你就能够自由地组合和搭配创意了——也许这是一个类俄罗斯方块的智能手机游戏，以医院为主题，所有角色都是动物……或者是一个有高校背景和动漫风格的模拟类主机游戏？这些清单中的零碎创意能够被任意组合与搭配，许多你可能从未想到过的鲜活创意会如雨后春笋般冒出来。别担心设定其他的分类，如果你需要就用起来。

### 头脑风暴建议 15：自言自语

自言自语看起来是一种社交污点。但是独自进行头脑风暴时，有些人觉得自言自语很有帮助——大声说出一些事物会比只在大脑中思考更加实际。找个合适的地方让你能够自由地自言自语，而不用忍受奇怪的目光。另一个技巧是，如果你在公共场所进行头脑风暴，当你自言自语时，你可以拿个电话挡在你的面前——这很蠢但很有效。

### 头脑风暴建议 16：找一个搭档

与其他人一起进行头脑风暴和自己单独进行头脑风暴是两种完全不同的体验。找到合适的头脑风暴搭档能为你打开一个不同的世界——比起你一个人能做的，有时你们能够以快数倍的速度找到更好的解决方案，因为创意会在你们之间来回弹跳，完善一个人的想法。找一些人来大声谈论，即使他们什么也没有说，有时也能让进展变得更快。不过要切记，头脑风暴的人数并不是越多越好。通常来说，不超过四个人的小团体是最合适的。当头脑风暴的范围被限定为一个狭小而不是宽泛的开放性问题时，团队合作就会很有效果。老实说，大多数团队都用错误的方法进行头脑风暴。研究表明，刚刚组建的团队想要立刻对一个问题进行头脑风暴完全是浪费时间。更好的做法是，每个人首先独立地进行头脑风暴，然后才聚集在一起分享、交换和匹配他们的创意，一起解决问题。当然，也有一些人是糟糕的头脑风暴搭档——这些人只是想要在创意中挑出漏洞或者只有非常狭隘的偏好。你最好远离这些人，没有他们你会更有效率。团队头脑风暴会带来极大的好处和风险，我们将在第 25 章更加详细地讨论这些细节。

## 看看这些创意！接下来该怎么办

在本章中，我们的目标是"想出一个好创意"。经过几次头脑风暴，你可能已经有了一大堆创意！这很正常。对任何主题而言，游戏设计师必须都能想出一大堆创意。经过不断地练习，你能用更少的时间找到更好的创意。但这只是你设计的开始，下一步就是缩小这个宽泛的创意清单，用这些创意做一些有用的事。

# 拓展阅读

林达·巴里撰写的《这是什么》和《设想一下》。这两本伟大的著作无缝整合了文字与艺术作品，它们将用创作过程中的残酷现实激励你、鞭策你。

萨尔瓦多·达利撰写的《五十个魔法技术的秘密》。这本书并不出名，但它为创造天才的大脑打开了一扇新的窗户。

凯尔·加布勒、凯尔·格雷、马特·库契奇和沙林·舍第汗撰写的《怎样在七天内完成一个游戏原型》。这篇论文充满了对制作快速原型的绝妙建议。

朱利安·杰恩斯撰写的《左右脑分解中的意识起源》的第 1 章。这本有争议的书会让你再次思考意识的本质，以及你与潜意识的关系。

约拿·莱勒撰写的《群体思想：头脑风暴神话》。这本书是对过去、现在和未来头脑风暴的概述。

大卫·林奇撰写的《钓上大鱼》。这本简短的书由一位电影制片人撰写，提供了一些绝佳的创意快照。

迈克·米哈尔科撰写的《创意思考者的玩具箱》。如果你正在寻找一些简单的头脑风暴工具，那么这本书正适合你。

# 第8章

# 游戏通过迭代提高

图 8.1

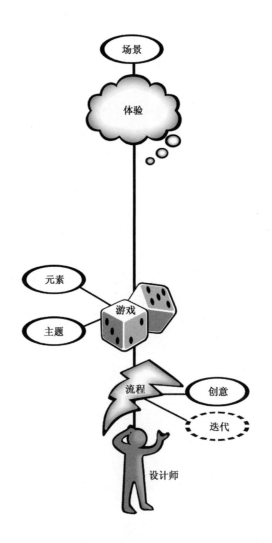

# 选个创意

*只要你下定决心，宇宙万物都会来帮助你。*

*——爱默生*

在经过痛苦而狂热的头脑风暴环节后，在你面前已经有了一大堆创意。许多游戏设计师会在这里犯错。他们喜欢其中的很多创意，因而不能确定到底该选择哪个。也许他们有一大堆平庸的想法，却没有一个能够引人注目，这样他们也无法做出决定。他们犹豫不决，如同在迷雾中失去了方向，只能寄希望于等待一段时间，"正确的创意"就会突然蹦出来。

一旦你选择了一个创意并准备将之实现，美妙的魔法就会降临。就像斯坦贝克在《人鼠之间》中提到的，"计划就是现实"。一旦你在内心做了决定，"是的，我要做这件事"，它的缺点和优点就会在出现以前消失殆尽。就像用抛硬币的方式做决定一样——当硬币落下时，你突然知道了你想要什么。我们内心之中存在一种机制能够让我们在做决定之前从不同的方面考虑这件事，而不是等到做完决定之后。所以，尽量利用这种古怪的人类本性——迅速做出你的设计决策，坚持下去，然后立刻开始思考这个决策的后果。

但要是在做出决策之后，你突然意识到自己犯了一个错误怎么办？答案很简单：当你意识到错误时，准备好推翻你之前的决策。许多人觉得这很困难——他们一旦做了一个设计决策，就不愿意放弃它。你不能这样优柔寡断。创意不是一个完好的瓷器，而是一次性纸杯——它们很廉价，能够大量生产。如果一个纸杯破了，去拿另一个就好了。

有些人对于这种快速决策与果断撤销的结合感到不安。但这是最大化利用你的决策能力的方式，游戏设计就是做出决策——你需要尽可能快地做出最好的决定，而这种怪异的行为就是做出决定的最佳方式。尽快确定一个创意比拖延时间更好——你可能更快地做出一个好的决策而不是耗费时间考虑潜在的选择。不要沉迷于你的决策，当它不合适时，准备好推翻它。

那么你应该怎样选择呢？在某种意义上，答案就是："最好靠猜，苏鲁光上尉"。详细来说，当你开始构思一个种子创意时，有许多因素需要考虑。甚至在你选择一个种子创意前，你就应该思考你的创意该如何茁壮成长。

# 八项测试

你最终的设计方案必须通过八项测试或者过滤器。只有所有的测试都通过了，你的设计方案才是一个"优秀的方案"。如果它未能通过某项测试，你就要改变设计方案，然后再次进行所有的测试，因为你修改的方案可能让它通过了某项测试却无法通过其他的。在某种意义上，设计过程包含描述问题、获得初始创意并让它通过八项测试。

八项测试的内容如下。

测试 1：艺术冲动。这是一项最具个人化的测试。你作为游戏设计师，问问自己对这个游戏是否"感觉不错"。如果是，它就通过了测试。如果不是，就需要做出一些改变。你的直觉和团队的直觉都很重要。直觉并不总是正确的，但其他测试会弥补这一点。

关键问题："这个游戏看起来不错吗？"

测试 2：人群特征。你的游戏有一群特定的受众。这些受众的分类标准可能是年龄阶段、性别或者其他因素（比如：高尔夫爱好者）。你需要考虑你的设计是否适合你的目标受众。我们将在第 9 章对人群特征进行深入讨论。

关键问题："我们的目标受众喜欢这个游戏吗？"

测试 3：体验设计。为了通过这项测试，你需要利用美学、兴趣曲线、能引发共鸣的主题和游戏平衡等方式，尽一切努力创造良好的体验。本书中的许多透镜都与体验设计有关——为了通过这项测试，你的游戏必须经得起这些透镜的检验。

关键问题："这个游戏经过精心的设计吗？"

测试 4：革新。如果你在设计一个新游戏，那么从定义上说，它需要包含一些玩家从未见过的新内容。虽然你的游戏是否与众不同是一个主观的问题，但却是一个很重要的问题。

关键问题："这个游戏是否与众不同？"

测试 5：商业和市场。游戏商业是商业的一种，想要卖出游戏的设计师必须考虑这种现实并将它融入游戏设计。这带来了很多问题。游戏的主题和故事对玩家具有吸引力吗？游戏是否通俗易懂，一个玩家能否仅通过观看概述就能明白这个游戏的内容？消费者对这种题材的游戏有怎样的期待？在市场上，这个游戏与其他相似的游戏相比有哪些特点？这个游戏的开发成本是否过高以至于无法盈利？这个游戏的商业模型是否合理？这些问题和其他问题的答案会影响你的设计。讽刺的是，在考虑这项测试时，推动初始设计方案的创意可能被证明是完全站不住脚的。我们将在第 32 章讨论更多的细节。

关键问题："这个游戏能够盈利吗？"

测试 6：工程。在完成整个工程之前，游戏创意只是一个创意，而创意并不总是与可能性或者可行性的约束在一起。为了通过这项测试，你必须回答这个问题："我们要怎样构建这个游戏？"可能技术上的限制并不允许我们将这个想法以最初想象的形式实现。新手设计师经常对设计方案中工程实现的限制感到心烦意乱。然而工程测试正好可以将游戏引向一个新的方向，因为在通过这项测试的过程中，你可能会意识到工程为你的游戏实现了一些原本没有设计的特性。在完成这项测试的过程中产生的创意将尤为珍贵，因为你可以确定这些创意都是可行的。我们将在第 29 章讨论更多关于工程和技术的问题。

关键问题："这个游戏在技术上是否具备可行性？"

测试 7：社交/社区。有时候，一个好玩的游戏可能并不足够。一些设计目标可能需要具有很强的社交元素：迅速蔓延的病毒式传播，或者围绕你的游戏形成的繁荣社区。你的游戏设计会对这些元素产生很强的影响力。我们将在第 24 章和第 25 章讨论这些。

关键问题："这个游戏完成我们的社交或者社区目标了吗？"

测试 8：玩法测试。当游戏开发到可玩的程度时，游戏必须通过玩法测试，它是所有测试中最重要的。在想象中玩游戏是一回事，而实际玩起来是另一回事，被你的目标受众玩起来则又是一回事了。你应该尽快把你的游戏开发到可玩的程度，因为当你能实际看到游戏的表现时，才知道需要做出哪些改变。除了游戏自身的不断改进，在你开始更深刻地了解游戏的机制和目标受众的心理感受之后，这项测试和其他测试的目标也需要不断调整。我们将在第 28 章更加详细地阐述玩法测试。

关键问题："游戏测试者是否享受这个游戏？"

在游戏设计过程中你可能需要调整其中的一项测试——可能最初你设定了一个人群特征（例如：18～35 岁的男性），但设计完成后，你发现有些设计更适合另一个人群特征（例如：50 岁以上的女性）。当你的设计被束缚时，改变测试是可行的。重要的是，无论改变测试还是改变你的设计，你最终都需要找到游戏通过全部八项测试的方法。

这些测试将会贯穿你接下来的设计过程和开发过程。当你选择初始创意时，重要的是选择创意列表中最容易被修改和塑造的那个创意，这样它就更容易在测试中存活下来。八项测试是一个很有效的评价游戏的角度，所以让我们把它作为 15 号透镜。

## 15 号透镜：八项测试

若要使用这个透镜，就要考虑到你的设计必须满足许多约束条件。只有当它通过了所有八项测试而不需要修改时，你的设计才算完成。

问自己以下八个关键问题：

- 这个游戏看起来不错吗？
- 我们的目标受众喜欢这个游戏吗？
- 这个游戏经过精心设计吗？
- 这个游戏是否与众不同？
- 这个游戏能够盈利吗？
- 这个游戏在技术上是否具备可行性？

- 通过这个游戏达到我们的社交或者社区目标了吗？
- 游戏测试者是否享受这个游戏？

插画：克里斯·丹尼尔

在某些情况下，还需要考虑一些其他测试。例如，一个教育游戏必须回答这样的问题："这个游戏完成设定的教育目标了吗"。如果你的设计需要更多的测试，那么不要遗漏它们。

# 迭代规则

想一想第 7 章和本章的第一部分可能有些令人气馁，它们很少详尽地阐述如何想出一个创意。另外，创意是设计的基础，但创意的产物太过神秘，就像魔法一样。所以，对这个简单的部分进行这么多的讨论应该不会让我们过于惊讶。

现在，你已经思考并选择了其中一项创意。现在应该开始下一个步骤："尝试将它实现"。很多游戏设计师和开发者都会这样做——迅速开始并实验他们的游戏。如果你的游戏很简单——比如一个卡牌游戏、桌面游戏或者简单的电脑游戏——在充裕的时间条件下，你只需一次又一次地测试与修改游戏，直到它变得完美。

要是你无法在一两小时以内为你的游戏构建一个可玩的原型怎么办？要是在你能够尝试之前，这个游戏需要经过几个月的艺术加工和编程怎么办？如果发生了这样的情况（如同很多现代电子游戏设计一样），你就需要小心谨慎地推进进度。游戏设计和开发的过程必须是循环迭代的。在你的游戏通过所有八项测试并且已经足够完美之前，不可能计算出循环迭代的次数。这就让游戏开发变得很有风险——你在进行一场赌博：在固定预算内让一个游戏通过所有的测试，而你却不知道这是否有可能。

一种可能还在使用的天真策略就是先将游戏组装完成，然后期待最好的结果。有时这会有效。但当它无效时，事情就会变得一团糟。你必须运行一个你不知道是否足够好的游戏，或者承担继续开发的痛苦直到完成为止。这种额外的时间和费用往往会让项目陷入亏损。

事实上这是所有软件项目的通病。软件项目都非常复杂，所以很难预计完成项目的时间，也很难预计需要多久找到并修复在开发过程中肯定会出现的程序故障。除此以外，游戏还有额外的负担，要有趣——游戏开发者有许多其他软件开发者不需要担忧的额外测试。

真正的问题是迭代规则。

迭代规则：你测试和改进的次数越多，你的游戏就会越出色。

迭代规则不是一个透镜，因为它并没有观点——它是一个绝对真理。迭代规则没有例外。你可以尝试在你的职业生涯中抛开这个规则，让你自己相信："这一次，我们设计得太棒了，不需要再进行测试和改进了"，或者"我们实在没办法了——只能祈祷这是最好的"，你每次都会很痛苦。可怕的是，电脑游戏需要大量的时间和金钱来测试和调整，系统比传统游戏要庞大得多。这意味着电脑游戏的开发者别无选择，只能迭代数次，这是一件风险很大的事。

如果你正着手设计一个游戏，就可能包含长期的"测试与改进"循环，你需要回答以下两个问题：

迭代问题 1：怎样才能让每一次迭代都有意义？

迭代问题 2：怎样才能尽可能快地进行迭代？

软件工程师们在过去的 40 年中，已经对这两个问题进行了很多思考，他们想出了一些有用的技巧。

# 软件工程的简短历史

风险—瀑布—回溯

在 20 世纪 60 年代，软件开发刚刚兴起时没有多少正式的流程。程序员只能尽最大的努力猜测开发软件需要花费的时间，然后开始编写代码。预测经常是错误的，很多软件项目都灾难性地超出了预算。到了 20 世纪 70 年代，为了尝试将一些秩序引入这个难以预测的过程，许多开发者（通常是非技术管理者的命令）尝试选用"瀑布模型"进行软件开发，这个软件开发流程按顺序分为七步。它通常表现为以下形式（图 8.2）。

图 8.2

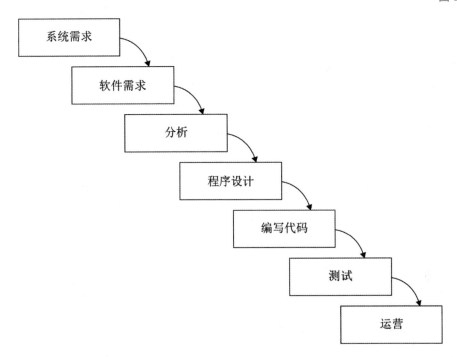

这看起来很有吸引力！七个有序的步骤，当其中一个完成后，只需要进行下一个步骤即可——正如它的名字"瀑布"所展现的，不需要任何迭代，因为瀑布不会回头。

瀑布模型有一个很好的优点：它鼓励开发者在编写代码前花费更多的时间进行规划和设计。除此以外，它完全没有意义。因为它违背了迭代规则。经理们觉得它非常有吸引力，但是程序员知道这很荒唐——对于这样一个线性过程来说，软件太复杂了。即使是温斯顿·罗伊斯，那个写下瀑布模型基础论文的人，也并不赞同人们对瀑布模型的通常理解。有趣的是，在他原始的论文中强调了迭代的重要性，瀑布模型必须有回溯到之前步骤的能力。他甚至从未使用过"瀑布"这个单词！但在大学和公司中传授的都是这个线性的方法。这整件事都值得深思，大多数宣传这个模型的人并没有真正构建过软件系统。

## 巴里·伯姆的爱

1986 年，巴里·伯姆提出了一个不同的模型，这个模型更接近实际的软件开发的过程。它通常表现为一种复杂的示意图，从最中间的地方开始开发，顺时针向外螺旋，依次通过四个象限（图 8.3）。

图 8.3

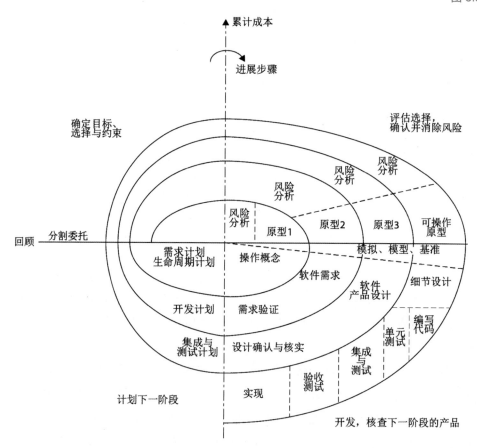

软件开发的螺旋模型

他的模型有许多复杂的细节，但我们不需要详细了解。这里面包含了最棒的三个理念：风险评估、原型和迭代。简言之，螺旋模型建议你做以下几件事：

1. 想出一个基础的设计方案。
2. 找出设计方案中最大的风险。
3. 建立原型并消除风险。
4. 测试这个原型。
5. 基于你从原型中得出的结论做一个更详细的设计方案。
6. 回到第 2 步。

一般来说，你会重复这个循环直到系统都已经完成。它取代了瀑布模型的递进关系，因为它就是关于迭代规则的。它也回答了我们之前描述的问题：

迭代问题 1：我怎样让每次迭代都有意义？

螺旋模型的答案：评估并消除风险。

迭代问题 2：我怎样尽可能快地进行迭代？

螺旋模型的答案：构建许多粗糙的原型。

螺旋模型有很多衍生，到目前为止，最成功的是敏捷开发。

# 敏捷宣言

对现代游戏设计和开发影响最大的事件发生在 2001 年。在犹他州的一个叫雪鸟的滑雪胜地，一群软件工程师一起提出了《敏捷宣言》。他们继承了巴里·伯姆的血脉，尝试提出伟大软件背后的价值观和原则。这个宣言和它的 12 条关键原则如下：

- 个体和互动——胜过——流程和工具。
- 可用的软件——胜过——详尽的文档。
- 客户合作——胜过——合同谈判。
- 响应变化——胜过——遵循计划。

也就是说，尽管右项有其价值，但我们更重视左项的价值。

我们遵循这些原则：

1. 我们最重要的目标,是通过尽早并持续不断地交付有价值的软件使客户满意。

2. 欣然面对需求的变化，即使在开发后期也一样。在敏捷过程中利用变化为客户赢得竞争优势。

3. 经常交付可工作的软件，相隔几星期或一两个月，倾向于采用较短的周期。

4. 业务人员和开发人员必须相互合作，项目中的每一天都不例外。

5. 激发个体的斗志，以他们为核心搭建项目。提供所需的环境和支援，辅以信任，从而达成目标。

6. 不论团队内外，传递信息效果最好、效率最高的方式是面对面地交谈。

7. 可工作的软件是进度的首要度量标准。

8. 敏捷过程倡导可持续性开发。责任人、开发人员和用户需要共同维持其步调稳定且延续。

9. 坚持不懈地追求技术卓越和良好设计，敏捷能力由此增强。

10. 以简洁为本，它是极力减少不必要工作量的艺术。

11. 最好的架构、需求和设计来自自我组织的团队。

12. 团队定期反思如何能提高成效，并以此调整自身的表现。

这些原则在实践过程中被翻译为许多不同的形式和名称，但通常都指向"争分夺秒"。敏捷和争分夺秒在软件领域产生了巨大的影响力。在电子游戏开发者中的影响尤为深远，他们充满激情地拥抱这些原则。我观察到的是，现在超过 80% 的电子游戏开发者声称使用了某个版本的敏捷开发。看看敏捷开发的本质，不难得出其中的原因。

完整描述敏捷开发的方法和过程超过了本书的范围，这里有一些被大多数开发者使用的核心元素。

**灵活的目标**：敏捷哲学的核心观点是，我们无法精确得知计划所需的时间。通过围绕一组更加灵活的目标制定计划而不是忍受对计划做出改变，要有计划地改变计划。在开发过程中，团队能够迅速适应新的创意和信息。

**优先级列表**：与围绕一组固定的特性工作不同，敏捷团队基于列表工作，这是一个根据优先级排列的特性列表。任何时候有人为一个特性想到了一个新的创意，他就能将这个创意加入列表。在每次迭代开始时，团队都要查看列表，重新设定特性的优先级——重要的特性获得高的评分，次要的特性则获得较低的评分。这样很容易决定接下来要做的工作——只要看看列表的顶端就行了。重要的是，你必须意识到没有人能保证列表上的所有特性都会被完成——只有这样的保证：大多数重要的特性都能在时间允许的范围内完成。

冲刺：相对于制定一个长期（几个月）的目标，敏捷开发者要进行一系列的"冲刺"工作，每一个冲刺都持续数个星期，并且在最后能传递一个坚实的工作结果。雅达利的创始人诺兰•布什内尔曾说过："最后期限就是最棒的灵感。"确实是这样——最后期限会用一种特殊的方式完成工作，这恰好就是冲刺背后的哲学：更多的最后期限意味着更多的工作被完成了。

争分夺秒的会议：相对于每周的"状态会议"，敏捷开发者有日常的"争分夺秒"会议。这些会议简洁而有效率，通常持续 10~15 分钟，大家站着开会以表明会议简短的本质。在这些会议中，每个成员只解释三件事：他们昨天完成了什么、他们今天计划完成什么和他们面临的问题。在会议结束后，通过与团队成员一对一的接触来找到问题的解决方案。在这个系统中，每个团队成员都明确知道他们要做的事情并且能够获得其他团队成员的帮助。

演示日：在每个冲刺阶段的最后，大家聚在一起，面对面地观察和测试他们的工作结果。在这个新的基准上，团队开始分析风险并一起确定下一个阶段的冲刺计划。

回顾：在每个冲刺阶段的最后，团队都有一个"回顾"会议，这个会议不是关于他们的产品的，而是关于他们的工作流程的，这给了团队一个机会来讨论什么流程是正确的，什么是错误的，然后怎样在下一个冲刺阶段调整他们的工作流程。

重要的是，你需要记住敏捷是一种哲学，而不是一种既定的方法。不同的开发者肯定会用不同的方式来执行它。即使这些执行方式有各自的特殊性，它们也都致力于创造更多次迭代并且让每次迭代都有意义。当然，风险评估和原型设计都是它们的核心。

## 风险评估与原型设计

案例：气泡城的囚徒

让我们假设，你和你的团队决定要制作一个关于城市跳伞的电子游戏。你对游戏的元素构成做了一个简短的描述。

气泡城的囚徒：设计概况

剧情：你是一只会跳伞的猫，名叫"微笑"。气泡城的市民都被一个邪恶的巫师困在他们的房屋中。你需要通过跳伞进入城市，滑下烟囱，找到市民，寻找阻止巫师的方法。

机制：在向城市中跳伞时，你可以试着抓住从城市中升起的魔法气泡。你能使用气泡的能量向邪恶的秃鹫发出射线，防止它们戳破气泡或者撕碎你的降落伞。同时你必须控制降落伞正好落到城市中的几个目标建筑之上。

艺术：卡通风格的外观和游戏体验。

技术：使用第三方引擎的、多平台的三维主机游戏。

你可以选择马上开始制作游戏。编写代码、设计关卡细节和动画角色，等到所有都齐备的时候，看看它到底会变成怎样。但这可能会变得非常危险。假设这个项目计划持续 18 个月，在你可以进行玩法测试之前，你可能会用掉大概 6 个月的时间。要是你在这时发现，你的游戏创意不好玩怎么办？或者你的游戏引擎无法完成任务怎么办？你可能会面临大麻烦，因为你用了三分之一的时间却只进行了一次迭代。

相反，正确的做法是和你的团队一起坐下，做一个风险分析。这意味着列出一个会危害到项目的所有风险列表。对于这个游戏，示例列表可能如下。

气泡城的囚徒：风险列表

风险 1：收集泡泡/射击秃鹫的机制可能不如我们所想得那么有趣。

风险 2：游戏引擎可能无法同时完成绘制整个城市、所有气泡和秃鹫的任务。

风险 3：目前的想法是我们需要 30 种不同的房屋来构成一个完整的游戏——我们可能没有足够的时间完成所有的室内设计和动画角色。

风险 4：我们不确定人们是否会喜欢我们的角色和剧情。

风险 5：一个关于特技跳伞的电影会在夏季上映，发行商可能要求我们以此作为游戏的主题。

在现实中你可能会遇到更多的风险，但在这个案例中我们只考虑以上几个。那么，你要怎样处理这些风险呢？你可能双手合十，希望这些风险不会发生，但其实你可以做一些聪明的事情：风险消除。通过构建小型的原型，尽快减少或者消除风险。让我们来看看这些风险是如何被消除的。

气泡城的囚徒：风险消除

风险1：收集泡泡/射击秃鹫的机制可能不如我们所想得那么有趣。

游戏机制经常可以用一种更简单的形式分离出来。我们可以让程序员制作一个抽象化的核心玩法机制，可能是二维的，用一些简单的几何外形代替动画角色。你在一两周内就可以得到一个可玩的版本，这样你可以立刻开始回答关于游戏机制是否好玩的问题。如果不好玩，你就可以对简单的模型迅速做出改变，直到它变得好玩为止，然后就可以开始精心制作三维版本了。你以后会做更多的迭代，明智的做法是利用迭代规则的优势。你可能反对这种方法，认为扔掉玩家永远无法见到的平面原型代码是一种浪费。但从长远来看，你可能已经节约了时间，因为你可以尽快开始制作一个正确的游戏，而不是无止境地编写错误的游戏。

风险2：游戏引擎可能无法同时完成绘制整个城市、所有气泡和秃鹫的任务。

如果你等到所有最终的艺术作品完成才回答这个问题，你就可能将自己置于一个十分危险的境地：如果游戏引擎无法处理，你就必须请艺术家重新制作他们的作品，减少对引擎的压力，或者让程序员花费额外的时间寻找更有效率的渲染方法（更有可能同时做这两件事）。如果要消除这个风险，就要立刻做出一个快速原型。这个原型只是单纯在屏幕上展示预估数量的相同物品，看看引擎是否能够处理。这个原型没有玩法，只是单纯地测试技术的限制。如果它能够处理，那么太棒了！如果不能，则在所有的艺术作品完成之前，你需要马上想出一个解决方案。另外，这个原型也会被抛弃。

风险3：目前的想法是我们需要 30 种不同的房屋来构成一个完整的游戏——我们可能没有足够的时间完成所有的室内设计和动画角色。

如果你在开发过程中意识到没有足够的资源完成所有的艺术工作，你就完蛋了。让艺术家先创作一间房屋和一位动画角色，评估他需要使用的时间。如果你无法承受这样长的创作周期，你就要立刻改变计划——也许你可以使用更少的房屋，或者复用一些装饰和角色。

风险 4：我们不确定人们是否会喜欢我们的角色和剧情。

如果你真的担忧这一点，那么你不能等到角色和剧情都被放入游戏才考虑这个问题。我们在这里应该构建哪一种原型？一种艺术原型——它甚至可能不在电脑上——只是一块公告板。让你的艺术家画出一些概念作品或者为你的角色及其设定进行一些测试性的渲染。创作一些用于展示剧情发展的故事板。一旦你有了这些，就可以把它们展示给人们（最好是目标人群），然后评估他们的反应，整理出他们的喜好、厌恶及原因。他们可能喜欢主角的外观但讨厌他的态度。可能坏人让人兴奋，但故事很无聊。获得这些反馈完全不用依赖游戏。每次你这么做并加以改进，你就完成了另一次迭代并且离制作优秀的游戏更进一步。

风险 5：一个关于特技跳伞的电影会在夏季上映，发行商可能要求我们以此作为游戏的主题。

这个风险可能听起来很荒谬，但这种事情总是在发生。当项目进行到一半时出现这个风险，就会变得很可怕。你不能忽视这种事——要严肃考虑每一种会危及项目的风险。在这种情况下，一个原型会有帮助吗？可能没有。要消除这个风险，你可以寄希望于管理层尽快做出决定，或者你可以制作一个能够更容易偏向电影主题的游戏。你甚至可能会想出制作两个不同游戏的计划——关键在于你要立即考虑风险并做出行动，保证它不会危及你的项目。

风险评估和消除会是有用的观点，它带来了 16 号透镜。

## 16 号透镜：风险消除

是以圣人犹难之，故终无难矣。

——道德经

若要使用这个透镜，就停止乐观的思考，然后开始严肃考虑那些会危及游戏的风险。

问自己以下问题：

● 是什么阻止这个游戏变得优秀？

● 我们怎样防止这样的风险发生？

风险管理很难。这意味着你必须面对那些你不想碰到和立刻解决的问题。如果你训练自己这么做，你就能进行更多次有效的迭代，获得一个更优秀的游戏。忽视游戏中潜在的问题，只专注于你最有信心的部分是一种诱惑。你必须抵抗这种诱惑，专注于游戏中的风险。

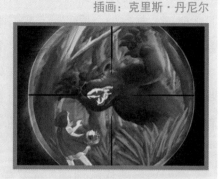

插画：克里斯·丹尼尔

# 制作有效原型的10个秘诀

我们都知道，快速制作原型对于高质量的游戏开发是很重要的。这里有一些秘诀能帮助你，为你的游戏制作最有用的原型。

## 原型设计技巧1：回答一个问题

每个原型都应该设计为回答一个或多个问题。你必须清楚地描述问题，否则你的原型就可能陷入浪费时间的危险境地，而不是起到它本应承担的节约时间的作用。一个原型应该要回答怎样的问题，这里有一些示例：

● 我们的技术能够在一个场景中支持多少个动画角色？
● 我们的核心玩法有趣吗？这种趣味能够持续较长时间吗？
● 我们的角色及其设定在艺术上能够融洽地结合在一起吗？
● 这个游戏的关卡应该有多大？

避免过度构建你的原型，要专注于让原型回答关键问题。

## 原型设计技巧2：忘记质量

所有的游戏开发者都有一个共同点：他们为自己的游戏感到骄傲。所以很多人讨厌制作"快速而简陋"的原型。艺术家会在早期概念草图上浪费大量的时间——程序员为了实现优秀的软件工程，会在一小段被废弃的代码上耗费大量的时间。制作一个原型时，我们唯一要关心的就是它能否解决问题。解决得越快，这个原型就越好——即使这个原型只能勉强使用而且只有粗糙的外观。实际上，打磨你的原型甚至会有害处。玩法测试者（或者你的同事）更有可能指出粗糙原型而不是精致原型上存在的问题。你的目标是尽快找到问题，这样你就能尽早解决它们。一个精致的原型会摧毁你的目标，因为它会隐藏真正的问题，这会给你带来错误的安全感。

不要逃避迭代规则。你需要尽快构建出能回答问题的原型，别管它有多简陋。

## 原型设计技巧 3：不要太过留恋

在《人月神话》中，弗雷德·布鲁克斯做出了一个著名的论述：计划好扔掉当前的产品——你总会这么做。他的意思是说，无论你是否喜欢，你的系统的第一个版本肯定不是一个完成的产品。在构建出正确的系统之后，它就会被丢弃。事实上你可能会丢弃很多原型。缺乏经验的开发者通常会陷入两难——觉得他们的开发失败了一样。你需要带着一切都是临时的心态开始构建原型——唯一要关心的是这个原型能否回答问题。把每个原型都当作学习的机会——这是你制作真正系统的练习。当然，你不会扔掉所有的东西——你会留下一些碎片，这些碎片组合起来就可以变成更加有用的东西。这个过程会很痛苦。就像设计师尼科尔·埃普斯曾经指出的，"你必须学会批评你的孩子。"

## 原型设计技巧 4：设定原型的优先级

当你列出风险时，你可能意识到你需要几个原型来消除你面临的风险。正确的做法是像敏捷开发者一样为这些风险设定优先级，这样你就能优先解决最大的风险。你也应该考虑到依赖性——如果一个原型的结果可能潜在地让其他原型变得毫无意义，那么"上游"的原型无疑将拥有最高的优先级。

## 原型设计技巧 5：有效的并行原型

一个巧妙地进行更多次迭代的方法就是同时构建几个原型。当系统工程师构建回答技术问题的原型时，艺术家可以构建艺术原型，脚本设计师可以构建玩法原型。许多小型的独立原型能够帮助你更快地回答更多的问题。

## 原型设计技巧 6：并不总需要数字化

你的目标是尽可能快地完成更多次有效的迭代。如果你能够掌控它，那么为什么不把软件放在一边呢？你可以为你想象中的电子游戏创意构建一个简单的桌上游戏原型，我们有时把这种原型称为"纸上原型"。为什么要这么做？因为你能迅速地制作出桌面游戏，而且能够实现同样的玩法。这能让你更快地定位问题——大多数原型设计的过程就是寻找问题和解决问题，所以纸上原型确实能够节约时间。如果你的游戏是基于回合制的，这就很简单了。《卡通城Online》的回合制战斗系统的原型是一个简单的桌面游戏，这让我们可以更加小心地平衡各种类型的攻击和组合。我们在纸或者白板上追踪攻击点数，添加或者减少规则，直到游戏看起来很平衡之后才开始尝试编写代码。

即使是实时游戏也能够建立纸上原型。有时它们能够转换为回合制模式，这样你仍然能够抓住核心玩法。在其他情况下，你只能实时或者接近实时地玩它们：最佳方式就是让其他人帮助你。我们可以看以下两个案例。

### 俄罗斯方块：纸上原型

假设你要为俄罗斯方块构建纸上原型。你可以剪下各种形状的碎片，把它们放在一起。让其他人随机选择一张卡片，然后把卡片滑下游戏板（你在一张纸上画的草图）。你抓住卡片，将它旋转并放置到合适的位置。为了填满一条线，你只能使用你的想象力，或者暂停游戏，直到你用剪刀剪下一行卡片。这可能不是最佳的俄罗斯方块体验，但已经能够让你看到是否有正确的形状种类，也能给你带来一些对碎片掉落速度的感觉。另外，你可以在 15 分钟内体验整个游戏。

光环：纸上原型

有可能为一个第一人称射击游戏构建纸上原型吗？当然！你需要让不同的人扮演不同的电脑角色和玩家。在一张大坐标纸上画下地图，然后用不同的纸片代表不同的玩家和敌人。你需要找一个人控制其他玩家，另一个人控制敌人，然后你可以设定一些回合制的规则来确定怎样移动和射击。或者你可以自己找一个节拍器！我们可以很容易地找到一些免费的节拍器应用。把节拍器设定为每五秒响一次。然后设定游戏规则，每一拍你都能移动一格坐标。你可以射击视线内的另一个玩家或者怪物，但每一拍只能射击一次。这感觉就像在慢动作中玩游戏一样。但这也有好处，这能让你在玩游戏时有时间思考原型的效果。你可以感受到游戏地图应该有多大，怎样设计走廊和房间的形状可以让游戏变得更有趣，你的武器应该有怎样的特点，以及其他——你可以闪电般地完成这些所有的事。

## 原型设计技巧 7：无须交互

所有的原型都无须是数字化的，它们甚至没必要是可交互的。简单的草图和动画能够对回答游戏玩法的问题大有帮助。《波斯王子：时之沙》有一套新奇的跳跃和时间回溯机制，最初的原型来源于无交互的动画，描绘了游戏设计师想象中难以置信的巧妙杂技，所以团队能够更容易地观察、思考和讨论创造一个怎样的交互系统来完成这个愿景。

## 原型设计技巧 8：选择一个"快速迭代"的游戏引擎

传统的软件开发方式就像烤面包一样：

1. 编写代码。
2. 编译和链接。
3. 运行你的游戏。
4. 操纵游戏进行到你想要测试的部分。
5. 测试并验证。
6. 回到步骤 1。

如果你不喜欢面包（测试的结果），你就别无选择，只能重新开始整个进程。这太漫长了，尤其是对一个大型游戏而言。通过选择一个有正确脚本系统的引擎，你能够在游戏运行时改变你的代码。这就像制作一个黏土模型——你可以不停地改变它们。

1. 运行你的游戏。

2. 操纵游戏进行到你想要测试的部分。

3. 测试并验证。

4. 编写代码。

5. 回到步骤3。

通过在游戏运行时重新编写你的系统，你每天都能够进行更多次的迭代，游戏的质量能够很快得到提高。我使用过 Scheme、Smalltalk 和 Python，但任何延迟绑定语言都能完成这样的工作。Unity 使用 JavaScript 和 C#实现了这项技术。而虚幻引擎选择使用一种基于 C++编程的拖放脚本系统（Blueprints）。脚本语言的运行速度会比像 Assembly 和 C++这样的低级语言更慢，但这些额外的编程时间比起游戏得到的改进不过是九牛一毛。你可以使你的游戏完成更多的迭代循环，充分利用迭代的规则。

## 原型设计技巧 9：先构建玩具

回到第 4 章，我们区分了玩具和游戏。玩具本身就很好玩。作为对比，游戏有它的目标和基于解决问题的丰富体验。尽管我们不应该忘记，很多游戏都构建于最好的玩具之上。一个球是玩具，但棒球是游戏；一个会跑和跳的替身是玩具，但《大金刚》是游戏。你在围绕玩具设计游戏之前需要确定这个玩具是不是很好玩。一旦你构建了一个玩具，你可能就惊讶于它的趣味性，崭新的游戏创意可能就显而易见了。

游戏设计师大卫·琼斯说，在设计游戏《百战小旅鼠》时，他的团队完全遵循了这种方式。他们认为很多小生物在小小的世界中四处走动，做着不同的事会很有趣。他们无法确定游戏会变成怎样，但是这个世界听起来很棒，然后就实现了它。当他们能够实际开始玩这个玩具的时候，他们开始严肃思考可以围绕它制作哪种类型的游戏。琼斯告诉了我们另一个相似的故事，关于《侠盗猎车手》的开发过程：《侠盗猎车手》原本不是像目前这样的设计。它最初只是个半成品，被设计成一个栩栩如生并且玩起来很有趣的城市。半成品被完成后，团队发现这是个很不错的玩具，他们需要决定要为它制作怎样的游戏。他们意识到城市就像个迷宫，所以他们从一些所知的迷宫游戏中借鉴了一些机制。琼斯解释道："《侠盗猎车手》里的灵感来源于《吃豆人》，圆点就是小人儿们。我在一辆小型黄色汽车里。鬼魂就是警察。"

通过先制作一个玩具再想出游戏，你就能从根本上提高游戏的质量，因为这在两个层级上都会很有趣。更进一步地，当你创造的玩法是基于一个很有趣的玩具的一部分时，两个层级就能够通过最强有力的方式互相支持。游戏开发者经常会忘记玩具的视角。为了帮助我们记忆，我们把它变成 17 号透镜。

## 17 号透镜：玩具

若要使用这个透镜，就不要思考你的游戏是否好玩，而要思考参与这个游戏是否有趣。

问自己以下问题：

- 如果我的游戏没有目标，那么它会有趣吗？如果不是，那么怎样才能改进它？
- 当人们看到我的游戏时，在他们知道应该怎样玩之前，他们想要与它互动吗？如果不是，那么怎样才能改进它？

有两种方式可以使用"玩具"透镜。第一种方式是将它运用在一个现存的游戏上，想出怎样为它添加一些玩具类的特质——这就是怎样让它变得更加亲切，操作更加有趣的方式。第二种方式也是更大胆的方式，就是在你还没有任何游戏创意之前运用它制作一个玩具。你在开发计划中这么做就会有风险，但如果成功了，那么这就是一个伟大的魔杖，可以帮助你找到你还没发现的绝妙游戏。

插画：卡米拉·基德兰

## 原型设计技巧 10：抓住更多次迭代的机会

在游戏开发过程中，我们会对游戏做出一些改变，有时我们会拥有更多的时间。一些游戏工业中最成功的游戏来源于多次迭代过程中出现的意外事件。《光环》就是这样的，它原本是作为一个苹果计算机游戏进行开发的。当与微软沟通时，他们为个人计算机做了修改。该团队利用这个机会修正了一部分缺陷，并进行了更多次的迭代。第二个意外是微软邀请他们将这个游戏从个人计算机转移到新发布的 Xbox 平台！团队需要更多的时间改变技术，他们也再次拥有了提高和迭代游戏核心玩法的时间。因为设计师利用了这些计划外的循环，游戏的质量达到了顶峰。

# 完成迭代

一旦你构建好原型，剩余的工作就是测试它们，然后根据你获得的信息，再重新开始整个过程。回忆一下我们之前讨论的非正式过程。

非正式迭代：

1. 想出一个创意。

2. 实验它。

3. 测试和改进，直到它变得足够好为止。

我们现在将之前的迭代变得更加正式一点儿。

正式迭代：

1. 描述一个问题。

2. 用头脑风暴的方式找到几种可能的解决方案。

3. 选择一个解决方案。

4. 列出使用这个解决方案的风险。

5. 构建原型来消除这些风险。

6. 测试原型，直到它足够好为止。

7. 描述一个新的需要解决的问题，然后回到第 2 步。

在每次原型设计的迭代中，你会发现你能够更加详细地描述问题。这里有个例子，让我们假设你被赋予一项制作竞速游戏的任务——它需要一些全新的有趣元素。关于完成这个过程需要进行几次迭代，这里有一个概述。

## 迭代 1："新型竞速"游戏

- 问题描述：想出一种新的竞速游戏。
- 解决方案：水下潜艇竞速（可以发射鱼雷）。
- 风险：
  - ➤ 不确定水下的跑道应该如何设计。
  - ➤ 可能无法产生足够的吸引力。
  - ➤ 技术可能无法处理所有的水体效果。
- 原型：
  - ➤ 艺术家进行水下跑道的概念设计。
  - ➤ 游戏设计师设计有新奇效果（能够飞出水面的潜水艇，跟踪导弹、深水炸弹，竞速通过雷区）的原型（使用纸上模型并参考已经存在的竞速赛车游戏）。
  - ➤ 程序员测试并验证简单的水体效果。
- 结果：
  - ➤ 用一条蜿蜒的路径组成水下赛道看起来不错，而水下管道将会很棒！沿着轨道在水中和水面上飞行的潜水艇也不错。
  - ➤ 早期原型看起来很有趣，提供的潜水艇的速度很快，操作性也很强。我们需要将它们设计为"竞速潜艇"。飞行和漂浮的结合看起来很新奇。潜水艇在飞行时速度应该更快，所以我们需要找到一种限制它们的滞空时间的方法。我们做的一些小型玩法测试表明这个游戏应该支持多人联机游戏。
  - ➤ 一些水体特效会比较简单。水花飞溅看起来不错，水下的泡泡也一样。全屏的水体会消耗太多的 CPU 资源，并且会分散注意力。

## 迭代 2："潜艇竞速"游戏

- 新的问题描述：设计一个"潜艇竞速"游戏，潜水艇可以飞。
- 详细描述问题：
  - 不确定"潜艇竞速"应该如何设计。我们需要定义潜艇和赛道的外观。
  - 需要找到平衡游戏的方法，合理分配潜艇在水中和空中的时间。
  - 需要找到支持多人联机的方法。
- 风险：
  - 如果竞速的潜艇看起来"太卡通"，就无法吸引年龄较大的玩家。如果看起来太现实，那么与核心玩法结合起来就会比较傻。
  - 我们无法设计关卡和风景的艺术效果，除非我们知道潜艇在水中与空中的时间对比。
  - 我们团队没有为竞速游戏设计过多人联机模块。我们不确定能否完成这项功能。
- 原型：
  - 艺术家会给出不同的潜艇速写，有各种各样的风格：卡通的、现实的、科幻生物的。团队会对它们投票，我们也会对目标受众做一些非正式的调查。
  - 程序员与游戏设计师会一同完成一个粗糙的原型，这可以让他们体验潜艇在水下与空中的时间比例和操控机制。
  - 程序员会构建一个基本的多人联机框架，应该能够包括这种类型的游戏需要的所有的通信功能。
- 结果：
  - 每个人都喜欢"恐龙潜艇"的设计。团队成员与潜在受众能够达成共识，他们都认为"游泳恐龙"的外观与感受很适合这个游戏。
  - 经过几次实验，可以清晰地看到，对于大多数关卡，潜艇在水下的时间应该占 60%，在空中和水面附近的时间各占 20%。玩家在水面附近可以通过力量增强操控潜艇飞行，获得速度的优势。

> ➤ 早期的联网实验表明，多人联机竞速并不是一个问题。如果我们能够避免使用快速开火的机关枪，那么多人游戏将变得更简单。

## 迭代 3："飞翔的恐龙"游戏

- 问题描述：设计一个"飞翔的恐龙"游戏，恐龙在水中和水上竞速。
- 详细描述问题：
  - ➤ 我们需要知道能否规划出所有恐龙需要的动画时间。
  - ➤ 我们需要为这个游戏开发适量的关卡。
  - ➤ 我们需要设计游戏中所有的力量增强方式。
  - ➤ 我们需要决定这个游戏能够支持的武器类型（因为网络限制，取消了快速开火的机关枪）。

你需要注意问题的描述是如何进化并且在每次循环中都变得更加具体的，也需要注意问题是怎样快速浮出水面的：如果团队没有这么早地尝试所有不同的角色设计，那么该怎么办？如果在意识到合理滞空时间的问题之前，有三个游戏关卡已经被设计和制作完成了，那么该怎么办？如果在意识到机关枪会破坏联网程序之前，机关枪系统已经成为核心玩法并且其他的玩法机制都围绕它建立了，那么该怎么办？由于进行了多次早期迭代，这些问题可以被快速定位。这看起来就是两次完整的迭代和第三次迭代的开端，但是因为明智地使用了平行原型，所以这里实际上有六层迭代。

我们也要注意到整个团队是怎样参与到重要的设计决定中的。没有任何一个单独的游戏设计师能够完成这项工作——许多设计都必须遵循技术限制和美学设定。

# 多少次才足够

> 现在我明白了，尽管太晚了。计算费用之前，评价自己是否有能力完成它是很荒谬的。
>
> ——鲁滨逊·克鲁索

你可能想知道，在游戏完成前应该进行多少次迭代。这是一个很难回答的问题，也是让游戏开发难以规划的原因。迭代规则揭示了这样一个道理：更多的迭代总会让你的游戏变得更好。所以有句话是这么说的，"工作永远不会终结——只会被放弃。"重要的是，你需要确定在用尽所有的开发预算之前，进行足够的迭代次数，让你能制作出引以为豪的游戏。

当处于第一次迭代的开端时，你能否精确地计算出开发一个高品质游戏所需的时间呢？不，基本不可能。在工作一段时间后，有经验的游戏设计师会更善于预测，但许多游戏还是比原本预计的更晚完成，或者比原本预计的质量更低，这就是对无法预知的证明。为什么会这样？因为在第一次迭代的开端，你并不知道你将要完成一个怎样的游戏。在每次迭代时，你对游戏的方向会有更明确的想法，你就能更加精确地预测。

游戏设计师马克·塞尔尼已经为游戏设计和开发描绘了一个系统，他称之为"The Method"。毫无意外地，这个系统包含了迭代与风险消除。但是 The Method 在塞尔尼所谓的"试验品"和"产品"之间（概念借鉴于好莱坞）有了一个有趣的区别。他认为在你完成两个可发布的游戏版本并完成所有必要的特性之前，游戏都处于试验品阶段。换句话说，除非你有两个完全完整的关卡，否则你仍然在进行游戏的基础设计。一旦到达了这个魔力点，游戏就处于产品阶段了。这意味着你完全了解你的游戏是什么，你能安全地规划接下来的开发内容。塞尔尼认为这个点通常在花费 30% 的必要预算之后。所以如果你到达这个点花费了 100 万美元，你就可能需要花费额外的 230 万美元来完成整个游戏。这是一个很棒的经验法则，很具现实性，这可能是计划游戏发布的日期的最精确的方式。其中的问题是，在你花费所需的 30% 的成本之前，你无法得知游戏的总成本与完成时间。实际上，这个问题是无法避免的——The Method 只能引导你尽可能现实地向这个点前进。

几年之后，我已经找到了自己的经验法则来按时完成游戏并控制预算，我把这个叫作计划性削减预算法则和 50% 法则。

计划性削减预算法则：当计划你的游戏时，确定你用这种方式构建它，即如果 50% 的预算被削减了，你依然有一个可玩的版本。这条规则要求你保持系统简单，也保证当出现糟糕的事情（很可能会变糟）迫使你放弃一些特性时，你依然能够得到一个可玩的游戏。

50%法则：所有的核心玩法元素都应该在规划中的前半部分完成。这意味着你用一半时间让游戏变得可玩，然后用另一半时间让游戏变得更好。开发者往往计划用 80%的时间开发游戏，然后用 20%的时间改进游戏。当然，如果出了问题，那么这 20%的时间也没有了。到最后，你只得到了一个超期并且劣质的游戏。如果你计划将所有的系统在 50%的时间里完成，那么即使出了问题，你依然有时间完成重要的迭代，让你的游戏变得更好。

## 你的秘密燃料

本章的大部分内容都是分析性的，因为有思考的分析能给你带来很大的帮助，让你确定你的游戏设计和开发都是最佳的。但是带着所有的分析，你很容易忘记起初为什么要追寻这个创意。

### 18 号透镜：激情

在每个原型的结尾，当你小心地消除风险并计划下一步时，别忘了用这些重要的问题检验你对游戏的感受：

- 我对这个游戏的成功是否有极大的激情？
- 如果我失去了激情，那么怎样才能找回它？
- 如果激情没有回来，那么我是否应该做一些其他事情呢？

在每次冲刺的末尾，当你在研究原型和准备接下来的计划时，你一定要记住做一个"激情检验"。激情就是潜意识与你交流的方式，它告诉你这个游戏是否令人兴奋。失去了激情说明一些地方出了问题——如果你不能找到问题所在，那么你的游戏很可能会死去。激情也有危险性——毕竟这是一种不合理的情感。你必须小心对待它，因为激情往往能够击倒障碍并带领游戏走向成功。

插画：蕾切尔·多瑞特

既然我们已经讨论了怎样制作一个游戏，那么现在是时候考虑为谁制作游戏了。

## 拓展阅读

比尔·巴克斯顿撰写的《用户体验草图设计》。这本书通过多元化的原理和令人瞩目的结果向我们展示了草图的概念（提示：原型就是一种草图）。

比尔·卢卡斯撰写的《用纸设计原型》。这个讲座是一系列案例研究，关于怎样成功构建计算机界面的纸上原型。

麦克·塞林格撰写的《狗头人指南之桌面游戏设计》。这本很棒的书讲述了如何制作伟大的桌面游戏。

超级兄弟撰写的《少说话，多做事》。这篇文章认为游戏是行动的媒介，而不是语言的媒介，并坚定地认为太多的设计讨论会是毁灭性的。

《敏捷软件开发》。维基百科中关于敏捷软件开发的条目编写得很不错，如果你想要学习更多敏捷开发的知识，那么它可以提供很多参考。

杰森·范登博格撰写的《游戏设计的四个 F：快速失败与跟随快乐》。这篇文章（基于马克·勒布朗的一个理念）将伟大游戏的设计过程的关键层面总结为清晰的基础元素。

# 第9章
# 游戏为玩家而生

图 9.1

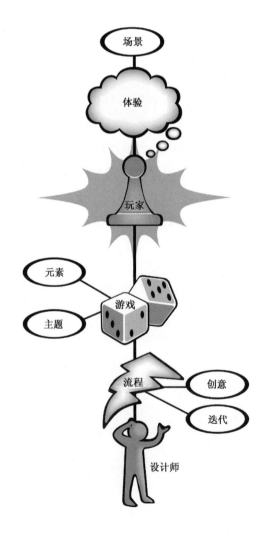

## 爱因斯坦的小提琴

在阿尔伯特·爱因斯坦的职业生涯中，有一家当地的小型机构邀请他参加一场午宴。他将作为荣誉嘉宾做一场关于学术研究的演讲。他接受了这个邀请。午宴进行得很愉快，到了演讲时间，主持人宣布著名的科学家阿尔伯特·爱因斯坦将要讲一讲他的狭义相对论与广义相对论。爱因斯坦走到台上，看着周围的听众，他们中的大部分人都是不懂学术的中年妇女。他向这些听众解释道，他原本想谈谈他的工作，但这可能有点乏味。他觉得听众可能更加期待他的小提琴演奏。主持人和听众都同意他的想法，觉得这是一个不错的主意。爱因斯坦演奏了几首比较熟悉的乐曲，创造了一种令所有听众都愉悦的体验，这种体验让他们铭记一生（图 9.2）。

图 9.2

爱因斯坦能够创造这种难忘的体验是因为他了解他的听众。就像他喜欢思考并讨论物理一样，他同时知道听众可能对此并不感兴趣。当然，他们确实邀请他谈论物理，因为这是他们所能想到的最佳方式——一次与著名的阿尔伯特·爱因斯坦的亲密会见。

要创造一个宏伟的体验，你必须与爱因斯坦一样。你必须了解你的受众的喜好，而且比他们自己更加了解。你可能认为找到人们的偏好会很简单，但现实并不是这样的。很多时候人们并不知道自己喜欢什么。他们可能觉得自己知道，但是他们认为想要的和他们真正想要的经常有很大的差异。

与游戏设计的其他方面一样，这里的关键是倾听。你必须学会深入倾听你的玩家。你必须熟悉他们的想法、情感、恐惧和欲望。其中的一些过于隐秘，玩家可能自己都没有觉察——就像我们在第 6 章讨论过的，这一部分往往最重要。

## 设身处地

那么，怎样完成这种深度倾听呢？最好的方法之一就是使用移情（将在第 10 章进一步讨论），把你自己放在他们的位置。1954 年，沃尔特·迪士尼在建造迪士尼乐园时，常常环绕公园散步来检查进度。人们经常看到他走了几步，停下，突然蹲在地上凝视远处。然后站起来，又走了几步，再次蹲下。一些设计师问他在做什么——他的背部出问题了吗？他的回答很简单：除了这种方法，他怎样才能知道孩子们眼中的迪士尼乐园是什么样子的呢？

回想起来，理由看起来显而易见——不同高度的视线看到的世界是不一样的，孩子们对迪士尼乐园的视角即使不比成人的更重要，至少也同样重要。仅适应身体的视角并不够——你还必须适应他们精神的视角，积极地把自己投射到玩家的思维中。你必须尝试变成他们，观察他们看到的，聆听他们听见的，思考他们想到的。在移情时，游戏设计师很容易带入自己高深复杂的思维，而忘记把自己的思维变为玩家的思维——完成移情需要持续地保持注意力与警惕，但如果你尝试这么做，那么你肯定可以做到。

当你制作一个游戏时，如果你曾经是目标受众中的一员（例如女性设计师为小女孩制作一个游戏），你就会有优势——你能够回忆起当时的想法、喜欢的事物和对外界的感受。人们总是容易忘记他们年轻时的事情。作为一名游戏设计师，你不能忘记。努力找回你古老的记忆，让它们再一次变得生动有趣。好好保存这些记忆——这是你最珍贵的工具之一。

但要是你正在为一些你从未成为的、以后也可能不会成为的受众（例如一位男性青年设计师为中年妇女制作一个游戏）制作游戏怎么办？这时你必须采用不同的策略——你必须在你的目标人群中想起你认识的朋友，想象他们的行为。与文化人类学家一样，你必须花时间与你的目标受众在一起，与他们交流，观察他们，想象成为他们的模样。在这一点上，每个人都有一些先天的能力——如果你勤加练习，你就会有进步。如果你能够在思想上变成任何类型的玩家，你就能为你的游戏拓展受众，因为你的设计能够囊括其他游戏设计师忽视的人群。

## 人群特征

> 正如有些人所言，年龄不会把我们变成孩子。它只会为我们保留真正的童心。
>
> ——歌德

我们知道每个人都是独特的，但是当我们制作一些许多人都喜欢的游戏时，我们就要考虑这些人群的共同之处。我们把这种分类叫作人群特征，有时称之为市场细分。并没有一种官方的说法概括这些群体——不同的职业会依据不同的理由来分类。对于游戏设计师，两条最重要的人口统计变量是年龄和性别。随着年龄的增长，我们玩游戏的方式会有所不同，而男性和女性在所有年龄段都有不同的游戏方式。下面是一些典型年龄的人群特征分析，这是一个游戏设计师必须考虑的。

图 9.3

- 0～3岁，婴儿/幼童：这个年龄段的孩子对玩具很感兴趣，但是游戏的复杂性与其中包含的解决问题的方法对他们来说通常太难了。虚拟的界面（例如游戏卡牌）超越了他们的能力范围，但他们会觉得直接的界面（例如触摸屏）很有趣。

- 4～6岁，学龄前儿童：这个年龄段的孩子通常会第一次表现出对游戏的兴趣。他们会更频繁地与父母而不是其他人一起玩简单的游戏，因为父母知道怎样调整规则来让游戏保持快乐而有趣。

- 7～9岁，儿童：7岁被称为"启蒙时期"。这个年龄段的孩子已经入学，通常能够阅读书本，能够想通问题并解决一些难题。他们自然而然地会对游戏玩法表现出兴趣。在这个年龄阶段，孩子开始自己决定他们喜欢的游戏和玩具，而不只是接受父母为他们做出的选择。

- 10～13岁，青春期之前的孩子：市场人员最近才开始把这个群体从"儿童"与"青少年"中分离出来。这个年龄段的孩子会经历一系列巨大的生理变化，他们开始对世界有更为深入的思考。与往年相比，他们会产生更多的细微差别。这个年龄段有时被称为"迷恋时期"，因为这个年龄段的孩子开始着迷于他们的兴趣爱好。尤其对男孩而言，他们的兴趣经常就是玩游戏。

- 13～18岁，青少年：青少年的任务是开始为成人做准备。我们发现在这个年龄阶段，男孩与女孩的兴趣会出现重要的分化。尽管如此，两种性别的青少年都喜欢尝试新的体验，而其中一些体验可以通过游戏来获得。

- 18～24岁，年轻的成人：这是第一个成人年龄群体，也是一个重要转变的标志。成人通常比孩子玩得少一些。大多数成人仍然会玩游戏，但受到孩童时期体验方式的影响，他们的游戏类型和娱乐方式已经有了特定的偏好。年轻的成人通常有富余的时间和金钱，这让他们成为游戏的巨大消费群体。

- 25～35岁：在这个年龄段，时间变得更加宝贵。这是一个"构建家庭"的年龄。由于作为成人的责任开始增加，这个年龄段的大多数成年人只玩一些休闲游戏，把玩游戏作为一种偶尔的娱乐活动或者与他们的孩子一起玩。另一方面，这个年龄段的"核心玩家"——一些把游戏作为主要爱好的人——是重要的目标市场之一，因为他们会购买很多游戏，经常表达他们的喜好与厌恶，可能会潜在地影响社交网络中其他人的购买决策。

- 35～50 岁：有时被称为"家庭成熟"阶段，大多数这个年龄段的成人都需要承担职业与家庭责任，他们会转变为休闲玩家。由于他们的孩子年龄的增长，这个年龄群体的人群会做出购买昂贵游戏的决定。如果有可能，他们会寻求整个家庭一起玩游戏的机会。

- 50 岁以上：经常被称为"空巢老人"，这个年龄段的人群突然有了很多闲暇时间——他们的孩子搬出去了，自己很快就会退休。一些人回归到他们年轻时喜爱的游戏中，其他人则寻求一种改变，转向新的游戏体验。这个年龄段的人群对重度社交的游戏体验尤其感兴趣，例如高尔夫、网球、桥牌和多人在线游戏。在线社交游戏在这个年龄段特别成功。这些老人的眼睛和双手不如以前灵活，因而会对小屏幕或者控制复杂移动的游戏感到沮丧。

当然还有其他方式来区分年龄群体，但游戏产业通常的做法是划分这九个群体，因为他们反映了游戏行为模式的变迁。有趣的是，当我们观察群体之间体验的变迁时，我们会发现大多数年轻群体都可以通过心智的开发阶段来区分，而成年群体主要通过家庭责任的变化来区分。

无论为哪一个群体创作游戏，有一件事很重要：由于儿童时期就以玩游戏为中心，所以他们所有的游戏活动都与他们的儿童时期有关。为了给一些特定年龄的人群制作游戏，你必须让自己的游戏与他们儿童时期流行的游戏和主题保持协调。换句话说：要与他们真正地交流，你就必须用他们儿童时期说话的方式。

## 媒介排斥女性吗

彼得·潘：我们很开心，不是吗？我教过你飞行和打架！还会有什么更有趣的呢？

温迪：当然有更多有趣的事。

彼得·潘：什么？那会是什么呢？

温迪：我不知道。我猜等你长大就知道了。

认为某种游戏方式天生适合男性或者女性是一种过时的刻板印象，尤其在性别的本质已经被质疑的当代。性别特点的归纳并不适用于每个单独的个体。尽管如此，当我们研究人群时，一些基于性别的游戏模式依然很清晰，一些特定的游戏模式更受女性玩家欢迎，反之亦然。这是一个需要小心处理的主题，当我们说"男性更倾向于做某事"或者"女性更倾向于做某事"时，我们通常会忽略某些个体具有相反的倾向。

有些人更倾向于回避基于性别的游戏模式这一问题，并假装这些人群的行为差异并不存在。但这么做就是在否认现实，这对于一个游戏设计师来说是很危险的。因为这些行为模式和倾向性确实存在。男性玩家比女性玩家更爱玩《使命召唤》，女性玩家比男性玩家更爱玩《糖果传奇》。这是因为游戏机制符合了男性或者女性的某种天性吗？还是说男性和女性从社会上习得的特点造成了这些不同点？我们并不知道。但是了解和理解这些刻板印象对一个设计者十分有用，因为通过理解它们，你能够包容更多的玩家。

举个例子，我曾经参与设计一个让家庭成员一起玩的射击游戏。这个游戏被设计得很简单，当然，我们设计了一个简单的分数系统。另一个游戏设计师来到我面前，说我们的分数系统存在问题：它存在性别歧视。我听起来觉得不可思议——在共同游戏的主题下，我们已经详细地测试了男孩、女孩、男人和女人的游戏行为。但她是对的。当我们查看玩法测试数据时，我们能够观察到，通常男孩和男人的分数比女孩和女人更高。回顾测试玩家的视频揭示了原因：男性玩家倾向于快速开火的游戏方式，而女性玩家更倾向于小心地瞄准目标。

我们的解决方案是什么呢？我们制作了一个稍微复杂一些的分数系统。最终的分数会呈现两个数字：总分和精确度。当我们测试时，它的效果很好。例如，第一个测试玩家是一对年长的夫妻。当游戏结束时，丈夫骄傲地宣布"我的分数最高！"而他的妻子笑道"是的，但是我打得更准。"

这就是可笑的刻板印象。尽管这些印象会让人们觉得不正常，但它们能够成为一种总结工具，用来创造包含更广泛兴趣和动力的游戏模式。为此，我们应该仔细分析和研究刻板印象，使之让我们受益，而不是单纯地厌恶它们。归纳概括和刻板印象对于每个个体并不准确，但是当为大群受众制作游戏时，它们是非常有用的总结工具。

## 关于男性玩家的五种刻板印象

> 假如你是一位女性，并觉得自己不了解男性，那么你很可能想得太多了。
>
> ——路易斯·雷米

1. 掌握：男性喜欢掌握一切事情。这并不意味着这件事很重要或者很有用——它可能只是很有挑战性。而女性更倾向于掌握一件很有意义的事。
2. 竞争：男性很喜欢通过与其他人竞争来表现他们是最棒的。但对于女性，输掉（或者让他人输掉）游戏带来的糟糕体验远远大于胜利带来的兴奋感。
3. 破坏：男性喜欢摧毁东西。当男孩玩积木时，最兴奋的部分不是搭好它们，而是在完成一座塔之后就马上推倒它。电子游戏天生适合这种玩法，比起现实生活，男人可以在虚拟世界中更加肆意地破坏。
4. 空间谜题：研究表明，男性通常比女性有更强的空间推理能力。因此，三维空间谜题对男性很有吸引力，有时女性会对这种谜题感到沮丧。
5. 试错：女人经常开玩笑说男人讨厌阅读说明书，这是有道理的。男性倾向于通过反复试错来学习。在某种意义上，为他们设计界面很容易，因为他们更喜欢需要尝试才能理解的界面，这也与"掌握"的乐趣有关。

## 关于女性玩家的五种刻板印象

> 女性渴望获得情感与社交探索的体验，并将这些应用到自己的生活中。
>
> ——海蒂·丹格梅尔

1. 情感：女性玩家喜欢探索人类丰富的情感体验。对于男性玩家来说，情感是体验中有趣的一部分，但很少作为体验的终点。在"浪漫关系媒介"图谱的最后部分可以找到一个极端但有说服力的例子。图谱的一端是言情小说（三分之一出售的虚构作品都是言情小说），专注于浪漫关系的情感方面，大部分都被女性购买。另一端是色情文学，专注于浪漫关系的肉体方面，主要被男性购买。当吉恩·罗登贝瑞制作电视连续剧《星际迷航》时，随着剧情的深入，他特意加入了情感线来增加家庭成员共同观赏的机会。类似地，《龙腾世纪：审判》拥有更多的女性玩家，高于动作角色扮演类游戏的平均水平，这可能是游戏角色之间更丰富的情感关系在起作用。

2. 现实世界：女性玩家倾向于玩一些与现实世界有关联的娱乐活动。如果你观察孩子们玩游戏，女孩们会玩那些与现实世界有强烈联系的游戏（过家家、扮演兽医、换装游戏等），而男孩们更喜欢扮演幻想中的角色。《芭比时装设计师》是一个常年销量不错的电脑游戏，主要面向女性玩家。这个游戏可以让女孩们为她们现实世界中的芭比娃娃设计、打印和缝纫定制的衣服。与之相比，《芭比之长发公主》是一个有幻想设定的冒险游戏。尽管它们有相同的主角（芭比），但这个游戏并没有与现实世界联系起来，所以并没有那么流行。

这种倾向会持续到成年期——当事物通过有意义的方式与现实世界相连时，女人们就更有兴趣了——有时基于游戏的内容方面（《模拟人生》中女性玩家比男性玩家更多，这个游戏的内容是模拟一个普通人的日常生活），有时基于游戏的社交方面。在线社交游戏在女性玩家中比较流行，看起来与游戏本身无关，而与把好友列表作为游戏的中心特点有关。与虚拟玩家玩耍只是"一种假扮"，但与现实玩家一起玩就能带来真实的联系。

3. 抚育：在固有印象中，女性玩家喜欢抚育。女孩们喜欢照顾玩具娃娃、玩具宠物和比他们更小的孩子。我们往往可以看到在竞技游戏中女孩放弃领先的优势来帮助一个更弱小的玩家，一部分原因是她们认为玩家之间的联系和感受比游戏更加重要，而另一部分原因是出于抚育的乐趣。种植游戏和宠物游戏在女性玩家中的成功主要源于它们的抚育机制。在开发《卡通城 Online》时，我们的战斗系统需要一种"治疗"机制。我们观察到女性玩家喜欢为其他玩家提供治疗。这对我们很重要，因为我们的游戏需要对男性和女性玩家具有同样的吸引力，所以我们做出了一项大胆的设计。在大多数角色扮演游戏中，大部分时候玩家会治疗自己，不过也有治疗别人的选项。在《玩具城 Online》中，你不能治疗自己——只能选择治疗其他人。这增加了拥有治疗技能的玩家的价值并鼓励他们治疗其他玩家。在玩具城中，玩家能够把治疗作为他们的主要活动。

4. 对话与字谜：常有人说，女性缺少空间想象能力，作为弥补，她们有更好的文字技能。女性会比男性购买更多的书籍，而且字谜的受众大多数是女性。在流行的移动游戏《好友填词》中，大多数玩家都是女性（在 2013 年，女性玩家占 63%）。

5. 通过例子学习：男性倾向于避免阅读说明书，喜欢试错的过程，女性却倾向于通过例子学习。她们喜欢用清晰的教程小心地指导自己，一步一步学习，这样当开始执行一项任务时，她们知道自己应该做什么。

当然，男性与女性之间还有许多其他的区别。例如，男性倾向于专注于一件事，而女性能轻易地同时完成许多任务而不会遗漏其中任何一个。利用这种多任务技能的游戏（例如《模拟人生》或者《开心农场》有时对女性很有吸引力）。"隐藏的图片"在女性中已经成为一个流行的游戏类型。一些推测认为它鼓励了原始的收集行为，这种行为被认为在女性大脑中更为有利。无论"女性玩家喜欢隐藏图片游戏"的理论是否有争议，它在女性人群特征中的成功是毋庸置疑的。

你必须仔细留意你的游戏来决定它在不同性别上的优势和劣势。有时这会导致新的发现。孩之宝的《Pox》是一个无线电子手持游戏，游戏设计师知道他们的游戏天生带有社交体验，所以有理由让女孩们也像男孩们一样喜欢这个游戏。当观察孩子们在操场上玩的时候，他们注意到了一些有趣的事情：女孩们不会自发地在群体中玩游戏。这从表面上看起来很奇怪——女孩们更倾向于社交，你可能觉得把人们聚集起来的游戏会对她们更有吸引力。这个问题看起来是自相矛盾的。如果男孩们玩游戏时发生了争执，游戏就会暂停，有时会有一场争论（可能会很激烈），问题就被解决了。可能有个男孩会哭着回家，尽管这样，游戏还可以继续玩下去。如果女孩们玩游戏时发生了争执，这就是不同的故事了。女孩们会站在一边争执下去，问题不能马上被解决。游戏暂停了，通常也不会继续玩下去。女孩们在正式组织中会参加一些团队运动，但两个非正式的竞技团队会给她们个人间的关系带来很多压力，参加这种运动带来的麻烦反而不值得。孩之宝的游戏设计师意识到尽管游戏的概念是社交化的，它也先天具有竞争性，最终他们决定只为男孩们设计这个游戏。

在游戏玩法中引入数字技术进一步扩大了性别差异。过去大多数游戏都偏社交化——在现实世界中与真实的人一起玩游戏。个人计算机的出现给我们带来了一种全新的游戏的类型：

- 移除了所有的社交元素。
- 移除了大部分的文字和情感元素。
- 在很大程度上游戏与现实世界分离。
- 通常很难掌握。
- 为毫无限制的虚拟破坏提供了可能。

因此我们不必惊讶为什么早期的电脑游戏和视频游戏主要流行于男性玩家之间了。随着数字技术的进步，现在的视频游戏能够提供情感化的角色、更丰富的故事、与真实朋友一起玩的便利机会。在玩电子游戏方面，我们已经来到了女性玩家和男性玩家几乎相同数量的时代。希望有一天，游戏开发者社区也能够出现一种相似的平衡和表现。

无论你是否考虑年龄，性别或者其他因素，重要的是把自己放到玩家的视角上，你就能仔细思考是什么让他们觉得游戏很有趣了。这个重要的视角就是19 号透镜。

## 19 号透镜：玩家

若要使用这个透镜，就需要停止思考你的游戏，然后开始从玩家的角度思考。

问自己以下关于玩家的问题：

- 他们通常喜欢什么？
- 他们不喜欢什么，为什么？
- 他们希望能在你的游戏中看到什么？

- 如果我处于他们的位置，那么我想要在游戏中看到什么？
- 他们会特别喜欢或者讨厌游戏中的哪一部分？

插画：尼克·丹尼尔

一个优秀的游戏设计师总是考虑并拥护他的玩家。熟练的游戏设计师会同时使用"玩家"透镜和"全息设计"透镜，同时考虑玩家、游戏体验和游戏机制。从玩家的角度思考是一种很有用的方法，但更有用的是观察他们玩你的游戏。你观察得越多，就越容易预测他们喜欢什么。

当我为 DisneyQuest 开发《加勒比海盗：海盗黄金之战》时，我们必须考虑广泛的目标人群，许多游乐场和本地的互动娱乐中心只有狭窄的目标人群：青少年儿童。DisneyQuest 的目标就是支持与迪士尼主题公园同样广泛的人群：几乎所有人，尤其是家庭成员。更进一步，DisneyQuest 的目标是让整个家庭一起玩游戏。不同的家庭拥有不同的技能水平和兴趣，这是一个很大的挑战。但是通过仔细思考每个潜在玩家的兴趣，我们发现了一种很有效的方法。我们可以按这样的方式来粗略分析：

男孩们：我们几乎不用担心男孩们是否会喜欢这个游戏。这是一个令人兴奋的"冒险与战斗幻想"游戏。在这里，玩家能够驾驶一艘海盗船，操作威力巨大的加农炮。早期测试显示男孩们很享受这个游戏并且倾向于更富有攻击性的玩法——想要找出并击沉他们看到的所有海盗船。他们会有一些交流但总是保持专注于尽可能巧妙地摧毁敌人。

女孩们：我们并不确信女孩们会喜欢这个游戏，因为她们对"把坏蛋炸上天"并没有同样的热情。不过令我们惊讶的是，女孩们看起来很喜欢这个游戏，她们会通过另一种方式来玩。女孩们看起来会倾向于防御性的玩法——她们更关心从入侵者手中保护自己的船只而不是追逐其他船只。当我们意识到这一点时，我们平衡了追逐敌人和入侵船只的数量来同时支持进攻性玩法和防御性玩法。女孩们看起来对收集宝藏也有兴趣，所以我们把一大堆宝藏醒目地放在桌子上。另外，我们设计了最终之战，飞行的骷髅会冲向船只并从桌子上偷走宝藏。这让女孩们射击骷髅的任务更加重要。女孩们也看起来比男孩们更享受这个游戏的社交方面——她们会持续地向对方大声警告并提出建议，偶尔也有一些面对面的碰头来分配职责。

男人们：我们有时开玩笑说男人只是"有信用卡的高个子男孩"。他们看起来和男孩们一样喜欢游戏，尽管他们倾向于用一种稍微保守的方式玩游戏——经常思考完成游戏的最佳方式。

女人们：我们对于女性，尤其是对母亲不是很有信心，不确定她们能否从这个游戏中找到快乐。与其他的家庭成员相比，母亲通常会有一种不同的主题公园体验，因为她们主要关注的不是自己能够获得多少快乐，而是其他家庭成员能够获得多少快乐。在海盗的早期测试中，我们注意到女人们，尤其是母亲，被吸引在船的尾部，而其他的家庭成员的注意力都在前面。这意味着，其他人正在操纵加农炮而母亲在操纵船只，因为船只的舵轮在后方。起初，这看起来是一场灾难——母亲并没有太多的视频游戏经验，她们糟糕的操控技术会潜在破坏每个人的体验。

但这糟糕的场面并没有发生。因为母亲想要每个人都玩得开心，她突然就有了把船开好的兴趣。母亲处于指挥的位置，拥有最好的视野，她有机会看到每一个家庭成员，将船开到好玩的地方，或者在她的家庭快被击溃时放慢速度。另外，她有一个良好的位置来管理她的船员，警告他们即将到来的危险，给予船员一些命令（"佐伊！换你哥哥到那边去！"）来让每个人都很开心。这是一种让母亲关心游戏进展得很棒的方式。

接受母亲将比男孩们、女孩们和男人们更多操纵海盗船的事实意味着，操纵海盗船需要对偶尔玩视频游戏的人依然很容易，但这个很小的代价能把我们的关键受众包括进来。我们经常会听到孩子们在快要结束时评论说："妈妈，你真棒！"

通过密切关注不同特征人群的欲望和行为，我们能够平衡游戏来适应所有人。最初我们只考虑怎样让游戏变得对所有的四个群体更有吸引力——只有通过留意原型设计和玩法测试，我们才开始意识到这些问题可能的解决方式。我们密切观察不同人群特征的玩家如何玩我们的游戏，然后修改已有的设定，让它能支持每个群体的游戏风格。

# 心理特征

当然，年龄和性别并不是把玩家进行分类的唯一标准。你还可以采用其他的方式。人群特征通常指向外部因素（年龄、性别、收入、种族等），有时可能是一种把受众进行分类的有效方式。但实际上，当我们通过这些外部因素对人群进行分类时，我们实际上是通过一些内部因素对人群进行分类的：这些人在寻找怎样的快乐。更加直接的方式是减少关注玩家的外部表现，而更多地关注他们的内在想法，这叫作心理特征。

一些心理特征分解后与生活方式的选择有关，例如"爱狗人士""篮球迷"或者"硬核 FPS 玩家"。这很容易理解，因为他们与具体的活动联系在一起。如果你正在制作一个关于狗、篮球或者隧道射击的游戏，那么你自然会密切留意这些对应群体的偏好。

但是其他一些心理特征并不与具体活动紧密相关，而更与个人的享受有关——人们从参与的游戏或者其他活动中寻找快乐。这很重要，因为每个人行动的动机最终都可以被追溯为寻求某种快乐。不过棘手的是，世界上有太多种类的快乐，没有人会只寻找其中的一种。可以确定的是，人们对快乐有自己的偏好。游戏设计师马克·勒布朗列出了八项他认为重要的"游戏乐趣"。

## 勒布朗的游戏乐趣分类

1. 感官。感官的乐趣包含使用你的感官。看到美丽的事物、聆听音乐、触摸丝绸，闻到或者品尝美味的食物都是感官的快乐。游戏的美感主要带来的是这种快乐。格雷格·科斯特恩讲述了一个关于感官的故事。

> 我们可以把一个桌面游戏《轴心国与同盟国》作为感官差异的例子。我第一次购买它时，它由新星游戏发行，新星游戏在当时是一家没有名气的桌面游戏发行商。它有一个过度装饰的棋盘，用简陋的纸板筹码代表军事单位。我玩了一次，觉得很无聊就放到了一边。几年后，它被收购并通过米尔顿·布雷德利重新发行，有了简洁的新棋盘，

以及几百个有飞机、舰船、坦克和步兵形状的塑料片——在那以后我玩了很多次，在棋盘上摆布小人军队的乐趣让游戏变得好玩。

感官的乐趣经常是玩具的乐趣（参见 17 号透镜）。这种乐趣并不能把糟糕的游戏变得优秀，但它往往能把优秀的游戏变得更好。

2. 幻想。这是一种想象世界的乐趣和想象你自己变为他人的乐趣。我们将在第 19 章和第 20 章进行更加深入的讨论。

3. 叙事。在叙事的乐趣中，并不意味着讲述一个确定的线性故事。他的意思是故事的发生经过了一系列事件的戏剧化演变。我们将在第 16 章和第 17 章进行更加深入的讨论。

4. 挑战。在某种程度上，挑战可以作为游戏玩法的核心乐趣之一，因为每个游戏的核心都有一个需要被解决的问题。对于某些玩家，这种乐趣就足够了——不过其他的玩家还想要更多的乐趣。

5. 团队关系。勒布朗在这里指的是友情、合作和社区带来的乐趣。毫无疑问，这是一些玩家玩游戏的主要吸引力。我们将在第 24 章和第 25 章进行更加深入的讨论。

6. 探索。探索的乐趣是广泛的：每次你搜寻并找到新的东西，就是探索。有时是对游戏世界的探索，有时是对一个隐藏特性或者巧妙策略的探索。毫无疑问，探索新事物是游戏乐趣的关键。

7. 表达。这是一种表达自我的乐趣和创造事物的乐趣。过去，这种乐趣通常会被游戏设计忽视。时至今日，很多游戏都允许玩家改变自己的角色，创造和分享自己设计的关卡。这种"表达"很少与完成游戏目标有关。在大多数游戏中，为你的角色设计新的外观并不能帮助你取得优势——但对一些玩家而言，这可能是他们玩游戏的主要原因。

8. 服从规则。这是一个踏入魔法阵的快乐——离开真实世界，进入一个全新的、令人愉悦的、充满规则和更有意义的世界。在某种程度上，所有的游戏都包含服从规则的乐趣，但一些游戏世界显然比其他的更加快乐和有趣。在一些游戏中，你被迫抛开疑问——在另一些游戏中，游戏本身看起来会毫不费力地打消你的怀疑，你的思维很容易进入并停留在游戏世界。这些游戏让服从规则变成了一种真正的乐趣。

检视这些不同的乐趣很有用，因为不同的个体对这些乐趣有不同的价值判断。游戏设计师理查德·巴特尔拥有多年设计多人冒险游戏和其他在线游戏的经验，他观察到可以根据玩家的兴趣偏好将玩家分为四个主要群体。巴特尔的四种类型很容易记忆，因为这些类型符合纸牌的花色。这里我们留给读者来想一想，为什么每种类别会对应这样的花色。

## 巴特尔的玩家类型分类

1. ♦ 成就型玩家：想要完成游戏目标。他们主要的乐趣源于挑战。

2. ♠ 探索型玩家：想要了解游戏的方方面面。他们主要的乐趣源于探索。

3. ♥ 社交型玩家：对人们之间的关系更感兴趣。他们主要寻求团队合作的乐趣。

4. ♣ 杀手型玩家：喜欢竞争并击败他人。这个分类与勒布朗的分类并不匹配。大部分情况下，杀手看起来享受一种混合了竞争和破坏的快乐。有趣的是，巴特尔赋予他们角色的特征是因为他们主要的兴趣在于"自己对其他人施加影响"。另外，乐于助人者也被包含在这个分类中。

巴特尔也做了一个很棒的图（图9.4），这个图能够显示四种类型是怎样覆盖这个空间的：成功型玩家喜欢对世界施加影响，探索型玩家喜欢与这个世界互动，社交型玩家喜欢与玩家互动，而杀手型玩家喜欢对其他玩家施加影响。

图9.4

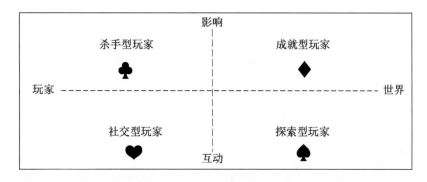

## 更多的乐趣：更多

当用这种简单的分类描述复杂的人类欲望时，我们必须小心谨慎。通过仔细检查，勒布朗和巴特勒的分类（和其他相似的列表）都有一些缺失。误用这些分类有时会掩盖一些容易被错过的微妙乐趣，例如我们在讨论玩家性别差异时提到的"破坏"和"养育"两种乐趣。下面是更多的乐趣类型。

- **预感**：当你得知一个快乐就要来临时，等待它的到来本身就是一种乐趣。
- **完成目标**：完成一件事是一种美好的感觉。许多游戏都利用了这种完成的乐趣——任何一个以"收集所有的宝藏""消灭所有的坏蛋"或者"清空这个关卡"为目标的游戏都利用了这种乐趣。
- **幸灾乐祸**：典型的是，当一些不公正的人突然遭到报应时，我们就会有这种感受。这是竞技游戏的重要构成部分。德国人把它叫作schadenfreude。
- **赠予礼物**：当你通过赠送惊喜的礼物让别人开心时，就会感受到这种独特的乐趣。我们可以通过包装礼物来增强这种乐趣。这种乐趣并不是源于别人的快乐，而是源于你使他们变得快乐。
- **幽默感**：两种没有联系的东西通过形式变化被突然联系在了一起。这很难描述，但它出现时我们都能明白。奇怪的是，这会让我们哈哈大笑。
- **可能性**：这是一种有多样选择并且能够任意挑选的乐趣。你经常会在购物或者自助餐厅里体验到这种乐趣。
- **成就的自豪感**：在完成一个成就之后，这种乐趣自身可以持续很久。意第绪语中的单词 naches 就是关于这种快乐的满足感的，通常指向对孩子们或者孙子们的自豪感。
- **惊喜**：正如"4 号透镜：惊喜"告诉我们的，我们的大脑喜欢惊喜。
- **激动**：在过山车设计师之间有一种说法——恐惧减去死亡等于快乐。激动就是这种快乐——你会体验到恐惧但肯定很安全。
- **战胜逆境**：这是一种你完成了一个难题的乐趣。通常来说，这种乐趣的出现伴随着个人胜利的呼喊。意大利人有个单词来描述这种乐趣：Fiero。
- **奇迹**：一种包含敬畏和惊异的强大感受。它几乎总是带来一种好奇的感觉，这就是"奇迹"一词的来源。

还有许多乐趣。我列举了这些容易分类以外的乐趣来阐述广阔的乐趣空间。乐趣列表能够很方便地为你提供指引。但别忘了用一个开放的心态接受那些不在列表上的乐趣。同时也要记住，乐趣对内容十分敏感。在一个环境中很有趣的事（在聚会上跳舞）可能会在另一个环境中让人尴尬（在面试中跳舞）。这个重要的乐趣视角给我们带来了 20 号透镜。

## 20 号透镜：乐趣

若要使用这个透镜，就得思考你的游戏提供了哪些类型的乐趣。

问自己以下问题：

- 我的游戏能给玩家带来哪些乐趣？这些乐趣能够继续改善吗？
- 在我的体验中缺少了哪些乐趣，为什么？能够在游戏中增加这种乐趣吗？

插画：吉姆·拉格

游戏的最终目的就是带来快乐。通过浏览已知的乐趣列表，考虑你的游戏如何传达其中的每一种乐趣，你可能就有了改进游戏的灵感，让它能够为玩家带来更多乐趣。要经常留意那些独特的、未分类的、在大多数游戏中都没有的乐趣。因为只要找到一个，就能让你的游戏拥有独特的体验。

深入了解你的玩家，比他们自己更加了解他们。这是为他们制作游戏的关键。在第 10 章，我们将更加深入地了解他们。

# 拓展阅读

理查德·R·巴特尔撰写的《设计虚拟世界》。这是一本关于虚拟世界开发历史的优秀著作。它是由一位实现这种虚拟世界的深度思考者撰写的。

马滕·L·克林格尔巴赫与肯特·C·巴里吉撰写的《大脑的快乐》。这是一本由心理学家与神经学家完成的关于寻找快乐机制的研究集合。如果你还不熟悉科学论文，那么这可能有点令人望而却步，但这对于执着的读者是一笔宝贵的财富。

马克·施利希廷撰写的《理解孩子、游戏和互动设计：怎样创造孩子们喜欢的游戏》。成年人很容易忘记他们孩童时期的模样。马克没有忘记，他会引导我们重返童年的仙境。

亚斯明·B·卡菲，加夫列拉·T·理查德和布伦德沙·M·泰恩编写的《芭比娃娃的多样化与格斗之王：游戏中的交叉视角和包容性目标》。游戏中性别和性征问题的进展已经变得十分重要和有意义，然而我们还有很多路要走。这本书从多种缜密的视角探索了包容性的问题。

# 第10章
# 体验源自玩家的大脑

图 10.1

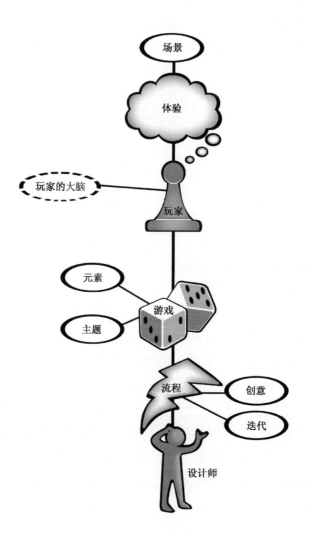

我们先前讨论过，追根究底，游戏设计师创造的是体验。这些体验只能发生在一个地方——人的大脑中。让大脑感觉愉悦很难，因为人的大脑实在太复杂了——它是已知宇宙中最复杂的物体。

更糟的是，大脑的大部分运作情况，我们都观察不到。

你读到这句话之前，有没有哪怕一丝丝注意到你的脚摆放的位置、你呼吸的频率，或者你的眼睛怎样在书页上移动？你知道自己的眼睛怎样扫过书页吗？它们是顺畅地线性移动，还是小步跳跃着移动？连这都不清楚，你这么多年来是怎么读书的呢？你开口说话之前，真的知道自己要说什么吗？你开车的时候，不知怎么的就是能观察到车道如何弯曲，然后按相应角度转动方向盘。多不可思议，是谁在进行计算呢？你难道注意过车道的弯曲吗？还有，你读到下面这句话："想象自己在吃一个汉堡包，里面夹了酸黄瓜"，怎么就开始口中生津了呢？

再看看这些图案（图 10.2）：

图 10.2

 ?

不知为什么，你就是知道接下来是什么图案。这个结论是如何得出的呢？是通过逻辑推理，还是直接"看见"了答案？如果是直接看见的，那么你看见什么了？谁画出了你看见的图案？

还有一个例子。做一下这个实验：找一个朋友，请他做以下三件事：

1. 说"boast"这个词五遍。"Boast，boast，boast，boast，boast。"

2. 大声拼出"boast"这个词。"B-O-A-S-T。"

3. 回答以下问题："What do you put in a toaster?"（"烤面包机里面应该放什么？"）。

这位朋友很可能会回答"烤面包（toast）。"但一般来说，从面包机里拿出来的才是烤面包，放进去的不是。假如略过前两步，那么大部分人都能给出一个比较正确的答案，比如"面包（bread）"。预先给大脑灌输"boast"，就足以让人以为"toast"比正确答案"bread"更好了。回答"烤面包机里应该放什么"

之类的问题，一般看来是非常有意识的举动，但其实潜意识牢牢掌控着我们的一言一行。大部分时间，潜意识不露声色，令我们自以为是"自己"在做决定。只是潜意识时不时会犯下可笑的错误，才暴露了它其实控制着我们。

我们大脑中的大部分事情，都发生在意识所不及的地方。虽然心理学家正逐步了解这些潜意识进程，但总的来看，我们还是对其机制所知甚少。我们基本不理解、也不能控制大脑如何运作。但大脑是游戏体验发生的地方，所以还是要想方设法掌握一些基础知识，了解其内部发生了什么。在第 7 章，我们谈到了怎样运用创造性潜意识来成为更好的游戏设计师。现在，我们得思考玩家大脑中意识和潜意识的互动了。对人脑的研究成果汗牛充栋，所以我们接下来只会考察几项与游戏设计相关的心理因素。

有四项基本心理能力让玩游戏变成可能。它们是建模、集中、想象、共情。我们会轮流思考每一项，并且考察玩家潜意识中秘密的优先事项。

## 建模

现实是非常复杂的。我们的大脑能勉强应对复杂现实的唯一方法就是把现实简化，只有这样才能理出一些头绪。有鉴于此，我们的大脑并不直接处理现实，而是处理其简化版的模型。平时我们注意不到建模，是因为建模的过程发生在意识层面之下。我们"意识"到的内容不过是一种错觉。因为我们会将大脑模拟的内容误以为真，但这些内容仅仅是粗略模拟了我们无法真正理解的事物罢了。这种错觉和大脑模拟本来不错，但在有些时候会出问题。其中的一些情况是视觉上的出错，例如这张图片（图 10.3）：

图 10.3

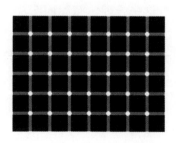

在现实中，这些点的颜色并没有随着眼球的移动而改变，只是因为大脑的关系，在我们看来它像在变色。

还有一些例子，需要稍加思考才能发现。例如可见光的光谱。从物理学角度看，可见光、红外线、紫外线、微波都是同一种电磁辐射，只是波长不同。我们用眼睛只能看见这道平滑光谱的一小段，便称之为"可见光"。假如人能看见其他类型的光，那么也会很有用。比如，假如能看见红外光，人就能轻松发现黑暗中的掠食者，因为所有生物都散发红外光。可惜，我们眼球的内部也在散发红外光，所以若能看见红外线，那么人很快就会被自己发出的光遮蔽。结果，大量有用信息，即电磁波谱中可见光范围外的一切，都被排除在我们感知到的现实之外。

而且，就连可见光也都经过了眼和大脑的奇怪筛选。由于人眼部的特殊构造，可见光的波长看起来有明确分类，我们称之为颜色。当我们看着棱镜中射出的彩虹时，可以画出颜色之间的分界线。其实，这只不过是视网膜运作机制造成的。尽管在人眼看来，蓝色/浅蓝色比蓝色/绿色更加接近，但在现实中，并没有明显的颜色分离，只有一个平滑的波长梯度。我们进化出这种眼部结构，是因为将波长分组有助于我们理解世界。"颜色"不过是一种错觉，并非现实的一部分，却是一种有用的模型，能反映现实。

现实还有许多部分，都不包含在我们日常建模的范围内。例如，我们的身体、住家、食物，都滋生着无数微小的细菌和螨虫。其中许多是单细胞生物，但也有例外。例如毛囊蠕虫（demodex folliculorum）生活在我们的睫毛、毛孔和头发的毛囊内，一般都大到可用肉眼看见（约 0.4mm）。这些微生物无处不在，但一般来说都不反映在大脑模型内。因为平时我们都没必要知道它们存在，或者也不想知道。

想深入了解我们的大脑模型，有一种办法，就是寻找那些"不加细想，都感觉很自然"的事物。请看这张查理·布朗的图片（图 10.4）。乍一看，他并没有什么不对劲的地方——一个小男孩而已。但稍加思索，他根本不像个真人嘛。他的脑袋和身体一样大！手指头被画成了圆块！最违和的是，他是纯由线条组成的。你看看周围——哪有由纯线条组成的东西？什么东西都是有体积的。但若不停下来仔细思索，那么我们都看不出他身上这些不真实的地方。我们的大脑如何为事物建模？这就是线索。

图 10.4

（© United Features Syndicate. 授权使用）

虽然查理·布朗根本不像我们认识的什么人，但因为他和我们内心的模型相符，所以看起来还是很像人。由于人的脸部传达许多情感，大脑会多储存一些头和脸部的信息，所以我们能接受他的大脑袋。假如反过来，把他画成头小脚大的样子，看起来就很滑稽，因为这和我们内心的模型完全不符。

那么组成他的线条，又是怎么回事呢？对大脑来说，观察一个场景并找出场景中哪些东西是分离的，是很困难的任务。在潜意识中，我们自带的视觉处理系统会在每件东西的周围画出线条，帮助大脑完成任务。意识看不到这些线条，但已能感觉出场景中哪些东西是独立的物体。若有一幅线条构成的画摆在我们面前，则相当于已经由人"代为简化"过，可与我们内在的模型直接契合，省去大脑许多工夫。人们之所以觉得卡通、漫画看起来舒心，一部分原因便是大脑不需要做太多工作就能理解画面。

舞台魔术师可以先利用我们的大脑模型，再将其打破，起到惊人的效果。在我们的大脑中，模型就是现实，于是我们便看见魔术师做出了不可能完成的事。在魔术表演的高潮时分，往往能听见观众席传来一声惊叹。这就是观众的大脑模型被击碎的声音。如果不是我们坚信"这都是戏法"，那么都以为魔术师拥有超能力了。

大脑每天要做巨量工作来将复杂的现实浓缩简化成精神模型，使其变得容易记忆、思考和处理。而且，不仅视觉如此，处理人际关系、评估风险和收益、进行决策，都要如此。我们的大脑看见复杂情境，便会尝试将其浓缩为一套简单的规则与关系，让思维可以驾驭。

我们身为游戏设计师，一定要对这些大脑模型多加关心。因为每个游戏都有一套简单规则，就同查理·布朗一样，是预先简化过的模型，让人能轻松消化和处理。玩游戏能放松身心，就是因为游戏剥离了许多复杂事物，大脑不必做现实中的那么多工作了。九宫格或者双陆棋这种抽象的策略游戏，几乎简化到只剩模型。其他一些游戏，例如电脑上的角色扮演游戏，则是取一简单模型，包上美学的糖衣来吸引人。这么一包装，努力消化模型的过程也变得愉快了。这与现实世界真是云泥之别。在现实中，就连搞清楚游戏规则是什么都要煞费苦心，想按照规则玩好更是殚精竭虑，还得时刻怀疑自己做得究竟对不对。正因为如此，游戏可以帮助人演练现实——所以西点军校到现在还教国际象棋——这些游戏能锻炼我们消化和应用简单模型的能力，而后我们可以逐步进阶到现实世界般复杂的模型，并最终应对自如。

请务必理解，我们体验和思考的一切都是模型——而不是现实。现实远在我们能理解和领悟的范围之外。我们能理解的，仅限于现实的小小模型。模型时而遭破坏，我们就必须修复它。我们体验到的现实只是幻象，但我们永远不能超过这种幻象去了解现实。身为游戏设计师，若你能了解和控制这种幻象在玩家脑中如何形成，那么你创造的体验就和现实世界一样真实——甚至比现实更真实。

# 专注

> 时光有时像鸟儿飞逝，有时像蜗牛爬行；但注意不到时间究竟是快是慢的时候，才是人最幸福的时候。
>
> ——伊万·屠格涅夫

我们的大脑理解世界，有一项关键技巧，那就是选择性地集中注意力——忽略一些事物，对另一些事物投入更多精神能量。大脑的这种能力颇令人惊叹。例如所谓的"鸡尾酒派对效应"：我们都拥有一种特殊能力，即当一屋子人同时开口时，我们能集中注意力听某段对话。即便周围许多对话的声波同时冲击耳膜，我们也可以调到某段对话的"频道"，而不"收听"其余。为了研究这一现象，心理学家进行了一种实验，有时称之为"双耳分听研究"。在实验中，受试者戴上耳机，双耳接收不同的听觉体验。例如，一个声音在受试者左耳读莎士比亚，另一个声音在右耳念一串数字。只要两个声音不太相似，受试者一般都能做到只听一个声音，并复述其内容。之后再问受试者另一个声音在说什么，受试者一般都不清楚。他们的大脑集中在了某段信息上，没有收听其他的。

在任意一个时刻，我们专注的内容都是由潜意识的欲望和清醒的意志共同决定的。创作游戏时，我们的目的是创造有趣的体验，足以令玩家尽可能长久而强烈地集中注意力。当一件事情长期吸引我们全部的注意力和想象力时，人就进入了一种有趣的精神状态：周围的世界似乎疏远了，心中没有任何杂念。我们一心扑在眼前的事情上，完全不知道时间过了多久。这种持续专注、快乐、享受的状态被称为"心流"，是米哈里·契克森米哈赖等心理学家深入研究的课题。有人将心流定义为"完全专注于一个活动，并感到高度的乐趣和满足感"。仔细研究心流对游戏设计师很有用，因为这正是我们希望玩家在游戏中享受的状态。想要在活动中令玩家进入心流状态，要达成以下关键点。

- 目标清晰：人有清晰的目标，才更容易集中精力在任务上。而目标不明确时，因为无法确定当前的动作是否有效，所以也就不那么沉浸在任务上。

- 没有干扰：干扰会从当前任务上偷走专注力。而没有专注，就没有心流。也就是说，要令玩家的心和手同时参与游戏。无须思考的低技术劳动会令思绪漫游；枯坐思考则会让双手不安。这些"痒痒的感觉"都是一种干扰。

- 反馈直接：如果每次行动之后都要等待一段时间才能知道造成了什么效果，那么我们很快就会分心，不再专注于手中的任务了。如果反馈及时，那么我们就很容易保持专注。在第 15 章，我们会进一步探讨反馈的话题。

- 持续挑战：人类喜爱挑战，但一定是感觉可以完成的挑战。如果我们觉得完成不了，就会感到挫败，进而开始寻找可能带来奖赏的活动。另一方面，若挑战太过简单，我们则感觉无聊，大脑也会开始寻找可能带来奖赏的活动。第 13 章会谈到更多有关挑战的内容。

心流活动必须设法保持在无聊和挫败之间的狭窄区间内。因为两侧的不愉快体验都会令我们的大脑转移注意力，去关注新的活动。契克森米哈赖将这个区间称为"心流通道"。他举的例子不出意外，是一个游戏：

我们假设图 10.5 代表的是某种活动——例如，网球游戏。图中的两个轴代表体验中最重要的两个维度：挑战与技能。字母 A 代表亚历克斯，这个孩子正在学玩网球。图中显示了四个不同时间点上的亚历克斯。当他第一次打球时（$A_1$），他不掌握任何技能。而对他的唯一挑战就是把球打过网。这不是很难，但因为其难度与亚历克斯初学的技能相适应，他很可能享受挑战。因此，在这个点上，他很可能处在心流中。但他不能长期停在原地。如果继续练习一段时间，那么他的技巧一定会进步，仅仅把球打过网去就变得无聊了（$A_2$）。他也可能遇到一个更熟练的对手。这时他会发现这个挑战比吊高球过网难得多——在这个点上，因为自己表现得不好，他会感觉到有点焦虑（A）。

图 10.5

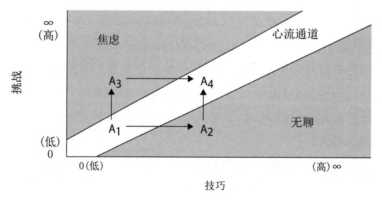

因为无聊和焦虑都不是积极的体验，所以亚历克斯想回到心流状态中。怎么做到呢？再看一眼图 10.5，可以发现，当他感觉无聊（$A_2$）并且想回到心流时，基本只有一个选择：加强自己面对的挑战。还有一个选择就是完全放弃打网球——这种情况下，A 就从图中消失了。只要给自己设定一个稍难一些，与技巧匹配的挑战——例如打败一个稍强一点儿的对手——亚历克斯就能回到心流中了（$A_4$）。

如果他感觉焦虑（$A_3$），想要回到心流中就必须增进技巧了。理论上来说他也可以把挑战减弱，继而回到一开始的心流状态（$A_1$）中。但实践中，人已经意识到挑战存在，再想去忽略它就很难了。

图中的 $A_1$ 和 $A_4$ 两点都代表了亚历克斯处于心流中的情况。虽然两者带来的享受相同，但其状态颇为不同。$A_4$ 是比 $A_1$ 更复杂的体验。其复杂之处在于包含更大的挑战，同时要求玩家具有更高的技巧。

不过，$A_4$ 虽然复杂且带来享受，却也不代表这种状态会一直持续。随着亚历克斯继续玩下去，他会因为这个等级内的机会不断重复而感到无聊，或者因为自己相对偏低的能力而感到焦虑和挫败。于是，想要再次感到快乐的动机便会促使他回到心流通道内。但此时的情况将比 $A_4$ 更复杂。

这种动态的特性恰能说明，为何心流活动可以带来成长与发现。人长期在同一水准做同一件事，不会觉得享受，而会渐感无聊或挫败。而想要感受心流的欲望便催促我们磨炼技巧，或者探索运用技巧的新机会。

可以看出，因为玩家的水平很少长期停在原地，将玩家留在心流通道内就需要精妙地平衡游戏。随着玩家技巧的进步，你也必须拿出相应的挑战。在传统游戏中，这种挑战主要来源于寻找更强的对手。而在电子游戏中，一般都使用逐步变难的一系列关卡。这种多关卡、逐步变难的模式能很好地达到平衡境界——技巧娴熟的玩家一般都能快速通过低级关卡，直达能感到挑战的关卡。技巧与过关时间相关，可令熟练的玩家不至于无聊。但到最后，只有少数玩家才能坚持到打通所有关卡，赢得胜利。大部分玩家都会在某一关中进入挫败区域，停留太久，直至放弃。这究竟是好是坏，还没有定论：一方面，许多玩家感到挫败；另一方面，因为只有技巧熟练又内心坚韧的玩家才能打到最后，通关的成就颇为特殊。

许多游戏设计师会马上指出，保持在心流通道内固然重要，但沿着心流通道上行的方式也有优劣之分。像这样子（图 10.6）沿着心流通道一直上行……

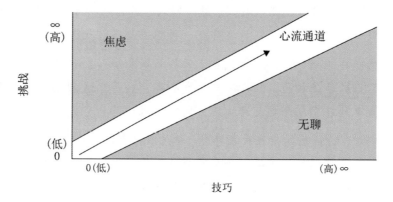

图 10.6

……肯定好过在焦虑或无聊中结束游戏。但是，设想一下接近图 10.7 的游戏体验。

图 10.7

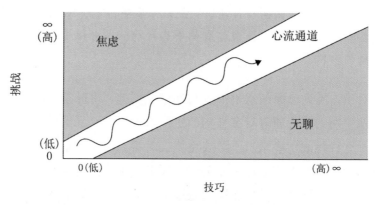

对于这种体验，玩家会觉得更有意思。这是一个不断增加挑战的循环，随之而来的往往是更大力度的奖励，这让挑战变得更容易被接受。例如，一个电子游戏中或许会有一把枪，射击三次可消灭敌人。随着游戏进行，敌人的数量愈来愈多，加大了挑战难度。若玩家努力迎战，打败足够多的敌人，或许系统会奖励一把枪，射击两下就能消灭敌人，游戏一下子就变容易了。这是非常好的奖励。不过，这段挑战变容易的阶段不会长久，拿新枪也要射击三四次的敌人很快会出现，再度把挑战提升到新高度。

这种"一张一弛"的循环，在各种设计中反复出现。这似乎是人类享受心流通道的一种固有模式。太过紧张，人就精疲力尽；太过放松，人就渐觉无聊。当人在二者之间起落时，便既享受激动，也享受放松。同时，这种波动既带来各种多样事件——"意料之外"的快感，也带来符合预期的反馈——"意料之中"的快感。

可以看到，心流和心流通道的概念对于游戏体验的讨论和分析颇有用处，因此我们要将它列为 21 号透镜。

## 21 号透镜：心流

若要使用这一透镜，请考虑是什么在吸引玩家的注意力。

问自己以下问题：

- 我的游戏有清晰的目标吗？如果没有，那么怎样改好？
- 玩家的目标和我的初衷一致吗？
- 游戏中是否有令玩家分心，以致忘记目标的部分？如果有，那么能否减少这些干扰，或将之整合进游戏目标内？

插画：戴安娜·巴顿

- 我的游戏是否提供了一连串不太容易，也不太难的挑战？有没有考虑到玩家的技巧可能逐步提高？
- 玩家的技巧提高的速度和我的期望相符吗？如果不是，那么应该怎样改进？

心流状态很难测试出来。在短短十分钟的游戏过程中是看不到它的，必须长时间观察玩家才行。而且，头几次能让人保持在心流中的游戏，多玩几次可能又会让人觉得无聊或挫败，这就更加棘手了。

在观察玩家的时候，很容易错过心流，所以你必须学会识别它。心流并不一定表现为外在的情感反应，反而经常表现为安静地独处。玩单人游戏的玩家进入心流状态后，一般都会安静下来，不时轻声自言自语。因为太过专注，你提问的时候，他们有时会反应很慢，有时还会烦躁起来。而玩多人游戏的玩家进入心流状态后，时常极为热情地互相交流，并一直专注在游戏中。一旦发现你的游戏中有玩家进入心流，可要看仔细了——他们是不会永远在心流中的。务必要注意关键的时刻——有一个事件发生，玩家就离开心流通道了。然后，你才能确保下一个版本的游戏原型把这个事件剔除出去。

此外，还要注意，别忘了用心流的透镜看看自己！你肯定会发现，进入心流状态做设计的效率最高。因此一定要善加组织你的设计工作时间，这样才能尽可能多地进入那种特别的精神状态。

## 共情

身为人类，我们有一种惊人的能力，可将自己投射到他人的立场上去。当我们运用这种能力时，就会尽全力想他人之所想，感受他人的感受。我们能做到这样，是我们具备理解他人能力的一个特征，也是游戏过程不可分割的一部分。

有这样一次有趣的戏剧实验。一群演员被分成两组：第一组每人选择一种情感（喜、怒、哀等），然后在舞台上打转，尝试用体态、步伐、表情来投射这种情感；第二组则不选择情感，而是在第一组人中间任意走动，试着与人进行眼神交流。初次实验的时候，第二组演员都被自己的反应吓到了——一旦他们与投射情感的人有了眼神接触，自己就会立刻产生相同的情感，并且做出对应的表情，完全没有刻意为之。

共情的力量就是这么强大。我们不知不觉就成为另一个人。看到别人开心，我们自己也感觉一样快乐。看到别人伤心，我们也能感受其痛苦。表演家运用共情的力量，让我们仿佛身处他们创造的故事世界中。只要一眨眼的工夫，一个人就能对别人产生共情。我们甚至能和动物共情。

你有没有注意过，狗比其他动物的面部表情都要丰富？它们和人一样，用眉眼来表达情绪（图10.8）。狼（狗的祖先）的面部表情就远远不及驯化过的狗这么多。这似乎是狗为了生存目的进化出的技能。它如果做对了表情，就可以激发我们与之共情。而我们突然一下与它感同身受了，就会对它愈加关爱。

图 10.8

　　当然，大脑都是通过精神模型来完成这些的——其实我们并不是与真人、真动物共情，而是与精神模型共情——于是很容易受蒙骗。有时并不存在情感，我们也能感觉到。照片、画作、游戏里的人物，都能轻易激发我们去共情。电影艺术家颇了解这一点，于是用一个又一个人物操纵我们的共情，继而操纵我们的感觉和情绪。下次看电视的时候，时不时注意一下，你在何处共情？为何在此处共情？

　　游戏设计师要与小说家、画家、电影制作人一样运用共情。但除此之外，我们还有一套新的交互共情方式。游戏就是解决问题的过程，而情感投射是解决问题的好方法。如果我能站在别人的立场思考，就能更好地回答"那个人能怎么解决某个特定问题"。而且，在游戏里，你投射到人物身上的不仅仅有情感，还有做决策的能力。其他不能互动的媒体形式就做不到这一点。

## 想象

　　最美的世界，只能通过想象进入。

——海伦·凯勒

通过想象力，游戏被带入玩家大脑，因此玩家也被带入游戏世界（图 10.9）。

图 10.9

现在谈到想象的力量，你大概以为是说创造梦境般奇幻世界的能力，但我要讲的其实平常许多。我所说的想象力，是一种人人拥有却习以为常的超凡能力——每个人在日常交流和解决问题时，都要进行的日常想象。比如，我和你说一个小故事，"邮递员昨天偷了我的车。"我其实只透露了一点儿信息，但你的脑子里已经画出一幅图了。奇怪的是，这幅图里有各种细节，故事里都没提到。看一看你大脑中形成的图像，回答以下问题：

- 邮递员长什么样子？
- 车被偷的时候，停在什么样的街区里？
- 车是什么颜色的？
- 他偷车时是什么时间？
- 他用什么方法偷的车？
- 他为什么要偷车？

你看，这些事情我一件也没有告诉过你，但你超凡的想象已经造出了一大堆细节，帮助你更轻松地思考这个故事。若我突然给你更多信息，例如"那不是真车，而是一辆很贵的模型玩具车。"你马上会重组一幅想象的图来适应听到的内容，以上问题的答案也会相应变化。这种自动填补空隙的能力与游戏设计关系很紧密。它说明我们在游戏中不必给出所有细节，玩家自会将其补完。而了解应该给玩家展示什么，又应将什么留待想象，就是技艺的体现了。

　　细想起来，这种能力真是妙不可言。我们的大脑只能和简化过的模型打交道来了解现实，也就意味着我们可以轻松操纵这些模型，创造出现实中不可能有的情境。我看见一张躺椅，就可以想象：若它是另一种颜色会怎样；若它是不同尺寸会怎样；若它是麦片造的会怎样；若它能自己走来走去，又会怎样？我们常用此法解决各种问题。如果我请你想一个主意：把那灯泡换掉，但不能用梯子。你已经开始想象可能的方法了吧？

　　想象力有两个重要功能：第一是交流（一般用于讲故事）；第二是解决问题。由于游戏突出了这两方面的特点，游戏设计师必须了解如何让玩家的想象力成为讲故事的助力，还要了解想象力能解决和不能解决的问题。

　　人脑确实是我们所知事物之中，最引人入胜、不可思议、复杂微妙的东西。或许我们永远不能解开它所有的谜题。但我们了解它越多，便越有机会在其中创造绝佳体验，因为一切游戏体验都发生在那里。最后别忘了，你自己也装备着一颗大脑。你可以自己运用建模、专注、共情和想象能力，来了解这些能力是如何在玩家脑中运用的。这样一来，倾听自己就成为倾听受众的关键。下一章，我们就要倾听一下自己，了解大脑使用这些能力的动机来自哪里。

## 拓展阅读

　　《心流：最优体验心理学》，米哈里·契克森米哈赖著，此书引人入胜，由心流领域最知名的研究者撰写，探索了心流的本质。

# 第11章
# 玩家的动机驱使玩家的大脑

图 11.1

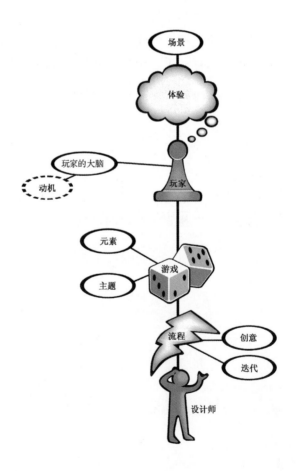

## 第11章 玩家的动机驱使玩家的大脑

本章开头，我们先来面对一个残酷的现实：

> 游戏根本不重要。

当然，大家都喜欢玩游戏。玩游戏的时候我们很开心，也能体验美妙的回忆。但在生命的大格局里面，玩游戏的时间总可以用来干一些更重要的事。而且，说实话，所有娱乐活动都是如此。毫不夸张地说，所有娱乐活动的目的都是为了把一些不重要的东西（比如球能否投进圈，动物是不是有魔力，或者这张牌是鬼还是 A）弄得貌似无比重要。这是欺骗吗？不是。到头来，我们都能意识到这些"只是游戏而已"。不过在游戏过程中，我们心里有一些活动，觉得游戏不止如此。有东西驱使着我们，让我们把这些本来微不足道的东西当作生死攸关的东西，这就是动机的魔力。人为什么要做所做的事？自有哲学以来，人们就提出了这个问题。但游戏设计师对人类的动机有特别的见解，这一点毋庸置疑。

游戏设计师到底了解些什么，答案还有些模棱两可。正是这些模糊成分，令设计游戏成了难事。其实，大多数游戏设计师在创造激发动机的系统时，并不依赖对复杂心理学的透彻理解，而是依靠直觉、实验，偶尔会设计成功一次。不过，对动机的见解多少都有其潜在用处。况且，这还是心理学研究中少有的，与我们设计目的一致的领域。所以，我们就从这里开始吧。

## 需求

1943 年，心理学家亚伯拉罕·马斯洛写了一篇论文，题目为《人类动机的理论》，提出了人类需求的层次论。大家常用一个金字塔来展示（图 11.2）。

其基础概念是，如果低层次需求没有被满足，那么人就不会去追求高层次需求。例如，有人要饿死了，这时安全感的需求就最优先。如果一个人感觉不到安全，也就不会认真追求人际关系。如果一个人感觉不到爱和社会归属，也就不会追求那些提高自尊心的东西。如果一个人没有良好的自尊，也就不会追求自己的天赋（还记得第 1 章中的"大天赋"吗？），也就不会去做"生来就该做"的事业。

图 11.2

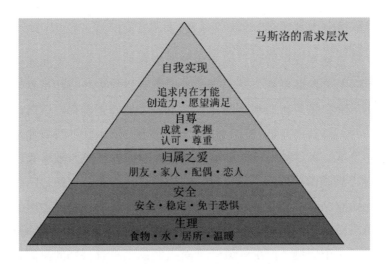

要钻牛角尖的话，不符合这个模型的例外情况也是能找出来的。但总的来看，它是讨论玩家在游戏中的动机的一个非常有用的工具。思考不同的游戏活动，看看它们属于哪个层次，挺有意思的。许多游戏活动都是与"成就"和"掌握"有关的，也就是处于第四层——自尊。但也有些低层次的。看看这个金字塔，马上就能明白多人游戏为什么引人入胜、长盛不衰——其满足的需求比单人游戏层次低，难怪有动机去玩的人比较多了。你能想到满足低层次需求的游戏活动吗？例如第一、第二层的？第五层的活动呢？可以说《我的世界》之所以成功，是因为其内容覆盖了金字塔的全部层次。这个游戏用幻想的环境覆盖最低两层（你需要收集资源，建造避难所），然后以"成就"和"掌握"主导的多人游戏覆盖上三层。

游戏能让你与他人互动，也能带来成就感，使你得以创造事物来表达自己，满足第三、四、五层次的需求。从这个角度考察那些包含在线社区及内容创造工具的游戏能长盛不衰，这是很有道理的。考察不同层次的需求怎样互相生成，也很有意思。不过，还有其他方式来考察需求。

## 更多需求

马斯洛的观点出现之后，许多现代心理学家也提出了关于需求的新观点，都很有意思。其中爱德华·德西和理查德·瑞安的研究与游戏尤其相关。两人对所谓"自我决定理论"的发展有重大贡献。不要被这个名字吓到。他们无非是说，人类不仅有生理需求，也有心理需求——不只是"想要""很想要"，而是真实的需求。真实的需求若得不到满足，那么我们的心理就不健康。而且，瑞安和德西两人居然精确地提出了三大心理需求：

1. 胜任：我需要觉得自己擅长做些什么。
2. 自主：我需要按自己的方式做事的自由。
3. 关联：我需要和其他人建立联系。

简洁得有些惊人，但其有效性有巨量证据为凭。而且，游戏确实倾向于充分满足这三大心理需求，这一点不可忽略。游戏是让你感觉到可以胜任的，游戏让你自由地发挥喜欢的玩法。其实还不止这些自由：因为反正只是游戏，你随时可以退出不玩。最后，大部分游戏当然都是设计来与别人一起玩的，帮助你形成社会连接和纽带。在后续章节中，我们会碰到个人胜任、自主、关联的透镜。不过要从总体上记住需求的重要性，就用下面这个透镜吧。

### 22 号透镜：需求

若要使用此透镜，那么先不要考虑你的游戏本身，改为考虑它满足人类的哪些基础需求。

问自己以下问题：

- 我的游戏主要运作在马斯洛的需求层次的哪一层？
- 我的游戏是否满足"胜任、自主、关联"的需求？
- 我怎样让游戏在现有水平上满足更多基础需求？
- 游戏已经满足的需求，怎样令其满足得更好？

说一个游戏能满足人类的基础需求，有点奇怪。但人类的一切行为，都是在以某种方式满足这些需求。而且要记住，有些游戏比其他游戏更能满足需求，所以你的游戏不能只是对需求做出承诺，而要切切实实地满足需求。玩家本来以为玩你的游戏能够让自己感觉良好，或者和朋友交往更紧密，结果你的游戏没能满足需求，玩家就会改玩其他能满足其需求的游戏了。

插画：查克·胡佛

## 内在动机与外在动机

另一种考量动机的方式，是观察其来源。这与游戏设计尤其相关，因为游戏需要各种各样的动机才能让玩家保持兴趣。字面上看起来很简单：如果我想做什么，就说明我有内在动机。如果别人付钱请我做什么，那就是有外在动机。听起来简单，但到了真正的游戏中，道理很快就会纠缠不清。我玩《吃豆人》是因为喜欢在迷宫中追逐的本能快感（内在），还是因为在游戏中我能得分（外在）？如果我的动机其实是得高分的快感呢？那算是内在的，还是外在的，还是两者皆是？假设百事公司做了一个游戏，你喝激浪就能获得分数和奖励，这显然是一套外在动机的系统。如果这个游戏是我和朋友开的玩笑，我们互相加分、赢奖、超越，从社交体验中获得了内在的快乐，那么又是怎样的呢？有些人急于诋毁利用外在动机的游戏设计，说它"low"。但有悟性的游戏设计师知道，需求其实像连理之木，互相依赖，共同生长。

有些心理学家尝试把内在动机和外在动机作为一个连续的区间来说明它们的复杂性（图 11.3）。

图 11.3

| 外部的 | 外在 | 外在动机 | 为了报酬 |
| --- | --- | --- | --- |
| | | 内摄动机 | 因为我说了我会做 |
| | | 认同动机 | 因为我觉得这很重要 |
| | | 整合动机 | 因为我就是那种人 |
| 内部的 | 内在 | 内在动机 | 我就是为了做而做 |

其核心思想是，"内在"与"外在"不是二元的，而是一个过渡体。动机来自"真实的自我"越多，也就越偏内在。作为游戏设计师，面对自己的游戏的各种动机，非常需要了解有几分内在、几分外在。因为不同动机各自并不均等，有些时候会以出人意料的方式互相影响。有一个著名的研究，其中要求两组小孩分别画画。第一组小孩每创作一幅画都有报酬，第二组没有。如果你以为动机越多越好，那么也许会觉得有报酬的那组能画得更多、画得更好。这个想法对了一半——他们确实画得比较多，但质量反而较低——这些画都不够有趣，缺乏思想。惊人的部分还在后头：时间一到，研究人员要求两组小孩原地等待，离开房间。没有报酬的那群孩子，看见蜡笔和纸还在眼前，自然就继续作画。而有报酬的孩子则不然，他们放下蜡笔，就这样坐等。如此说来，动机并不完全就是上瘾。正相反，给已经能带来内在动机的事情加上外在动机，反而让它滑向偏外在的区间，磨去了内在动机！有些人认为什么活动只要简单地加上分数、徽章、奖励，都能轻松"游戏化"，其实不然。

## 想做与得做

在第 4 章中，我们讨论了转变态度怎样能把工作变成游戏，反之亦然。毫无疑问，这一点与动机相连，值得思考。回想一下那个工人每天尝试打破自己生产记录的例子，他的参与感得到了巨大提升，这到底是怎么回事呢？当然我们可以说，他的动机变得内化了。他不太重视工作的外在奖励（工资），转而专注于更内在的东西——打破个人记录。因为他想做，于是动机也更加自我。

但是，其中还有别的因素在起作用。究竟是什么，我一直都没有完全理解，直到有一天读到一本神经科学的书。其中点明，追求愉悦和规避痛苦，属于大脑中两个不同的系统。二者不是从痛苦到愉悦的连续区间，而是两种不同的动机。只是，我们经常把追求愉悦和规避痛苦归类到"动机"里面，不会多加思考。而一旦将两者区分开来考虑，就能发现有趣的事情。

看接下来的例子，就能明白这和游戏有什么关系。假设我新开一家软件公司：大红按钮软件公司。首个产品是一种新型报税软件。我们给你寄封邮件，里面有一个大红按钮，你一点，轰隆！你的税单就立刻备齐，保证获得法律允许的最大退税额。你肯定觉得这个软件不错吧，我也很高兴，因为我们马上要推出第二个产品：游戏《愤怒的小鸟》。这一次我们又给你寄封邮件，里面有一个大红按钮，你一点，砰！你就赢了！

这个软件就不那么厉害了，对吧？其实，说不定会是史上最差的游戏。那么从根本上来说，什么东西让这两个软件天差地别呢？答案很简单：我"得"报税，但我"想"玩游戏。报税完全是规避痛苦。我不是喜欢才去做，也不是有人付钱请我做，而是不做就有可能遭到巨额罚款，甚至锒铛入狱。相反，玩游戏完全是追求愉悦。不玩游戏并没有惩罚——我是因为喜欢玩才去玩的。这与活动本身无关，只和我们的态度有关。我有一个朋友特别喜欢填税单，而打电子游戏就觉得无聊。对他来说，报税是"想做"的事情，玩游戏则是"得做"的事情。

我们为什么关心这个呢？因为，固然有许多游戏的动机是追求愉悦，但也不全然如此。还有很多游戏的核心动机是规避痛苦。当你躲避敌人、"坚持不死"时，你就处于痛苦回避模式。而当你挖出金色星星、打出巧妙连招的时候，则处于追求愉悦模式。两者都是有效动机，结合起来的效果也很好。但是，这种结合有时会失衡。免费游戏经常在开头完全专注于追求愉悦：大额奖励、意外的回报、刺激的动画效果。但是随着时间推移，游戏就赋予你义务了——过段时间要回来，否则掉分；多邀请些朋友，不然就获取不了奖励。慢慢地，这些游戏的动机就从追求愉悦滑向规避痛苦。它们逼着你一直玩，但你不一定感觉开心。正因为如此，设计师 Sheri Graner Ray 说，"人们不是退出这些游戏，而是和游戏离婚。"许多《魔兽世界》的玩家都有类似的经历。他们来玩这个游戏是因为有许多好玩的事情可做，包括加入公会，与朋友一起游玩，在团队配合中感受同袍情谊。但是有些公会领袖太渴望成功，逼着成员在意愿之外继续长时间玩游戏。玩家想要规避"对公会愧疚"的痛苦，所以一直签到，慢慢地，就觉得玩游戏成了"得做"的事情。

　　要观察你的游戏展示了什么动机，有一个视角很有趣。请将每种动机放入以下矩阵图中，图 11.4 中一个轴代表内在/外在，另一个轴代表得做/想做。这个图又充分证明了，人类的动机可以多么丰富、复杂又有趣。

图 11.4

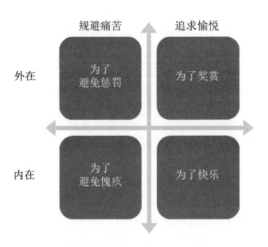

　　要警惕有些人，他们会跟你说人类的动机实在简单透顶。若你忽略其复杂性，那么后果自负。请记住下面这个透镜：

## 23 号透镜：动机

每个游戏都是由动机组成的复杂生态系统。要细致地加以研究，请问自己以下问题：

插画：丹·林

- 玩家因何种动机来玩我的游戏？
- 其中哪些动机是最内在的？哪些是最外在的？
- 哪些动机是追求愉悦的？哪些动机是规避痛苦的？
- 哪些动机互相支撑？
- 哪些动机互相抵触？

# 新奇

*毫无疑问，世上最受欢迎的东西就是新奇。*

——马克·吐温

在游戏设计领域，追求新奇这一动机可谓再加以重视也不为过。人类都是天生的探险家，永远对新鲜事物抱有兴趣。倘若质量是我们的第一要求，那么世上的书店里就会摆满历经时光考验、真实不虚的经典。现实恰恰相反，经典都藏在深处的书架上蒙尘，卖出的多半是新作。游戏更是如此。关于游戏的讨论总是围绕着什么是新推出的，什么是即将发售的。玩家购买游戏的一大动机就是渴求新奇。今天要卖好几百美元的游戏和主机，明天在 eBay 上就只卖几块钱。渴求新奇还是玩家持续玩游戏的一大动力——玩家相信，下一关会有新东西出现，才能刺激他打通这一关。

游戏创新中最强大的一类能带来全新的思考方式。《传送门》就是绝佳例证。这个游戏的机制颇为古怪，你要将相连的"洞"射到天花板、墙、地板上。其广告宣传语"思随传送门"（now you're thinking with portals）描述得恰如其分，这个游戏的机制可以让你用全新方式思考世界。就算世界依旧，你也有新方法与之互动。此前你大概从来没想过，因为乍看之下实在不可能。但突然，你发现此事不仅可行，而且心里跃跃欲试。新思路可以扩展我们的大脑，让我们感觉无比畅快。

不过，要记得，世上还有句话叫"过犹不及"。每一个成功的游戏都是新鲜与熟悉的混合体。许多优秀的游戏都因为超前于时代而失败。还有更大的危险，就是你的游戏或许很新奇，但没有其他品质来令其长久。一定不要自欺欺人地认为新奇就足够了。新奇可以赢得口碑，推动早期销量。但如果没有坚实的游戏本体，那么玩家来得快，去得也快。

摇摇头感慨当今社会重新奇轻质量，自然简单。但追逐新奇事物恰恰是人类探索可能、建造美好世界的方式。所以，不要感慨人们喜新厌旧吧。相反，要拥抱它，带给人们以想要的、前所未有的体验。只要确保新奇感褪去后，还有一些值得关注的东西就可以了。请记住下面这个透镜：

## 24 号透镜：新奇

> 不同的未必就好，但好的必然不同。
>
> ——斯科蒂·梅尔策

为了驾驭追求新奇的强大动机，问自己以下问题：

插画：扎卡里·D·科尔

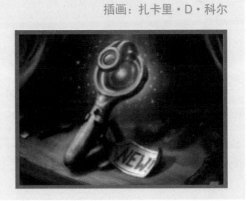

- 我的游戏有何新奇之处？
- 新奇之处是贯穿我的游戏，还是仅限于开头？
- 我把新奇和经典混合正确了吗？
- 新奇感褪去后，玩家还喜欢玩我的游戏吗？

# 评价

马斯洛需求层次的第四层自尊是与游戏紧密相连的。为什么呢？所有人的内心深处都有一个共同需求，就是需要他人评价。听起来好像不对劲，大家不是不喜欢被评价吗？确实，大家只是讨厌受到不公的评价。内心深处，我们需要知道自己到底有几斤几两。当评价让我们不开心的时候，就会加紧努力，直到获得想要的评价为止。游戏最吸引人的一点，就是可以系统而出色地给人客观的评价。

## 25 号透镜：评价

为了了解你的游戏是否能判断出好玩家，问自己以下问题：

插画：约瑟夫·格拉布

- 针对玩家，你的游戏都评价了什么？
- 游戏怎样传达这种评价？
- 玩家觉得评价结果公平吗？
- 他们在意评价结果吗？
- 评价结果是否让玩家想要加强某些能力？

本章仅粗浅涉及了人类动机中与游戏相关的内容。但不用着急，这个话题我们不会抛开。创造优秀游戏的每一个方面，最终都要回归到人类动机上。把它当作起点，在此基础上，对我们行事的原因建立越来越深刻的理解。下一步，我们来考察让游戏动起来的机制吧。

# 拓展阅读

《黏上游戏》，斯科特·里格比和理查德·M·瑞安著。这本书深刻分析了自我决定理论，以及游戏之所以成为游戏的原因。

《奖赏的惩罚》，阿尔菲·科恩著。这本书很好地概括了对外在奖励之负面影响的许多研究成果。

《理解动机与情感》，约翰·马斯霍尔·里夫著。如果你不满足于粗浅的理解，想进一步钻研动机与情感的作用机制，那么这本大学水准的书充分介绍了对这个主题的心理学研究。

# 第12章
# 有些元素是游戏机制

图 12.1

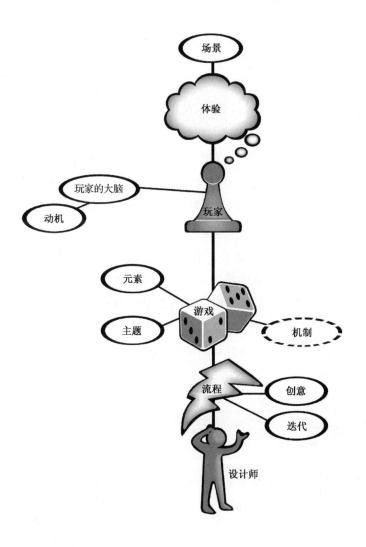

我们已经讨论了许多关于游戏设计师、玩家、游戏体验的事情。现在该刨根问底，看一下组成游戏的细节了。游戏设计师一定要学会用"X 光"看透游戏的表皮，理解其骨架。这个骨架就是由游戏机制定义的。

但这些神秘的机制究竟是什么呢？

游戏机制是游戏真正的核心。剥离所有的美学、技术、故事成分后，剩下的互动及关系，就是游戏机制。

和游戏设计的许多内容一样，对于游戏机制的分类，也没有一个定论。原因之一在于，就算是简单游戏的玩法机制，也会颇为复杂，难以解析。若尝试把这些复杂机制简化到完美的数学理解的地步，则都会产生许多种描述，而且显然不全面。经济学的"博弈论"就是一个例子。你可能觉得"博弈论"对游戏设计师有大用处，其实不然。博弈论只能处理简单系统，对真正设计游戏少有助益。

但游戏机制的分类之所以不完整，还有另一个原因。一方面，游戏机制是非常客观的、明确规定的规则集。但另一方面，游戏机制又涉及一些比较神秘的东西。我们之前讨论过大脑怎样把所有的游戏都分解成精神模型，以便操纵。而游戏机制的一部分，也必然涉及以何种结构描述这些精神模型。由于大部分精神模型都隐藏在潜意识中，想要明确地对其工作方式进行分析、分类，实在很难。

但这并不代表我们不该努力。有些作者已经从学术的角度研究过这个问题。他们比较关心分析结果在哲学上是否严密，不太在意对设计师是否有用。我们则不能这样书卷气。为求知而求知固然好，但我们意在追寻对优秀游戏有意义的知识，就算在分类里面留下灰色地带也没关系。有鉴于此，我现在列出自己对游戏机制的分类。这些机制基本分为七大类，每一类都能为你设计游戏提供有益的见解。

# 机制1：空间

每个游戏都发生在某种空间里。这个空间就是游戏玩法的"魔法阵"。它定义了一个游戏中可以存在的各个地点，以及它们之间如何互相关联。作为游戏机制之一，空间是一种数学结构。我们需要剥离所有的视觉效果和美学，直接观察游戏空间的抽象结构。

至于怎样描述这些剥剩骨架的抽象空间，没有一定之规。不过，一般而言，游戏空间：

1. 是离散或连续的。

2. 具有一定数量的维度。

3. 具有连接或不连接的有界区域。

例如，九宫格游戏就包含一块离散、二维的棋盘。什么叫"离散"呢？嗯，虽然我们一般都这么画九宫格的棋盘（图 12.2）：

图 12.2

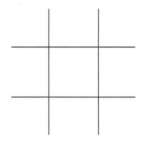

但其实它不是连续的空间。因为我们只关心边界，而不管格子内部的空间。不管你把 ✖ 画在（图 12.3～图 12.5）……

图 12.3　　　　　　　　　　图 12.4　　　　　　　　　　图 12.5

都没有关系，在游戏中，这些是相同的。如果你把 ✖ 画到这里（图 12.6）：

图 12.6

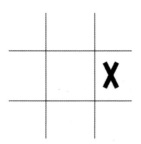

那就完全是另一回事了。所以，就算玩家可以在连续二维空间中无限多的地方画下记号，游戏中也只有 9 个离散空间有实际意义。从某种意义上说，我们其实有 9 个零维的格子，在一个二维网格内像这样互相联系（图 12.7）：

图 12.7

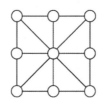

每个圈代表一个零维空间，连线则表示哪些空间是相连的。在九宫格游戏中，没有在空间中的移动关系，但相邻关系非常重要。若没了相邻关系，那么就只剩九个孤立的点了。有了相邻关系，就变成了离散的 2D 空间，且有着清晰的边界——这个空间有三格宽、三格高。国际象棋的棋盘也类似，不过是 8×8 的空间。

若一个游戏有炫目的美学设计，则可以让你误以为其功能空间比实际情况更复杂。请思考一个大富翁棋盘。

第一眼看上去，你也许会说它是一个离散二维空间，和象棋棋盘一样，只是少了中间的格子。但其实，只要一维空间就可以代表它——由四十个离散点组成的一条线，头尾相连自成一圈。当然了，在这个游戏棋盘上，角落空间看起来比较特别，看起来更大，只是在功能上都是一样的，因为游戏中的每个格子都是零维空间。多个棋子可以停在一个格子内，但它们在一格内的相对位置没有意义。

不过，并非所有游戏空间都是离散的。桌球台就是连续二维空间的范例。它有着固定的长和宽，球可以在桌上自由移动、在桌沿反弹、落入固定位置的洞内。大家都同意这个空间是连续的，但是不是二维的呢？因为有些聪明的玩家可以让球离开台面，跳过别的球，当然可以说这其实是三维游戏空间。在某种意义上，这种想法也有其价值。对于抽象功能空间的描述，并没有一定之规。设计新游戏的时候，有时把你的游戏空间当二维空间考虑有用，有时当三维空间考虑有用。连续或离散也是同样的道理。把一个游戏剥离到功能空间的目的在于让你不受美学或者现实世界的干扰，可以更容易地思考。如果你要考虑把足球游戏的场地边界修改成一种新样式，那么很可能会从二维连续空间的角度来思考（图 12.8）。

图 12.8

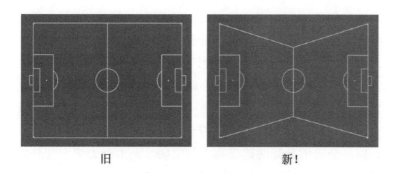

旧　　　　　　　　　　　　　　新！

不过，你要是想修改球门高度，或者改变限制球员能将球踢多高的规则，又或者在场上加入起伏地面，那么把游戏空间当作连续的三维空间来考虑就比较有利。

图 12.9

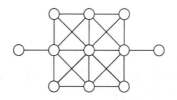

还有些时候，你甚至可以把足球场当作离散空间考虑。例如，将其分成九个主要区域，左右各有一个多出来的区域用来代表球门（图 12.9）。如果你需要分析在场地不同位置发生的各种配合玩法，那么这种思考模式也许会有用处。要点在于，不管使用哪种游戏空间的抽象模型，你要找到最能帮助理解游戏中各种关联关系的一个。

## 互相嵌套的空间

图 12.10

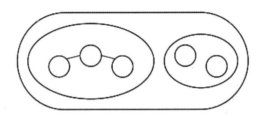

许多游戏空间都比我们在此列出的例子复杂，通常，它们会以"空间中的空间"为特征（图 12.10）。计算机上的幻想角色扮演游戏（CRPG）就是一个好例子。这种游戏多数包含一个连续且二维的"户外空间"。在这个空间中，旅行的玩家会遇到各种小图标，代表市镇、洞穴或城堡。玩家可以进入这些完全分隔的空间，其中除了入口图标一处，这些空间与"户外空间"并没有联系。从地理的角度看，这当然不真实，但符合我们思考空间的精神模型——在屋里的时候，我们只会思考身处的建筑物内的空间，不太会去想它与外面的空间具体如何关联。因此，这些"空间中的空间"通常是用简单的模型创建一个复杂世界的好方法。

## 零维度

每个游戏都一定在空间中进行吗？请考虑一下"二十道问题"这样的游戏：一个玩家思考一个事物，另一个玩家提出能以"是"或"否"回答的问题，并猜测答案是什么。其中没有游戏盘，也没有移动操作——整个游戏就是两人对话。你也许会说，这个游戏就没有空间。但换一种想法，也许把它当作在图 12.11 这样的空间里进行的游戏比较有用。

回答者的脑中包含了这个神秘事物。提问者的脑中则对此前的答案进行不断权衡，而两者之间的对话空间则是他们交换信息的地方。每个游戏都有某种信息或者"状态"（我们稍后在机制 2 中解释），并且必须存在于某个地点。所以，就算一个游戏在一点上，或者在零维空间内发生，把它当作空间来思考也可以很有帮助。找出游戏的空间也许看来是小事，但琢磨它的抽象模型，说不定会给你带来惊人的洞见。

图 12.11

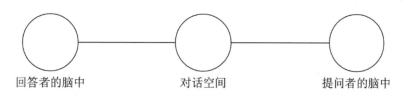

回答者的脑中　　　　　　　对话空间　　　　　　　提问者的脑中

　　身为游戏设计师，以功能抽象的视角考量游戏内的空间是一大基础技能，请使用 26 号透镜。

## 26 号透镜：功能空间

　　若要使用此透镜，请思考将所有表面元素剥离你的游戏之后，游戏究竟在什么空间内进行。

　　问自己以下问题：

插画：谢丽尔·奇奥

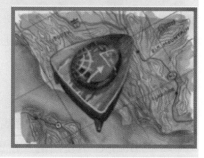

- 游戏空间是离散的还是连续的？
- 它有几个维度？
- 空间的边界在哪里？
- 有没有子空间？子空间如何互相联系？
- 是否有不止一种合理方式给游戏空间建立抽象模型？

　　考虑游戏空间的时候，很容易被美学成分给带跑。有很多方式都可以描绘你的游戏空间，只要对你有用就是好的。当你从纯粹抽象的角度思考空间时，就能抛开现实世界中的假设，让你专注于希望看到的各种游戏玩法互动上。当然，当你改造抽象空间并对布局满意之后，就会想要加上美学成分。"功能空间"透镜和 10 号透镜"全息设计"合用，效果很好。如果你能够同时看清玩家将要体验到的抽象功能空间和美学空间，以及它们之间的关联，你就能充满自信地决定你的游戏世界的形态。

# 机制2：时间

在现实世界里，时间是最神秘的一个维度。我们在时间中穿行，只能前进，不能停止、回头、加速、减速，一切不以人意志为转移。而到了游戏世界，我们为了弥补这种无法控制的缺憾，常像上帝之手一样，爱创造可以肆意把玩时间的世界。

## 离散与连续的时间

空间在游戏中可以是离散或者连续的，时间同理。有一个词专门表示游戏中离散的时间单位：回合。一般来说，在回合制游戏里，时间不重要。每一回合都是一个离散的时间单位，而对游戏本身而言，回合之间并不存在时间。比如拼字游戏，基本只需记录一系列移动操作即可，不必记录每一步花了多长时间，因为现实里的时间和游戏机制并无关联。

当然，还有许多游戏不是回合制，而是在连续时间中进行的。大部分动作类电子游戏都是这样的，大部分体育游戏也是这样的。还有一些游戏使用混合时间系统，国际象棋锦标赛采取回合制，但还有一个连续的计时器，为每名选手规定时间限制。

## 时钟与竞赛

不同类型的时钟在许多游戏里都出现过，用来给各种各样的事物设定时间限制。在 Boggle[①]中使用的"沙漏"、美式足球中的计时钟，甚至《大金刚》中的马里奥跳跃的时长，都是"时钟"机制的一种。其设计目的在于通过绝对的时间计量对玩法做出限制。正如空间可以嵌套一样，时间也可以。例如篮球比赛，一般都会有一个比赛计时器来限制总比赛时间，但又有另一个"24 秒计时器（shot clock）"[②]，计时较短，确保选手（玩家）去冒更多风险，保证游戏过程好看。

---

① 译者注：一种拼单词的游戏。使用塑料方格，其中放有印了字母的骰子。双方玩家轮流尝试在相邻骰子上按顺序找出词语。
② 译者注：美职篮比赛中规定，一方发起进攻后 24 秒内必须尝试进球得分，否则球权交给对方。

还有一些偏相对性的方法来计量时间，我们一般称之为"竞赛"。在竞赛的情况下，并没有固定的时间限制，只有压力促使你比另一个玩家快。有些情况下竞赛特性非常明显，例如汽车赛。还有些情况下的竞赛特征则是隐含的，例如《太空侵略者》中，要抢在上方的外星人碰到地面前将其全部击毁。

当然，许多游戏中的时间没有限制，但仍是很有意义的因素。例如，在棒球比赛中，每局时间没有限制。如果比赛时间拖得过长，那么投手就会耗尽体力，这让时间成为赛事的重要组成部分。在第 13 章，我们会谈到不同的游戏因素怎样控制一局游戏花费多长时间。

## 操控时间

游戏让我们得以做一件现实中永远不可能做到的事情：操控时间。有好几种引人入胜的方式可以做到。有时我们可以让时间完全停止，例如在体育比赛中 "暂停"比赛，或者在电子游戏中按下"暂停"键。我们时不时也会加快时间。例如，在《文明》这样的游戏里，我们就要加快时间，让许多年在几秒间经过。但更多的时候我们会让时间倒流，你玩电子游戏的时候，每次死掉后回到上一个存档点，就是如此。还有一些游戏，例如《时空幻境》中把操纵游戏时间做成了游戏的核心机制。

因为时间看不见，又不可阻挡，所以我们很容易忘掉时间。请记住下面这个透镜：

### 27 号透镜：时间

俗话说"时间就是一切"。游戏设计师的目标就是创造体验，而体验如果太长、太短、太快、太慢，都很容易扫兴。若要让你的体验长度刚刚好，那么可以问自己以下问题：

- 究竟是什么决定了我的游戏活动的长度？
- 玩家是否因为游戏结束太快而感到沮丧？怎样才能改变这种状况？
- 玩家是否因为游戏时间太长而感到沮丧？怎样才能改变这种状况？

- 时钟和竞赛能不能让游戏的玩法更激动人心？
- 时间限制也许会让玩家烦躁。去掉时间限制会更好吗？
- 有层级的时间架构对游戏是否有益？或者说，几个小回合组成一个大回合好不好？

插画：山姆·叶

要把时间调至合适的程度很难，但时间能成就游戏，也能毁掉游戏。听从以前歌舞艺人的格言"吊着他们的胃口"（leave'em wanting more），一般不会错。

# 机制3：对象、属性、状态

空间里面没有内容，只是一个空间。在你的游戏空间内，肯定会有对象。角色、物体、标志、计分板，或者其他一切在你的游戏中能看见、能操纵的内容，都属于对象。对象是游戏机制里的"名词"。从技术的角度来说，有些时候也许要把空间本身也当成一个对象。不过一般来说，你的游戏中的空间都与其他对象有所不同，足以分开讨论。对象一般都有一个以上的属性，其中常见的一种就是游戏空间中的当前位置。

属性则是有关一个对象的各类信息。例如，在赛车游戏中，一部车或许就有最大速度、当前速度等属性。每个属性都有一个当前状态。"最大速度"属性可能是150英里/小时，而"当前速度"属性则是75英里/小时，标示出目前车开多快。最大速度不是一个会经常变动的状态，除非你升级了车的发动机。当前速度则会在玩家玩游戏时不断改变。

如果说对象是游戏机制的名词，那么属性及其状态就是形容词。

属性可以是静态的（例如西洋跳棋棋子的颜色），在整个游戏过程中不改变；或者是动态的（跳棋中有一个属性叫"移动模式"，包括三种状态：普通、成王、被吃）。我们主要感兴趣的是动态属性。

以下还有两个例子：

1. 在国际象棋中，国王有一个"移动模式"属性，包含三种重要的状态（自由移动、将军、将死）。

2. 而在《大富翁》中，地图上的每块地产都可以当作一个对象，有一个动态属性"房屋数量"，包含六个状态（0、1、2、3、4、宾馆）；还有一个"抵押"属性，包含两个状态（是、否）。

是不是非要将每一次状态改变告诉玩家呢？不一定。有些状态改变还是隐藏起来好。但另一些则很有必要确保玩家得到通知。有一个万能标准：若两个对象的行为相同，就应该看起来相同。如果行为不同，则看起来也要不同。

电子游戏中的对象，特别是模拟智慧角色的对象，有许多属性和状态，很容易令游戏设计师摸不着头脑。为每个属性构建状态图很有用处，可以帮你了解哪些状态互相关联、触发状态变化的又是什么。从游戏编程的角度来说，把属性的状态用"状态机"来实现是一种很好用的办法。这样复杂的内容可以很整洁，也容易消除 Bug。图 12.12 是范例状态图，描述的是《吃豆人》中怪物的"移动"属性。

图 12.12

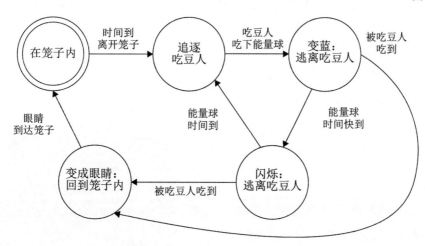

写着"在笼子内"的状态就是所有怪物的初始状态（两个圈一般用来代表起始状态）。每个箭头则代表一次可能的状态转化，由一个事件触发。想要在游戏中设计复杂的行为，这样的图很有用。它可以强迫你将一个对象上可以发生的事件和发生的原因彻底想清楚。把这些状态的转换用代码实现后，你自然就禁止了非法的转换（例如"在笼子内"→"变蓝"），这样就可以减少莫名其妙的 Bug。这些图有时会变得复杂，甚至互相嵌套。例如，真正的吃豆人算法很有可能在"追逐吃豆人"中包含好几个子状态，比如"寻找吃豆人""尾随吃豆人"和"通过隧道"。

哪个对象拥有哪些属性，属性又有哪些状态，决定权完全在你。要表示一件东西，一般都有多种方法。例如，在扑克游戏中，你可以定义一个玩家的手牌为"游戏空间中的一块，其中有五张对象牌"；也可以不将牌当作对象，而认为玩家的手牌是一个对象，有五个不同的牌属性。就像游戏设计中的所有事情一样，思考某件事情的"正确"方式便是当前最有效的方式。

强迫玩家注意太多状态（过多单位、每个角色的过多属性）的游戏，很容易让人当场看傻、不堪重负。在第 13 章，我们将讨论怎样优化玩家需要处理的状态数量。严格地把你的游戏当作对象、属性及其变化状态的集合是一种很有用的视角，这就是第 28 号透镜。

## 28 号透镜：状态机

若要使用此透镜，请思考你的游戏中哪些信息在改变。

问自己以下问题：

- 我的游戏中有什么对象？
- 这些对象的属性是什么？
- 每个属性有什么可能的状态？
- 在每个属性中，是什么触发状态改变？

玩游戏的过程就是做决定的过程，决定是根据信息做出的。决定不同的属性、属性的状态、改变状态的事件，就是游戏机制的核心。

插画：查克·胡佛

## 秘密

有关游戏属性及其状态，有一项重要决策：谁能意识到哪些属性？在许多桌面游戏中，所有信息都是公开的，也就是所有玩家都知道。在国际象棋游戏中，两位玩家都能看到棋盘上和被吃掉的所有棋子——没有秘密，除了对方在思考什么。在卡牌游戏中，隐藏或私密状态则是游戏的重要部分。你知道手上有哪些牌，但对手有哪些牌则是需要你解开的谜题。例如，扑克游戏很大程度上就是猜对手有哪些牌，同时隐藏信息不让人看出你可能有哪些牌。若是改变哪些信息公开、哪些信息私密，那么许多游戏都会彻底不同。在标准的"换牌扑克"游戏中，所有状态都是私密的——玩家只能根据你下注多少来猜测你的手牌。而在"梭哈扑克"中，有些牌是私密的，有些牌则是公开的。这样，双方都了解对方的更多信息，整个游戏的感觉也变了。《战舰》和《西洋陆军棋》这样的桌面游戏，玩的就是猜测对方的私密属性处于什么状态。

在电子游戏中，我们有新东西要面对：有一种状态只有游戏本身知道。这就带来一个问题：虚拟的对手，从游戏机制角度看，是应该当作玩家，还是仅当作游戏的一部分？有一个故事很能体现这一点。1980 年，我的爷爷买了一台Intellivision 游戏机，自带一盒"拉斯维加斯扑克和 21 点"游戏卡。他玩得很开心，但我奶奶就不愿意玩。她坚称"这东西作弊。"我告诉她，这么想太傻了，它只是一台个人电脑而已，怎么懂得出千呢？但她也讲出了道理："它知道我有什么牌，还知道牌堆里有什么牌啊！它能不作弊吗？"我只好承认，解释说个人电脑在做游戏决策的时候"不会看那些"，这种解释听起来是没什么说服力的。但这一点说明了一件事——在那个游戏中，知道各个属性状态的实体其实有三个：我爷爷，了解自己手牌的状态；虚拟对手的算法，"了解"它手牌的状态；游戏的主算法，了解两个玩家的手牌、牌堆里的每张牌、游戏的其他一切信息。

这么看来，从公开/私密属性的角度观察，把虚拟对手当作和玩家对等的独立实体，并无不妥。而游戏本身因为不真正参与游戏，则是另一个实体，并有着特殊的状态——虽然它可能会做出决定让游戏可以开始。西莉亚·皮尔斯指出还有另一种信息，以上提到的实体都不知道：随机生成的信息，例如掷骰结果。基于你对命运的观点，你也许会说这个信息在生成并且被揭示之前并不存在，所以把它当作私密信息有点蠢。但它确实可以放入这张韦恩图，我称之为"知情者层级图"。图 12.13 中用视觉方式展现了公开和私密状态之间的关系。

图 12.13

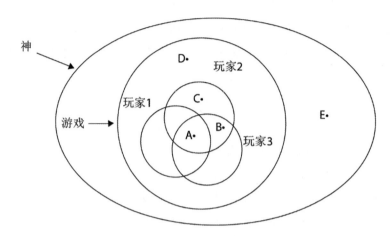

图 12.13 中的每个圈代表一个"知情者"，包括神、游戏，以及玩家 1、2、3 号。每个点则代表游戏中的一些信息——一个属性的状态：

- A 是完全公开的信息，例如棋子在棋盘上的位置，或者一张明牌。所有玩家都了解。
- B 是玩家 2 和玩家 3 共享的，但玩家 1 不知道的状态。也许玩家 2 和 3 都有过机会看同一张暗牌，但玩家 1 没有。也可能玩家 2 和 3 是玩家 1 的虚拟对手，其算法让他们共享信息，一起对抗玩家 1。
- C 是单一玩家的私密信息，此处属于玩家 2。比如他拿到的牌。
- D 是只有游戏本身知道，玩家都不知道的信息。有些机械桌面游戏，其中这类状态存在于物理结构内，玩家都不知道。《生存游戏》就是经典范例。其中使用了滑动条，移动后才知道游戏盘上哪里有洞。*Touché* 则是另一个好玩的例子。其中极性不明的磁铁会放在游戏盘的每个方块底下。这些状态，游戏本身都"知情"，但玩家不知情。还有一个例子是桌面角色扮演游戏，其中有一个"地下城主"或"GM（game master）"，不属于玩家。他知道有关游戏状态的大量私密信息，因为他可谓是真正让游戏机制运转的人。在大部分电脑游戏中，都有很多玩家不知道的内部状态。

- E 是随机生成的信息，只有命运之神或上帝才知情。

秘密即能力。29 号透镜可以帮助你运用此能力，让你的游戏变得好玩之极。记下来，但别告诉别人哦。

### 29 号透镜：秘密

改变谁掌握哪些信息，就能彻底改变你的游戏。若要使用此透镜，请思考"谁"知道"哪些"，又是"为什么"。

问自己以下问题：

- 哪些信息只有游戏本身知道？
- 哪些信息所有玩家知道？
- 哪些信息只有一些或一个玩家知道？

改变谁掌握哪些信息，可以改进我的游戏吗？游戏过程就是做决定的过程。决定则根据信息做出。决定不同的属性及其状态，以及谁了解它们，是你的游戏机制的核心。对谁知道哪些信息做一些小修改，可以极大地改变一个游戏——或者强到飞起，或者低到尘埃里。谁知道哪些属性这件事甚至可以在游戏过程中改变——想在你的游戏中创造戏剧性，一个方法就是突然将一条重要的私密信息公开。

插画：钱丽莲

# 机制4：行动

下一个重要的游戏机制是行动。行动是游戏机制的"动词"。行动包含两个方面，或者说，有两种方式可以回答"玩家能做什么"这个问题。

第一种行动是基本行动，也就是玩家能做的基本动作。例如，在西洋跳棋中，玩家仅能执行三个基本操作：

1. 向前移动棋子。
2. 跳过对手的棋子。
3. 向后移动棋子（仅限于王）。

第二种行动是策略行动。这些行动只在游戏大局上有意义——它们和玩家怎么使用基本行动来达成目标有关。把策略行动一一列出的话，通常比基本动作要多。考虑一下西洋跳棋里可能有的策略行动：

- 把一个棋子移动到另一颗后面来保护它，以免其被吃掉。
- 迫使对手跳出不想要的步子。
- 牺牲一个棋子来欺骗对手。
- 造一座"桥"来保护后排棋子。
- 把一颗棋子移入"王列"，令其成王。

## 自发玩法

策略行动常常涉及游戏中的微妙互动，而且往往是颇具战略性的举措。这些行动大多不属于规则本身，而是在游戏过程中自然而然生成的行动和策略。大多数游戏设计师都认为有趣的自发行动是优秀游戏的一个标志。因此，"有意义的策略行动"与"基本行动"的比例可以很好地测量你的游戏中有多少自发行为。若一个游戏只允许玩家做少数基本行动，却能组合出大量策略行动，那么这个游戏确实做得优雅。但也要指出，这个测量标准有些主观。因为"有意义的"策略行动究竟有多少，是见仁见智的。

打造"自发玩法"或有趣的策略行动，其过程有点像打理花园——园中生命自发生长，但又弱不禁风，容易毁坏。当你注意到自己的游戏中显现了一些有趣的策略行动时，你一定要识别出来，然后尽你所能加以培养，给它们一个机会蓬勃发展。但是，究竟是什么让这些东西能够破土而出呢？绝不是只靠运气——有些事情可以增加有趣的策略行动出现的概率。以下有五个提示，为你的游戏准备土壤，好播种下自发玩法的种子。

1. 添加更多动词。也就是增加基本行动。当基本行动内部、基本行动与对象、基本行动与游戏空间互相作用时，策略行动就会出现。若加入更多基本行动，那么这些相互作用与自发行为就更有机会产生。如果在一个游戏中你可以跑、跳、射击、买、卖、驾驶、建造，则其中潜在的自发内容肯定比只能跑和跳的游戏要多。不过要当心，增加过多的基本行动，特别是互相不能很好呼应的基本行动，也可能导致一个游戏变得臃肿、混乱、笨拙。请记住，策略行动与基本行动的比值，比基本行动的绝对数量更重要。添加一种优秀的基本行动，总是好过加入一堆平庸的基本行动。

2. 能作用于许多对象的动词。要制作一个优雅又有趣的游戏，这大概是最强大的工具。若给玩家一把枪，只能用来打坏人，那么这是一个非常简单的游戏。如果同一把枪可以用来射开门锁、打破窗户、猎取食物、射爆车胎，甚至在墙上留字，那么你就进入了一个有许多可能性的世界。你还是只有一个基本行动："射击"，但通过增加射起来有用的东西，有意义的策略行动也随之增多了。

3. 能用多种方式达成的目标。让玩家在你的游戏中干各种各样的事吧。给他们很多动词，每个动词有很多对象，那就最好。如果达成目标只有一种方式，那么玩家也就没有理由去寻找意外的互动、有趣的策略了。还是那个"射击"的例子：如果你让玩家射击各种各样的东西，但游戏目标只是"打死 boss怪"，那么玩家也只会照办而已。反过来想，如果你可以射击怪物；也可以打落一条铁链，令一个大吊灯砸在它身上；甚至可以完全不射击它，而通过非暴力手段阻止它——你就有了丰富又多变的游戏玩法，其中许多事情都成为可能。这个方法的挑战之处在于，游戏会变得更难以平衡。因为若一种选择总是比其他的强（有最优策略），那么玩家就总会追求那一种选择。我们会在第 13章详细探讨这一点。

4. 许多主体。如果西洋跳棋双方只有一颗红子、一颗黑子，规则不变，那么这个游戏也会无聊之极。正因为玩家有许多颗棋子可以移动、互动、合作、牺牲，整个游戏才变得有趣起来。这个方法不见得对所有游戏都见效，但时而有出人意料的妙用。策略行动的数量大致相当于"主体×动词×对象"，所以增加主体很有可能令策略行动的数量随之增加。

5. 改变限制条件的副作用：如果你每次做出行动时，都产生副作用，那么改变你或对手的限制环境，就很有可能产生有意思的玩法。还是看一下西洋跳棋。你每次移动棋子，不仅改变了自己可以威胁到（可以吃掉）的格子，也改变了你的对手（和你自己）可以移动到的格子。在某种意义上，每一步都改变了游戏空间的性质，不论你本意如何。设想若许多棋子可以在一个格子里和平共存，那么西洋跳棋会变成一个怎样的游戏呀。每一个基本行动的改变都能带来游戏许多方面的改变，于是你就很有可能令有趣的策略行动突然出现。

## 30 号透镜：自发的

要确保你的游戏具有好玩的自发性，问自己以下问题：

插画：里根·海勒

- 玩家有多少动词可选？
- 每个动词可作用于多少对象？
- 玩家要达成目标有多少种方式？
- 玩家控制了多少主体？
- 副作用如何改变限制条件？

游戏与书籍、电影相比，最显著的一个区别就是动词数量。游戏通常把玩家所能做的行动限制在很窄的范围内，而在故事中，角色能采取的行动数量近乎无限。在游戏中，所有的行动及其影响都要实时模拟出来，而在故事中则都提前想好了，有这种副作用也是自然的。在第 18 章，我们会讨论如何填补这个"行动鸿沟"，让你既保持基本行动的数目在控制范围内，又能给玩家无限可能的感觉。

之所以有这么多游戏看起来相似，还有一个原因是它们都使用一样的行动集。观察一下大家认为"跟风"的游戏，你就能看出它们和老游戏有同样的行动集。再观察一下大家认为"创新"的游戏，你就能发现它们都给玩家带来新的动作类型，也许是基本的，也许是策略的。当《大金刚》面世时，显得与众不同。因为这个游戏的玩法是跑跳结合，在当时非常新奇。《牧场物语》是一个种田的游戏。《块魂》则是滚动一个粘粘球的游戏。玩家可以采取哪些行动对定义一个游戏的机制颇为关键。因而改变一个行动，整个游戏都会变得不同。

有些游戏设计师梦想有那种玩家想到的动词都可以做的游戏，这个梦确实很美。一些大型多人游戏正在往这个方向前进，提供许多不同的动词，让玩家战斗、制造物品、进行社交。某种程度上这算是回归过去——20世纪七八十年代的时候，有着几十上百个动词的文字冒险游戏大受欢迎。直到更加视觉化的游戏崛起，动词的数量才突然衰减。因为基于画面的游戏要支持那么多动词，太不现实。有人常把文字冒险类型的衰落（或者暂时休眠？）归咎于大众太渴望华丽的画面，但或许，从行动的角度来看，还有另一种解释。现代的3D电子游戏给你的基本行动很少。玩家一般都了解自己能做的全部行动。在文字冒险游戏里，完整的基本行动集并不清楚，而探索这些行动也是游戏的一部分。很多时候，解开一个棘手谜题的方法就是想出并输入一个不寻常的动词，比如"旋转鱼""挠猴子"。虽说这些都很有创意，但也很容易让玩家沮丧——要在游戏支持的几百个动词和几千个不支持的动词里选中一个。如此，玩家其实没有文字冒险界面假装给予的"完全的自由"。可能正是这种沮丧感，令文字冒险游戏失去了人气，这种因素应该超过其他影响因素。

你选择哪些行动，很大程度上定义了你的游戏的结构。所以我们就把它当作31号透镜吧。

## 31 号透镜：行动

若要使用此透镜，请思考你的玩家能做些什么、不能做什么，分别是为什么。

问自己以下问题：

- 我的游戏中的基本行动是什么？
- 策略行动又是什么？

- 我想要看到什么样的策略行动？我怎样改变游戏，令这些行动成为可能？
- 我对策略行动与基本行动的比例满意吗？
- 玩家在我的游戏中有什么想做但不能做的行动？我能不能设法令其成为可能，无论作为基本行动或策略行动？

没有行动的游戏就像没有动词的句子，什么也不会发生。作为游戏设计师要做的最基本的决定，便是确定你的游戏中的行动。对这些行动进行微小改变也会对游戏造成一系列巨大影响，也许会创造出惊人的自发玩法，也可能让游戏变得波澜不惊又烦琐。要小心选择你的行动，学会听从游戏的声音、玩家的声音，从中了解你的选择能带来什么。

插画：尼克·丹尼尔

# 机制5：规则

所谓规则绝对是基本的机制。规则定义了空间、时间、对象、行动、行动的结果、行动的限制，以及目标。换言之，规则令前述所有的机制成为可能，并且加上了游戏之所以为游戏的一大关键——目标。

## 帕莱特的规则分析

游戏历史学者戴维·帕莱特在分析游戏过程中不同的规则方面很有建树，如图 12.14 所示。

图 12.14

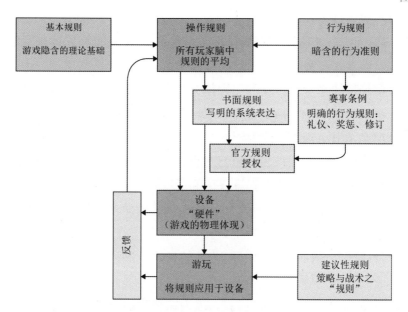

图 12.14 展示了我们可能遇到的各种不同规则之间的关系，下面依次考量。

1. **操作规则**。这些规则最容易理解。基本上就是"玩家想玩游戏，要做什么"。玩家了解操作规则后，就可以玩游戏了。

2. **基本规则**。基本规则是游戏底层的架构。操作规则可能是"玩家掷一粒 6 面骰子，并获得结果所示数量的力量标记。"而基本规则更抽象："玩家的力量值增加 1 到 6 之间的随机整数。"基本规则是一种数学表达方式，讲述游戏状态及其变化的时机、方式。棋盘、骰子、标记、生命计等，都只是记录基本游戏状态的操作方式。正如帕莱特的图所示，基本规则是操作规则的基石。如何表达基本规则，并无一定之规。而且，连究竟能不能做到完全表达也尚有疑问。游戏设计师在实践中一般只根据必要需求考虑基本规则，很少需要用正式文档将全套基本规则完全抽象地记录下来。

3. **行为规则**。这些是游戏过程中暗含的规则，大部分人都自然地将其理解为"运动员风范"的一部分。比如，在国际象棋中，对手在思考，花五小时才走一步，选手不应该去挠对方的痒痒。这些都很少明说出来——基本上所有人都懂。行为规则的存在，也强调了游戏是一种玩家之间的社交联系。这些规则同样将信息给予操作规则。史蒂芬·斯奈德曼有一篇讨论行为规则的好文，题目为《不成文规则》。

4. 书面规则。这些是"游戏自带的规则书"，是玩家必须读来了解操作规则的文档。当然，在实际情况下，只有极少数人会去读这些文档，大部分玩家是靠别人解释玩法来学会游戏的。为什么呢？因为，想要将错综复杂、非线性的游戏玩法编码成一份文档实在太难了，而将其解码，也一样难。现代电子游戏已逐渐摒弃了书面规则，改为让游戏本身通过互动教程教会玩家怎么玩。这种让玩家动手的方法有效得多，虽然对设计和实现要求更高、也更花时间——因为这样会造成多次迭代，直到游戏达到最终状态才算完成。每个游戏设计师对这个问题都要心中有数："玩家如何学会玩我的游戏？"如果一个人搞不清你的游戏怎么玩，那么就不会再玩。

5. 赛事条例。只有在严肃、竞争性的场合，赌注大到感觉有必要明确记录优良体育精神的规则，或是需要明确/修改官方书面规则，这些条例才会形成。这些规则也常叫作"赛事规则"，因为在严肃的赛事中最需要这种由官方明定的条例。请思考格斗游戏《铁拳 5》在 2005 Penny Arcade Expo 上的赛事规则：

a. 单淘汰制。

b. 你可以自带控制器。

c. 标准 vs 模式。

d. 100%血量。

e. 随机选择关卡。

f. 60 秒计时器。

g. 五局三胜制。

h. 三盘两胜制。

i. 禁止使用 Mokujin（木头人）。

其中大部分规则只是在精确说明赛事中使用的游戏设置。"你可以自带控制器"是有关"公平竞赛"的正式决定。而最有趣的一条规则是"禁止使用 Mokujin"。Mokujin 是《铁拳 5》中可以选用的一个人物。大部分玩家都感觉他的"击昏"招数太强，导致选用 Mokujin 的玩家太容易取胜，让赛事变得没意义。所以，这一"条例"便是在尝试改进游戏，确保赛事平衡、公正、有趣。

6. 官方规则。当游戏过程足够严肃，一群玩家感觉需要将书面规则和赛事条例合并时，就产生了这类规则。这些官方规则会慢慢变成书面规则。在国际象棋中，一个玩家行动一步，令对手的国王可能被将死，该玩家必须警告对手，说出"将军"。这一度只是"赛事条例"，而不是书面规则。但如今已属于"官方规则"的一部分。

7. 建议性规则。也经常被称为"策略规则"。这些规则只是让你玩得更好的提示，从游戏机制的角度看并非真正的"规则"。

8. 房规。帕莱特没有明确描述这些规则，但他指出，玩家在游戏过程中可能会想要调整操作规则，令游戏更有乐趣。这就是图 12.14 中列出的"反馈"。因为一般来说，玩家玩了几个回合，为了对发现的游戏缺陷做出反应，才订立房规。

## 模式

许多游戏不同的游戏模式部分有非常不同的规则。规则常常在不同的游戏模式部分之间彻底改变，甚至像各自完全独立的游戏。有一个例子很难忘记：赛车游戏（*Pitstop*）。在多数情况下，这是一个典型的赛车游戏，只有一点儿花样——如果你不隔一段时间靠边停车换胎，那么车胎就会爆。而当你靠边停车后，游戏就彻底变了——现在不用赛车了，而是要抢着换轮胎，整个游戏界面都不同了。若你的游戏模式转变得这么剧烈，那么让玩家知道自己处在哪个模式就很重要。模式太多，玩家就弄不清楚规则。因而很多时候，游戏都有一个主模式及几个子模式。这样可以很好地组织不同模式。游戏设计师席德·梅尔提出过一条非常棒的准则：玩家永远不该花费太长时间在子模式游戏内，以至于忘记他们在主模式游戏里做的事情。我们将在第 15 章更多地讨论模式。

## 执法者

电子游戏和传统游戏的一大区别，就是实施规则的方式不同。在传统游戏中，一般由玩家自己来确保规则得到执行。若在体育赛事之类利害甚大的游戏中，则由公平的裁判执行规则。而在电脑游戏里，由电脑来执行规则成为可能（有时是必须的）。这不仅很方便，还令人可以创造比传统游戏复杂得多的作品。因为玩家不必记忆所有规则去了解每件事情是否可能发生，他们只要在游戏里到处尝试，看一下什么有用，什么没用就行了，完全不需要全部记住或者反复查看规则。在某种意义上，曾经的"规则"现在成为游戏世界里的物理限制。如果一个物体不允许以某种方式移动，那么它就不会动。许多游戏规则都借由空间、对象、动作的设计来实施。类似《魔兽争霸》这样的游戏想来也可以做成桌面游戏，但那样一来就有太多规则需要记忆、太多状态需要跟踪，其体验很快就会变得枯燥乏味。只有把执行规则的无聊工作丢给电脑之后，游戏方才得以在复杂、精巧、丰富性上达到新的高度。但也要小心，如果你设计的电子游戏规则复杂到玩家根本搞不清楚游戏怎么玩，那么他们会迷茫不知所措。你一定要把复杂的电子游戏的规则设计得让玩家可以自然地发现、理解，而不是只能强记。

## 可作弊性

游戏之所以需要一个执法者是为了防止玩家作弊。违反规则当然不符合游戏精神，但正如我们在历史上所见证的，有些玩家会不择手段地来获取胜利。很显然，当你玩游戏时，你也想确保别人没有作弊。但除此之外，作弊还有一个更隐蔽的后果。如果玩家开始相信你的游戏是"可作弊的"，那么即使它不是，你努力开发的游戏的内在价值也会消失。玩家会想象自己在努力争胜而别人却在作弊，觉得自己像个傻瓜。这就是可作弊性的危险——如果玩家觉得在你的游戏里能作弊，那么有些人会试图作弊，但大多数人只会不想再玩而已。

## 最重要的规则

游戏有很多规则：如何移动、哪些事能做、哪些事不能做。但一切的基础是一条规则：游戏的目标。游戏就是实现目标，你一定要说明游戏的目标，说得清楚明白。通常情况下，一个游戏不只有一个目标，而是一个目标序列——你需要将其中每一项目标依次说明，还要说明它们互相如何关联。目标说明不当，就会在游戏一开头就倒了玩家的胃口——要是他们不理解行动的目的，就不能继续有把握地行动。刚接触国际象棋的人经常感到困惑，就因为别人解释规则太笨拙："你的目标是要把对方的国王将死……也就是说你要走棋子，让他在被将军的时候没棋走……将军就是你的一颗棋子有机会吃掉国王，除非，呃，规则不允许你吃。"小时候，我常常想，为什么大家都说很优雅的游戏，目标却这么不优雅。我玩国际象棋这个游戏很多年，才了解其目的其实很简单："吃掉对方国王"。所有那些将来将去的破规则都只是为了礼貌地提醒对手，他们危险了。值得注意的是，你告诉一个国际象棋潜在玩家这六个字的简单规则以后，他们的兴趣就会增长。你创作的任何游戏也是同样的道理，玩家越容易理解目标，就越能想象自己实现目标的样子，也就越有可能想玩你的游戏。

当玩家的大脑中设定了目标后，他们就得到了巨大动力来将其实现。要让玩家一直有事可做、充满动力，设定清晰的目标或者任务极为重要。优秀的游戏目标具有以下特征：

1. 具体。玩家了解自己应该达成什么目标，并能清晰讲述。

2. 可行。玩家需要觉得自己有机会达成目标。如果感觉目标不可能完成，那么玩家很快就会放弃。

3. 回报丰厚。我们花很多力气让玩家达成目标后有丰厚的回报。如果目标的挑战程度刚刚好，那么完成目标本身就是一种回报。但为何不再进一步呢？你还可以在玩家达成目标后，奖励他一些有价值的东西，令达成目标的奖励更丰厚——请使用 20 号透镜"愉悦"找到不同的方式去奖励玩家，并真正让他们为自己的成就感到自豪。奖励达成目标的玩家固然重要，让玩家在达成目标之前就觉得目标奖赏丰厚则同等（甚至更加）重要。这样他们才会有动力去达成这个目标。不过，也不要把他们的期望吊得过高，以免他们看到达成目标的奖赏顿觉失望，再也不玩了！我们会在下一章讨论更多有关奖励的话题。

此外，让你的游戏中每个目标都具有这些特征固然重要，让游戏中的各种长期的和短期的目标达到平衡也很重要。目标的平衡会让你的玩家感觉自己了解眼下该做什么，并且最终达成一项重大的成就。

我们很容易太过关注游戏的行动，而忘记了目标。

为了帮助我们记住目标的重要性，把下面这个透镜也放进工具箱里吧。

## 32 号透镜：目标

为了确保你的游戏中有适当且均衡的目标，请问自己以下问题：

- 我的游戏的终极目标是什么？
- 这个目标对玩家明确吗？
- 如果有一系列目标，那么玩家明白吗？
- 不同的目标是否以一种有意义的方式互相关联？
- 我的目标是否具体、可行、回报丰厚？
- 短期和长期目标是否平衡？
- 玩家有无机会决定自己的目标？

插画：扎卡里·D·科尔

同时拿起"玩具"透镜、"好奇"透镜和"目标"透镜，观察你的游戏的这些方面怎样互相影响，也许会让你大开眼界。

## 规则总结

规则是一切游戏机制的基础。不是规则定义了游戏，规则就是游戏。从规则的角度观察自己的游戏非常重要。这就是 33 号透镜的内容。

## 33 号透镜：规则

若要使用此透镜，则需要深刻观察你的游戏，直到能辨别其最基本的架构。问自己以下问题：

- 我的游戏中的基本规则是哪些？这些规则和操作规则有何不同？
- 游戏开发过程中有没有形成"条例"或"房规"？这些是否应该直接纳入我的游戏？

- 我的游戏中有不同模式吗？这些模式让一切更简单，还是更复杂？
  减少一些模式会让游戏更好吗？还是增加模式？谁来执行规则？
- 规则是简单易懂，还是有晦涩之处？如果有晦涩之处要修订，那么
  是应该改变规则，还是更清楚地解释规则？

人们还有一个常见的误解，以为游戏设计师坐下来写一套规则，就能做出游戏。一般来说都不会这样。游戏的规则是在实验中逐步完善的。游戏设计师的大脑一般都在"操作规则"的领域里工作，偶尔在思考怎样调整、改善游戏的时候，才切换到"基本规则"的视角。"书面规则"一般在游戏能玩之后，接近收尾时形成。确保规则覆盖到每一种可能情况，是游戏设计师的工作。一定要在试玩的同时做好记录，因为正是这些试玩过程会暴露你编出来的规则漏洞。如果你只是随便修修补补，不认真记录，那么同样的漏洞只会再现。游戏即规则。不可不在规则上花费足够的时间和思量。

插画：乔舒亚·西弗

## 机制6：技巧

In virtute sunt multi ascensus.（成功的度量方式有许多种。）

——西塞罗

技巧这一机制把焦点从游戏转到了玩家身上。每个游戏都需要玩家实践特定技巧。如果玩家的技巧水平与游戏难度相符，那么玩家就会感受到足够的挑战，并且停留在心流区域内（我们在第10章讨论过）。

大部分游戏需要玩家调动不止一种技巧，还需要多种技巧的混合。设计游戏的时候，把游戏需要玩家拥有的技巧逐个列出，是很有价值的做法。虽然有几千种技巧可以放进游戏里，但还是可以大致分成以下三类：

1. 身体技巧。包含力量、灵巧、协调性和耐力的技巧。身体技巧是大多数体育游戏的重要组成部分。有效地操纵游戏控制器是一种身体技巧，很多游戏（如使用摄像头的舞蹈游戏）要求玩家拥有的身体技巧更广泛。

2. 精神技巧。包含记忆、观察、解谜的技巧。虽然有些人面对要求太多种精神技巧的游戏时会退避三舍，但少有不包含任何精神技巧的游戏。游戏之所以有趣，在于做出有趣的决定，而做决定就是一种精神技巧。

3. 社交技巧。包含阅读对手（猜测其想法）、愚弄对手、配合队友等能力。通常情况下，我们只当社交技巧是交朋友、影响他人的能力，但在游戏中，社交和沟通技巧的范围广泛得多。扑克在很大程度上是一个社交游戏，因为其中太多内容基于隐藏自己的想法、猜测别人的想法。在体育游戏中也有很多社交行为，例如，侧重于团队合作，以及"让对手神经紧张"的部分。

## 真实技巧与虚拟技能[①]

这里我们必须明确区分：讨论作为游戏机制的技巧时，我们说的是玩家必须拥有的真实技巧。而在电子游戏中，经常会说到角色的技能等级。你可能会听到一个玩家宣布"我的战士刚刚获得了两点剑术技能！"但是"剑术"不是游戏所需的真实技巧——这名玩家其实只是在正确的时机按下手柄右边的按钮。此语境中的"剑术"是虚拟技能——玩家假装拥有的技能。有意思的是，就算玩家的真实技巧不长进，虚拟技能也可以提高。玩家搓手柄的技能可以一直很烂，但只要他搓足够的次数，游戏还是可能奖励他更高的虚拟技能，令他的角色变成更快更强的剑士。许多"免费游戏"都有一整套基于购买虚拟技能的变现策略。

虚拟技能是让玩家有力量感的绝佳手段。但若使用过度，那么也可能会落空。许多人批评大型多人在线游戏，认为其过于强调虚拟技能，对真实技巧重视不足。要制作好玩的游戏，其关键往往在于找到真实技巧和虚拟技能的完美搭配。很多新手游戏设计师将二者混为一谈。你务必要在大脑中划下清晰界限。

---

① 译者注：技巧与技能在原文中都使用 skill 一词。在译文中，我们以"技巧"表示玩家在现实中具有的能力，以"技能"表示游戏中角色具有的能力，以作区分。

## 列举技巧

用一张表列出游戏中所需的全部技巧可能非常有用。你可能会列出一个大概的列表："我的游戏需要记忆、解谜、图形匹配技能。"或者非常具体："我的游戏是基于网格的装箱问题，因此需要玩家快速地辨认特定转动的二维形状。"列出技巧也可能很困难，一个有趣的例子是 *RC Pro Am*，这是一个 NES 平台上的赛车游戏。在这个游戏中，玩家用方向键（左手大拇指）操控车辆，而加速用 A 键（右手大拇指），向敌人开火用 B 键（也是右手大拇指）。要玩好这个游戏，需要两项意想不到的技巧——第一项是解决问题的能力。在一般的 NES 游戏中，你只要一次按一个键就好——想按 B 键了，大拇指就松开 A 键。但在 *RC Pro Am* 中这样就惨了——如果想发射火箭（B 键），就必须松开油门（A 键），结果对手一加速就跑了！这个问题怎么解决？有些玩家试图用大拇指按一个键，其他手指按另一个，但这样操作笨拙得不行，并且让游戏很难玩下去。最佳方法似乎是换一种新方法来握手柄：大拇指侧过来按住 A 键边缘，这样一旦需要按 B 键，顺畅地一转手指即可，不用松开油门。玩家解决了这个问题后，就要练习这项特别的身体技巧了。自然，游戏还涉及许多其他技巧——资源管理（不要用光导弹和地雷）、记忆赛道、路遇急弯和意外危险时及时反应，等等。重点在于，看似简单的游戏，也可能需要玩家拥有许多不同的技巧。作为游戏设计师，你需要知道是哪些技巧。你很容易欺骗自己，误以为自己的游戏就是有关某一技巧的，而其实别的技巧更为重要。许多动作类的电子游戏乍看起来都只是面对敌人做出快速反应。但真实情况是，其中需要大量解谜过程来做出正确反应，还需要大量记忆来避免下次玩同一关时遭到奇袭。很多时候，游戏设计师大失所望地发现，他们原以为要快速决策、边跑边思考的游戏，其实只要记住什么时候冒出什么敌人就行了——玩家的体验彻底变味，而且变得乏味了。玩家发挥何种技巧，很大程度上决定了玩家获得何种性质的体验，不可不察。从这个角度观察你的游戏，就是 34 号透镜。

## 34 号透镜：技巧

若要使用此透镜，则先不要观察你的游戏本身，改为观察它要求玩家发挥的技巧。

问自己以下问题：

- 我的游戏需要玩家拥有何种技能？
- 其中是否缺少某个类别的技能？
- 哪些技能占主导地位？
- 这些技能是我想要创造的体验吗？
- 是否有一些玩家的这些技能远超过其他玩家？这是否让游戏感觉不公平呢？
- 玩家能不能通过练习提高技巧，从而感觉掌握了游戏？
- 游戏需要的技巧水平合适吗？

发挥技巧可以让人很快乐，这是人们喜爱游戏的一大原因。当然，只有技巧本身有趣又带来奖励，加上挑战的难度正好位于"太简单"和"太难"之间的理想平衡地带，才有这种快乐。就算是沉闷无聊的技巧（例如按按钮），用虚拟技能加以包装，提供适当水平的挑战，也可以变得更有趣。把这个透镜当作窗口，观察玩家获得的体验吧。因为技巧在很大程度上定义了体验，"技巧"透镜和 2 号透镜"本质体验"结合使用，效果很好。

插画：艾玛·巴克尔

# 机制7：概率

七大机制的最后一个是概率。我们最后讨论它，是因为其中涉及与其他六大机制（时间、空间、对象、行动、规则、技巧）的相互作用。

概率在好玩的游戏里是不可或缺的部分，因为概率意味着不确定性，而不确定性意味着惊喜。正如我们前面所讨论的，惊喜是人类愉悦之重要来源，乐趣之秘密原料。

现在我们必须谨慎行事。永远不要以为可以轻松理解概率，因为它非常棘手——数学可以很困难，而且我们对它的直觉往往不对。但是，优秀的游戏设计师一定要成为概率高手，按意志塑造概率，令创造出来的体验充满挑战性决策和好玩的惊喜。理解概率有多难，通过一个数学上发明概率的小故事就可以很好地说明——其发明，不出意外，是为了解释游戏设计。

## 概率的发明

> Il est tres bon ésprit, mais quel dommage, il n'est pas geometre. （他是一个好人，可惜，不是数学家。）

> ——帕斯卡对费马评论安托万·贡博

1654 年，法国贵族安托万·贡博，梅雷骑士阁下（Antoine Gombaud, the Chevalier de Méré，名字就有这么长）遇到一个问题。此人是一个大赌徒，一直都在玩一种游戏。由他掷一粒骰子 4 次，其中至少一次掷出六点，则胜。他玩这个赢了不少钱，但赌徒朋友们都输得没了脾气，不愿再和他玩这个了。此人为了想办法从朋友身上诈钱，又发明一种新游戏，并且认为其胜率和之前一样。在新游戏中，他赌自己掷两粒骰子 24 次，其中至少出现一次 12 点。朋友们一开始还颇为警惕，但很快就喜欢上了新游戏。因为骑士阁下输钱输得越来越快！他这下困惑了，因为在他算来，两种玩法的胜率是一样的。骑士阁下的证明过程如下：

第一种游戏：掷一粒骰子 4 次，若有一次为 6 点则胜。

他认为，掷一粒骰子的结果为 6 点的概率是 1/6，而总共掷 4 次，故获胜概率为 4×（1/6）=4/6=66%，也就说明了为什么他总能赢。

第二种游戏：掷两粒骰子 24 次，若有一次为 12 点则胜。

他认为，掷两粒骰子出 12 点（两个 6 点）的概率是 1/36。因此认为，掷

24 次的胜率应该是 24×（1/36）=24/36=2/3=66%，明明和前一种游戏一样嘛！

他大败又困惑不已，便写信给数学家布莱兹·帕斯卡（Blaise Pascal）求助。帕斯卡发现这个问题颇吸引人，因为当时并没有建立解答这类问题的数学方法。于是帕斯卡又写信求助于父亲的朋友，皮埃尔·德·费马（Pierre de Fermat）。帕斯卡和费马两人开始以长信讨论此问题及其同类问题，后来发现了解决方法，还建立了数学的一个分支——概率论。

在骑士阁下的游戏中，真正的胜率如何呢？要乔明白，我们先得学点数学——不要慌，是人人都会的简单数学。游戏设计并不需要完整地覆盖概率的数学（也超出了本书的内容），不过了解一些基础也很有助益。如果你是传说中的数学天才，那么可以跳过这一部分，或者随便翻翻就行了。而我们这些剩下来的人，请看下面的内容。

## 游戏设计师必知的 10 大概率规则

### 规则1：分数=小数=百分数

如果你是那种一直搞不清分数和百分数的人，那么现在该直面挑战了，因为这些就是概率的语言。不要太有压力，你随时都可以用计算器，没人在看呢。

必须了解的是，分数、小数、百分数，是同一个东西，可以互换着使用。也就是说，½=0.5=50%。这些数字并无不同，只是同一个数字的三种写法。

从分数转换成小数很容易。想知道 33/50 写成小数是什么样？拿出计算器按下 33÷50，就能得出 0.66。百分数呢？也很简单。打开词典查"百分数"，就能看见它的意思不过是"用百分之几来表达整体的一部分"。所以 66%也就是 100 中的 66 份，也就是 66/100，或者 0.66。往回看骑士阁下的计算过程，就能看出我们为什么需要经常来回转换。我们人类喜欢说百分数，但也喜欢"六次中有一次"这样的表达，所以需要将表达方式在不同形式之间变换。如果你是那种对数学焦虑的人，那么最好放松一下。

### 规则2：从0到1，就好了

这一条很简单。概率只会在 0%到 100%之间变动，也就是从 0 到 1（参见规则 1），不会少也不会多。你可以说某件事发生的概率是 10%，但没有概率为 -10% 或者 110% 这种说法。概率为 0% 说明这件事不会发生，而概率为 100% 则说明这件事肯定会发生。听起来好像理所当然，但这就指出了骑士阁下算法里的一大问题。请考虑起初那个掷 4 次骰子的游戏。他认为，掷 4 次骰子，就有 4×（1/6），即 4/6，也就是有 66% 的概率出现一个 6 点。但要是他掷 7 次呢？那岂不是有 7×（1/6），即 7/6，1.17，也就是有 117% 的概率获胜了！这肯定不对。你要是扔一颗骰子 7 次，其中掷出 6 的概率可能有，但绝对不是必出的（实际概率为 72% 左右）。如果在计算概率的时候出现大于 100% 或小于 0% 的情况，那么肯定是什么地方弄错了。

### 规则3："想要的"除以"可能的结果"等于概率

前两项规则打下了一点儿基础，但现在要讨论概率究竟是怎么回事了，其实也很简单。你把"想要的"结果会出现的次数，除以所有可能的结果的数量（假设每种结果出现的概率相同），就可以了。掷一粒骰子，出现 6 点的概率是多少？可能的结果有 6 种，只有其中一种是想要的，所以掷出 6 的概率是 1÷6，也就是 1/6，或者是 17% 左右。而掷一粒骰子，出现偶数的概率又是多少呢？总共有 3 个偶数，所以答案是 3/6，或者是 50%。从一副牌中间抽出人头牌（J、Q、K）的概率是多少呢？一副牌里有 12 张人头，总共有 52 张。所以抽出人头牌概率是 12/52，或者是 23% 左右。懂了这个，就知道概率的基本思想了。

### 规则4：枚举

如果规则 3 真的这么简单（确实是），那么你可能会奇怪，概率问题怎么这么难？原因在于，我们找的那两个数（"想要的"结果的数量和可能的结果的数量），不一定这么明显。比如，如果我问你丢一枚硬币三次，至少出现两次头像的概率，其中"想要的"结果的数量是多少？要是你不用纸和笔也能答出来，那么我会吓到的。要找出答案，有一个好办法，就是枚举出所有可能的结果（H 代表头像，T 代表另一面）：

1. HHH。
2. HHT。
3. HTH。
4. HTT。

5. THH。

6. THT。

7. TTH。

8. TTT。

共有 8 种可能的结果。其中哪些出现了至少 2 次头像呢？

第 1、2、3、5 种。也就是 8 个可能性中的 4 个，所以答案是 4/8，也就是 50% 的概率。那么，怎么骑士阁下就不知道这样计算自己的游戏呢？在第一个游戏中，总共掷 4 次骰子，也就是有 6×6×6×6，一共 1296 种可能的结果。虽然会很无聊，但他花一个多小时就可以枚举出所有可能的结果（列表形如 1111、1112、1113、1114、1115、1116、1121、1122、1123，等等）。然后就可以数出其中含有 6 的组合（有 671 个），除以 1296，就能得出答案了。枚举可以帮助你解决几乎所有概率问题，只要你有时间。不过，考虑骑士阁下的第二个游戏，那可是掷 2 粒骰子 24 次！掷 2 粒骰子有 36 种可能的结果，所以枚举出 24 次的所有结果就要写下 $36^{24}$（这个数字有 37 位）种组合。就算他有办法每秒写出一种组合，全部列举完的时间也比宇宙的全部生命还长。枚举法很方便，但如果花费太长时间，就要想办法走捷径了，所以，才有了其他规则。

规则5：特定情况下"或"意味着"加"

很多时候我们想要确定"这个或那个"发生的概率。比如，从一副牌中间抽出人头或者 A 的概率是多少？若讨论的两件事情互斥，也就是说不可能同时发生的话，你可以把各自的概率相加得到概率总和。例如，抽出一张人头的概率是 12/52，而抽出 A 的概率是 4/52。由于这些都是互斥事件（不可能同时发生），我们可以把概率加起来：12/52+4/52=16/52，或约 31% 的概率。

如果换个问题：从一副牌中抽出一个 A 或者一个方片的机会有多大？如果把概率相加，则会得到 4/52+13/52（一副牌有 13 张方片）=17/52。如果枚举一下，就知道这样错了——正确答案是 16/52。为什么呢？因为这两种情况并不互斥，我可以摸出一张方片 A 啊！由于这种情况不是互斥的，"或"不意味着相加。

再来看一下骑士阁下的第一个游戏。他似乎试图把这条规则运用在他的多次掷骰上——把 4 次概率相加：1/6+1/6+1/6+1/6。但他的答案不对，因为这 4

个事件并不互斥。这条加法法则很方便，但你一定要确认相加的事件互斥才行。

### 规则6：特定情况下"和"意味着"乘"

这条规则和前一条几乎正相反！如果我们要找出两件事情同时发生的概率，可以将概率相乘得到答案，但只有当这两个事件不是互斥的才行！想一想掷两次骰子。如果我们想求得两次都掷出 6 的概率，可以将两个事件的概率相乘：第一次掷出 6 的概率是 1/6，第二次也是。所以两次掷出 6 的概率是 1/6×1/6=1/36。当然，你也可以通过枚举来确认，不过这种方法快得多。

在规则 5 中，我们问过从一副牌中抽出 A 或方片的概率——结果那条规则不起作用，因为两件事不是互斥的。所以，如果我们问从一副牌中抽出 A 和抽出方片的概率呢？换句话说，抽出方片 A 的概率是多少？我们很自然知道答案是 1/52，但我们知道两个事件不是互斥的，所以可用规则 6 来检查一下。抽出 A 的概率是 4/52，抽出方片的概率是 13/52。二者相乘，4/52×13/52=52/2704=1/52。可见，规则生效，且与我们的直觉相符。

现在我们的规则足够解决骑士阁下的问题了吗？思考一下第一种游戏。

第一种游戏：掷一粒骰子 4 次，若有一次为 6 点则胜。

我们已知用枚举法可以得到答案为 671/1296，但是要花 1 小时。能不能运用已有规则来找到更快的方法呢？

（我要警告你，接下来可能会有点麻烦。如果你不是很想知道，那就直接调到规则 7，省得头疼吧。如果确实想知道，那就努力看下去——肯定是值得努力的。）

如果问题是有关掷一粒骰子 4 次，得到 4 个 6 点的概率，那就是 4 个不互斥事件的"和"问题，直接用规则 6 就好：1/6×1/6×1/6×1/6=1/1296。但问题不是这样的。这其实是 4 个不互斥事件的"或"问题（骑士阁下有可能在 4 次掷骰中掷出多个 6 点）。所以怎么办呢？有一种办法是将其分解成互斥的事件，然后相加。这个游戏换一种方法来表达，就是求掷 4 次骰子，得到：

a. 4 个 6。

b. 3 个 6 和 1 个其他数字。

c. 2 个 6 和 2 个其他数字。

d. 1 个 6 和 3 个其他数字的概率。

听起来可能有点复杂，但这样就成为 4 个互斥事件了。若能求出它们各自的概率，则相加就可以得到答案。我们已经用规则 6 求出了 a 的概率：1/1296。那么 b 呢？其实 b 也就是另外 4 个互斥事件的概率：

1. 6，6，6，非 6。

2. 6，6，非 6，6。

3. 6，非 6，6，6。

4. 非 6，6，6，6。

掷出一个 6 的概率是 1/6，掷出其他点数的概率是 5/6。所以，其中每一项的概率都是 1/6×1/6×1/6×5/6=5/1296。现在将 4 个值加起来，得到 20/1296。所以 b 的概率是 20/1296。

那么 c 呢？这一条与上一条相同，只是组合更多。要找出掷 2 个 6，2 个非 6 有多少种组合有点难，其实有 6 种：

1. 6，6，非 6，非 6。

2. 6，非 6，6，非 6。

3. 6，非 6，非 6，6。

4. 非 6，6，6，非 6。

5. 非 6，6，非 6，6。

6. 非 6，非 6，6，6。

以上每一种的概率是 1/6×1/6×5/6×5/6=25/1296。全部相加可得 150/1296。

这样就只剩 d 了，正好是 b 的相反情况：

a. 非 6，非 6，非 6，6。

b. 非 6，非 6，6，非 6。

c. 非 6，6，非 6，非 6。

d. 6，非 6，非 6，非 6。

其中每一项的概率是 5/6×5/6×5/6×1/6=125/1296。4 项相加得 500/1296。

这样就计算出了 4 个互斥事件的概率：

a. 4 个 6 点：（1/1296）。

b. 3 个 6 点，一个非 6：（20/1296）。

c. 2 个 6 点，两个非 6：（150/1296）。

d. 1 个 6 点，三个非 6：（500/1296）。

4个概率相加（依据规则 5）得出总和为 671/1296，或约为 51.77%。所以，我们可以看到，这个游戏对骑士阁下很有利。他赌赢的次数会超过 50%，最终很可能赚钱。但游戏又很接近双方胜率均等，以至于他的朋友们都以为自己有机会赢——至少持续一段时间。当然这和骑士阁下自以为的 66%胜率差得远了！

相同的答案我们也可以通过枚举得到，但此法要快得多。不过，其实我们也做了一种枚举，只是加法和乘法的规则让我们数起来快多了。对于第二种游戏，我们能不能用同样方法呢？可以，但因为要掷两粒骰子 24 次，可能要花掉一小时以上！这比枚举要快，但我们用点小聪明，还可以更快，这就是规则 7 的用武之地。

规则7：一减"是"等于"否"

这条规则比较直观。如果一件事发生的概率为 10%，则它不发生的概率为90%。这有用在哪里呢？因为往往要弄清楚一件事发生的概率很难，而弄清不发生的概率则易。

请思考骑士阁下的第二个游戏。要找出 24 次掷骰子中至少出现一次两个 6点的概率简直是噩梦，因为要相加的可能事件太多了（1 次两个 6 点，23 次其他；2 次两个 6 点，22 次其他；以此类推）。而回过头看，如果换一个问题：掷两粒骰子 24 次，不出现两个 6 点的概率多大？这就是"和"的问题了，其中的事件不是互斥的，所以可以用规则 6 来得出答案！但首先我们还要用规则7 两次。

一次掷骰中出现两个 6 点的概率是 1/36。因此，根据规则 7，不出现两个6 点的概率是 1-1/36，即 35/36。

所以，使用规则 6（乘法规则），连续 24 次都不掷出两个 6 点的概率是计算 35/36×35/36 二十四次。你肯定不想手工计算这个，但使用计算器，可以知道答案大约是 0.5086，或者是 50.86%。但这是骑士阁下输钱的概率。要求出骑士阁下赢钱的概率，我们再应用一次规则 7：1-0.5086=0.4914，或者是 49.14%。这下可明白他为什么会输了！他获胜的概率非常接近五五开，连自己都分不清到底是赢多还是输多。但玩许多次之后，他很可能是输家。

尽管所有的概率问题都可以通过枚举来解决，但规则 7 这条捷径还是很方便的。事实上，我们也可以使用同样的规则来解决骑士阁下的第一种游戏！

规则8：多个线性随机选择的总和不是线性随机选择

不要慌。这一条听起来复杂，其实很容易。一个"线性随机选择"只是一个随机事件，其中所有结果发生的概率相同。掷一次骰子就是线性随机选择的好例子。可是，如果你把多次掷骰结果相加，那么所有结果发生的概率就不相等。比如，掷两粒骰子，有很大概率掷出 7 点，但很少能掷出 12 点。把所有可能的结果枚举一下，就知道为什么：

|   | 1 | 2 | 3 | 4 | 5 | 6 |
|---|---|---|---|---|---|---|
| 1 | 2 | 3 | 4 | 5 | 6 | 7 |
| 2 | 3 | 4 | 5 | 6 | 7 | 8 |
| 3 | 4 | 5 | 6 | 7 | 8 | 9 |
| 4 | 5 | 6 | 7 | 8 | 9 | 10 |
| 5 | 6 | 7 | 8 | 9 | 10 | 11 |
| 6 | 7 | 8 | 9 | 10 | 11 | 12 |

上面有许多"7"，却只有一个可怜的"12"！我们还可以画一幅图（图12.15），叫作概率分布曲线，能直观地看到每种总和出现的概率。

图 12.15

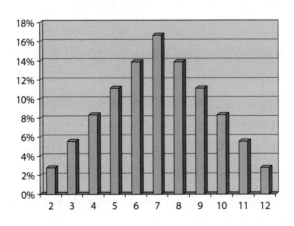

规则 8 一眼看去很明显，但我经常发现新手游戏设计师误将两个随机选择的数字相加，对其后果浑然不觉。有时这种效果正是你想要的——在游戏《龙与地下城》中，玩家掷三次六面骰，生成一个 3 到 18 之间的数字作为虚拟技能的属性点。结果是，经常能看到在 10 或 11 周围的属性点，而在 3 或 18 周围的属性点就很少。而这正是游戏设计师追求的。如果玩家只用掷一个 20 面骰子来决定属性，那么这个游戏会变成什么的样呢？

如果游戏设计师想在游戏中运用概率机制这一工具，就必须清楚自己想要怎样的概率分布曲线，还要知道怎么得出来。通过练习，概率分布曲线会成为你工具箱内很有价值的一项。

### 规则9：掷骰子

以上我们讨论的所有概率都是指理论概率，即从数学上来看什么理应发生。还有一种实际概率，用来衡量什么已经发生。例如，我掷骰子得到一个 6 的理论概率等于 1/6，或者约为 16.67%。而我可以通过掷一个六面骰子 100 次，记录下得到 6 的次数，找出实际概率。可能在 100 次中我记录下 20 次。在这种情况下，我记录的实际概率为 20%，离理论概率不远。当然，想来可知，我实验的次数越多，实际概率就越接近理论概率。这有时被称为“蒙特卡罗方法”，以那座著名的赌场命名。用蒙特卡罗方法确定概率的最大好处就是它不涉及任何复杂的数学，你只要一遍又一遍重复测试，记录下结果就行。有时候，这种方法给出的结果也会比理论概率更有用，因为它测量的是真实事件。如果有一些因素，你的数学方法并没考虑在内（例如，可能你的骰子重心不均，容易投出 6 点）；或者数学太复杂，导致你想不出特定案例的理论表现，蒙特卡罗方法可能就是解决之道。对于骑士阁下的问题，其实很容易就能找到答案。只需反反复复掷骰子，记录下赢的次数，除以实验总次数即可。

到了计算机时代，如果你会一点儿编程（或者认识会编程的人，见规则 10），那么只要几分钟就能轻松模拟出数百万次实验。用编程模拟游戏并不太难，而且能获得一些非常有用的概率答案。例如在《大富翁》中，哪些地块最常被踩到？几乎不可能用理论方法找到这个答案，但通过一次简单的蒙特卡罗方法模拟实验，你很快就能得出结论。计算机会帮你掷骰子、在地图上移动棋子几百万次。或者，你也可以使用约里斯·多曼斯创造的 Machinations 系统。此系统专门为游戏玩法系统建模而设计，并通过反复模拟来展示结果的规律。

### 规则10：极客爱炫耀（贡博定律）

这可能是一切概率准则中最重要的一条。就算你把别的都忘了，只要记得这一条，那就没事。概率还有许多难懂的方面，我们在此都不深入了。如果你碰到它们，那么最简单的做法是找到自认为是"数学神童"的人。一般来说，这些人发现真有人需要他们的专业技能的时候，都会很激动，并且使出浑身解数来帮你。我已经运用规则 10，一次又一次地解决了游戏设计中的概率难题。如果你身边没有任何专家，就请找一个论坛或邮件列表提问吧。如果你真想很快得到回答，那么开头就写"这个问题可能难到没人解得出，但我觉得还是来问一下吧"。因为，解开别人以为不可能解决的难题，有一种虚荣心的大满足，许多数学专家特别喜欢。在某种意义上，你的难题对他们来说只是一个游戏——为什么不使用游戏设计技术，让难题尽可能地吸引人呢？

说不定你还能帮这位极客一个忙呢！我喜欢把规则 10 叫作"贡博定律"，以纪念安托万·贡博，梅雷骑士阁下。他通过认识这一原则，不仅解决了自己的赌博问题（或者说数学问题吧，都一样），还不经意间促成了概率论的发明。

你可能因为害怕问出蠢问题，不敢运用规则 10。如果有那种想法，那么别忘了，帕斯卡和费马两人可欠骑士阁下良多——如果不是他的蠢问题，那么两人永远不可能有一生最伟大的发现。你的蠢问题说不定会引出一条伟大真理，但你不问，就不可能知道。

## 期望值

你在设计中使用概率的方法有很多，其中最有帮助的一项是计算期望值。很多时候，你在游戏中采取一项行动时，行动本身会有一个数值，或正或负。可能是点数、代币或者钱的增减。在游戏中一次交易的期望值等于所有可能结果的平均值。

例如，一个桌面游戏可能规定，当一个玩家走上绿色地块时，他就可以掷一个六面骰，并得到结果所示的能量点数。该事件的期望值是所有可能结果的平均值。因为所有结果出现的概率相等，我们将所有可能的掷骰结果相加，1+2+3+4+5+6=21，然后除以 6，就得到 3.5，即平均值。作为游戏设计师，了解"每次有人走上绿色地块,将平均得到 3.5 点能量"非常有用。

但并不是所有的例子都这么简单,一些会涉及负数结果,而结果的概率也不一定均等。考虑一个游戏,其中一个玩家掷两粒骰子。如果掷出 7 或 11,则赢得 5 美元。但若掷出其他结果,则输 1 美元。怎么算出这个游戏的期望值呢?

掷出 7 的概率是 6/36。

掷出 11 的概率是 2/36。

应用规则 8,可知出现其他情况的概率是 1−8/36,即 28/36。

因此,如果要计算期望值,那么把概率乘以各自的值,再相加即可。就像这样:

| 结果 | 概率×结果 | 值 |
| --- | --- | --- |
| 7 | 6/36×$5 | $0.83 |
| 11 | 2/36×$5 | $0.28 |
| 其他 | 28/36×−$1 | −$0.78 |
| 期望值 | | $0.33 |

我们发现这个游戏不错,因为长期看来,每次玩这个游戏,你都会平均赢取 33 美分。如果我们把游戏改动一下,只有 7 会赢,11 也和其他数字一样会输 1 美元,那么结果又如何呢?这就改变了期望值,像这样:

| 结果 | 概率×结果 | 值 |
| --- | --- | --- |
| 7 | 6/36×$5 | $0.83 |
| 其他 | 30/36×−$1 | −$0.83 |
| 期望值 | | $0.00 |

期望值为零,说明这个游戏长远看来和抛硬币一样,胜败的概率完全平衡。如果再改一次,只有 11 才能赢,那么结果又如何呢?

| 结果 | 概率×结果 | 值 |
| --- | --- | --- |
| 11 | 2/36×$5 | $0.28 |
| 其他 | 34/36×−$1 | −$0.94 |
| 期望值 | | −$0.86 |

哎哟！可能如你所想，这个游戏玩多必输。平均每次玩游戏，你会输掉大概 86 美分。当然，你可以通过提高每次掷出 11 获取的收益，把它变成一个公平甚至必赢的游戏。

## 仔细考虑数值

期望值是一个很好的用来实现游戏平衡的工具，我们将在下一章继续讨论。如果你不注意一个结果的真正数值，那么结果也可能遭到严重误导。

请考虑以下三种来自一个奇幻角色扮演游戏的攻击，它们是：

| 攻击名称 | 命中率（%） | 伤害 |
|---|---|---|
| 疾风 | 100 | 4 |
| 火球 | 80 | 5 |
| 闪电 | 20 | 40 |

三者的期望值各是多少呢？疾风很简单，永远造成 4 点伤害，所以这种攻击的期望值为 4。火球有 80% 的机会命中，20% 未中，所以其期望值是（5×0.8）+（0×0.2）=4，与疾风攻击相同。闪电攻击则经常打不中，但打中的时候效果拔群，其期望值为（40×0.2）+（0×0.8）=8。那么，根据这些数值也许能得出结论：玩家始终都会使用闪电攻击，因为其造成的平均伤害是另外两者的两倍。如果你的敌人有 500 点生命值，那么这种攻击方式可能是对的。如果敌人的生命值是 15 点呢？大多数玩家都不会在这种情况下使用闪电，他们会选择一些较弱但更有把握命中的攻击。这是为什么呢？因为在这种情况下，即使闪电可以造成 40 点伤害，其中也只有 15 点有用。面对只有 15 点生命值的敌人，闪电攻击真正的期望值是（0.2×15）+（0.8×0）=3，低于疾风和火球。

你一定要随时注意衡量自己的游戏中所有动作的真实价值。如果什么东西给玩家的好处不能使用，或者包含一个隐藏的惩罚，那么你在设计游戏时一定要考虑到。

## 人为因素

你还必须牢记，计算期望值不能完全预测人类行为。你会期望玩家总是选择期望值最高的选项，但实情并非如此。在某些情况下，这是出于无知，因为玩家没有意识到实际的期望值。比如，如果你不告诉玩家疾风、火球和闪电的命中率，只让他们自己通过试错来发现，那么可能会发现玩家试过几次闪电都没打中，就得出"闪电根本打不中"的结论，所以期望值为零。玩家所估计的事件的发生频率往往是不正确的。你一定要意识到玩家思考得出的"感知概率"，因为这会决定玩家怎么玩。

但有时候，就算给出完美的信息，玩家仍然不会选择期望值最高的选项。有两位心理学家卡内曼和特维斯基做过一个有趣的实验。两人问一些实验对象，以下两种游戏愿意玩哪种：

游戏 A：

- 有 66%的概率赢得 2400 美元。
- 有 33%的概率赢得 2500 美元。
- 有 1%的概率赢得 0 美元。

游戏 B：

- 有 100%的概率赢得 2400 美元。

两个游戏都很不错啊！但两者有好坏之分吗？如果算一下期望值：

- A 游戏的期望值：$0.66 \times 2400 + 0.33 \times 2500 + 0.01 \times 0 = 2409$。
- B 游戏的期望值：$1.00 \times 2400 = 2400$。

可见 A 游戏的期望值更高。但只有 18%的调查对象选择了 A，另外 82%的人更愿意玩 B 游戏。

为什么呢？原因在于，计算期望值没有考虑一项重要的人为因素：后悔。人们不仅寻找创造最多愉悦的选项，还会规避造成最大痛苦的选项。如果你玩了 A 游戏（假设你只能玩一次），结果不幸成为拿到 0 美元的 1%的人，那么感觉肯定很惨。人们经常愿意花钱来终结可能的后悔——就像保险推销员说的，"买个安心"。他们不仅愿意花钱规避后悔，还愿意冒风险。因此，刚输了一笔小钱的赌徒，经常冒更大风险试图翻本。特维斯基如此表达这件事："当讨论到获利的冒险时，大家都保守。他们愿意确保获利，胜过可能获利。但我们也发现，人们面对选择是小额必然损失还是大额可能损失时，他们会赌。"这似乎就是"免费"游戏《智龙迷城》成功的一大缘由。玩家进行一系列解谜，积累财宝，并在地下城内穿行。不过有时候，玩家会在地下城内死掉，游戏立刻提示，"哦，糟糕，你要死了。看看你带不走的这些财宝，真的不要付一点儿真钱，换个机会保住你赢得的东西吗？"许多人便付出现实里的钱，避免小额、必然的损失。

在一些情况下，人脑会不成比例地放大一些风险。特维斯基在一次研究中请人估计不同死因发生的概率，得到以下结果：

| 死亡原因 | 估计概率（%） | 实际概率（%） |
|---|---|---|
| 心脏病 | 22 | 34 |
| 癌症 | 18 | 23 |
| 其他自然原因 | 33 | 35 |
| 事故 | 32 | 5 |
| 他杀 | 10 | 1 |
| 其他非自然原因 | 11 | 2 |

特别有趣的是，实验对象做这些估计时，显著低估了前三位（自然原因），并显著高估了末三位（非自然原因）。这种对现实的扭曲似乎反映了受访者的恐惧。这与游戏设计有什么关系呢？作为游戏设计师，你必须不光能把握自己游戏中各种事件的实际概率，还要把握感知概率，因为各种原因，两者可能相距甚远。

计算期望值的时候，你需要考虑实际概率和感知概率，两者提供了许多有用的信息，我们将期望值作为 35 号透镜。

## 35 号透镜：期望值

若要使用此透镜，请思考你的游戏内发生的各种事件，以及它们对玩家有什么意义。

问自己以下问题：

● 某些事件发生的实际概率是多少？
● 感知概率又是多少？

- 这个事件的结果有什么价值？此价值能否被量化？是否有我没考虑到的无形价值？
- 当我把所有可能的结果相加后，玩家可以采取的每个行动会有不同期望值。我对这些值满意吗？它们是否给玩家有趣的选择？会不会奖赏太多，或者惩罚太过？

预期值是你分析游戏平衡时最有价值的一大工具。使用它的难点在于找到一种方式，用数值来表达玩家可能遇到的一切事物。获得和失去金钱，很容易表示。但让你跑得更快的"速度之靴"，或者让你跳两关的"传送门"，数值是怎样的呢？这些都难以完美量化——但并不代表你不能拍脑袋猜。在下一章中我们会看到，当你通过多次迭代的游戏测试来调整游戏中的参数与数值时，你也在调整自己对不同结果数值的估计。量化这些偏无形的元素可能很有启发性，因为这能让你接地气地思考对玩家有价值的东西是什么，以及为什么。而这些接地气的知识，能让你得以充分控制游戏的平衡性。

插画：尼克·丹尼尔

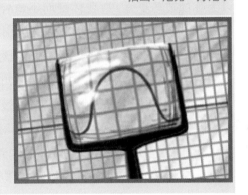

## 技巧和概率很难分辨

实际概率和感知概率之间的差异可能很难理解。但概率作为游戏机制本身，也带着许多难题。虽然我们很想把概率和技巧当作完全独立的机制，但其实两者之间有重要的互动关系，不能忽视。以下有五个重要的"技巧—概率"交互过程，游戏设计师需要考虑。

1. 估算概率是一种技巧。在很多游戏中，熟练玩家区别于新手玩家的一点，就是常能通过计算概率，预测下一步发生的事。例如 21 点游戏，就是完全在计算某些牌出现的概率。一些玩家甚至会练习"数牌"，就是记住哪些牌已经发过，因为每张牌发出后，都会改变此后的牌出现的概率。有无估算技能的玩家，在你的游戏中感知到的概率或许差距甚大。

2. 技巧都有成功概率。有些人很天真，可能以为完全基于技巧的游戏，比如象棋或者棒球，中间没有随机性或风险的方面。但从玩家的角度来看，绝对不是如此。每次行动都有某种程度的风险，玩家不断针对期望值做决策，决定何时小心行事，何时大胆冒险。这些风险可能难以量化（我有多大可能盗垒成功？有多大可能偷偷把对方的王后引到陷阱？），但它们毕竟是风险。在设计游戏时，你需要确保风险平衡，就像你会去平衡"纯概率"的游戏元素，例如抽牌或掷骰子那样。

3. 估计对手的技巧也是一种技巧。一个玩家要确定某个动作的成功概率，很大程度上取决于估测对手技巧的能力。许多游戏中你都要愚弄对手，令其误以为你的技巧更强，自我怀疑而不敢轻举妄动。这是游戏引人入胜的一大方面。

有时则正好相反——在一些游戏中，让玩家以为你的技巧比实际情况弱也是一个好策略。因为这样一来，你的对手就不会注意到你微妙的策略，也许还会采取一些对抗熟练玩家时风险很大的行动。

4. 预测纯概率是一种想象中的技巧。人类的意识和潜意识中都在寻找规律，以帮助预测下一步会发生什么。对规律的狂热往往促使我们寻找本不存在的规律。两个最常见的虚假规律是"热手谬误"（我连赢了好几次，所以下次也可能赢），以及与其相反的"赌徒谬误"（我连输了好几次，所以下次一定会赢）。嘲笑其无知固然容易，但在最重要的玩家心里，察觉这些虚假模式的过程感觉就像练习真正的技巧。而作为一个游戏设计师，你应该找到方法去利用这一点。

5. 控制纯概率是一种想象中的技巧。我们的大脑不仅积极寻求规律，还会拼命寻求因果关系。在纯概率的情况下，根本无法控制结果，但这并不能阻止大家去用某种特定手法掷骰子、佩戴护身符或进行各种迷信仪式。这种有可能控制命运的感觉，也是赌博游戏让人兴奋的一大原因。理智上，我们知道不可能。但当你掷出骰子后，念出"来吧，来吧……"的那种感觉似乎真有可能控制命运，特别是当你碰巧走运的时候！你试试玩纯概率游戏，但彻底脱离任何"我可以做些事情影响结果"的想法，许多乐趣突然就消退了。我们自然地倾向于控制命运，让概率游戏感觉起来也像技巧游戏。

概率本身因为与高难度数学、人类心理学，以及所有基础游戏机制交织，感觉颇为棘手。但这棘手的感觉令游戏丰富、复杂、有深度。七大基础游戏机制的最后一个是 36 号透镜。

## 36 号透镜：概率

使用此透镜时要专注于游戏中包含随机和风险的那部分，时刻记住两者有不同之处。

问自己以下问题：

- 我的游戏中真正随机的内容是什么？哪些部分只是感觉具有随机性？
- 随机性带给玩家的是刺激和挑战等积极情感，还是绝望和缺乏控制等消极情感？
- 改变概率分布曲线能改进我的游戏吗？
- 玩家能在游戏中冒各种有趣的风险吗？
- 在我的游戏中，概率与技巧之间有何关系？有没有办法，可以让随机元素感觉像在发挥技巧？有没有办法，让发挥技巧感觉更像在冒风险？

风险和随机性就像香料。完全不加的游戏可能淡而无味，而放的太多又会压倒一切。但运用得恰到好处，它们可以引出游戏中其他的风味。可惜，在你的游戏中要运用它们，可不是简单地撒在上面就行。你必须深入观察自己的游戏，看看风险和随机性在何处自然浮现，然后决定如何驯服之，令其为你服务。不要掉入思维陷阱，以为只有掷骰或生成随机数才会产生概率相关的元素。相反，在玩家遭遇未知的每个时刻，你都能找到它们。

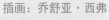

插画：乔舒亚·西弗

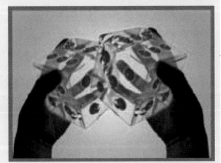

我们终于讲完了全部七大基础游戏机制。很快，我们就要进入在此基础上所建立的高级机制，例如谜题和互动故事结构。但在那之前，我们还需要探讨如何平衡这些基本要素。

## 拓展阅读

《游戏机制：高级游戏设计技术》，安内斯·亚当斯和多尔芝合著。本书包含大量精彩翔实的细节，讲解了多种游戏机制如何互相影响，并介绍了如何使用优秀的 Machinations 系统模拟你的游戏设计。

《牛津桌面游戏书》，大卫·帕利特著。本书包含更多有关 Parlett 规则分析的细节，同时介绍了一些前几个世纪优秀但不为人知的桌面游戏。

《游戏中的不确定性》，格雷格·柯斯特恩著。此书深刻洞见了游戏中概率与不确定性的本质，令人叹为观止。我每次阅读都有新的收获。

《未完成的游戏：帕斯卡、费马与让世界进入现代的未完书信》，德夫林著。如果想要更细致地了解概率论发明的故事，那么读此书就够了。

# 第13章
# 游戏机制必须平衡

图 13.1

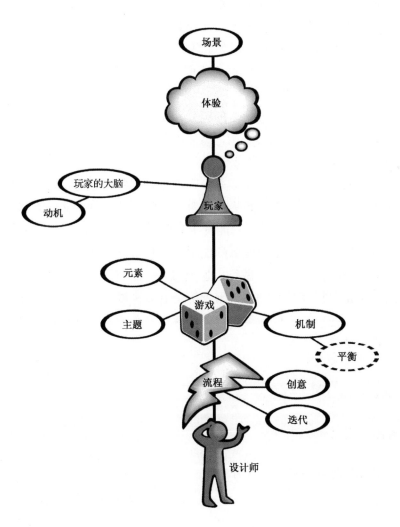

> 诡诈的天平为耶和华所憎恶。
>
> ——《箴言 11:1》

你有没有曾期待过一个游戏，本以为它带给你难以置信的乐趣，结果却深深失望？这个游戏有着听起来吸引人的剧情，正是你喜欢的游戏玩法类型，技术先进，美术优秀——结果不知何故，玩起来单调、费解、让人沮丧。这就是一个失去平衡的游戏。

对于新手设计师而言，平衡游戏的手法似乎颇为神秘。其实，平衡一个游戏，不过是调整游戏的各种元素，直到它们传达了你想要的体验。平衡游戏不是科学；实际上，虽然其中涉及一些简单数学，但一般认为调整游戏平衡是游戏设计中最具艺术性的一部分。因为其本质就是了解你的游戏中各种元素之间关系的细微差别，并且清楚调整哪些、调整多少、哪些放着别动。

调整游戏平衡之所以如此困难，一部分是因为世上没有两个游戏完全相同，而每个游戏又有许多需要平衡的因素。作为游戏设计师，你必须辨别自己的游戏中有哪些元素需要保持平衡，然后不断调整实验，直到令它们产生的体验与你希望玩家拥有的体验完全契合。

把这件事想成创造一种新菜谱——确定需要哪些原料是一回事，但决定每种原料用多少、怎么组合，又是另一回事。你做出的这些决定，有些是基于规定死的数学（比如 1.5 茶匙泡打粉能发 1 杯面粉），但其他的，比如放多少糖，往往是个人口味问题。有技巧的厨师能把简单菜肴做得美味诱人，而有技巧的游戏设计师可以把简单的游戏做得乐趣无穷——他们知道如何平衡各种成分。

游戏的平衡可以有各种类型，因为每个游戏需要平衡的内容都不相同。不过，其中也有一些反复出现的类型。调整游戏平衡就是要仔细检查，所以这一章中有着许多透镜。

# 12种最常见的游戏平衡类型

## 平衡类型 1：公平

> 不对等的战斗毫无乐趣可言。
>
> ——卡武尔太太（出自电影《妈妈市场》）

### 对称游戏

天下的玩家在游戏中都追求公平。玩家想要觉得对抗自己的力量不会强大到无法打败。要确保这一点，最简单的方法就是把你的游戏做成对称的。也就是说，给予所有玩家同等的资源和能力。大多数传统的桌面游戏（如跳棋、国际象棋和大富翁）及几乎所有体育运动都使用此法，以确保没有哪个玩家对其他玩家具有不公平的优势。如果你想要玩家互相直接竞争，并预计他们的技巧水平差不多，那么对称游戏是不错的选择。这种系统特别适合确定哪个玩家最强，因为在游戏中，除了每个玩家自己的技巧和策略，一切都是平等的。在这些游戏里，并不一定总能实现完美对称。经常有一些小问题，比如"谁先手？"或者"谁开球？"之类，让一方对另一方拥有微小优势。一般情况下，抛硬币或掷骰之类的随机选择是解决方案。这样虽然会赋予一个玩家少许优势，但多次游戏下来，优势也是平均分布的。在有些情况下，把优势赋予玩家中技巧最差的那个可以弥补这种不对称，比如"年纪最小的玩家先行动"。这种方式很优雅，利用游戏的自然失衡来平衡玩家的技能水平。

### 不对称游戏

也有可能让双方拥有不同的资源和能力，并且往往需要这么做。如果这样，就要知道前方有调整平衡的重大任务了！以下原因可能令你要创造一个非对称游戏：

1. 为了模拟真实世界的情况。如果游戏目的就是要模拟二战期间轴心国与同盟国之间的战斗，那么就没道理设计对称游戏，因为现实世界里的那场冲突并不对称。

2. 给玩家提供另一种方式来探索游戏空间。探索是游戏的一大乐趣。玩家往往喜欢探索用不同能力和资源玩同一个游戏的可能性。例如，在格斗游戏中，如果两个玩家有 10 个不同战士可选，每个都有不同能力，那么就有 10×10 种组合，每一种都需要相应的策略。如此，你已把 1 个游戏变成了 100 个。

3. 个性化。不同玩家把不同的技巧带进游戏里。如果你让玩家选择能力和资源，以匹配各自的技巧，则会让他们有力量感——自己可以塑造游戏，强调自己本来最擅长的事情。

4. 为了场上情况均衡。有时候，你的游戏中双方技巧水平差距实在太大，有电脑对手的话尤其如此。

考虑《吃豆人》这个游戏。如果只有一个鬼怪在追吃豆人而非四个，那么游戏肯定更加对称。但如果这样，玩家就会轻松获胜，因为在走迷宫方面人脑可以轻松胜过电脑。但要同时击败四个电脑控制的对手，就让游戏获得了平衡，也让电脑有了打败玩家的公平机会。一些游戏在这方面是可定制的，比如高尔夫球中的差点[①]，可让不同层次的球员在各自的难度上享受竞争。是否引进这种平衡方法，取决于你的游戏目的——是要对玩家技巧的设立标准，还是为所有玩家提供挑战。

5. 为了创建有趣的情境。在无限多个可能创造出的游戏中，不对称的要远远多过对称的。让多股不对称的力量进场互斗往往很有趣，而且能引发玩家深刻思考。因为游戏中的制胜策略并不总能一眼看出来。玩家也就自然地好奇究竟哪一方具有优势，并且往往会花费大量时间和心思来确定游戏到底是不是真正公平。尼泊尔虎棋（Bhag-Chal，尼泊尔的官方桌面游戏）就是一个很好的例子。在这个游戏中，玩家不仅力量不平等，连目标也不同！一名玩家控制五只老虎，另一名玩家控制二十只山羊。老虎方吃五只山羊即胜，而山羊方要移动山羊，令所有老虎不能移动而取胜。虽然有经验的玩家一般都承认游戏是平衡的，但新手会花费大量的时间来讨论是否有一方具有特殊优势，并且反复游玩，试图确定最佳的策略和反制策略。

在不对称游戏中恰到好处地调整资源和能力，让玩家感到势均力敌，可能颇难。最常见的做法是给每个资源或能力分配一个数值，并确保双方该值的总和相等。请参阅下面的例子。

---

① 译者注：差点指球手的平均杆数和标准杆数之间的差距。在比赛时，若甲选手差点为 5，乙选手差点为 15，则甲可以让乙 10 杆，令两个水平不同的人可以比试发挥。

### 双翼飞机大战

请想象一个双翼飞机近距格斗的游戏。每名玩家可以选择以下飞机之一：

| 飞机 | 速度 | 机动性 | 火力 |
|---|---|---|---|
| 食人鱼 | 中等 | 中等 | 中等 |
| 复仇者 | 高 | 高 | 低 |
| 索普威斯骆驼 | 低 | 低 | 中等 |

这些飞机是否平衡呢？很难说。不过乍一看，我们可能会把三个等级估值：低=1，中=2，高=3。这给了我们新的信息：

| 飞机 | 速度 | 机动性 | 火力 | 总计 |
|---|---|---|---|---|
| 食人鱼 | 中等（2） | 中等（2） | 中等（2） | 6 |
| 复仇者 | 高（3） | 高（3） | 低（1） | 7 |
| 索普威斯骆驼 | 低（1） | 低（1） | 中等（2） | 4 |

这么一看，用复仇者的玩家好像对其他玩家有着不公平的优势。这可能是实际情况。但是玩了一会之后，也许我们会注意到，食人鱼和复仇者似乎势均力敌，但玩索普威斯骆驼的玩家一般都会输。我们可能据此推测，火力比其他类别更有价值——可能是两倍。换句话说，在火力这列中，低=2，中=4，高=6。这又产生一张新的表：

| 飞机 | 速度 | 机动性 | 火力 | 总计 |
|---|---|---|---|---|
| 食人鱼 | 中等（2） | 中等（2） | 中等（4） | 8 |
| 复仇者 | 高（3） | 高（3） | 低（2） | 8 |
| 索普威斯骆驼 | 低（1） | 低（1） | 中等（4） | 6 |

这样算出的总和与实际游戏中观察的结果相符。现在，可能有一个模型向我们展示了如何调整游戏平衡，使之公平了。为了检验我们的理论，我们也许会尝试把索普威斯骆驼的火力改为高（6）。这又产生一张新的表：

| 飞机 | 速度 | 机动性 | 火力 | 总计 |
|---|---|---|---|---|
| 食人鱼 | 中等（2） | 中等（2） | 中等（4） | 8 |
| 复仇者 | 高（3） | 高（3） | 低（2） | 8 |
| 索普威斯骆驼 | 低（1） | 低（1） | 高（6） | 8 |

这样看来，如果我们的模型正确，那么这三种飞机就平衡了。但这只是理论。要找出真相，我们就要到游戏中测试。如果我们玩过后确定无论使用哪种飞机，感觉都大致公平，那么我们的模型就是正确的。但是，如果我们发现玩索普威斯骆驼照样输，那么该怎么办呢？在这种情况下，我们便不得不重新推测，改变我们的模型，重新调整平衡，然后试着再玩一遍。

需要注意，调整平衡和修改模型需要齐头并进。随着你调整平衡，你会对游戏中的关系了解更多，也能建立更好的数学模型来表示这些关系。而随着你修改模型，也能更了解哪些方式能平衡你的游戏。模型指导平衡，平衡也指导模型。

还要注意，只有游戏可玩了，才能真正开始调整平衡。许多游戏在市场上惨败，因为光是让游戏能运行就花掉了计划中的全部时间，分配给调整平衡的时间不够，就必须上市了。有一条经验是，完成可运行版本后需要 6 个月的时间来调整平衡，但这也取决于你的游戏类型和规模。我个人的经验是，一半的开发时间应该用来平衡游戏。当然，你的游戏的新元素越多，调出正确平衡所需的时间就越长。

### 石头，剪刀，布

有一种简单的方法来确保各个元素公平，就是确保你的游戏中总有一物克一物，另一物又克此物！标志性的例子就是"石头，剪刀，布"游戏，其中：

- 石头砸剪刀。
- 剪刀剪布。
- 布包石头。

没有一个元素是无敌的，因为总有另一个可以打败它。此法很简单，能确保游戏中每个元素既有长处又有短处。格斗游戏特别喜欢使用这种方法，确保玩家能选的人物里没有绝对无敌的。

调整游戏平衡，使之感觉公平，是游戏平衡中最基本的类型之一。你应当把公平的透镜用在要创作的所有游戏中。

## 37 号透镜：公平

若要使用公平透镜，请从每个玩家的视角仔细思考游戏。考虑每个玩家的技巧水平，找到一种方法让每个玩家都有机会获胜，并且各自都认为公平。

问自己以下问题：

- 我的游戏应该对称吗？为什么？

- 我的游戏应该不对称吗？为什么？

- 以下哪个更重要：我的游戏可以有效地衡量谁的技巧水平最高；我的游戏应该为所有玩家都带来有趣的挑战？

- 如果我想要不同水平的玩家一起玩，那么我会用什么手段，令游戏对所有人都具有趣味性和挑战性？

公平这个话题很难把握。在有些情况下，一方对另一方有优势的游戏仍然显得公平。有时，这是为了技巧水平不平等的玩家可以一起玩，但还有其他的原因。例如，在游戏《异形大战铁血战士》中，大家普遍承认在多人模式中，铁血战士一方有明显优势。但玩家并没认为这是不公平的，因为这和异形大战铁血战士的故事的设定相符。玩家选择异形时处于劣势，需要使用额外的技巧来弥补劣势，他们都愿意接受这种模式。若选择异形的一方获胜，则此事将成为玩家自豪的勋章。

插画：尼克·丹尼尔

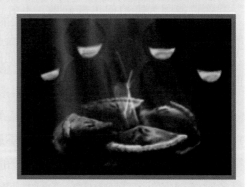

## 平衡类型 2：挑战与成功

让我们重温第 10 章的"体验源自玩家的大脑"（图 13.2）。

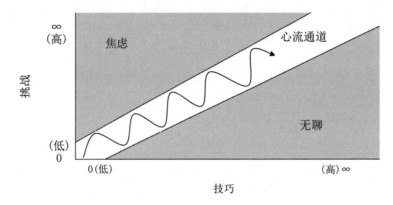

图 13.2

　　我们知道让玩家保留在心流通道内是理想状态。如果游戏过程太难，那么玩家就感觉沮丧。如果玩家太容易成功，那么又会感觉无聊。保持玩家在中间道路，意味着需要平衡挑战与成功两种体验。这件事可能很难，毕竟玩家技巧水平各不相同。一个玩家觉得游戏枯燥，另一个玩家可能觉得游戏颇有挑战性，另一个又感觉游戏令人沮丧。以下是找到平衡的一些常用方法：

- 　随着每次成功增加难度：这个模式在电子游戏中很常见——每一关都难过前一关。玩家逐渐培养起技能，直到他们终于能打通一关，又遇到一关来挑战他们。当然，也不要忘记使用前面介绍的一张一弛模式。

- 　让玩家快速打通容易的部分：假设你的游戏中使用了逐渐增加难度的方法，那么允许熟练的玩家快速通过一关，对你自己有很大帮助。这样一来，熟练的玩家可以扫荡式地通过简单关卡，迅速遇到感觉更有意思的挑战，而技巧不太强的玩家则挑战之前的关卡。这让每个玩家都能快速进入游戏中带来挑战的部分。如果不这样安排，例如不论技巧水平，每关都消耗一小时，那么熟练玩家很快就因为缺乏挑战而感到无聊了。

- 　创建"层层挑战"：许多游戏中流行的模式是在每个关卡或任务结束后给玩家显示一个等级数或星数。如果玩家得了"D"或"F"，就必须重玩此关，但得了"C"以上就可以继续。这样就创造了很灵活的游玩环境。新手玩家拿个"C"，解锁下一关就感觉很激动。当他们经验提升，解开所有关卡后，可能会给自己制定新的挑战——在前面的关卡里拿

"A"（甚至"A+"！）。

- **让玩家自选难度级别**：让玩家选择"简单、中等、困难"模式，是一种久经考验的方法。有些游戏（如许多雅达利 2600 上的游戏）甚至可以在游戏中段改变难度。其好处在于，玩家可以快速找到与自己技巧水平相应的挑战级别。缺点是，你必须创建和平衡多个版本的游戏。此外，这样还会削弱游戏的"原味感"——玩家会争论哪个版本才是"本体"，或者无法确定哪一个才是"本体"。

- **请各种玩家试玩游戏**：许多游戏设计师只请到长期接触游戏的人来测试游戏，结果落入陷阱，设计出对新手太难的游戏。还有些游戏设计师只请没玩过的人测试游戏，踩进相反的陷阱，最后设计出的游戏让熟练玩家很快觉得乏味。聪明的游戏设计师会让熟练玩家和新手玩家共同测试，以确保自己的游戏开头好玩，稍后好玩，很久以后也依然好玩。

- **让失败者休息一下**：《马里奥赛车》以其与众不同的道具发放系统而闻名。跑在前面的玩家拿到的道具就差，落后的玩家总能拿到好东西，让他们有机会反超。这是对游戏很棒的系统，因为这样感觉更公平，能让所有人保持参与感：落后的玩家要集中精神，因为可能随时出现一个能翻盘的道具。而领先的玩家也不能掉以轻心，因为那颗"蓝色龟壳弹"[①]随时都会打来。这套狡猾的系统，成功地把所有玩家都推回心流通道。

决定游戏难度怎样随时间增加，是调整游戏平衡的一大挑战。许多游戏设计师害怕自己的游戏被玩家太轻松地通关，因此把关卡做得极难，使得 90% 的玩家在沮丧中放弃了游戏。这些游戏设计师本希望加强挑战能延长游戏时间——也不是全无道理，如果玩家打通第 9 关花了 40 小时，那么很可能愿意再努把力打通第 10 关。其实，有那么多竞争产品，如果大量玩家玩你的游戏感觉沮丧，可能就直接放弃了。话又说回来，若是免费游戏，那么说不定你想要的就是游戏中后期的沮丧感，可以刺激玩家付费完成游戏。作为游戏设计师，

---

① 《马里奥赛车》中的道具，作用是自动跟踪并打击排第一位的玩家。因为外形是马里奥系列的乌龟怪，有蓝色壳，长了翅膀，故得名。

应当问自己，"我想要百分之多少的玩家能打通这个游戏？"然后按这个目标去设计游戏。

而且不要忘了：学着玩一个游戏，本身也是挑战！因此，游戏的头一两关经常简单得不可思议。因为玩家光是理解"控制和目标"就已经受到了足够的挑战，再多一点儿都可能让他们感到沮丧。更不用说，在前期，一点儿成功就可以帮助玩家建立自信，而自信的玩家是不会轻易放弃一个游戏的。

挑战是游戏的核心元素，而令其平衡是如此困难，配得上一个专门的透镜。

## 38 号透镜：挑战

挑战是几乎所有游戏玩法的核心。你甚至可以说，一个游戏由它的目标和挑战所定义。请一边检查自己游戏中的挑战，一边问自己以下问题：

- 我的游戏中的挑战是什么？
- 这些挑战是太容易，太难，还是刚刚好？
- 这些挑战能否适应玩家各种各样的技术水平？
- 随着玩家不断成功，如何增加挑战难度？
- 挑战的种类是否足够多样？
- 我的游戏中最高水平的挑战是什么？

插画：里根·海勒

## 平衡类型 3：有意义的选择

在游戏中有许多不同的游戏方式供玩家选择。对玩家有意义的选择，会引导他们问自己以下问题：

- 我应该去哪里？
- 我应该如何运用我的资源？

- 我应该练习和完善什么技能？

- 我应该让我的人物穿什么？

- 我应该快速通关还是小心谨慎？

- 我应该集中进攻还是防守？

- 在这种情况下应该使用什么策略？

- 我应该选择哪个能力？

- 我应该走保险路线，还是冒一个大风险？

好游戏让玩家的做出的选择是有意义的。不是让玩家随便做出选择，而是做出对接下来发生何事、游戏变成怎样有实在影响的选择。许多游戏设计师落入陷阱，让玩家做出毫无意义的选择。例如，在赛车游戏中，你可能有 50 辆车可选，但如果开起来的方式都相同，那么和没有选择是一回事。还有些游戏设计师落入另一种陷阱，就是提供的选择没有人会愿意选。你可能给一个士兵提供 10 把枪，各不相同，但如果其中一把明显好过其他的，那么就像没有选择一样。

当提供了选择给玩家，但其中一种显然好过其他时，这就是所谓的最优策略。一旦发现了最优策略，游戏就丧失乐趣了，因为其谜题已经解开，再没有什么选择好做了。如果你发现制作的游戏中有一种最优策略，则一定要改变规则（调整平衡），使之丧失最优地位，在游戏中恢复有意义的选择。之前的双翼飞机大战就是一个例子。游戏设计师尝试去除最优策略，将有意义的选择还给玩家，借此平衡了游戏。玩家发现的隐藏最优策略一般叫作"漏洞（exploits）"，因为玩家可以利用它绕开游戏设计师的设计意图，走捷径获得成功。

游戏开发的早期阶段，最优策略比比皆是。随着游戏持续开发，各种策略开始得到适当平衡。吊诡的是，新手游戏设计师往往因此陷入恐慌："昨天我还知道这个游戏的正确玩法，但这些改动一加，我就不知道该怎么玩了！"他们感觉自己对自己做的游戏失去了控制。其实，游戏向前跃进了一大步！它不再有最优策略，而要让玩家做出有意义的选择。此时你不用担心，反而应该珍惜它，并借此机会，看看能不能理解这些规则和数值的调整是怎样把游戏带向平衡的。

但这也引出了另一个问题：我们应该给玩家多少有意义的选择？迈克

尔·马特亚斯指出，玩家想要的选择的数量，取决于他们欲望的数量：

- 如果选择>欲望，则玩家感到不堪重负。
- 如果选择<欲望，则玩家感到沮丧。
- 如果选择=欲望，则玩家感觉自由和满足。

因此，如果要确定选择的恰当数量，就要弄清楚玩家喜欢做的事有哪些类型、数量是多少。在某些情况下，玩家只想要少数有意义的选择（在岔路选择左或右挺有意思，但有30条岔路要选就有点烦人了）。而有些时候，玩家期望极大数量的选择（例如，在《模拟人生》买衣服的界面里）。

有意义的选择是互动的核心，用39号透镜来检视它们是非常有用的。

## 39号透镜：有意义的选择

当我们做出有意义的选择后，会感觉自己做的事情很重要。若要使用此透镜，则问自己以下问题：

插画：查克·胡佛

- 我要求玩家做出何种选择？
- 这些选择有意义吗？怎么做呢？
- 我给玩家的选择数量对吗？加多些，能否让他们更有力量感？减少些，能否让游戏变得更清晰？
- 我的游戏中是否有最优策略？

### 三角形

玩家可做的选择中最刺激又有趣的，就是选择小心行事获得小回报，还是冒大风险搏大回报。如果游戏平衡做得好，那么很难下这个决定。我发现，如果有人拿着一个游戏原型来问我"就是不好玩"？那么八成是缺少这种有意义的选择。你可以称之为"平衡的非对称风险"，因为你要平衡高风险高回报和低风险低回报两个选项，但这念起来有点拗口。而这种关系出现得频繁，又非常重要，我想不如给它一个短点的名字：三角形。玩家是三角的一个顶点，低风险选项是第二个，高风险选项是第三个（图 13.3）。

图 13.3

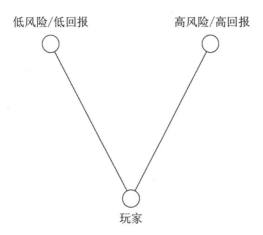

低风险/低回报　　　　　高风险/高回报

玩家

有良好三角形关系的一个游戏范例是《太空侵略者》。在游戏的大部分时间里，玩家都在射击靠近飞船的低分外星人（值 10、20、30 分）。它们移动缓慢，容易被打中，而且打中它们可以阻止其向你丢炸弹，确保安全。但是每隔一段时间，屏幕顶端会飞过一架红色小飞碟。它不构成任何威胁，而且要打中它也相当困难和危险。因为它会动，距离又远，很难射中；而要瞄准它必须把目光从自己的飞船上移开，得冒飞船被炸弹击中的危险。可是，它值 100 到 300分！若没有这个飞碟，《太空侵略者》就变得挺无聊，因为你没有什么选择，只要射啊射啊射就行。而有了飞碟，你便偶尔会遇上一个有意义选择——是要小心行事，还是冒险拿高分呢？三角形太重要了，所以有自己的透镜。

## 40 号透镜：三角形

让玩家选择小心行事获得小回报，还是冒大风险搏大回报，是很有效的方式，可令你的游戏变得既令人兴奋又有趣。若要使用"三角形"透镜，则问自己以下问题：

● 我的游戏中有三角形了吗？如果没有，那么怎样才能有呢？

● 我尝试构造的三角形平衡吗？换言之，回报与风险成正比吗？一旦你在各种游戏中寻找三角形，就会发现它无处不在。添加进一点儿三角形，沉闷、单调的游戏很快就会变得令人兴奋而满足。

插画：尼克·丹尼尔

三角形的一个典型范例出现在史蒂文·列维所著《黑客》一书中。有位麻省理工学院的工程师"黑"进一台自动售货机，给顾客提供一个选择：要么按正常价格从售货机买零食，要么冒一个险——抛一枚虚拟硬币，从而你的零食可能要花费双倍价格，也可能完全免费。

如果要确保你的三角形平衡，那么可使用 35 号透镜"期望值"。街机游戏 *Qix* 就是通过期望值使游戏平衡的有趣例子。在这个游戏中，你要在空白地图上试着绘制矩形，围住一块地盘。与此同时，一条叫 Qix 的线段随机在屏幕上飘。如果在你还没画完某个矩形的时候碰到它，你就"死了"。但是，如果你画完矩形，就获得了地图上的这块区域。而获得了地图的 75% 以上，你就过关了。

这个游戏的设计者给了玩家一个非常明确的选择——每次画矩形的时候，既可以快速移动（绘出蓝色矩形），也可以半速移动（绘出橙色矩形）。由于半速移动的风险加倍，因此画出的矩形能获得双倍积分。这种做法生效了，因为若我们假设快速画出蓝色矩形的成功率为 20% 并值 100 分，则期望值为 $100 \times 20\% = 20$ 分。我们又知道，半速绘制一个矩形的成功率会下降一半，所以得到下表：

| 速度 | 成功率（%） | 分数 | 期望值 |
|---|---|---|---|
| 快（蓝色） | 20 | 100 | 20 |
| 慢（橙色） | 10 | ? | 20 |

我们希望游戏平衡，所以要保持期望值不变。很容易看到，如果我们希望这个游戏平衡，那么相同尺寸的慢速矩形应该得 200 分。这种事情的难点在于弄清成功率，我们经常只能估算，但这也是另一个"模型指导原型测试，原型测试指导模型"的例子，两者形成良性循环，最终模型正确，游戏也平衡了。

《马里奥赛车》堪称三角形的交响乐。它一次又一次带给你高风险/低风险的选择及适当的回报。范例如下：

- 手动还是自动？手动挡需要更多技巧来使用，但用得好可以让你的速度提升幅度更大。
- 卡丁车还是摩托车？卡丁车基础速度更快，但如果你在摩托车上做抬轮的动作（有风险，因为抬轮时不能转弯），就比卡丁车开得快。
- 抢道具（冒撞车风险）还是无视道具？
- 使用道具（冒分心的风险）还是无视之？
- 持有手上的道具还是丢掉换新道具？
- 用不用加速区？它们可以让你的速度加快，但经常位于危险的位置。
- 提早踩油门吗？在起跑线上，如果你提早加速的时机正确，则会让速度加快，但若不对则会延迟，令人烦躁。
- 左边还是右边？许多赛道都包含低风险、高风险的岔路。当然，高风险的那条路加速也更多。

## 平衡类型 4：技巧与概率

在第 12 章，我们详细探讨了技巧和概率的机制。在实践的意义上，这在任何游戏设计中都是两股相反的力量。概率因素太多就否定了玩家技巧的影响，反之亦然。这个问题没有标准答案，毕竟有些玩家喜欢概率元素尽可能少的游戏，而另一些玩家恰恰相反。技巧游戏一般更类似体育竞赛，由各种裁判系统来决定哪个玩家最强。而概率游戏的性质是轻松休闲，毕竟许多结果都交给命运决定。为了取得平衡，你必须使用 19 号透镜"玩家"来理解：对于你的受众来说，多少技巧和多少概率才是正确的数量。偏好差异有时是由年龄、性别甚至文化决定的。例如，德国的桌面游戏玩家似乎更喜欢受偶然性影响尽量少的游戏，美国等地的玩家则不然。

平衡二者有一种常见方法，就是在游戏中交替使用概率和技巧。比如，发一手牌是纯概率行为，而选择怎么出就是纯技巧行为。掷骰子看能走多远是纯概率行为，决定把棋子往哪里走则是纯技巧行为。这样可以创造紧张和放松的交替模式，玩家非常中意。

设计师大卫·佩里建议，要设计令人上瘾的游戏，关键在于把游戏设计成玩家可以在其中随时做三件事：发挥一种技巧、冒各种风险、思考一种策略。当然，玩家在冒风险的时候，也就是以某种方式挑战概率。

选择如何平衡技巧和概率，会决定你的游戏的性格。请用 41 号透镜仔细检查。

## 41 号透镜：技巧与概率

为了确定在自己的游戏中如何平衡技巧和概率，问自己以下问题：

- 我的玩家是来接受评断（技巧）的，还是来冒风险（概率）的？

- 技巧一般比概率更严肃：这是严肃游戏，还是休闲游戏？

插画：内森·马祖尔

- 我的游戏有没有乏味的部分？如果有，那么加入概率元素能盘活它吗？

- 我的游戏中有没有感觉太随机的部分？如果有，那么将概率元素替换为技巧或策略元素，能让玩家感觉控制感更强吗？

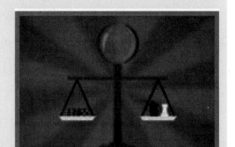

## 平衡类型 5：头与手

这种平衡非常简单：游戏中应该有多少部分包含具有挑战性的身体活动（无论是转向、投掷，还是敏捷地按键），又有多少部分包括思考呢？两件事不是看起来这样截然分开的。在许多游戏中，在持续思考策略、解决谜题的同时，还要发挥速度和敏捷性。还有一些游戏选择交替使用两者来让玩法多样。请考虑"平台动作类"游戏——你要在关卡中前进，一边敏捷地操控人物跳过障碍物，一边可能要射击敌人，偶尔停下来解决一个挡在过关道上的小谜题。在关卡末尾，还常有所谓的"Boss 怪"来加剧紧张气氛。要打败它只有解开谜题（"哦！我得跳到他尾巴上，才能让他丢下盾牌一秒！"）又足够敏捷（"我只有一秒来把箭射进那条缝里！"）才行。

但是，了解你的目标市场在游戏中的偏好也很重要——思考更多，还是敏捷更多？还有，在游戏中清晰地传达你选择了怎样的平衡同样重要。请考虑这个不同寻常的游戏，世嘉 MD 平台上的《吃豆人 2：新的冒险》，其名字暗示，这是一个略带策略元素的动作游戏，和原版《吃豆人》类似。但扫一眼包装盒就发现不是那么回事。这似乎是一个 2D 平台游戏，和《超级马里奥兄弟》《刺猬索尼克》一样，意味着动作再加上一点儿的解谜。但真正玩游戏时，发现彻底又是另一回事！虽然它在视觉上像一个平台动作游戏，其实全是奇怪的心理谜题。你要微妙地指引吃豆人进入不同情感状态，才能让它通过各种障碍。本来期待大量动作和少量思考的玩家失望了，而本来想找一个解谜游戏的玩家又因为"动作游戏"的外表而拒绝它，基本没有来玩这个游戏。

当 *Games Magazine* 评论一个电子游戏时，会给它一个滑块分级，其中一端是"手指"，而另一端是"大脑"。我们很容易忘记，一个要按许多键的游戏一样可以包含很多思考和策略。请使用 42 号透镜"头与手"来了解游戏中的不同技巧，然后用它来平衡这些技巧。

## 42 号透镜：头与手

约吉·贝拉曾经说过："棒球是 90% 的精神。另一半是身体。"为了确保心理和生理元素在你的游戏内获得更真实的平衡，请使用"头与手"透镜。问自己以下问题：

- 我的玩家想要无脑动作，还是智力挑战？
- 在游戏里的更多地方包含解谜会让游戏更加有趣吗？
- 有没有地方可以让玩家放松大脑，只管玩，不用想事情？

插画：丽莎·布朗

- 我能不能给玩家一个选择——既可以展示高度敏捷，又可以找到一个最不需要身体技巧的聪明策略？
- 如果"1 分"是纯身体，"10 分"是纯精神，那么我的游戏得几分？

此透镜与 19 号透镜"玩家"共同使用效果更好。

## 平衡类型 6：竞争与合作

竞争与合作是基本的动物本能。所有的高等动物都受到驱使，互相竞争。部分是为了生存，部分是为了在社群中建立地位。而与此相反，也有一种本能是互相合作。因为一个团队有着许多眼睛、许多手，还有多样的能力，永远比个体要强。竞争与合作对我们的生存至关重要，因此，我们要对两者进行实验——部分原因是让我们更擅长竞争与合作，部分原因是为了更了解我们的朋友和家人——这样，就能够更清楚谁擅长什么，该怎样合作了。游戏提供了一种在社交上很安全的途径，来探索周围人在压力之下表现如何——这是我们喜欢玩游戏的一大秘密原因。

谈到游戏时，竞技游戏比合作游戏更多见，不过也有一些很有趣的合作游戏作品出现。《饼干和奶油的冒险》是 PlayStation 2 上的一个平台动作解谜游戏，其中两个玩家在平行路线上并排前进，努力过关。而赖纳·克尼齐亚的《魔戒》桌游版也是一个优秀例子，其中玩家根本不用竞争，只要共同努力赢得游戏即可。

有些游戏以有趣的方式融合了竞争与合作。街机游戏《鸵鸟骑士》可以单人玩，此时一个玩家对抗很多电脑控制的敌人；也可以使用双人模式，两个玩家在同一块场地内共同对抗敌人。在《鸵鸟骑士》中，竞争与合作之间的紧张关系很有意思：在竞争方面，根据玩家击败多少敌人来决定他们的得分，如果愿意的话，玩家可以互相比拼。在合作方面，如果玩家协调攻击、互相保护，则可以得到更高的分数。两人究竟是试图打败对方（获得比对方高的分数），还是试图打通游戏（获得最高的总分），全由玩家说了算。而游戏又刻意提升了这种紧张感：有些关卡叫作"团队关"（team wave），若两个玩家都能活过这关，则每人得 3000 分。还有些关卡叫作"角斗士关"（gladiator wave），最先打败对方的玩家得 3000 分。这种合作与竞争之间的有趣交替给游戏增添了多样性，也让玩家可以探索自己的同伴是更倾向于合作还是竞争。

尽管竞争与合作互相对立，却可以很方便地组合起来，得到两者的优点。怎么做呢？通过团队竞争！联机游戏的崛起，让常见于体育运动中的团队竞争在电子游戏世界里得到了极大发展。

竞争与合作是如此重要，我们需要三个透镜才能好好检视两者。

## 43 号透镜：竞争

确定在某件事情上谁最优秀是人的基本冲动。竞争类游戏能满足这种冲动。请使用这个透镜，确保有人愿意在你的竞争游戏中获胜。问自己以下问题：

- 我的游戏对玩家技能衡量公平吗？
- 玩家是否想在我的游戏中获胜？为什么？
- 在这个游戏中获胜是可以自豪的事情吗？为什么？
- 新手可以在我的游戏中有意义地竞争吗？
- 高手可以在我的游戏中有意义地竞争吗？
- 高手是否普遍肯定他们会打败新手？

插画：伊丽莎白·巴恩多尔

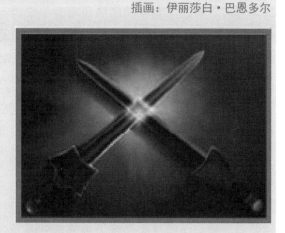

## 44 号透镜：合作

通过团队协作并取得成功是一种特别的快乐，可以创建持久的社会纽带。你可以使用"合作"透镜研究游戏中合作的方面。问自己以下问题：

- 合作需要沟通。玩家有足够契机来沟通吗？如何加强沟通？
- 我的玩家已经是朋友，还是陌生人？如果他们是陌生人，那么游戏能帮助他们破冰吗？

- 玩家合作时有协同作用（2+2=5）或妨碍作用（2+2=3）吗？为什么？
- 玩家都是相同角色，还是各有分工？
- 如果一个人无法完成某项任务，就可以与他人大大加强合作。我的游戏有此类任务吗？
- 强制沟通的任务会激发合作。我的游戏有强制沟通的任务吗？

插画：山姆·叶

## 45 号透镜：竞争与合作

有许多有趣的方法可以实现竞争与合作的平衡。使用此透镜可以确定在你的游戏中两者是否恰当平衡了。问自己以下问题：

- 如果"1 分"是竞争，"10 分"是合作，那么我的游戏得几分？
- 我能不能给玩家提供选择，是合作游戏还是竞争游戏？
- 我的受众喜欢竞争、合作，还是两者混合？
- 团队竞争适合我的游戏吗？在我的游戏中，是团队竞争好玩，还是单人竞争好玩？

插画：戴安娜·巴顿

随着越来越多的游戏改为在线版本，采用各种不同类型的竞争和合作的机会也出现了——从棋类休闲多人游戏的两人竞争，到大型多人在线角色扮演游戏（MMoRPG）的千人公会对战。但驱使我们享受竞争与合作的心理力量并未改变。你越理解和平衡这些力量，你的游戏就会变得越好。

## 平衡类型 7：短与长

每个游戏都有一个重要的点需要平衡：游戏时长。如果游戏时间太短，那么玩家可能没有机会制定和执行有意义的战略。如果游戏时间太长，那么玩家可能会厌烦，或者因为需要投入的时间太多而放弃玩这个游戏。

一个游戏的长度由什么决定，往往很微妙。例如《大富翁》，按官方规则玩，一般在 90 分钟后结束。但很多玩家认为这些规则过于苛刻，于是修改规则，给出现金奖励，减少何时必须购买地产的限制。其副作用是游戏持续时间大大加长，一般要三小时或者更久。决定游戏何时结束的最主要因素就是胜败条件。改变这些条件，就能改变游戏的时长。街机游戏《间谍猎手》的设计师想出来一种系统，很有趣，可以平衡游戏的时长。在《间谍猎手》中，你在高速公路上开车，车上有机枪可以向敌人开火。在早期原型中，车子被毁三次，游戏就结束了。这个游戏很有挑战性，特别是对于新手。游戏设计师发现这些玩家的游戏时长特别短，并且他们感觉很沮丧，于是引入一条新规则：游戏的前 90 秒，玩家有无限辆车——在这段时间里，他们不会输。而时间一到，他们就只有几辆车了。车全部被摧毁后，游戏就结束了。

Minotaur 的设计师（后来去制作了《光环》）则用另一种有意思的方法平衡其游戏时长。Minotaur 是一个四人联机游戏。玩家跑过迷宫，收集武器和咒语，试图毁灭迷宫中的其他玩家。只有剩下最后一个玩家，游戏才结束。游戏设计师发现一个问题：如果玩家不去互相交战，游戏就会陷入僵局。整个游戏可能因此变得无聊。一种解决方案是设定时间限制，根据一套分数系统来确定赢家。但游戏设计师设计了另一种优雅得多的方案。他们创建了一条新规则：20 分钟后，钟声响起，"末日沙场"开始；所有幸存玩家突然被运送到一个充满怪物和各种危险的小房间，没有人可以活很久。这种方式保证游戏在 25 分钟以内结束。其方式颇具戏剧化，而且也能宣布一名玩家获胜。

## 平衡类型 8：奖赏

> 王公贵族，赏必速，罚必缓。
>
> ——奥维德

人们花这么多时间玩游戏，只为了得一个高分，究竟为什么？我们先前讨论过，游戏是怎样变成评价人的架构体系的，人们也想受到评价。但人们不是什么评价都喜欢——他们只喜欢受到好评。奖励就是游戏告诉玩家"你干得不错"的一种方式。

在游戏中，有几种常见类型的奖励，每种各不一样，但有一个相同点——都能满足玩家的渴望。

- **赞美**：最简单的奖励。游戏可能通过明显的声明、特殊的声音效果，甚至游戏中的人物和你说话，来告诉你干得不错。所有这些合起来是同一件事：游戏刚才给了你评断，说你通过了。任天堂游戏就是因为通过声音、动画，在每次奖励玩家的同时附加许多赞美而闻名的。

- **分数**：在许多游戏中，不论通过技巧还是运气得到的分数，除衡量玩家的成功外没有任何作用。有时这些分数可以衍生另一种奖励，但很多时候分数这种衡量就足够了——尤其是别人能在排行榜上看到的时候。

- **延长游戏**：在许多游戏中（比如弹球游戏），游戏目标是以资源（弹球游戏中的资源就是球）进行的冒险，在不输掉投入冒险的资源（球掉进下水道）的前提下，资源积累越多，分数越高。在这种"生命数"架构的游戏中，对玩家最有价值的奖赏就是一条命。还有一些有时间限制的游戏，通过给玩家延长游戏时间来奖励玩家，实际上是一回事。延长游戏时间是一种可取的方式，因为它是更高分数、成功的衡量标准，但同时也因为它接入了人类求生的自然驱动力。现代的免费游戏在此基础上，衍生出了"体力值"模型。体力耗尽后游戏就暂停了，直到你付费买更多体力值，或者等一段时间后才能继续。

- **入口**：我们渴望受到好评，也渴望探索。通过把玩家带到新的游戏区域来奖励玩家的游戏架构，就满足这种基本冲动。每当玩家解锁一个新关卡，赢得一扇门的钥匙后，就收到了新的游戏区域入口的奖励。

- **演出**：我们都喜欢欣赏美丽的、有趣的东西。很多游戏都会播放音乐或者动画，作为简单的奖励。《吃豆人》第二关尾的"过场"可能是电子游戏中的首例演出奖励。光靠这种奖励很难满足玩家，所以一般都和其他类型奖励搭配出现。

- **表达**：许多玩家都喜欢用特别的衣服或装饰在游戏中表现自己。虽然这些一般和游戏目标无关，但也能给玩家带来很大乐趣，并且满足他们在世界中留下痕迹的基本冲动。

- 能力：人人都想在现实生活中变得更强。而在游戏中，能力变强也可以提升游戏对玩家的评价。这些能力可能有多种形式：在西洋跳棋中"成王"、在《超级马里奥世界》中变高、在《刺猬索尼克》中加速、在《使命召唤》中拿到特殊武器，都是如此。所有这些能力的共同点在于，它们可以让你以更快的方式实现目标，而此前做不到。
- 资源：赌博游戏和彩票用真钱奖励玩家，电子游戏给玩家的奖励则更多地限于游戏内的资源（例如食品、能源、弹药、生命值）。有些游戏不直接给玩家奖励资源，而改为给玩家奖励虚拟货币，玩家可以选择怎样花费虚拟货币。一般来说，玩家能用这笔钱买到资源、能力、延长的游戏时间，或者在游戏中表达自我。当然，免费游戏混淆了这种界限，让你可以花真钱换虚拟货币（但基本不会反过来）。
- 地位：排行榜上的排名、特殊成就，或者其他一切显示出在玩家社群中更高地位的东西，都是吸引人的奖励，特别是对竞争型玩家而言。
- 完成：完成一个游戏中的所有目标，给玩家一种特别的结束仪式——在现实生活中极少得到的。在很多游戏中，这就是终极奖励——当你到达此处后，继续玩这个游戏就没有意义了。

你在游戏中遇到的大部分奖励都属于上述的一类或多类，这些奖励一般都用有趣的方式结合起来。许多游戏会用分数奖励玩家，但当玩家达到特定分数时，玩家会收到一条命（资源、延长的游戏时间）的特别奖励。很多时候，玩家会得到一件特殊道具（资源），让他们能做一件不同的事情（能力）。还有游戏让得高分（分数）的玩家输入名字或画一幅画（表达）。在有些游戏中，如果玩家解锁了游戏内每个区域（入口），那么还会在游戏结束（完成）时播放一段特殊动画（演出）。

但如何平衡这些奖励呢？或者说，应该给多少，给哪些呢？这个问题很难，每个游戏都不尽相同。一般来说，在你的游戏中设计越多的奖励越好。另外，从心理学世界中得来的两项奖励窍门包括：

- 人们有一种倾向，收到越多奖励就越习以为常，一小时前的奖励现在就不当回事了。许多游戏用来克服这个问题的简单方法，就是随着玩家进度推进，增加奖励价值。可以说这招很俗气，但很管用——就算你知道游戏设计师在这么做、为什么这样做，来到游戏的新区域时突然得到更大的奖励，还是觉得很受鼓舞。

- 变化的奖励比固定的奖励更有力量。这一点已经有数千计的心理学实验可以证明。比如，如果你打败一个怪物能得到 10 分，那么就很容易预测分数，游戏很快变得无聊。但如果每打败一个怪物后，你有 2/3 的机会一分得不到，但有 1/3 的机会可以得到 30 分，这种奖励就要持久得多，虽然得到的平均分数是一样的。这就好像带甜甜圈去分给同事——假如每个星期五都带，大家就会习以为常、理所当然了。如果你时不时随机地带一些甜甜圈，则每一次都是惊喜。玩家之所以对三角形关系非常感兴趣，部分原因是它和可变奖励相联系。

## 46 号透镜：奖励

人人都喜欢被告知自己干得不错。要确定你的游戏是否在正确的时间、以正确的量给出正确的奖励，问自己以下问题：

- 我的游戏现在给出了哪些奖励？我还能给出其他的吗？
- 玩家在我的游戏中得到奖励后，是激动还是无聊？为什么？
- 玩家收到奖励却不理解，如同根本没有奖赏。我的玩家理解他们收到的奖赏吗？
- 我的游戏中送出的奖励是不是太有规律？能不能用更多变的方式送出奖励呢？
- 奖励之间有何种联系？有没有办法让它们连接得更好？
- 奖励逐渐累积的方式如何？
  太快，太慢，还是正好？

插画：山姆·叶

每个游戏的奖励平衡都有所不同。设计师不光要挂念送出的奖励对不对，还要担心送出的时间对不对、数量对不对。而这只能通过试错来确定——就算试过错，也不一定适合每个人。尝试调整奖励平衡很难做到完美——经常要安心于"足够好"。

## 平衡类型 9：惩罚

游戏还会惩罚玩家，这听起来有点奇怪——游戏不应该好玩吗？吊诡的是，恰当使用惩罚，可以增进玩家在游戏中获得的享受。出于以下一些原因，游戏可能会惩罚玩家：

- 惩罚创造内生价值：我们已经谈过在游戏内创造价值如何重要（7 号透镜：内生价值），若游戏中的资源有可能被夺走，就更有价值。
- 冒险激动人心：潜在奖励与风险是平衡的！但只有存在负面后果或者惩罚，你才能冒风险。给玩家一个机会冒巨大风险，让成功也感觉甜蜜许多。
- 可能的惩罚增加挑战：我们之前讨论过挑战玩家的重要性——若在游戏中失败则意味着惩罚，游戏的挑战性也就增加了。增加来自失败的惩罚是一种增加挑战性的方法。

以下是游戏中常见的一些惩罚类型。其中许多都只是把奖励反过来。

- 羞辱：赞美的反面，游戏告诉你打得太烂，仅此而已。其形式可能有明显的消息（例如"未命中"或"失败！"），令人沮丧的动画、声音效果、音乐等。
- 失分：玩家觉得这种惩罚太痛苦了，乃至在电子游戏甚至传统游戏和体育运动中都相对罕见。也许痛苦事小，因失分导致玩家挣来的分数贬值则事大。不能抢走的分数很有价值——而因为下一步走错会被扣掉的分数，内生价值也较少。
- 缩短游戏：在游戏中"失去生命"就是这种惩罚的一个例子。有些使用计时器的游戏会通过扣减时间来缩短游戏时长。
- 中断游戏："Game Over"了，伙计。
- 倒退：若一个游戏在你"死后"返回关卡开头或者上一个存档点，那么这就是倒退惩罚。若游戏的目的就是将游戏进行到底，那么用倒退作为惩罚就非常合乎逻辑。平衡的难点在于精确地找出存档点应放在哪里，才能让这种惩罚有意义，而非毫无道理。

- 剥夺能力：设计师在此处必须格外小心——玩家非常珍惜自己通过游戏得到的能力。硬要抢走的话，会让他们感觉特别不公平。在《网络创世纪》（ *Ultima Online* ）中，战死的玩家会变成鬼魂。想要复活的话，他们必须设法前往祭坛。如果他们在半路上耗得太久，就会失去花几个星期赚来的宝贵技能点。许多玩家认为这种惩罚太狠了。还有一种比较公平的剥夺能力方式，就是暂时拿走。有些游乐园里有一种坦克碰碰车，可以互射网球。坦克的两边有标靶，若对手用网球击中其一，那么你的坦克就会原地失控旋转五秒，同时不能开炮。

- 消耗资源：损失钱、物、弹药、护盾，或者生命值，都属于此类。这是游戏中最常见的一种惩罚类型。

心理研究表明，奖励始终比惩罚更能起到推动作用。如果你需要激励玩家做什么，只要可能，就应尽量用奖励而不用惩罚。暴雪的游戏《暗黑破坏神》有一个很好的例子，就是在游戏中收集食物。许多游戏设计师时不时得到灵感，要做一个带有"真实"食物收集系统的游戏。也就是说，如果你不收集食物，那么你的人物就会因饥饿而能力下降。暴雪实现了这个功能，但发现玩家都觉得它烦人——他们必须进行一项枯燥的活动，否则就要遭受惩罚。所以，暴雪转而实现了一个新系统，令玩家不会饥饿，但如果玩家吃食物，则可以使能力暂时得到提升。玩家高兴多了。通过改惩罚为奖励，他们把同样的活动从消极变为了积极。

但是，当必须有惩罚的时候，惩罚力度又是一个精妙的问题。开发《卡通城》在线版的时候，我们面对一个问题：在面向孩子的轻度、欢乐 MMoRPG 里，最严厉的惩罚是什么呢？我们最终决定"死掉"的惩罚是多种轻度惩罚的结合，在《卡通城》里叫作"伤心"。因为游戏实在很轻松，玩家都没有生命条，只有一个"欢乐"（laff）条。而敌人的目标也不是彻底杀死玩家，而是让他难过，不能像卡通人物一样开心。在《卡通城》里，当你的欢乐条掉到零后，就会发生这些：

- 你从战斗区被传送回一个操场区域（倒退）。这个倒退很微小，一般玩家只要走一分钟就可以回到战斗区。
- 你携带的所有道具全部消失（消耗资源）。这个也很微小——道具价格都不贵，玩 10 分钟就可以赚回来。

- 你的角色可怜地垂着头（羞辱）。
- 大概 30 秒内，你的人物走路很慢很慢，无法离开操场区域或者参与任何有意义的玩法（暂时剥夺能力）。
- 你的欢乐条（生命）掉到零（消耗资源），玩家一般会等它恢复（在操场区域内欢乐条会随着时间增长），然后再去探索。

这种轻度惩罚的组合刚好能让玩家在战斗中小心行事。我们尝试了更轻度的版本，结果让战斗很无聊——其中没有任何风险了。我们也尝试了更重度的版本，结果令玩家在战斗里太谨慎。最终我们确定了一种组合，在鼓励谨慎与冒险间找到了适当平衡。

在游戏中，所有惩罚都应当是玩家能够理解、可以防止的，这一点至关重要。如果玩家感觉惩罚是随机的，而且阻止不了，那么会有一种完全无法控制的感觉，这非常不好。然后玩家很快会给游戏贴上"不公平"的标签。一旦发生这种情况，就很少有玩家愿意进一步玩下去了。

当然，玩家不喜欢惩罚，而你必须认真思考有没有一种巧妙的方式让玩家逃脱惩罚。理查·盖瑞特的游戏《创世纪》，虽然很受欢迎，却有很严格的惩罚机制。这个游戏要接近一百小时才能打通，如果你的四个人物在游戏中死去，那么所有游戏状态会被完全抹去，只能从头再来！玩家普遍觉得这不公平，结果产生了一种常见做法——如果游戏人物快"死了"，就趁游戏没删掉存档前赶紧关机，以此躲开惩罚。值得一提的是，有一类玩家专为超级难的游戏而生，尤其钟爱强力惩罚的游戏（嗯哼，《恶魔之魂》，嗯哼），因为打通如此困难的游戏令他们感觉特别自豪。不过，这些玩家是边缘群体，而且就算他们也有自己的极限。如果找不出办法逃脱惩罚，那么他们也会评价这个游戏"不公平"。

## 47 号透镜：惩罚

惩罚一定要小心使用，因为玩家毕竟是出于自由意志来玩游戏的。适当平衡的惩罚可以让游戏中的一切更有意义，玩家在其中成功后也会有真正的自豪感。如果要检视游戏中的惩罚，那么问自己以下问题：

- 我的游戏中有什么惩罚？
- 我为什么要惩罚玩家？我希望通过它来实现什么？
- 我的惩罚在玩家看来公平吗？为什么？
- 有没有办法把这些惩罚改为奖励，并收到同样或更好的效果？
- 我的强力惩罚有没有相应丰厚的回报来平衡？

插画：克里斯·丹尼尔

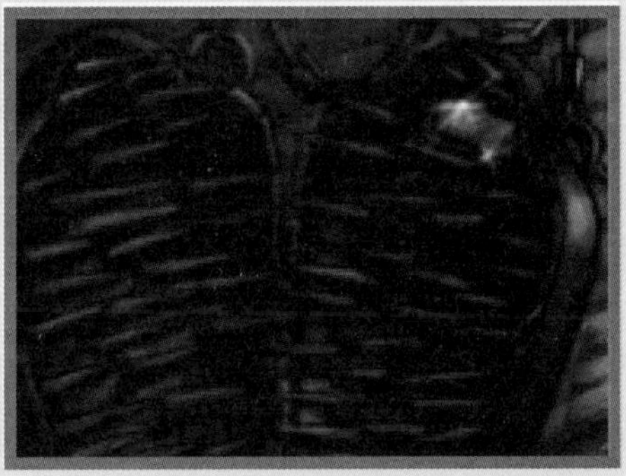

## 平衡类型 10：自由体验与受控体验

游戏是互动的，而互动的意义在于让玩家在体验中获得控制权，或者自由。但控制到什么程度呢？把一切控制权交给玩家，不光让游戏开发者增加了工作量，还会让玩家感觉无聊！毕竟，游戏不该完全模拟现实生活，而应该比现实生活更有趣——有时意味着要剜去那些无聊、繁复，或者不必要的决定与行动。每个游戏设计师都要考虑的一种简单游戏平衡就是在哪里给玩家自由，以及给多少自由。

在《阿拉丁的魔毯 VR 冒险》中，我们在“神奇洞穴”的最后一个场景中遇到一个很棘手的问题。要让玩家同坏人贾法尔的冲突尽量激动人心，我们得控制镜头。但我们也不想因此削弱玩家在场景中的自由。不过，在观察并测试后，我们发现他们都想做一件事——飞到贾法尔站立的山顶上去。经过多次实验，我们做出了一个大胆的决定——我们要在这个场景中剥夺玩家的自由，把他们飞上山直面贾法尔的过程做到完美。这与整个体验的其他部分形成鲜明对比。玩家在其他地方可以自由飞行，没有限制。在我们的测试中，不止一个测试玩家注意到我们夺走了他们的自由，因为游戏已经教会他们可以任意前往想去的地方。而在这个场景中，恰巧因为场景安排好了，以至于每个看到它的人都想做同一件事。我们决定，在此情况下，天平应该落在受控体验一边，而不是自由体验，因为这样给玩家带来的体验会更棒。

## 平衡类型 11：简单与复杂

当再没有任何细节可以删除，而不是没有细节可以添加时，就是抵达完美这一境界了。

——安托万·德·圣埃克苏佩里

游戏机制的简单与复杂看起来也许很矛盾。说一个游戏"简单"可能是批评，比如"简单到无聊。"但也可能是赞美："如此简单优雅！"复杂也是一把双刃剑。游戏可能遭受批评："过度复杂，令人困惑"。也可能受到表扬："内容丰富，错综复杂"。要确保你的游戏"简单得好""复杂得好"，而不是挨批评，我们就要观察游戏简单和复杂的本质，观察如何在二者之间取得平衡。

经典游戏因为其独创的简单设计获得高度赞扬，也许会让你觉得做一个复杂的游戏是坏事。让我们看看游戏中出现的不同种类的复杂性吧：

- **固有的复杂性**：若游戏规则本身变得非常复杂，则称之为固有的复杂性。这种复杂性经常收获恶名。它一般因为设计者试图模拟复杂的现实情况，或者游戏需要加入额外规则来实现平衡而出现。当你看到一套规则集中有很多"例外情况"时，这套规则基本就是固有的复杂性。这样的游戏学起来可能很难，但确实也有人很享受掌握复杂规则集的过程。

- **自发的复杂性**：这是那种人人赞扬的复杂。正如 $H_2O$ 的简单结构让无数复杂的雪花得以出现，像围棋这样的游戏也有非常简单的规则，却能引起数十亿种精妙复杂的游戏局面。我们称为自发的复杂性：若一个游戏同时被称赞简单而又复杂，那么赞扬的就是其自发的复杂性。

自发的复杂性可能很难实现，但值得努力。在理想情况下，你可以创建一个简单的规则集，在其中出现每一位游戏设计师都寻求的东西：平衡的惊喜。如果你设计出一个简单的游戏，永无休止地产生平衡的惊喜，那么人们会玩你的游戏几个世纪。要了解自己是否做到了这一点，唯一的方法就是反复玩、反复修改自己的游戏，直到惊喜开始浮现。当然，使用 30 号透镜"自发"，也可以帮助你。

　　自发的复杂性这么好，为什么还有人去做固有的复杂性的游戏呢？好吧，有时你需要固有的复杂性来模拟现实世界的情况，例如重现历史上的战斗。还有些时候，你需要添加固有的复杂性来更好地平衡你的游戏。国际象棋的棋子移动规则就具有固有的复杂性：移动时只能向前移动一格至空格内，除非这是他们的第一步，在这种情况下，他们可以移动一格或两格。此规则有一项例外，当一颗棋子要吃掉另一颗棋子时，就可以斜线向前移动，但只能移动一格，即便是第一步。

　　这个规则具有一些固有的复杂性（固有的复杂性的关键词："除非""除了""例外""但是""即使"等），但这种复杂性是在试图让"兵"的行为平衡又有趣的过程中，逐渐进化出来的。而且，其实这种复杂性也非常值得。因为从这一点儿固有的复杂性中，诞生了大量自发的复杂性——尤其是因为兵只能向前走，但能斜向吃子——这让很多迷人而复杂的"兵形"得以在棋盘上形成，用简单规则集是不可能实现的。

## 48 号透镜：简单/复杂

　　在简单与复杂之间取得适当的平衡很难，但有理由做好。使用此透镜，可以使你的游戏能以简单系统产生有意义的复杂性。问自己以下问题：

- 我的游戏有什么元素，有固有的复杂性吗？

- 有办法令这种固有的复杂性变成自发的复杂性吗？

- 在我的游戏中是否会产生自发的复杂元素？如果没有，为什么？

- 在我的游戏中是否有些元素太过简单？

插画：汤姆·史密斯

## 自然平衡与人工平衡

若游戏设计师试图加入固有的复杂性来平衡游戏，就一定要小心。当通过添加太多的规则来得到你希望出现的行为时，一般被称为"人工平衡"，与"自然平衡"相对。后者是说所需的效果可以在游戏内互动自然生出。请思考《太空入侵者》：其难度递增是自然形成的，有着绝佳的平衡。敌人根据一个非常简单的规则行动——数量越少，移动越快。因此，一些非常让人喜欢的属性会自发出现：

1. 游戏开始时敌人移动缓慢，随着玩家成功，敌人的移动速度加快。

2. 游戏开始时玩家很容易击中目标，但随着玩家不断成功，击中目标越来越难。

这两个属性不是固有规则规定的，而是从一条简单规则中自发出现的，且平衡良好。

## 优雅

我们把简单系统在复杂情况下仍表现出健壮性的现象称为优雅。优雅在任何游戏中都是最理想的一项特性，因为它意味着你做的游戏简单易懂，却又充满了有趣的自发的复杂性。虽然优雅一词感觉有点不可名状、难以捕捉，但指定一个游戏，你数数其服务多少目的，就能轻松评价其优雅程度。例如《吃豆人》中的豆子主要服务以下目的：

1. 给玩家一个短期目标："吃掉附近的豆子。"

2. 给玩家一个长期目标："清掉本关所有豆子。"

3. 玩家吃豆的时候会稍微减速，这样便创造了优秀的三角形（走没有豆子的路线安全，走有豆子的路线则冒险）。

4. 给玩家分数来衡量成功。

5. 给玩家分数，可以赚取额外生命。

这些简单的豆子竟有五个不同目的！这就让它们非常优雅。你可以想象，在某个版本的《吃豆人》里，豆子没有这些作用。例如，豆子不会减慢玩家的移动速度，也不给玩家奖励分数和生命，其目的就减少了，也不那么优雅。还有一条好莱坞传下来的经验法则：如果剧本中有一行的目的不足两个，就该砍掉。很多设计师一发现他们的游戏感觉不对，第一反应是"嗯……我该加点什么？"而更好的问题往往是，"我该删掉什么？"我喜欢做的一件事就是在自己的游戏中寻找那些只有一个设计目的的东西，然后考虑哪些可以合并起来。

在制作《加勒比海盗：黄金争夺战》的时候，我们原计划有两个主要人物：开头有一个友方主持人，唯一的工作就是解释游戏怎么玩；结尾有一个恶人，唯一的工作就是参与戏剧性的最后一战。这只是迪士尼乐园里时间很短（5 分钟）的游戏，把时间都花在介绍两个人物上感觉很奇怪，而且时间这么紧张，要分配得两个人都好看，限制太大了。于是我们讨论干脆砍掉开头的教学或者砍掉最后的大战，但若要游戏充实，则二者不可或缺。然后我们冒出了一个想法：如果开始的主持人就是最后的恶人呢？这不仅帮我们节省了开发时间，还节省了游戏时间，因为只需要介绍一个人物即可。不止如此，角色也因此看起来更加有趣，更加像一个海盗（因为他欺骗了玩家），而且还创造了惊人的反转情节！通过给一个人物设计多重目的，我们确实觉得游戏的结构变得非常优雅了。

### 49 号透镜：优雅

大多数"经典游戏"都被认为是优雅的杰作。使用这个透镜，让你的游戏同样优雅吧。问自己以下问题：

插画：乔舒亚·西弗

- 我的游戏有哪些元素？
- 每个元素的目的是什么？全部数出来，给每个元素一个"优雅评分"。
- 有的元素只有一个或两个目的，能否合并一些或干脆剔除？
- 有的元素有多重目的，能否让它们具有更多目的？

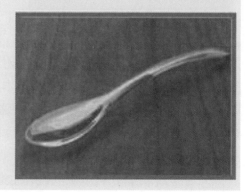

### 性格

优雅固然重要，但也要记住世界上有件事叫作过度打磨。请思考比萨斜塔。成为其标志的倾斜并没有目的——只是意外缺陷而已。"优雅"透镜会让我们去除其倾斜，把它掰成笔直向上的比萨直塔。那还有人去看吗？这样也许优雅了，但会很无聊——它会失去全部性格。请考虑《大富翁》中的棋子：一顶帽子、一只鞋、一条狗、一座雕像、一艘战舰。这些和一个经营房地产的游戏没有任何关系。可以说，这些棋子应该做成各种小地主的样子。但没有人会这么做，因为这会剥去《大富翁》的性格。马里奥为什么是水管工？这和他做的事，以及他生活的世界几乎没有关系。但恰恰是这种奇怪的不一致，赋予了他性格。

## 50 号透镜：性格

优雅和性格是对立的。它们就像缩小版的简单与复杂，也必须保持平衡。为了确保在你的游戏中有些可爱的怪地方能定义其性格，问自己以下问题：

插画：凯尔·盖布勒

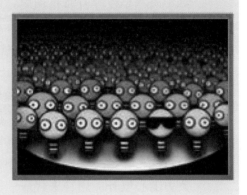

- 在我的游戏中有没有奇怪的东西，玩家会激动地讨论？
- 在我的游戏中有没有好玩的特性，令其与众不同？
- 在我的游戏中有没有玩家喜欢的缺陷？

## 平衡类型 12：细节与想象

正如我们在第 10 章讨论的，游戏不是体验——游戏仅仅是激活玩家脑中精神模型的结构。在此过程中，游戏提供了一定程度的细节，但也留下了一些空间供玩家填补。决定到底提供哪些细节、哪些又应该留给玩家想象，是一种不太一样但也非常重要的平衡。以下是一些做好平衡的提示：

- 只做能做好的细节：玩家的想象力丰富而精微。如果有你想表现的东西，但质量不如玩家能想象得高，那么就别做——尽情让玩家发挥想象力吧！比如你想在整个游戏中播放录制好的对话，但你没有足够的预算请高质量的配音演员，或者没有那么多空间来存储对话。可能会有一名工程师建议你尝试语音合成，也就是让电脑代替角色说话。毕竟，这样既便宜又不耗空间，而且声音还能调整到像不同的角色，不是吗？这些都没错——但是，这也让所有人说话都像机器人。除非你做的是一个机器人游戏，否则玩家都不可能把它当真。更便宜的替代方法是使用字幕。有些人可能认为，这样不就没有声音了吗！其实不然。在玩家的想象中会加入声音——远比你能合成的好。同样的想法适用于游戏内的一切：风光、音效、角色、动画、特效等。如果你做不好，就想办法把它留给玩家去想象。

- **给出供想象力使用的细节**：玩家刚进入一个新游戏时要学很多事——给出任何细节，只要能让游戏更易理解，都很讨喜。请考虑国际象棋。这个游戏总体来看比较抽象，但其中也添加了一些有趣的细节。游戏背景设定在中世纪。而每个棋子，本来很容易用编号或抽象形状代表，但都安排了中世纪宫廷里的角色。细节并不多——例如，国王没有名字，我们对他们的王国或政策一无所知——但没有关系。说实在的，如果国际象棋当初是为了模拟两国交兵，那么所有移动和吃子的规则根本就不合理嘛！与国际象棋中的"国王"真正有关系的事情是：它是所有棋子中最高的，并且移动方式能唤起玩家对真国王的一点儿联想。它很重要，一定要缓慢移动、小心保护。所有其他细节都留给玩家用想象力随心填补。用马来代表"骑士"也一样，可以帮助我们记住它们能在棋盘上四处跳动，别的子则不能。给出能帮助我们的想象力更好地掌握其功能的细节，游戏就变得更容易亲近。

- **熟悉的世界无须太多细节**：如果你正在创造的游戏要模拟玩家很可能熟知的事物，比如城市街道或一座房子内部，那么就没有必要去模拟每一个小细节——因为玩家已经知道这些地方是什么样子的，给出几个相关细节，他们很快就会用想象力将其填满。不过，如果你的游戏的目的是让玩家了解一个从没去过的地方，那么信息就没有什么用处，你会发现有必要增加大量细节。

- **运用望远镜效应**：当观众带着望远镜去看戏剧或者体育比赛时，一般都在开头使用来近距离观察各位运动员和演员。当近距离特写存入记忆之后，望远镜就能放在一边了。因为此时，想象力开始运作，给远处的身影补上特写镜头。电子游戏一直都在复制这种效应，经常在游戏开头放一个主角的特写，在接下来的全部体验时间，他都是个一英寸高的"精灵"[①]。用一个小细节获得大量想象，是很容易实现的。

● 给出激发想象力的细节：国际象棋又是很好的例子。"指挥皇家军队的所有成员"这种幻想，大脑很快就会习惯——当然只是幻想而已——幻想与现实之间只需一条细细的连线。给玩家可以轻松幻想的情境，能为他们的想象力插上翅膀，各种想象出的细节会在设计师提供的一小点周围快速变成具体的现实。

在第 20 章，我们会讨论更多细节与想象平衡的话题。毕竟说到游戏中的角色，将什么留给玩家想象是一个关键问题。由于游戏的娱乐体验在玩家的想象中发生，因此"想象力"透镜就是一项重要工具。

## 51 号透镜：想象力

所有游戏都有一些想象元素和一些与现实相关的元素。使用此透镜，可以帮助你找到细节与想象之间的平衡。问自己以下些问题：

● 要玩我的游戏，玩家必须明白什么？

● 用一些想象元素能帮助玩家理解吗？

● 在这个游戏中，我们提供哪些高质量、真实的细节？

● 哪些细节是我们提供的，质量会低？可以改用想象力来填补差距吗？

● 我能给出一些细节，让想象力一次又一次来使用吗？

● 我提供的哪些细节能激发想象力？

● 我提供的哪些细节会扼杀想象力？

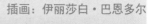
插画：伊丽莎白·巴恩多尔

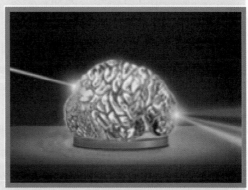

---

① 译者注："精灵"原文为 sprite，泛指各种包含于场景中的二维图像或动画。

# 游戏平衡方法论

我们讨论了许许多多可以在游戏内平衡的事情。现在，让我们把注意力转向能广泛应用于各类平衡的一般方法论。你也许会发现其中有些可以同时使用，有些则相互龃龉——这是因为不同的设计师喜欢的方法不同。你必须通过实验找到适合你的方法。

- 使用"问题描述"透镜：先前我们讨论了在跳到解决方案之前，清晰陈述问题的重要性。失去平衡的游戏能从清晰的问题描述中大大受益。很多设计师还没想清楚问题是什么，就急急忙忙执行平衡方案，结果把游戏搞得一团糟。

- 加倍与减半：

*欲知何者为足够，必须先知何者为多余。*

*——威廉·布莱克,《地狱谚语》*

加倍与减半的规则说明，当调整数值以平衡你的游戏时，你会浪费很多时间在微量调整上。不要这样。相反，第一步就向需要的方向把数值加倍或者减半。例如，一发火箭造成 100 点的伤害，你可能觉得太多。那么不要减 10 点、20 点，而是把伤害设成 50 点，看看怎么样。如果太低，那么再尝试 50 和 100 正中间的数。通过把数值推向直觉反应更远的地方，优秀平衡的界限会变得明晰起来。

这条规则的提出通常归功于设计师布莱恩·雷诺。我联系了他询问，他说：

这确实是一项我日常使用（并拥护）的原则，但提出它的功劳应完全归于杰出的席德·梅尔。我经常讲在他身边当初级设计师的故事（他肯定抓到过我一直按 10% 调什么东西），那时候是 20 世纪 90 年代前期，我们在做《殖民帝国》。肯定是因为我老讲这些故事，弄得那条规则和我有联系了。这条规则的重点是，改变一些东西，要能马上感觉到差别。这能让你清晰地理解你修改的数值如何运作，也免得你一直怀疑自己的修改到底生效没有，从而乱摸乱撞（或者更惨，发现修改根本没完成，可能就因为一串不对劲的随机数字）。

- **通过精确猜测训练你的直觉**：你做的游戏设计越多，直觉就会越强。你可以通过练习精确猜测，训练你的直觉来实现更好的游戏平衡。例如，如果你的游戏中的一个投射物以每秒 10 英尺的速度移动，而你感觉它太慢，那么请专注思考哪个精确的数字可能是对的。也许直觉告诉你 13 太低了，但 14 又有点太高。"13.7？不……大概 13.8。没错——13.8 感觉正好。"在形成这个直觉的猜测后，就放进游戏试一下。你可能会发现它太低或太高，也可能刚刚好。无论怎样，你都为下一次用直觉猜测提供了漂亮的数据。你可以拿微波炉体验一下同样的事情。很难知道究竟要多久才能加热剩菜。如果你只是随便猜测，然后四舍五入到 30 秒，那么你永远都不会猜得更准。如果你每次把食物放进微波炉里，都进行精确猜测的话（1:40？太烫了……1:20？太凉了……1:30？嗯……不，1:32 应该刚好），那么要不了几个月你就会猜得惊人得准，因为你训练了自己的直觉。
- **记录你的模型**：你应该在调整平衡时，把考虑的事物之间的关联写下来。这有助于澄清你的想法，并能给出一个框架来记录游戏平衡实验的结果。
- **调整游戏的同时调整模型**：正如本章开头"不对称游戏"中提到的，你在实验调整游戏平衡的过程中，会发展出反映游戏中的各项机制如何关联的模型。在每一次平衡实验中，你不仅要注意实验能否改善游戏，还要注意实验是否与描述游戏机制关联的模型相符。如果不符合预期，你就该调整你的模型。把观察结果写下来，你的模型会有很大用处！

- **计划好平衡**：你知道你要调整自己游戏的平衡。当你设计游戏时，你可能已经对哪些方面需要平衡心中有数了。利用这一点，并且布置好系统，让你能轻松调整预计要平衡的数值。如果能一边运行游戏一边更改这些数值，那就更好了。更好的是有一个内容管理系统，让你在游戏发售后能继续调整平衡。迭代规则在调整游戏平衡时会完全生效，而在当今的在线发行游戏的世界里，你可以（也一定要！）在游戏发售后好好迭代。

- **交给玩家**：过一段时间你就会碰到一个设计师，想出这个好主意，即"我们让玩家来平衡这个游戏吧！这样他们就可以选择适合自己的数值了！"理论上听起来不错（谁不想为自己量身定做一个充满个性化挑战的游戏呢？），但因为玩家的利益有冲突，其实践往往容易失败。没错，玩家想让游戏充满挑战，但同时，他们也想赢，而且越轻松越好！而当数值被设置为括号里的内容时（快看我！我有一百万条命！），这就是一阵来得快去得也快的乐趣，游戏很快因为没有挑战而陷入无聊。最糟糕的是，从滥强的游戏恢复到合理平衡的游戏，有点像在戒海洛因——缺乏力量让平常的游戏感觉拘束又乏味。《大富翁》的例子又能切合我们所需：自行创建了规则，规定走到空地就能奖一笔钱的玩家都抱怨游戏持续太久了。如果你说服他们按照官方规则玩（没有这种奖金），那么他们往往又表示和之前比起来，这样好像一点儿也不兴奋。有些时候，让玩家来平衡游戏是一个好主意（一般是通过难度等级选项实现的），但大部分时候，游戏平衡还是留给设计师调整比较好。

## 平衡游戏经济

"游戏经济"在任何游戏里，都是更难平衡的一种结构。游戏经济的定义很简单。我们之前谈过怎样平衡有意义的决定，而这恰恰就是一切经济的定义：两个有意义的决定。即：

- 我怎么赚钱？

- 我怎么花赚来的钱？

现在，这段话中的"钱"可以换成一切能用来交易的东西。如果你的游戏能让玩家获得技能点，然后花费技能点能获取不同的技能，那么这些技能点就是"钱"。重要的是，玩家有前述的两个选择——这就是组成经济的东西。而组成有意义的经济的，则是那两个选择的深度和意义。而这两个选择通常能构成循环，因为一般来说，玩家花钱的方式会帮助他们赚更多钱，又会给他们更多的机会花钱，如此往复。这种赚和花的交替模式对玩家很有吸引力，并且披着许多种伪装。赚钱与花钱两条腿走路，轮流推着玩家前进。

调整经济平衡，尤其是在玩家可以互相买卖道具的大型在线多人游戏中，可能很难。因为你要同时平衡我们之前讨论的很多东西：

- **公平**：有玩家会通过买特定东西或以特定方式获利，得到不公平的优势吗？

- **挑战**：有玩家能买到一些东西，令游戏对他们来说太容易吗？赚钱来买他们想要的东西会太难吗？

- **选择**：玩家有足够的方式赚到钱吗？花钱呢？

- **概率**：赚钱是比较依赖技巧还是概率？

- **合作**：玩家能以有趣的方式集资吗？他们可以相互勾结，利用经济中的"漏洞"吗？

- **时间**：赚钱是否需要的时间太长或太短？

- **奖励**：赚钱这件事让玩家有被奖励的感觉吗？花钱呢？

- **惩罚**：惩罚如何影响一个玩家赚钱和花钱的能力？

- **自由**：玩家能以希望的方式买到想要的东西吗？

有许多种不同的方式来平衡游戏中的经济，从控制游戏本身创造多少钱，到控制不同的赚钱和花钱途径。但平衡游戏经济的目标与平衡其他游戏机制一样——确保玩家可以享受一个快乐又有挑战性的游戏。

## 52 号透镜：经济系统

给游戏一个经济系统，能让它自己产生令人惊讶的深度和生命。但是，像所有的生物一样，它很难控制。使用此透镜来保持你的经济平衡，问自己以下问题：

- 我的玩家怎样可以赚到钱？有其他方式吗？
- 我的玩家可以买什么？为什么？
- 钱会来得太容易吗？太难吗？怎样能改变呢？
- 有关赚钱和花钱的选择有意义吗？
- 在我的游戏里做一种通用货币是好主意吗？还是应该有特殊货币呢？

插画：山姆·叶

## 动态游戏平衡

爱做梦的年轻游戏设计师经常说他们希望创建一个系统，可以"动态调整玩家的技能等级"。也就是说，如果游戏对一名玩家太简单或者太难了，那么游戏会检测到这种情况并且改变难度，直到挑战程度适应该玩家。这真是一个美梦啊。但在这个梦中有很多令人吃惊的问题。

- 它破坏了世界的真实性：玩家愿意相信，至少在某种程度上相信，他们正在游玩的游戏世界是真实的。但是，如果他们知道所有对手的能力都不是一定的，而是与玩家的技能级别相关，就会破坏"对手是固定的挑战，需要提升和掌握"的幻想。

- 它会被不当利用：如果玩家知道在打得不好的时候游戏会变容易，那么可能就会主动玩不好游戏，让接下来的部分变得简单，这就完全摧垮了整个自动平衡系统的设计目的。

- 玩家会通过练习来提高：PlayStation 2 上的《神奇绿巨人》引起过一些争议，因为如果玩家被击败超过一定次数，则敌人会变得容易被击败。很多玩家觉得受到了侮辱，还有些人感到失望——他们想要继续练习直到他们能应对这一挑战，结果游戏抢走了这种乐趣。

这并不是说动态游戏平衡是一条死胡同。我只是想指出，实现这种系统不那么简单。我推测，这一领域要有所进展，将会涉及一些聪明绝顶、有悖常理的想法。

## 总览全局

游戏平衡在广度和深度上都是一个大题目。我已经尽量覆盖更多要点，但每个游戏都有自己独特的东西需要平衡，所以不可能面面俱到。请使用"平衡"透镜来寻找其他透镜可能错过的任何平衡问题。

### 53 号透镜：平衡

游戏平衡有许多种类型，每一种都很重要。然而，我们容易迷失在细节中，忘了全局。使用这个简单的透镜来脱出泥潭，问自己一个最重要的问题：

插画：山姆·叶

- 我的游戏感觉对吗？为什么？

# 拓展阅读

《游戏机制：高级游戏设计技术》，安内斯·亚当斯和多尔芝合著。在第 12 章我提到过这本书，但这里再提一次，因为其中许多内容讲的都是游戏平衡的实用技巧。

《设计细节：把〈光环 3〉中狙击步枪的射击间隔从 0.5 秒改为 0.7 秒》，杰米·格里默斯。这是杰米在 GDC 2010 上做的演讲，正面阐述对数值的细微调整也能给游戏玩法带来巨大改变。

# 第14章
# 游戏机制支持谜题

图 14.1

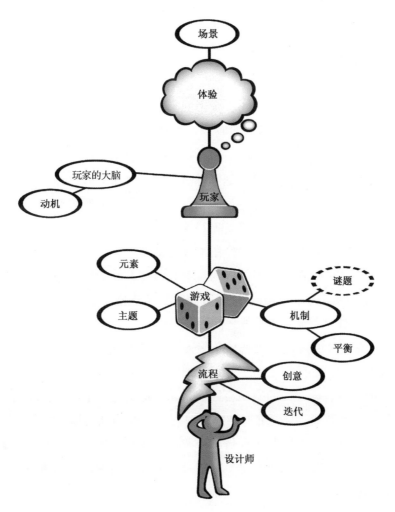

谜题是极好的机制，它创造了许多游戏的核心部分。有时它是可视的，其他时候深藏于玩法之中，以至于难以被发现，但是所有的谜题都有一个共同点：它们会让玩家停下并陷入思考。当我们用 42 号透镜"头与手"观察谜题的时候，它一定是属于"头脑"这部分的。"玩家每次在游戏中停下来思考都是在解密"这种说法具有一定争议。谜题与游戏之间存在一种微妙的关系。在第 4 章我们说到"每一次游戏都是通过玩耍的方式解题的行为。"谜题，同样是解题的行为——这会使它们变成游戏吗？本章我们会探索如何创造好谜题，以及怎样以最好的方式将谜题嵌入游戏。但是，我们应该先停下来更好地理解谜题和游戏之间的关系。

## 谜题的谜题

有很多关于谜题是不是"真正的游戏"的讨论。当然，谜题通常是游戏的一部分，但那就意味着它们是游戏吗？在某种意义上，谜题只是"有趣的问题"。如果复习第 4 章，则会惊奇地发现，"有趣的问题"符合许多我们列举出来的对游戏的定义。那么，也许每个谜题都真的是一种游戏？

有些事困扰着人们将谜题称为游戏。一个拼图并不像游戏，同样字谜也不是游戏。你会把魔方当作一种游戏吗？也许不会吧。所以谜题到底缺失了什么东西，以至于我们倾向于将它排除在游戏的定义之外？首先，大部分的谜题都是单人玩家模式，但这几乎不能成为反对它就是游戏的理由——许多被我们归类为游戏的东西，从 Solitaire（单人纸牌）到《最终幻想》，都是单人游戏。它们存在矛盾之处——玩家和系统之间而不是玩家与玩家之间。

有一个叫克里斯·克劳福德的年轻人曾经提出过一个大胆的观点：谜题并不真正具有互动性，因为它们不会积极地回应玩家。这个观点是有问题的，一方面的原因是有些谜题的的确确会回应玩家，特别是电子游戏里面的谜题。一些人建议，任何游戏，只要它有结局而且对于玩家同样的输入注定给出同样的输出，那么它就是一个谜题而不是一个游戏。这就意味着，许多基于故事的冒险类游戏，比如《Zork》《塞尔达》或者《神秘海域》，都完全不够格作为游戏，它们只是谜题而已。然而这并不正确。

也许谜题有点像企鹅。第一个发现企鹅的探险者一定会有点儿惊讶，而且也许不知该将它们分为何类动物，他会想"好吧，它们看上去有点像鸟，但它们肯定不是鸟，因为鸟会飞。它们一定是别的什么东西。"但是随着进一步的调查，结论很明显，企鹅就是鸟类：只是不会飞的鸟。所以谜题不能做什么呢？

谜题大师斯科特·金曾经说过："谜题是有趣的，而且有正确答案。"但这句话的讽刺之处在于只要你找到正确答案，那个谜题也就不再有趣了。或者就像艾米莉·狄金森曾经说过的：

> 能解之谜，
>
> 我们即刻看轻，
>
> 最冗长的无趣，
>
> 莫过于昨日的惊喜。

看来最困扰玩家将谜题视为游戏的因素就是它们并不具有复玩性。一旦你猜出最佳策略，你就可以每次都解开谜题，而且它们对你来说也就毫无乐趣可言了。而游戏往往不是这样的。大部分游戏具有足够的动态元素，以至于你每次玩的时候都会碰到新的一组问题等你来解决。有时是因为你有一个聪明的人类对手（西洋跳棋、国际象棋、西洋双陆棋等），而有时是因为游戏要么通过不断推进的目标（设置一个新的高分纪录），要么通过一些能够不断生成挑战的机制（单人纸牌、魔方、俄罗斯方块等），来为你创造出许多不同的挑战。

有一种情况：凭借一条策略就可以每次赢得游戏，在第 12 章中我们将这种情况命名为"统治性策略"。当一个游戏拥有一条统治性策略时，它并不见得就不是一个游戏了；它只不过不是一个非常好的游戏。孩子们喜欢玩一字棋，直到他们发现它的统治性策略。那个时候，一字棋的谜题就被解开了，然后这个游戏就变得不好玩了。通常我们认为拥有统治性策略的游戏不好，除非它的整个游戏目标就是寻找统治性策略。因此我们就得出了谜题的一个有趣定义：

> 谜题就是拥有统治性策略的游戏。

从这个观点来看，谜题就是你再重新玩时不会感到有趣的游戏，就像企鹅就是不会飞的鸟那样。这就是为什么谜题和游戏的核心都是拥有待解决的问题——谜题只是一种微缩版的游戏，它的目的就是找到统治性策略。

## 谜题难道不是死气沉沉的吗

当我和学生讨论谜题的重要性时，总是有人问，"难道谜题没有过气吗？我的意思是，当然二十年前它们是冒险类游戏的一部分，但当代电子游戏是基于动作而不是谜题的，不是吗？除此之外，网上到处都是通关攻略，每个人都可以简单地找到谜题的答案——所以这到底有什么意义呢？"

这是一个合理的观点。在 20 世纪 80 年代及 20 世纪 90 年代初期，冒险类游戏（魔域、神秘岛、猴岛小英雄、国王密使等）非常受欢迎，而且这些游戏通常都有非常明显的谜题部分。随着游戏主机的兴起，那些更注重"动手"而非"动脑"的游戏变得更受欢迎。但是谜题就成为明日黄花了吗？没有，记住——谜题是那些能让你停下来思考的东西，而且大脑挑战可以给一个动作游戏增添重要的新元素。当游戏设计师变得更有经验，同时开发出更流畅、更连续的游戏控制体系时，谜题就变得不那么明显了，而是被直接编织在游戏玩法的纹理内了。现代游戏不会再让玩家因为一个谜题而完全停下游戏进程来左右摆弄谜题碎片以使他们能够继续玩游戏，谜题已经被整合在现代游戏的环境中了。

比如，《第七位客人》，一个 1992 年面世的流行游戏，其中包含虽然有趣但却和游戏本身格格不入的谜题。举个例子，当你走过一栋房子时，你会发现架子上面有罐头而且你需要重新排列它们的顺序以使它们上面的字母能够组成一个句子。然后你会突然发现一个巨大的棋盘，并被告知如果要继续玩游戏，则必须找出一个让所有黑棋和白棋交换位置的方法。接着你会通过一个望远镜来解决一个用线连接所有星星的谜题。

相对于此，同样具有丰富谜题元素的《塞尔达传说：风之杖》却把它们平滑地融入了游戏的环境。当你面对一条熔岩河时，你需要想出如何将水壶投掷到正确的位置来使你渡过河流。游戏里有一个地下城，它的门由一组开关控制，你必须搞清楚如何使用地下城里发现的物件（比如石像等）来操作开关以使你通过所有的门。游戏里的有些谜题相当复杂，例如地下城里的有些敌人，当光照射到它们的时候会被麻痹。为了打开大门，你必须将敌人引诱到合适的开关上并将火焰箭射到离它足够近的位置来麻痹它们，以使门保持开启的状态来逃之夭夭。但在所有的情况下，这些谜题元素都是环境的自然组成部分，而解决这些谜题的目标同样是游戏内玩家的直接行为目的。

从明显的、格格不入的谜题变成内敛的、良好整合的形式，这种逐步的变化并不是因为玩家游戏口味的转变，更多的是因为游戏设计师的技巧成熟了。用第 49 号透镜"优雅"观察《第七位客人》和《塞尔达》的谜题，你就会发现内敛的谜题比明确的谜题顶用得多。

我们的两个例子都是冒险类游戏。其他类型的游戏也能拥有谜题元素吗？当然。当你玩格斗游戏时，你不得不停下来思考哪种策略对付某种特定敌人最有效，这就是在解谜。当你玩赛车游戏时，你在尝试弄明白在哪段赛道使用你的涡轮助推器能让你在一分钟内完成赛程，这也是在解谜。当你玩第一人称射击游戏时，你在思考按照什么顺序来射击敌人能使你受伤最少，你还是在解谜。

网上的那些通关攻略算什么呢？难道它们没有永远毁了电子游戏里的谜题吗？它们并没有。这一点我们会在下一部分解释。

## 好的谜题

好——所以，谜题到处都是。我们真正关心的是如何创造能改善我们游戏的好谜题。下面是谜题设计的 10 条原则，它们适用于任何游戏类型。

### 谜题原则 1：让目标变得简单易懂

为了让人们对你的谜题感兴趣，必须让他们知道该干什么。参考这个谜题（图 14.2）：

图 14.2

看看这个图，人们完全搞不清谜题的目标是什么？是匹配颜色还是把这个东西分开？或者是把它恢复原样？这可不容易说清楚。对比下面这个谜题（图 14.3）：

图 14.3

几乎任何人都能看出这个谜题的目标的是把圆盘从轴上取下，即使他们之前从未见过这个谜题。但目标明确。

这种情况对电子游戏内的谜题同样适用。如果玩家不清楚他们要做什么，则很快会失去兴趣，除非他们知道要做的这件事实际上很有趣。而且有很多谜题将猜出要做什么也变成谜题本身的一部分。然而你必须谨慎地使用这种谜题形式——一般来说，只有硬核解密玩家喜欢这种类型的挑战。可以参考一下孩之宝出品的《天罚因子》的命运。这个设计精美的游戏在解谜热爱者中备受推崇，因为它是创新的，有趣且富有挑战性——一百道难度逐步升级的谜题在等着玩家挑战。它的设计难以置信，而且孩之宝希望他们拥有另一个类似魔方的产品。但可悲的是，它的销量并不好。为什么？它伤害了我们关于谜题的第一个原则——目标不明确。它奇妙的楼梯设计使人很难仅凭观察就能猜到目标，甚至连怎么和它互动都猜不到。即使你购买了它之后，这个游戏也几乎没向你说明该怎么玩。玩家必须自己猜出每一个谜题的目标然后尝试解谜，而且一百道谜题里的每一道都有一个不同的目标。这真的只有疯狂的硬核解谜玩家才会大爱，但普通的玩家会感觉气馁，因为它是一种无结论的问题，几乎不会给你任何提示来告诉你是否正朝着正确的方向努力。

当你设计谜题时，要确认你在通过 32 号透镜"目标"观察它们，而且要确定你清楚地告诉玩家谜题中的哪些事是和目标相关的。

## 谜题原则 2：让它容易上手

一旦玩家理解了谜题的目标，他们就会向着目标努力。有些谜题很好上手。看看萨姆·劳埃德著名的"十五数字推盘"（图 14.4），它的目标是把所有数字块按照数字序列 1 到 15 排列出来。

图 14.4

虽然解开这个谜题的步骤并不明显，但如何上手确实对大部分玩家来说非常清晰。相比而言，下面这个谜题的目标是猜出每个字母所代表的数字（图 14.5）。

图 14.5

就如同"十五数字推盘"一样，它的目标非常明确。然而，大部分玩家对于从何处开始解谜却一筹莫展。硬核谜题玩家会先开始一段漫长的试错阶段来搞清楚他们该如何解决这个问题，但大部分的玩家会因为"太难"而放弃它。

另外一段来自斯科特·金的名言是："要设计一个好的谜题，首先要打造一个好的玩具。"我们应当拿出第 17 号透镜"玩具"。当设计谜题的时候，好的玩具会让玩家清晰地知道如何操作它。不止于此，玩家会被它吸引而去操作它。这就是魔方最成功的原因之一：即使某些毫无意愿去解开魔方的人也想知道，拿起魔方、手握魔方和旋转魔方到底是什么样的感觉。

## 54 号透镜：可达性

当你将一个谜题展示给玩家的时候（或任何一种游戏），他们应该清楚地知道最初的几个步骤应该是什么样子的。问自己以下问题：

- 玩家怎样才能知道如何解开我的谜题或者玩我的游戏？我是否需要解释，或者它是显而易见的？
- 我的谜题或者游戏是否和他们之前见过的东西相像？如果是这样的，那么如何能让他们注意到这些相似点？如果不是这样的，那么如何能让他们理解这里的行为？
- 我的谜题或游戏是否吸引玩家而且让他们想感受它及操作它？如果不是，那么如何改变它，使它变得吸引人。

插画：卡伦·菲利普斯

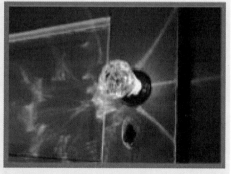

谜题原则 3：给予进步感

谜语和谜题之间的区别是什么？在大部分情况下，进步感是一个大不同。

一个谜语其实就是一道需要答案的问题。一个谜题也需要答案，但通常它会包含掌握某些事物，以至于你可以看到或者感受到你离答案越来越近。玩家喜欢这种成长的感觉——它给予玩家即将找到答案的希望。谜语并不是这样的——你就是要思考再思考，甚至可能开始猜测，要么猜对要么猜错。在早期的电脑冒险游戏里，玩家经常会碰到谜语，因为要把它放进游戏是如此之简单——但这些谜题给玩家竖起一道"石墙"，它们是如此让人沮丧，以至于在现代冒险游戏中完全销声匿迹。

但是有方法可以使谜语变成谜题——这是一种我们称之为"二十道问题"的游戏。在这个游戏里，一个玩家心里想着一件事或一个人，而另一个玩家开始问二十个只能用是或否作答的问题，以猜测第一个玩家心里想的那个东西。

"二十道问题"的伟大之处在于玩家获得的进步感。通过提出他们的问题来逐步缩小可能的答案范围，玩家可以离答案越来越近——不管如何，2 的 20 次方已经大于一百万，也就是说，二十道精心思考的是非题可以从一百万种可能性里追踪到答案。当玩家对二十道问题感到灰心丧气时，那是因为他们没有感觉到他们离答案越来越近。

魔方能够给予玩家进步感，这也是能让玩家坚持解开魔方的众多原因之一。渐渐地，一个菜鸟玩家可以将越来越多的颜色拼到一边。然后，瞧！一整边就完成了！这就是进步感的一个明确标志，而且它使玩家倍感自豪！现在他们只要把相同的事再做五次，不是吗？

当然，可见的进步不只在谜题中显得重要。它在玩法的各个方面甚至在生活中都很重要。研究表明，可见的进步（或者缺失它）是工作中影响心情的最大因素。同时考虑到通货膨胀：为什么物价和薪酬随着时间趋向于增长？这不是一个经济原理。这里其实是一个心理问题：人们希望每年都能涨薪，因为这能让人感到进步。这笔钱当然必须从某个地方生出来，所以物价会上涨。

可见的进步对谜题和游戏来说是如此重要，以至于它成为下一个透镜。

## 55 号透镜：可见的进步

玩家在解决难题的时候需要看见他们正在进步。为了确保他们能够得到这个反馈，问自己以下问题：

- 玩家在我的游戏或者谜题里取得进步意味着什么？
- 玩家在我的游戏里有足够的进步吗？是否有方法能让我添加更多的中间步骤来让玩家逐步取得成功？
- 哪些进步是可见的，哪些进步是隐藏的？我是否能找到一种方法来揭示那些隐藏的进步？

插画：尼克·丹尼尔

## 谜题原则 4：给予可解决感

和进步感相关的是可解决感。如果玩家开始觉得你的谜题是无解的，那么他们会害怕自己是在无望地浪费时间并厌恶地放弃解题。你必须说服他们谜题是有解的。可见的进步就是一种好办法，但这样的话就等于坦率地陈述你的谜题有一个答案。回到魔方上来，它用一种非常优雅的方式向玩家说明魔方是有解的谜题——当你购买魔方的时候，它已经处在被解开的状态——然后玩家把它搞乱，一般就是转动它几十次。在这一刻，非常明显它是有解的——只要用把它搞乱的一样步数就能解开，当然是反方向的！但是，大部分玩家认为解开魔方需要用比弄乱它更多的步数。即使玩家会感到灰心，但他们从未怀疑过魔方是可以解开的。

## 谜题原则 5：逐步增加难度

我们已经讨论过游戏里的难度应该逐步增加（38 号透镜"挑战"），成功的谜题也秉持这个准则。但如何增加一个谜题的难度呢？难道它不就是要么解决要么没解决？大部分谜题是用一系列的行为来解决的，它们往往都是些向着一连串目标迈进的小步骤，而这些目标会引导玩家解开谜题。这些行为应该逐步增加难度。经典的拼图游戏就提供了这样一整套自然平衡的步骤。一个试图解决拼图游戏的玩家并不是一开始就把所有的拼图块黏在一起直到拼完整张拼图的，他反倒是经常使用以下顺序：

1. 将所有的拼图翻转以使有图画的那面朝上（完全不用大脑就可做到）。

2. 找到角上的拼图（非常简单）。

3. 找到边上的拼图（简单）。

4. 将边上的拼图连接起来以组成框架（有一点儿挑战性，但是完成后会感觉值得）。

5. 将剩下的拼图按颜色分类（简单）。

6. 开始收集那些看上去明显邻近的区块（中等挑战）。

7. 收集那些可以放在任何地方的拼图（一个重大挑战）。

这种难度上的逐步提升就是赋予拼图经久不衰的吸引力的原因之一。不时，人们会推出一个拼图并号称它比普通拼图更难，他们通常就是通过改变拼图的性质以至于去掉第 1 步到第 6 步中的某些（或者全部）步骤来做到这一点的。

图 14.6 中的一个拼图游戏就是这样做的。其创新固然有趣，但其中唯一有趣的部分就是它的难度是立刻显现的。而使拼图经久不衰的那种难度逐步提升的愉悦本质却不复存在了。

图 14.6

有一个能保证难度逐步提升的简单方法，就是给予玩家控制拼图顺序的能力。参考一下纵横字谜——玩家有很多问题需要回答，每个答案都带有给其他未解答问题的提示。玩家自然会被吸引去回答对他们来说最简单的问题，并且慢慢地朝着更困难的题目努力迈进。给予玩家这种选择，我们称之为平行性，而且它还具有其他的优秀属性。

## 谜题原则 6：平行性让玩家休息

谜题会让一个玩家停下来思考。如果一个玩家无法通过思考来解决谜题且无法前进，那么他会完全放弃你的游戏，这是真正的危险。一个好的解决方法是一下子给玩家好几个不同的相关谜题。这样，如果玩家厌倦埋头解决其中的一个谜题时，那么可以放一放再试一会儿别的谜题。在这么做的过程中，他们能在第一道谜题这儿休息一会，然后利用休息获得的活力做好再次尝试第一道谜题的准备。"改换工作益如休养"这句话在这里完美适用。例如，纵横字谜和数独这类游戏天然地可以做到这一点。电视游戏同样可以做到。RPG 游戏中很少会一次只给予一个玩家一道谜题或者一个挑战——更常见的是一次给予两个或更多的平行挑战，因为这样玩家就不太会变得沮丧。

### 56 号透镜：平行性

谜题中的平行性给玩家的游戏体验带来平行的益处。为了使用这个透镜，问自己以下问题：

- 在我的游戏设计中是否存在瓶颈，以至于如果玩家不能通过一个特定的挑战就无法前进吗？如果是这样的，那么当玩家碰到这个挑战时，是否可以给玩家增加一个平行挑战？
- 如果平行挑战太相似了，那么平行性并不能提供多少益处。我的每个平行挑战之间是否足够不同以至于可以给予玩家多样性的益处？
- 我的平行挑战可以以某种方式联系起来吗？是否有办法让一个挑战上的进步可以使得解决另外的挑战更容易？

插画：尼克·丹尼尔

## 谜题原则 7：金字塔结构会延长兴趣

平行性适用的另外一件事情就是金字塔谜题结构。也就是一连串可以给更大谜题提供某种线索的小谜题。一个经典例子就是报纸上常见的混乱单词游戏（图 14.7）。

图 14.7

这个谜题也可以做得简单一点儿——只让你解开四个词。通过每个解开的词给出更多能组成一个更难短语的字母，这个游戏结合了短期和长期目标。它逐步增加难度，最重要的是一座金字塔只有一个顶点：这个游戏有单一明显而且有意义的目标——猜出漫画中笑话的包袱。

## 57 号透镜：金字塔

金字塔使我们着迷，是因为它有单一的最高点。为了赋予你的谜题古老金字塔的魅力，问自己以下问题：

- 是否有方法将谜题中的所有部分注入游戏最终的单一挑战中？

插画：山姆·叶

- 巨大的金字塔经常是由小金字塔组成的——我是否可以拥有一个具有前所未有的挑战性的谜题元素层次，逐步地走向最终挑战？
- 金字塔顶部的挑战是否有趣、吸引人而且清晰？它是否让人们想要为了解决它而努力？

### 谜题原则 8：提示会延长兴趣

"提示？！如果我们要给人提示，那么谜题存在的意义又是什么呢？" 我听到你在呐喊。好吧，有时当一个玩家感到灰心并厌恶地准备放弃你的谜题时，一个恰当时机的暗示可以重新燃起他的希望和好奇心。虽然它使解密的体验在某种程度上"跌价"，但是解开一个带提示的谜题比完全解不开它要好得多。孩之宝的《天罚因子》做得很好，那就是自带提示系统。它有一个"提示"按钮，按下它的玩家会听到关于他手上谜题简短的一个或两个词的提示，比如"楼梯"或者"音乐"。如果再按第二次它会给出更明显一点儿的提示。为了平衡这个提示系统，询问提示会有轻微的惩罚分，但是一般玩家都愿意接受它来得到提示而不是完全放弃谜题。许多手机上的"密室逃脱"解密游戏更进一步地使用了这种逻辑——游戏免费玩，但需要花钱买提示。

今天，事实上每个游戏的通关流程都可以在网上找到，你可以争论说对于有难度的电视游戏谜题已经并不真的有必要给予提示。但你仍然可能会考虑它，因为基于一条提示来解决谜题会比单单从其他人那儿抄一个答案更有趣。

## 谜题原则 9：给出答案

不，严肃地听我讲这一点。问你自己这个问题：为什么解谜会如此的愉悦？大部分人的回答是当你猜出答案时所拥有的惊讶体验。但有趣的是那种体验并不是由解决谜题触发的，而是由看到答案触发的。当然，如果是你自己给出的答案，那么它会更快乐一点儿。如果你严肃地考虑了问题，那么你正在解题的大脑会准备好迎接因为仅仅看到或者听到答案的那种喜悦感。想想悬疑小说——它们只是书本形式的大谜题。有时读者会提前猜出结局，但更常见的是他们感到吃惊（哦！是那个男管家干的！我现在知道了！），这种体验和他们自己猜出结局一样让人喜悦或者更让人喜悦，这有点奇怪。

所以，你怎么实践它呢？在互联网时代，你可能并不需要这么做——如果你的游戏非常知名，那么谜题答案很快会被张贴到网上。但为什么不考虑给你的玩家省去一些麻烦，如果他们真的被难住了，那么能否给他们一个在你的游戏中自己找到答案的方法呢？

## 谜题原则 10：感知转移是把双刃剑

看一下这个谜题：

你可以用六根火柴组成四个等边三角形吗？

不，认真地考虑一下。我的意思是尝试解开这个谜题。别担心，我会等你回来。

如果你真的尝试了，那么我猜测以下三件事中的一件发生了。（A）你之前见过这个谜题，即使你会有略微洋洋得意的喜悦，但你不会在吃惊的喜悦状态下解答这个谜题；（B）你"感知转移"了一下，也就是说你的猜测进行了一次大飞跃并得出了正确的答案，这种感觉是非常让人兴奋的；（C）有人告诉你答案，你会感觉有那么一点儿吃惊，又结合了一点儿因为并不是自己猜出答案的羞愧；（D）你灰心地放弃了，感到有点害臊。

我在这里想要阐述的观点是，像这样结合了这类"要么你解得出，要么你解不出"的感知转移的谜题是一把有问题的双刃剑。如果玩家可以做到感知转移，那么他们会感到巨大的喜悦并解出谜题。如果他们无法做到感知转移，那么他们什么都得不到。像这种几乎不包括进展性质或者阶段性难度增加的谜题——就是一直紧张又目不转睛地盯着直到灵感来临。在这方面上它们就像谜语，而且通常你会发现在电视游戏里应该少用这类谜题，这对那些玩家应该不停地取得进展的媒介来说同样适用。

# 最后一段

这里讲述了谜题设计的 10 条原则。肯定还有别的，如果在你的设计中使用了这 10 条原则，那么它一定会使你成功。谜题可以给任何一个游戏添加意义非凡的精神维度。在我们继续讨论新的主题之前，我会留下最后一个透镜，它对检测你的游戏里是否有足够的正确谜题非常有帮助。

## 58 号透镜：谜题

谜题使玩家停下来思考。为了确保你的谜题为达到你所塑造的玩家体验而全力以赴，问自己以下问题：

- 我的游戏中的谜题是哪些？
- 我是否应该制作更多的谜题，或者更少？为什么？
- 10 条谜题原则中的哪些适用于我的谜题？
- 在我的游戏中是否有任何不适宜的谜题？如何才能把它们更好地融入游戏（使用 49 号透镜"优雅"来做到这一点）？

插画：伊丽莎白·巴恩多尔

在之前几章里，我们聚焦在游戏内部——现在是时候考虑一个外部因素了：游戏的界面。

## 拓展阅读

《谜题是什么？》，斯科特·金著。谜题设计师斯科特·金撰写的一篇深思熟虑的文章。[链接 2]。

《设计谜题并将其融入动作冒险类游戏》，帕斯卡·鲁阪著。一篇实际建议的精彩合集。[链接 3]。

# 第15章
# 玩家通过界面玩游戏

图 15.1

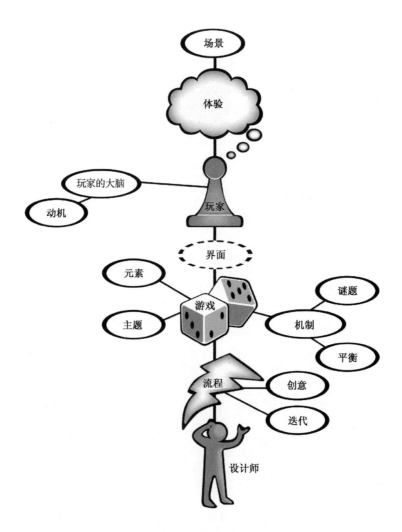

# 阴阳之间

图 15.2

还记得在第 10 章里我们曾谈论过玩家和游戏之间奇怪的关系吗？特别是玩家会把他们的想法放入游戏世界（图 15.2），但那个游戏世界难道只存在于玩家的大脑里吗？这个我们最关注的魔幻场景被游戏界面实现了，正是通过它玩家和游戏进行互动。界面是分割白/阳玩家和黑/阴游戏的无限薄的薄膜。当交接失败时，从玩家/游戏互动中产生的微妙的体验火焰就会突然熄灭。也正是这个原因，理解如何让我们的游戏互动行得通，而且尽可能地把它做结实、做强大并做到无形是非常重要的。

不过在继续讨论之前，我们应该考虑一下一个好的界面的目的是什么？它不该是"看上去好"或者"流畅"，即使这些都是好的品质。一个界面的目的是让玩家感觉将他们的体验把控在手。这个观点非常重要，以至于我们应该手边准备好一个透镜，用来不时地检查一下玩家是否有一切尽在掌握的感觉。

## 59 号透镜：控制

这个透镜的作用不只是用来检查你的界面，因为有意义的控制对沉浸式互动非常关键。在使用这个透镜之前，问自己以下问题：

● 当玩家使用界面时，它是否能尽其责？如果不能，为什么？

- 直观的界面给人以控制感。你的界面是容易控制还是难以掌握呢？

- 玩家是否感觉他们对游戏的结果有着强烈的影响力？如果不是，那么如何改变这种情况？

- 感觉强大＝掌控感。玩家是否感觉强大？你是否能使他们感觉更强大呢？

插画：内森·马祖尔

# 条分缕析

与我们在游戏设计中会遇到的很多事物一样，界面并不能够被简单或者容易地描述出来。"界面"可以表示很多事物——一个游戏手柄，一个显示器，一套控制虚拟人物的系统，游戏和玩家交换信息的一种方式，等等。为了避免混淆并正确理解它，我们必须将其分解成组件。

让我们从外部着手。首先，我们知道我们有一个玩家和一个游戏世界（图 15.3）。

图 15.3

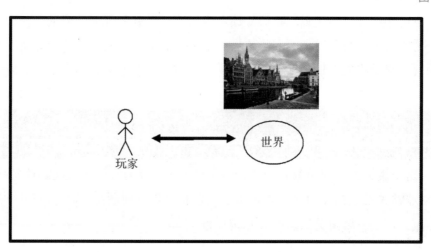

从最简单的层面来说，界面就是存在于玩家和游戏世界之间的所有事物。所以它们之间有什么呢？玩家可以通过某种方式触碰一些东西来对世界进行改变。这个可以是控制棋盘上的棋子，也可以是使用游戏手柄或者键盘和鼠标。我们就称它们为物理输入吧。相似地，玩家也可以通过某种方式注意到游戏世界发生的事情。可以是看一下棋盘，也可以是某种带声音或者其他感官输出的显示屏幕。我们就把它们称为物理输出吧。这样我们就拥有了图 15.4。

图 15.4

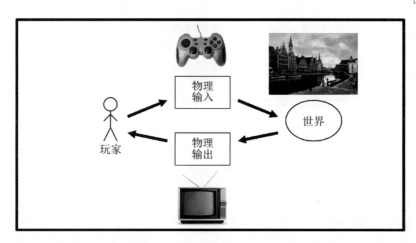

这看上去非常简单，也是大部分人对游戏界面自然的想法。但在这张图里还少了一些重要的东西。有时物理输入、物理输出是和游戏世界内的元素直接连接的，而有时还存在中间媒介。当我们玩《吃豆人》时，在屏幕的正上方会显示分数，它并不是游戏世界的一部分——它只是界面的一部分。基于鼠标的界面上的菜单和按钮也如此，或者你击中敌人造成 10 点伤害值并且这个数值以某种字体的形式从他的身体飘出来。当你玩大部分 3D 游戏时，你看不见整个世界，取而代之的是，你的视角是通过一个处于该游戏世界虚拟空间中的某个位置的虚拟摄像机获得的。所有这些都是概念层的一部分，它存在于物理输入、物理输出和游戏世界之间。这层结构通常被称为虚拟界面，而且同时具有输入元素（比如一个玩家可以做选择的虚拟菜单）和输出元素（比如分数显示），如图 15.5 所示。

图 15.5

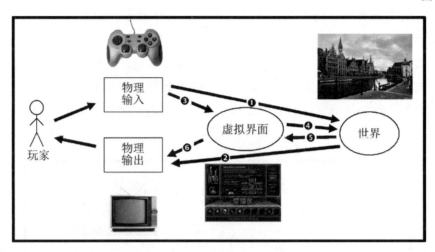

有时虚拟层是如此的单薄以至于几乎不存在，但是其他时候，它都是很厚重的，充满了虚拟按键、滑动条、显示及帮助玩家玩游戏的菜单，但它们都不是游戏世界的一部分。必须精巧地对待这层虚拟层，因为就像设计师丹尼尔·布尔文说的，"界面越具象，我们会对内容产生越多的感情羁绊"。

这样游戏里包括的主要界面元素就呼之欲出了。但我们还漏了游戏界面设计中关键的一点：映射。在图 15.5 中右侧的每个箭头上，一些特殊的事情正在发生——这并不是好像数据就这么简单地通过了——而是这些数据基于软件的设计方式进行了特殊的变形。游戏这边每一个箭头都代表了电脑代码的一个独立部分。所有这些如何以复合形式共同行事定义了游戏的界面。

以下是一些能说明这 6 个箭头所能包含的逻辑种类的例子：

1. 物理输入→世界。如果推摇杆可以让我的人物跑动，那么这个映射会告诉我们它会跑得多快，以及如果放开摇杆的话它多久会慢下来。如果我更用力地推摇杆，那么我的人物会奔跑得更快吗？我的人物会随时间一直加速吗？"双击摇杆"会让我的人物快跑吗？

2. 世界→物理输出。如果你无法一下子看到整个世界，那么你可以看到哪个部分？它是怎样呈现的？

3. 物理输入→虚拟界面。在一个基于鼠标的菜单界面中，单击会达到什么效果？双击呢？我是否可以随意拖动界面的任意部分？

4. 虚拟界面→世界。当玩家操纵虚拟界面时，它对世界有什么影响？如果他们选中了世界里的一件物品并使用弹出菜单对它实施了一个行为，这个行为会马上生效还是在一些延迟后起作用？

5. 世界→虚拟界面。世界里的变化如何在虚拟界面上显示？什么时候分数和能量条会变化？世界里的事件会导致界面中出现特殊弹出窗口、弹出菜单或模式改变吗？在玩家进入一场战斗后，特别战斗菜单会出现吗？

6. 虚拟界面→物理输出。会显示哪些数据给玩家，另外它们会在屏幕的哪里出现？显示什么颜色？什么字体？当生命力非常低的时候它是否会像心脏般跳动或者发出声音？

为了近距离调查这 6 种连接方式，我们引入两个新的透镜。

## 60 号透镜：物理界面

不知怎么地，玩家会和你的游戏产生物理互动。抄袭现有的物理界面是一个很容易跌落的陷阱。问自己以下问题来使用这个透镜以确认你的物理界面是否适合你的游戏：

- 玩家捡起和碰触了什么东西？是否能把这个过程做得更令人愉悦？
- 游戏世界内的动作映射是怎样的？这种映射是否可以做得更直接？
- 如果你不能创造一个定制的物理界面，那么当你将输入映射到游戏世界时你使用哪种隐喻方式？
- 在玩具透镜下，物理界面看上去是什么样的？
- 玩家是怎么看到、听到和触碰游戏世界的？是否有可以集成某种物理输出设备的方式使整个世界在玩家的想象中变得更真实？

插画：扎卡里·D·科尔

电视游戏世界有时会经历设计师干旱期，他们觉得创造定制的物理界面是行不通的。但是市场中的实验和创新层出不穷，别具一格的物理界面给古老的游戏玩法带来了新的生命力。

## 61 号透镜：虚拟界面

设计虚拟界面可能会非常微妙。做得不好，它们会变成玩家和游戏世界之间的一道墙。做得好，它们会放大玩家在游戏世界中的力量和控制力。问自己以下问题以确认你的虚拟界面在尽可能地加强玩家体验：

- 玩家必须接收哪些光靠观察游戏世界而无法明显获取的信息？
- 玩家何时需要这些信息？一直？有时？还是只在每关结尾需要？
- 这些信息如何以一种不会打扰玩家与游戏世界互动的方式传递给玩家？

插画：克里斯·丹尼尔

- 游戏世界里是否存在某些相比直接互动更容易通过虚拟界面互动的元素（比如弹出菜单）？
- 对于我的物理界面来说，哪种虚拟界面更适合？比如弹出菜单对于游戏手柄来说是一种很差的匹配。

当然，不能独立地设计这 6 种映射——它们必须统一协作来创造一个杰出的界面。但是在我们继续之前，必须思考一下另外两种重要的映射，我们用玩家，更精确地说，用玩家想象中的来来往往的箭头表现它们。当玩家非常沉浸在游戏中时，他或她已经不再按键或者看着电视屏幕，取而代之的是他或她奔跑、跳跃以及挥舞宝剑。你可以从玩家的语言里听出这一切。一个玩家不再说："我控制我的人物，所以他跑进了城堡，然后我按下红键来让他掷出抓钩，接着我开始按蓝键让我的人物向上爬。"不，一个玩家会这么描述玩法："我跑上山，投出我的抓钩，然后开始爬城墙。"玩家将他们自己投影进游戏并在某种程度上根本不顾界面就在他眼前的事实，除非它突然变得让人迷惑。一个人将意识投影进他所操控的任何事物中都是让人警惕的。但这只有当界面成为玩家的第二天性时才有可能，这就给予了我们下一个透镜。

## 62 号透镜：透明

无论你的界面多美丽，它总是越少越好。

*——爱德华·塔夫特*

理想的界面对玩家来说是隐形的，它可以使玩家的想象完全沉浸在游戏世界中。为了确保不可见性，问自己以下问题：

- 玩家的欲望是什么？界面是否让玩家做了他们想做的事？
- 这个界面是否足够简单到玩家通过练习就可以不用思考直接使用？
- 新的玩家是否觉得这个界面直观？如果不是，那么它是否可以用某种方法做到更直观？让玩家可以定制操作方式会起到帮助还是伤害的作用？
- 界面是否在所有情况下都工作良好或者是否存在某些情况下（靠近一个角落，走得非常快，等等）它的行为会使玩家迷惑？
- 在紧张的情况下，玩家是否可以继续良好地使用界面，或者笨拙地摸索如何操控或者遗漏了关键信息？如果是这样的，那么如何改善它？
- 界面是否有任何迷惑玩家的地方？6 个界面箭头中的哪一个有这种情况？
- 当玩家使用界面时是否有沉浸感？

插画：杰西·谢尔

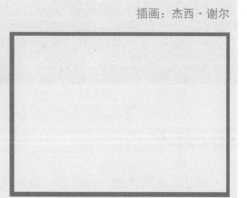

这个出自网络喜剧《便士游乐场》的恶搞界面（图 15.6），可能并不透明。

图 15.6

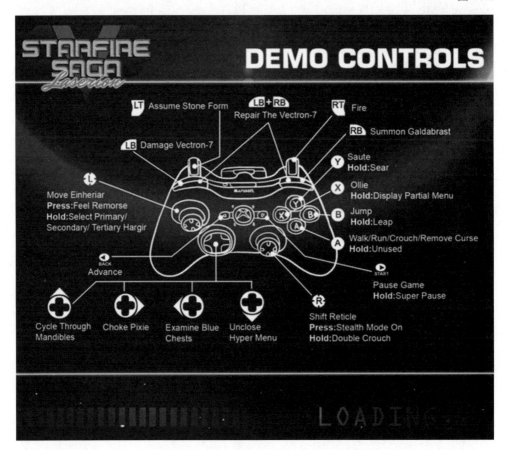

## 互动循环

信息以环状流动，一轮接一轮地从玩家到游戏再到玩家再回到游戏。这就像水流推动着一辆水车，当它转动时会产生经验。但不可能只是信息在那边环状流动。从游戏返回到玩家的信息会极大地影响玩家下一步的行动。这个信息一般被称为反馈，而且这种反馈的质量可以对玩家在游戏内发生的操作和享受程度产生巨大影响。

良好的反馈的重要性会被轻易地忽视。比如篮筐的网。这个网完全不影响游戏玩法——但是当球从筐中落下时它减慢了球下落的速度，这样所有的球员可以清晰地看见甚至听见球进了。

一个不那么明显的例子是速易洁（图 15.7），它是一个简单的设备，设计理念是成为比传统的扫帚/簸箕组合更好的清洁地板解决方案。有些人尝试重新设计扫帚和簸箕，他们只是对现有的设备做轻微的改动，比如做一个能固定在扫帚柄上的簸箕，把扫帚毛刷做得更结实，给簸箕加个盖子，等等。看上去速易洁的设计师使用了 14 号透镜"问题描述"给出一个全新的解决方案。如果我们用扫帚/簸箕的解决方案来审视其中的某些问题的话：

- 问题 1：不可能把所有的尘土扫进簸箕。
- 问题 2：很难在站立的时候使用簸箕。而弯着腰却很难使用扫帚。
- 问题 3：扫帚无法扫到所有的尘土。
- 问题 4：当你尝试把灰尘扫入簸箕时，你的手会弄脏。
- 问题 5：将垃圾从簸箕转移至垃圾桶时很危险——它经常会倒或吹得到处都是。

图 15.7

我们现在看一下速易洁，它使用可抛弃式的擦布非常完美地解决了这些问题：

- 解决方法 1：不需要簸箕。

- 解决方法 2：使用速易洁时不需要弯腰。

- 解决方法 3：速易洁擦布比扫帚能扫更多的尘土。

- 解决方法 4：你的手保持洁净。

- 解决方法 5：擦布很容易清理。

所以，速易洁解决了很多问题，也让它非常吸引人。它同时还具有一个超越这些实际事件的吸引力。它拥有一股强烈的精神吸引力——老实说，它用起来也很有趣。为什么？因为它的设计解决了一些常人不认为是问题的问题。下面是一个例子：

- 问题 6：用户几乎得不到关于他们将地板清洁到了什么程度的反馈。

除非地板是真的很脏，不然如果只看地面的话很难看出你打扫后和之前是否真的有区别。你也许会说："谁在意呢？我们关心的只是它被擦得多好，不是吗？"但是这种反馈的缺失可以让整个工作感觉徒劳无功，也就是说，用户不太会乐在其中并且会更少地打扫。用另一句话来说，越少的反馈=越脏的地板。但是速易洁将这个问题解决得非常好。

- 解决方法 6：打扫完后你从地板上擦去的尘土在你的擦布上非常明显。

这种反馈让玩家迅速地明白他们所做的在保持地面干净程度这件事上起到了很大的作用。这就引发了各种乐趣——因为做了有用的事情而产生的满足感，净化的快乐，甚至还有掌握别人不知道的暗知识的喜悦感。虽然这种反馈直到任务结束才会到来，但是玩家能够预见这一点并且期待看到一件工作被不错地完成后的具体证据。

## 63 号透镜：反馈

一个玩家从游戏中得到的反馈有很多种：判断、奖励、指导、鼓舞和挑战。用这个透镜来确认你的反馈回路正在创造你想要的体验，随时随地在你的游戏中问自己以下问题：

- 在这个时刻玩家应该知道什么？
- 在这个时刻玩家想要知道什么？

- 在这个时刻你想要玩家感受到什么？你如何给出能够创造这种感受的反馈？
- 在这个时刻玩家希望感受到什么？对他们来说是否有机会创造这样一个能使他们获得这种感受的情境？
- 在这个时刻玩家的目标是什么？哪种反馈会帮助他们实现这个目标？

插画：尼克·丹尼尔

使用这个透镜需要花些工夫，因为游戏中的反馈是连续的，但在不同的情境中也必须不同。在你的游戏中的每个时刻都使用这个透镜会耗费巨大的精力，但这是值得的，因为它有助于确保这个游戏清晰、富有挑战性并且是值得的。

图 15.8

没有反馈的体验是让人沮丧和迷惑的。在美国的很多斑马线旁边，路人可以按一个键将不得通行变成通行标志，以便他们可以安全地穿越马路（图 15.8）。但标志不会立刻改变，因为这会导致交通事故。所以可怜的路人经常不得不等上一分钟来看按键究竟是否起作用。结果就是，你会看见各种奇怪的按键行为：

有些人按住键并保持好几秒；其他人就是为了保险起见连续按上好多次。整个体验伴随着不确定感——经常可以见到行人紧张地注视着红绿灯和不准通行的标志来看它是否真的会变化，因为也许他们并没有正确地按键。

在英国的某些地区，我们高兴地发现，如果按下斑马线按键，那么它会以发光的等待标志形式给出即时反馈，而且在通行阶段结束后熄灭等待标志（图 15.9）！添加一些简单的反馈可以把一次让行人感觉沮丧的体验转变为感觉自信和尽在掌握的经历。

图 15.9

有用的反馈

通常按照经验来看，如果你的界面不会在十分之一秒内对玩家的输入做出反应，那么他就会觉得你的界面出了问题。如果你的游戏会使用到"跳跃"键，那么这样的典型问题会经常发生。如果这个制作跳跃动画的动画师是电视游戏制作新手，那么他非常有可能会在跳跃动画里加上"上发条"或者"预期"画面，也就是人物会用四分之一秒到半秒的时间蹲下，做跳的准备。这是非常合理的动画操作，但是因为这打破了十分之一秒的原则（我按了跳键，但我的人物直到半秒之后才出现在空中），它会让玩家感觉沮丧而受不了。

# 有趣

让我们回到打扫的例子：一条肮脏的擦布并不是速易洁给用户的唯一反馈。让我们考虑一下扫帚/簸箕组合带来的另一个问题，大部分人可能都不会说出来。

- 问题 7：扫地很无聊。

好吧，当然是这样的！是在扫地！但说到无聊我们到底指的是什么？我们需要把它继续划分。特别是：

- 扫地是反复的（同样的动作一遍又一遍）。
- 它需要你集中精神在某件不会带来惊喜的事上（如果你不关注那小堆尘土，那么它会飞得到处都是）。

速易洁是如何面对这个挑战的？

- 解决方法 7：使用速易洁是有趣的！

这可能是速易洁最大的独立卖点。在速易洁的电视广告里，他们展示了人们在清扫房屋地板的过程中欢快地舞蹈着，有些广告特写是人们单纯因为好奇购买了速易洁，之后更像小孩玩玩具般地一边玩耍着速易洁一边清扫地板。用17 号透镜"玩具"观察一下，速易洁做得很好——它确实好玩……但是为什么？它不就是一根棍上的一块布吗？对，从某种意义上来说是这样，但是速易洁的底座也就是擦布固定的地方，它连在一根带有特殊种类转轴的棍子上，这样当你轻轻地转动你的手腕时，支撑擦布的底座就会明显地转动。你手腕的一点儿动作就可以使整个清洁机制更轻松地、流畅地且强烈地运动起来——用最小的力量让它按照你的需求精确就位。使用它感觉就好像在你家房子的地板上开一辆魔术跑车。清洁底座所展示的运动是二级运动，也就是说起源于玩家动作的运动。当一套系统展示大量一个玩家可以轻易控制的二级运动并且它会给予玩家许多力量与奖励时，我们称之为多汁系统——就像一颗成熟的蜜桃，只要与它有一些互动，它就会回馈你连续不断的可口汁水。作为游戏中的一种重要品质，多汁经常被人们所忽视。为了避免忽略它，用这个透镜吧。

## 64 号透镜：多汁

将一个界面称为"多汁"可能看上去有点愚蠢——虽然经常听到人们用"干燥"来形容一个几乎没有任何反馈的界面。在你开始使用多汁界面的那一刻起多汁界面就很有趣。为了最大化它的多汁，问自己以下问题：

插画：帕特里克·米特雷德尔

- 我的界面对玩家的动作给予持续的反馈了吗？如果没有，为什么？
- 二级运动是由玩家的动作创造的吗？这个二级运动是否有利且有趣？
- 多汁系统以多种方式立刻奖励玩家。当我给予玩家一次奖励时，我同时以多少种方式在奖励他们？我可以找到更多的方式吗？

我们在第 4 章讨论过工作和游戏之间的区别，其中之一就是态度。我选择速易洁这个非游戏的例子作为例证是因为它的反馈如此有利，以至于它将工作变成了游戏。既然你的游戏应该是好玩的，那么让你的界面变得有趣这件事就非常重要。如果你把一个干燥、困难的界面作为玩家通向你称为有趣体验的入口，那么你就是在冒创造内部矛盾和自我挫败体验的风险。记住，趣味通常伴随着意外的愉悦，所以如果想让你的界面做到有趣，那么它必须提供以上两种情绪。

## 首要性

有一种界面形式，它偏重于和多汁有趣联系在一起，就是在手机和平板上能找到的触摸界面。在非常短的时间内，触摸界面已经极大地改变了游戏世界。

特别是小孩，触摸表现出了令人吃惊的容易上手。这是为什么呢？明显的答案是"因为它们直观"。但这真的是一个含糊不清的答案，因为"直观"的定义是"容易理解"。所以这个问题就转变成了"为什么触摸界面是如此的容易理解？"答案是：它们原始。

直到触摸电脑的出现，每一台电脑界面都采取使用工具的形式。我们会和一些物理物体（键盘、鼠标、按钮控制板、打孔卡）互动，以及会发生一些远程的（不在我手边的）反馈。逐渐地，就像所有的工具一样，我们学会它们是如何工作的并开始习惯使用它们。但使用工具并不原始，我的意思是，人类是在3至4亿年前开始使用工具的，这确实很棒。但动物在更长的一段时间里，可能3或4亿年仍然在本能地触摸着物体。当然，我们的大脑是从这些大脑进化而来的。当你思考人类大脑的三层结构时，它变得更加清晰——最低级的"爬行动物"类大脑可以处理触摸，但使用工具需要来自新大脑皮层的帮助，也就是大脑的最高级别。

当你用这种方式思考这个问题时，为什么触摸比使用鼠标或者游戏手柄更加直观就非常明显了。但是，它自然又引发了一个更广泛的问题——游戏中的哪些部分是原始的，哪些部分又需要更高级的大脑功能？它看上去可以确定的是，你能使用或涉及越多的大脑原始部分，人们就会觉得你的玩法更直观、更有力，这也说明了为什么那么多的游戏包含以下元素：

- 收集水果类元素。
- 和有威胁的敌人作战。
- 寻路以通过不熟悉的环境。
- 克服困难去找到你的伴侣（科学家通常称之为"拯救公主"）。

为了真正地了解在给定活动下会涉及大脑的哪些部分，你必须成为一名从事核磁共振研究的大脑科学家。如果只是为了做出一次关于你的界面和游戏活动是否具有低级别原始性的有质量猜测，那么只需要考虑一下动物是否也可以操作它。如果它们可以，那么你非常有可能已经在利用原始的力量了。

## 65 号透镜：原始性

一些动作和界面是如此直观，连动物都在几亿年前就在做这些动作。为了捕捉到原始性的力量，问自己以下问题：

插画：阿斯特曼·里昂-钟

- 在我的游戏中，哪些部分是原始的，连动物都可以玩？为什么？
- 在我的游戏中，哪些部分可以做得更原始？

# 信息通道

任何界面的一个重要目的都是用来交流信息。决定游戏与玩家沟通必要信息的最好方式需要经过深思熟虑的设计，因为游戏通常包含大量的信息，而且人们同时需要它们中的许多信息。为了搞清楚在游戏中展现信息的最佳方式，试试看采取以下步骤。回顾一下本章开始时我们的界面数据流图，我们大都在谈论箭头 5（世界→虚拟界面）和箭头 6（虚拟界面→物理输出）。

## 步骤 1：列表与排列信息

一个游戏必须呈现大量信息，但它们并不同等重要。假设我们正在为一个类似于经典红白机上《塞尔达传说》的游戏设计界面。我们也许会先列出玩家必须看到的所有信息。一个没有优先级的列表也许是这样的：

- 红宝石的数量。
- 钥匙的数量。
- 体力值。
- 当下环境。
- 远处环境。

- 其他物品。

- 当前武器。

- 当前宝物。

- 炸弹数量。

现在，我们按照重要程度对它们进行排序。

每一刻都必须了解：

- 当下环境。

游戏过程中必须时不时地瞟一眼：

- 红宝石数量。

- 钥匙数量。

- 体力值。

- 远处环境。

- 当前武器。

- 当前宝物。

- 炸弹数量。

有时必须知道：

- 其他物品。

## 步骤2：列出通道

一个信息通道只是传递数据流的一种方式。通道到底是什么，每个游戏互不相同——而且你如何选择它们也存在极大的灵活性。一些可能的信息通道是：

- 屏幕正上方。

- 屏幕右下角。

- 我的头像。

- 游戏音效。

- 游戏音乐。

- 游戏屏幕边界。

- 逼近的敌人胸部。

- 一个人物头上的对话气球。

列出你认为也许会用到的通道是一个好主意。在《塞尔达传说》中，设计师用到的主要信息通道是：

- 主显示区域。
- 屏幕上方的信息控制面板。

同样，他们决定玩家可以通过点击"选择"按钮激活"模式改变"（我们会在本章的后面讨论模式改变），它的信息通道有所不同：

- 辅助显示区域。
- 屏幕底部的信息控制面板。

## 步骤 3：将信息映射到通道

现在，困难任务来了：将信息的类型映射到不同的通道上。这通常部分是靠着本能，部分是靠着经验，大部分是靠着试错完成的——画大量的小草图，思考它们，再重新画，直到你试验出了一些有用的东西。在《塞尔达传说》里，映射是如下这样的。

主显示区域：

- 当下环境。

屏幕上方信息控制面板：

- 红宝石数量。
- 钥匙数量。
- 体力值。
- 远处环境。
- 当前武器。
- 当前宝物。
- 炸弹数量。

辅助显示区域：

- 其他物品。

看一眼主屏幕（图 15.11）和子屏幕（图 15.10），你可以看到别的有趣的选择：

图 15.10

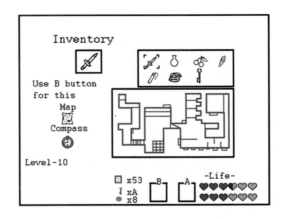

图 15.11

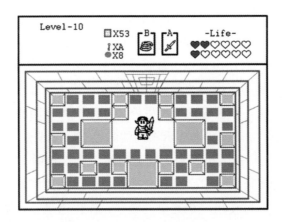

注意控制面板信息对游戏玩法是如此重要，它必须一直显示在主屏幕和子屏幕上。控制面板的内容真的包含 7 种不同信息通道。注意一下它们是如何分开的——人们认为"生命数"是重要的，因此它占了界面三分之一的位置。红宝石、钥匙和炸弹，虽然它们的作用各不相同，但都必须传递一个两位数的数字，所以它们都归类在了一起。你所持有的武器和宝物是重要的，所以它们有小框包围四周。"A"和"B"提醒玩家在使用道具时该按哪个键。

同时注意仓库界面如何利用剩余空间给予玩家使用方面的指示。

你可以看到，和更现代的游戏相比，这是一个相对简单的界面，但设计师仍做了很多布局上的决定，这些决定对于游戏体验起到了至关重要的影响。

## 步骤 4：检验维度的使用

游戏中一条信息通道可以拥有许多维度。举例来说，如果你决定把"对敌人造成的伤害"映射到"从敌人那儿飞出的数字"，那么在那条通道上你有好几个维度需要处理。例如：

- 你显示的数字。
- 数字的颜色。
- 数字的大小。
- 数字的字体。

现在你必须决定想要使用这些维度中的哪些。你肯定会使用第一个，数字。但是颜色会代表任何含义吗？也许你会使用其他维度作为信息的强化剂——小于 50 的数字是白色小号，从 50 到 99 的数字是黄色中号，100 及以上的数字会是红色的且非常巨大，而且以一种特殊的字体来强调伤害数量。

在一条通道上使用多维度来强调一则信息是使该信息非常清晰（并且同时也多汁）的一种方法，你也可以使用另外一种方法将不同的信息放在不同的维度上。比如，你也许会在数字上标示不同的颜色来表示朋友（白色）和敌人（红色）。你也许会用数字的大小表示人物还差多少会被击败——小号数字表示人物还剩下大量体力，而大号数字也许意味着他们就快死了。这种技巧可以是非常有效而优雅的。通过使用一个简单的数字，你传递了三种不同的信息。风险在于你必须教育玩家，让他们知道这条信息通道所展示的不同维度的内容，这对有些玩家来说是难以理解或者记住的。良好地使用通道和维度可以促进创造一个优雅的、布局精美的界面，为此我们有一个专门的透镜。

### 66 号透镜：通道和维度

选择如何将游戏信息映射到通道和维度是设计游戏界面的核心。使用这个透镜来确认你深思熟虑并且优秀地做到了这一点。问自己以下问题：

- 哪些数据需要在玩家这儿往来？

- 哪些数据是最重要的？
- 我可以用哪些通道来传输这些数据？
- 哪些通道对于这些数据来说最合适？为什么？
- 这些不同的通道上哪些维度是可用的？
- 我该如何使用这些维度？

插画：伊丽莎白·巴恩多尔

## 模式

什么是模式切换？简单来说，界面图里映射箭头（1～6）其中之一的改变就是模式切换。比如，按 B 键会改变游戏手柄的作用，以至于它不是让你的人物奔跑而是用水龙头瞄准，这就是模式切换，箭头 1 上的映射（物理界面→世界）刚刚改变了。6 个箭头中任意一组映射的改变就是模式切换。

模式是一个给游戏增加多样性的好方法，但你必须非常小心，因为如果玩家不能意识到模式刚刚发生了切换，那么你是在冒着让玩家疑惑的风险来设计游戏。这里有一些避免让界面模式陷入麻烦的建议。

### 模式建议1：使用尽可能少的模式

模式越少，对于玩家来说他会困惑的可能性也就越低。同时拥有几个界面模式并不是坏事，但你要谨慎地添加模式，因为每个模式都需要玩家学习并且理解。

### 模式建议2：避免模式叠加

就像我们有从游戏到玩家的信息通道，也存在从玩家到游戏的信息通道。每个按键或者摇杆都是信息的一个通道。举例来说，假设有一个游戏，它让玩家在走路模式（使用摇杆控制方向）和投掷模式（使用摇杆瞄准）之间切换。后来，你决定再加入一种驾驶模式（使用摇杆控制一辆车的方向）。如果玩家在驾驶过程中切换到投掷模式，那么会怎么样？你可以尝试允许发生这种情况，其实也就是将玩家同时置于两个模式（驾驶和投掷）下。这也许行得通，但如果摇杆同时控制车的方向和瞄准界面，那么也许会变成一场灾难。如果你的物理界面有第二根摇杆，也许把瞄准在所有情况下移除会更明智。如果你将模式做得独一无二且不互相重叠，那么它会让你远离麻烦。如果你发现重叠模式必不可少，那么务必确认它们在使用界面的不同信息渠道中。比如，摇杆可以拥有两套导航模式（飞行或者行走），按键有两个射击模式（火球或者闪电）。这些模式处于完全不同的维度，所以它们可以安全叠加——我可以在射击火球和射击闪电之间切换，同时对行走或者飞行不会产生任何影响。

### 模式建议3：制作尽可能不同的差异模式

用另一句话来说，用 63 号透镜"反馈"、62 号透镜"透明"来观察你的模式。如果一个玩家不知道他们身处哪个模式，那么他们会觉得疑惑和灰心。UNIX 老文字编辑系统 vi（读作"V.I."）是疑惑模式的交响曲。大部分人会期待当一个文字处理软件启动时，它会处于允许你输入文字的模式。但 vi 却是例外。它实际所处的状态是按下键盘上的每个字母要么显示一条例如"删除整行"的命令，要么让整个编辑器进入一种新状态。但是敲击这些按键不会给予你目前所处模式的任何反馈。如果你真的希望输入文本，则必须输入一个字母"i"，然后你就会进入文字输入模式，实际上它看上去和命令输入模式一模一样。要想自己搞明白是完全不可能的，甚至老练的 vi 用户有时也会疑惑他们正处于什么模式。

这里列出了几种能让你的模式看上去不同的好方法：

- 改变屏幕上巨大且可视的东西：在《光晕》及大部分第一人称射击游戏中，当你换武器时，它是非常明显的。另外要提的一点是，你剩下的弹药数量通过一条有趣的通道给出——它就在枪的背部。
- 改变你的人物所采取的行动：在经典街机游戏《丛林之王》中，你从摆动藤蔓模式切换至游泳模式。因为你的人物在做明显不同的事，很明显模式变化了（同时他的头发颜色也变了——当然这可能有点过了）。
- 改变屏幕上的数据：在《最终幻想》系列游戏及大部分的 RPG 里，当你进入作战模式后，许多作战数据和菜单会突然出现，很明显模式发生变化了。
- 改变镜头视角：它作为模式变化的一个标志经常被忽略，但它非常有效。

## 67 号透镜：模式

任何复杂度的界面都需要模式。为了确保你的模式让玩家感到有力和有控制感，并且不使他们疑惑或不知所措，问自己以下问题：

- 我的游戏中需要什么模式？为什么？
- 有些模式是否可以重叠或者合并？

插画：帕特里克·柯斯林

- 是否有些模式重叠了？如果是这样，那么是否可以把它们放入不同的输入频道？
- 在游戏改变模式后，玩家怎么知道？游戏是否可以用不止一种方式来传递模式改变的信息？

# 其他关于界面的建议

好，我们已经涉及界面数据流、反馈、频道、维度和模式。这是一个好的开始。但是整本书谈的都是界面设计的主题，我们还有许多别的有趣事情可以讨论；我们必须继续向前！但在此之前，先来看一些关于制作优秀游戏界面的常用建议。

### 界面建议1：偷窃

更礼貌一点儿的说法，我们会称之为界面设计"自顶向下的方法"。如果你正在为一个已知类型的游戏设计界面，比如动作或平台类游戏，你可以从一个已知的成功作品开始着手，然后将它改变为适合你的游戏中独特之处的界面。这可以为你节省大量的设计时间，而且另一个好处是它对你的玩家来说也是熟悉的界面。当然，如果你的游戏没有任何新意，则会让人感觉是在克隆——但令人吃惊的是，一个小变化是可以导致另一个变化发生的，周而复始，在你弄明白之前，你的克隆界面早已渐变成一个完全不一样的东西了。

### 界面建议2：定制

它也被称为"自底向上的方法"，它是偷窃的对立面。这种方法就像我们之前解释的那样，让你通过列出信息、通道和维度来从头设计界面：这是一种让界面看上去独特，以及专门适配你的特别游戏的好方法。如果你的游戏的玩法新颖，那么会发现这是唯一可取的路径。即使你的游戏的玩法并不新颖，当你尝试自底向上创造界面时也会感到吃惊——你会发现你发明了一种全新的玩游戏的方法，因为其他的每个人都在抄袭成功之作，而你花时间检查了问题并且尝试做得更好。

### 界面建议3：围绕你的物理界面设计

电视游戏开始的世界里的一大特色是拥有完全不同界面的平台：触摸界面、动态界面、键盘鼠标、游戏手柄和混合现实头戴器。人们尝试制作能在这些平台上同样运行良好的游戏，这样就可以将它们卖给尽可能多的人。但事实上，尝试设计独立于任何一类界面的游戏往往会产生一个无趣的游戏。想象愤怒的小鸟——它的巨大成功一部分原因是它很好地利用了触摸界面这个事实。记得"玩具"透镜吗？如果游戏的核心互动是利用了某种物理界面独特的玩法，那么它会得到足够多的注意力而值得让玩家放弃其他平台。

### 界面建议4：主题化你的界面

通常设计游戏界面和游戏世界的是两位不同的美术设计师。在第 6 章，我们讨论过将一切主题化的重要性，界面也不例外。用 11 号透镜"统一"审视每一寸界面，是否可以找到一种方法将剩下的体验关联起来。

### 界面建议5：将声音映射到触摸

通常，当在游戏中使用声音时，我们考虑的是给玩家营造身临其境的氛围感（草地上叽叽叫的小鸟），或者是让动作看上去更真实（当玩家看见玻璃破碎时同时听见它碎裂的声音），或者给予玩家关于他们在游戏内进度的反馈（当你捡起宝物时发出的滑音）。但在音乐上，总有一些与界面直接有关的方面会被忽视：人脑会很容易地将声音映射到触摸。因为当我们在控制真实世界中的东西时，触摸是我们对于控制得到的反馈中的一个核心部分，所以它很重要。在虚拟界面中，我们能通过触摸感受到信息反馈也是极少的。但我们可以通过播放相应的音乐来模拟触摸。首先，你必须考虑如果界面是真的，那么你希望它摸上去是何种感觉。然后，你必须决定哪种声音能最好地营造这种氛围。如果你成功地做到这一点，那么人们会对界面产生的愉悦感到惊奇，但他们很难说清楚这是为什么。我对未来界面能更成功地融合触觉反馈抱有极大的希望，而声音是最佳的选择。

### 界面建议6：用层级平衡选项和简单度

当设计一个界面时，你会面临两个互相冲突的欲望：给予玩家尽可能多的选项的欲望和将界面做得尽可能简单的欲望。就和游戏设计中的许多事一样，成功的关键是平衡。一个能达到平衡的好方法是通过模式和子模式创造层级。如果你将界面很好地按重要性排序，那么在搞清楚如何创造层级这件事上你已经开了个好头。一个典型的例子是将仓库和配置菜单隐藏到一个不常用的按钮比如"开始"下面。

### 界面建议7：使用隐喻

一条教会一个玩家理解你的界面工作方式的优秀捷径是把它做成和这个玩家之前见过的某些事物类似的样子。比如，在设计游戏《冒险乐园》的时候，我的团队受到了一个很不寻常的限制。在这个游戏里，用户向一支由发条玩具组成的小队发出键盘指令（向上、向右等）。因为这是一个同步多人游戏，计划通过在玩家发布命令和玩具接收它之间置入一个延迟的操作而让事物保持同步。这样，我们会让游戏在不同玩家的机器上保持同步，本地的人工延迟会和无法避免的由信号从一台电脑传递到另一台电脑而造成的网络延迟保持同样的长度。不幸的是（这并不令人吃惊），玩家觉得这很令人迷惑——他们习惯于在一次按键后立刻执行动作——而不是在一切发生之前还要经过半秒的等待。团队在意识到要完全放弃整个计划的时候非常沮丧，然后有人出了一个主意，如果我们展示一个可见的从虚拟按键到玩具的无线电波，而且还伴随着"无线电传输"的声效，那么可能会更好地帮助玩家理解这个机制。它真的起作用了！使用新的系统，无线电波传输的暗喻清晰地解释了行动中的延迟，同时给予了玩家一些关于当下发生事情的立刻反馈（图 15.12）。在 11 号透镜"统一"的观察下，这个改变加强了主题，它是关于无线电控制的玩具。

图 15.12

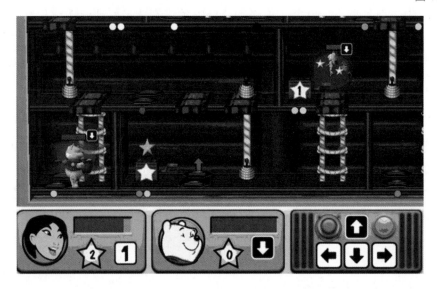

《冒险乐园》的控制面板。一条"下"信息刚送至维尼熊这儿（由迪士尼企业集团提供）

## 67 $\frac{1}{2}$ 号透镜：隐喻

游戏界面经常模仿玩家熟悉事物的界面。为了确保你使用的隐喻有助于玩家理解，不令玩家感到疑惑，问自己以下问题：

插画：德里克·赫特里克

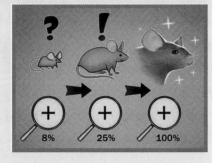

- 我的界面是否已经是对其他事物的隐喻？

- 如果是隐喻，那么我是发挥了其最大作用，还是令其成为阻碍？

- 如果不是隐喻，那么让它变成隐喻会更符合直觉吗？

### 界面建议8：如果它看上去不同，那么它的行为也要不同

游戏开发者经常会顶着视觉多样性的名义落入和这条建议对着干的陷阱。例如，他们也许会做一个游戏，在里面玩家会和飞翔的茶碟作战。为了加入一些视觉调料，有人想出了五颜六色茶碟的主意：有的是红的，有的是紫的，还有的是绿的。玩家看到这些茶碟后会想它们在功能上肯定不同——它们可能会以不同速度移动或者拥有不同的分数值。如果它们不是这样而仅仅是颜色不同，那么玩家肯定会感到失望并且感到困扰。

游戏设计师也经常犯相反的错误，创造两个看上去一模一样却拥有不同行为的东西。比如，你可能会创造一个"X"键，当按下"X"键的时候会关闭界面中的某些窗口。之后，因为需要一个可以让玩家从游戏里删除物件的按键，"X"可能是看上去最能代表删除逻辑的选择。如果同一个"X"键有时表示"删除"，而有时表示"关闭窗口"，那么可能会迷惑玩家，并使他们感到困扰。

### 界面建议9：测试，测试，测试！

没有人第一次就可以把界面做对。新游戏需要新界面，除非你让玩家试过你的新界面，否则你不能想当然地认为它是清楚的、赋予人力量的，而且是有趣的。尽可能早、尽可能多地测试你的界面。在你完成一个完整的可玩游戏之前先做一个界面的原型。用纸和硬纸板做任意按键或者菜单系统的原型，找人来扮作玩游戏的样子来使用这个界面，让你可以看到他们在哪里会碰到问题。最重要的是，通过这种方式，你可以像一个人类学家一样，随着时间的流逝开始更好地了解他们的意图，这样也会告诉你所有在界面上应该做的决定。

### 界面建议10：打破不能帮助玩家的法则

因为许多游戏都是现有主题的变种，所以有大量的界面设计是从一个游戏复刻到另一个游戏的。这些经验法则是如此之多，以至于在每一类游戏中都会出现。它们可能有用，但你很容易不考虑它们对游戏中的玩家来说是否真的是一个好主意而盲目地遵从了它们。这里有一个使用鼠标的 PC 游戏的例子。鼠标左键一般都作为主键，有些游戏选择使用右键来实现其他功能。所以，有一条经验法则是说右键一般不该做任何事，除非你处于右键具有特别目的的一个特殊模式里。然而，这条法则经常被过于重视——在简单游戏里，比如儿童游

戏完全不使用右键，大部分游戏设计师倾向于将它完全禁止，这样所有的玩法都通过鼠标左键体现。但是当儿童使用鼠标时，他们经常会按错误的鼠标键，因为他们的手小。聪明的游戏设计师打破了这条经验法则，把左右键同时映射到同样的操作，这样按下任意键后的操作都是正确的。真的，为什么你不为每个只需要一个鼠标键的游戏这么做呢？

游戏界面真的是通向体验的大门。现在让我们穿过大门更近地观察游戏体验本身吧。

# 拓展阅读

《每日物品设计》，唐纳德·诺曼著。这本直截了当接地气的书充满了经精心挑选的真实世界对象和系统的优秀的或拙劣的设计范例。令人吃惊的是，它完全适用于游戏设计领域。

《游戏感》，斯蒂夫·斯温克著。这本独特的书专注于毫秒级别的游戏界面设计，仔细地剖析了是什么使游戏感觉更好。必读。

《量化信息的视觉显示》，爱德华·塔夫特著。这本书被认为是图形界面设计的圣经，即使你只是浏览一下这本及塔夫特的另外三本书，它们也可以为你提供真知灼见。

# 第16章
# 体验可以用兴趣曲线来评价

图 16.1

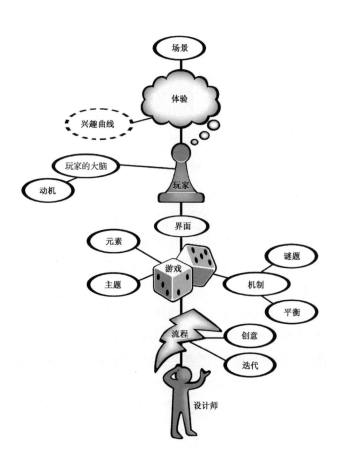

# 我的第一个透镜

在我 16 岁那年，我开始了人生的第一份工作：职业艺人，表演地点是当地一家主题公园的剧团。我本希望自己可以凭借已训练多时的杂耍技能有表演的机会，但最后我的工作变成了一堆杂七杂八的事情——操作木偶，扮演浣熊，在后台控制调音器，以及组织观众参与滑稽表演。但是有一天，剧团的老板，一个叫马克·特里普的魔术师向我走过来并解释道，"听着——公园东边的新舞台快要完工了。我们准备把那出音乐喜剧搬过去，而且我准备推出一场魔术表演。当我放假的时候，我们需要些别的演出来代替。你觉得你和汤姆能一起表演杂耍吗？"

我当然非常兴奋——汤姆和我总在一起练习。我们订过一个粗略的单子，简短记下我们可以表演的不同把戏，以及能把它们串联在一起的顺口溜和笑话。终于，我们要在观众面前试演了。我们用倒立开始我们的演出，接着是杂技抛圈、抛接棒，最后以我们自认为难度最高的抛接五个球作为结尾。表演我们自己的秀真的是令人非常兴奋的事。最后，我们鞠躬致谢并凯旋般地回到后台。

马克在后台等我们。"好吧，你认为我们如何？"我们骄傲地问他。

"还不赖，"他说，"但是还可以更好。"

"更好？"我惊讶地问道，"没有任何道具掉在地上啊？"

"确实，"他回答道，"你们是否在倾听观众？"

我回想了一下。"好吧，我猜是他们的情绪热得有点慢，但他们确实很喜欢抛接棒这个节目！"

"是的，但那五个球抛接呢——你们最后那个节目？"

我们必须承认那个节目确实没有获得我们预期的效果。

"让我看看你们的节目单"，他说。他仔细地阅读了一遍，时而点头，时而眯着眼睛看。他思考了一会便说，"在你们的表演里有一些好东西，但进度的展开并不是特别正确。"汤姆和我对视了一眼。

"进度？"我问道。

"对"，他回答道并捡起了一支铅笔，"看到了吗，你的表演目前是这样一种形状，"他说着便在节目单的反面涂鸦出了一个形状（图 16.2a）。

图 16.2a

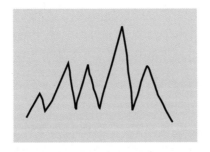

他继续说，"观众基本上都更倾向于观看一个这样的演出（图 16.2b）。"

图 16.2b

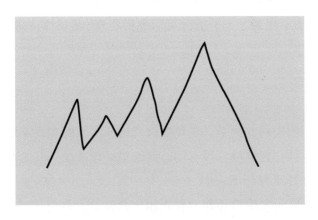

"看见没？"

我没理解。但当时我感觉正在看一个非常重要的东西，可称之为兴趣曲线。

"它很简单。你一开始就要用一些热闹的东西来吸引观众的注意力。然后你收一收，表演一些小把戏，让他们有机会放松一下并借此机会了解你。接着你逐步地用越来越大型的表演来培养情绪，直到你把超越观众期待的收场节目呈现在他们眼前。如果把抛圈节目放在第一个演出而把抛接棒放在最后，那么我觉得你们的表演会成功得多。"

第二天，我们又试演了一遍，这次我们除了更改节目顺序，别的保持不变——马克完全正确。观众一开始就很兴奋，然后他们的兴趣和情绪在演出过程中不断地积累直到在抛接棒节目时达到顶点。即使我们在第二次演出中有一些失误，几次没接住道具而掉在地上，但观众的反应比我们第一次演出获得的要好一倍，他们中的许多人都在最后节目的高潮中跳起欢呼。

马克在后台等着我们，并带着微笑。"今天看上去更好了。"他说。汤姆回答道，"在你建议我们修改表演之后，它确实明显变好了。但奇怪的是，我们自己却看不出来。"

"这一点儿都不奇怪，"马克说。"当你们在准备一个演出时，你们考虑的都是细节，以及如何把一个节目与另一个串联。但我们确实需要从观众的角度来俯视整个演出，它的的确确使你们的演出变得不同，对吗？"

"当然！"我说，"我猜我们有很多值得思考的地方。"

"好吧，现在不用想了——五分钟后你们还有一个木偶表演呢。"

## 兴趣曲线

在主题公园那段时光之后，我发现自己设计游戏时也在不断地使用兴趣曲线这种技巧，而且一直觉得它很有用。但这些兴趣曲线到底是什么呢？让我们用一点儿时间好好研究一下它们。

首先，我们要明白的是任何一种娱乐体验都是一系列的时刻。其中一些时刻的体验比其他的都好，当我们在描绘这些兴趣曲线时，我们一般都是在描述体验最佳的那些时刻。回到我在幻想工程工作的日子，当我们向迪士尼 CEO 展示一个主题公园机动游戏的新想法时，我们会预料到这样一个问题："告诉我你的体验最佳的十个时刻？"这个问题需要经过大量的思考和准备才能得体地回答，如果我们没有一个清晰的答案，那么这场提议会就结束了。要描绘一条兴趣曲线，展示体验中的最佳时刻，就得知道它们是什么。这就是让"时刻"透镜变得如此重要的原因。

## 68 号透镜：时刻

值得纪念的时刻是组成你的兴趣曲线星座的星星。为了能够绘制这些最重要的东西，问自己以下问题：

插画：金·基瑟

- 我的游戏中最重要的时刻有哪些？
- 我如何让每一个时刻尽可能强大？

一旦知道了重要的时刻，应该怎么把它们标示出来呢？一次娱乐体验的质量可以用依次展开的系列事件所能激发的客人兴趣来衡量。我使用"客人"这个词而不是"玩家"，是因为这个词不单对游戏适用，也对更多的通用体验适用。体验过程中的兴趣级别可以用一条兴趣曲线来刻画。图 16.3 显示的是一条展示成功的娱乐体验的兴趣曲线的范例。

图 16.3

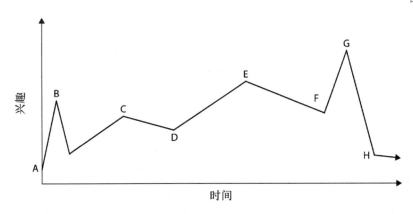

在 A 点，客人怀着某个级别的兴趣开始体验，这个初始的兴趣来自对体验的预设性期待（否则，他们也许根本不会去那儿）。这些预测性期待会被包装、广告、朋友的建议等所影响。虽然我们希望这个初始的兴趣尽可能大，以至于能吸引客人上门，但过度扩大它，却可能使整个体验变得无趣。

接着体验就开始了。很快我们达到 B 点，有时称之为"钩子"。这有时是真的吸引你并让你对整个体验感到兴奋的时刻。在一出音乐剧中，它就是第一首曲子。在《甲壳虫的革命》这首歌中，它就是那段尖利的吉他反复乐节。在《哈姆雷特》中，它就是鬼魂出现的那一刻。在一个电视游戏中，它经常以一段短小的影片形式在游戏正式开始之前出现。拥有一个优秀的"钩子"是非常重要的。它给予客人一个对于即将到来的体验的预告，而且提供一个美好的兴趣峰值，它会帮助客人在不太有趣的段落中保持专注，而此时，体验正开始展现但又若隐若现。

一旦钩子时刻结束，就开始展开真正的兴趣曲线。如果体验是精心设计的，那么客人的兴趣会不断提升，并在 C 点和 E 点短暂地达到峰值，偶尔会向下回落达到 D 点和 F 点，当然这只发生在它会重新提升的前提下。

最后，在 G 点，它会产生某种高潮，然后在 H 点，通过故事解开答案，客人感到满意，体验也随之结束。我们希望客人依旧带着一些兴趣离场，也许甚至比他们入场时更多，也就是演出行业的内行口中的"让他们渴望更多"。

当然，不是每一场好的娱乐体验都严谨地遵从这条兴趣曲线。但大部分成功的娱乐体验会包含这张关于优秀兴趣曲线图中的某些元素。

另一方面，这张示意图（图 16.4）展示了一条不那么成功的娱乐体验的兴趣曲线。差劲的兴趣曲线有非常多的可能形态，但这种是特别不好的，而且它会比人们预想的更频繁地出现。

图 16.4

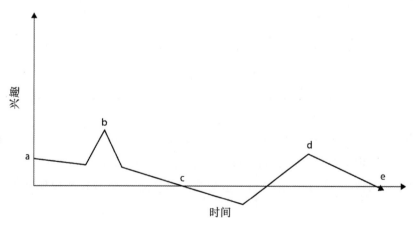

在差劲的曲线图中，客人会在 a 点怀着兴趣入场但它会立刻消失，而且由于缺少精美的钩子，客人的兴趣开始衰落。

实际上，某种有趣的事情发生了，这很好，但它却不持久，在 b 点达到峰值，而且客人兴趣持续地走下坡，直到在 c 点经过了兴趣临界点。这个时刻就是观众在体验过程中开始感到无趣，以至于他开始转台，离开剧院，合上书本或者关掉游戏。

这种惨淡的枯燥无味并不会一直持续下去，而且之后一些有趣的事情的确在 d 点发生了，但它并不持久，而且并没有走向高潮，只是在 e 点逐渐消失——不过也无所谓，反正客人可能在之前的某个时刻就已经放弃了。

当你创造一场娱乐体验时，兴趣曲线可以变得非常有趣。在标示一次体验过程中所期待的兴趣级别时，那些麻烦时刻通常会变得清晰并能够纠正。进一步来说，当观察客人的体验时，去拿他们被观察到的兴趣等级和你作为一个表演者预想这些观众会达到的等级进行比较，是很有用的。通常，为不同的人群设计不同的曲线是一种有益的练习。从这种练习中会发现，对某些人群有趣的事物可能对其他人乏味（比如说"男性电影"对上"女性电影"），或者它可能是一种"每个人都可以从中得到一些东西"的体验，也就是针对许多不同的人群都有不错设计的曲线。

## 模式中的模式

一旦你开始以兴趣曲线的方式思考游戏和娱乐体验，就会看到哪里都有优秀的兴趣曲线的模式。你会在好莱坞电影里的三段式中看到它；你会在流行歌曲的结构（序曲、正歌、副歌、正歌、副歌、桥段、终曲）中看到它；当亚里士多德说每一部悲剧都存在纠葛和结局时，你也可以从中看到它；当喜剧演员说"三法则"时，你又可以看到它。任何时候讲一个有趣、吸引人或者好玩的故事，都存在这种模式，就像在这则《高台跳水恐怖片》的故事里，它来自一个女孩向一本青少年杂志的"尴尬时刻"专栏投递的稿件。

*我那时正在一家室内泳馆里，我的朋友一直在怂恿我从最高的跳*

板上往下跳。我真的很恐高，但我还是一路爬了上去。我往下看了看，尽力说服自己跳下去，这时我的胃开始翻江倒海，我吐了——正朝向池中！更糟的是，它泼向一群可爱的人们。我尽可能快地爬了下来并躲进了洗手间，但每个人都知道我干了什么！

——高台跳水恐怖片，选自《发现女孩青春》杂志

你甚至可以在过山车的路线设计中非常具体地发现这种模式。当然，这种模式同样出现在游戏中。我第一次发现自己在使用它是在为迪士尼公园设计《阿拉丁魔毯虚拟现实体验》（第二版）的时候。虽然那个游戏体验已经非常有趣，但某个时刻有点吃力，我们团队中的某些成员一直在讨论该如何改善它。那时我突然想到画一条游戏的兴趣曲线可能是一个好主意。它的形状差不多就是这样的（图 16.5）：

图 16.5

然后，突然我看得非常清楚，那段扁平的部分是一个大问题。如何修复它并不明显。简单地将更多的兴趣时刻堆进来可能并不够——因为如果兴趣等级太高，那么它会冲淡之后出现的兴趣。最后我领悟到，将整个平稳的部分从游戏中删除，可能才是最明智的选择。当和演出总监交流时，他反对删除那个部分——他感觉我们对它倾注了太多精力，以至于不该删除它，我们理解他的说法，因为那时我们的开发进度已经到后期了。相反，他建议在平稳部分的开始放置一条捷径，这样有些玩家就可以绕过那个区域——如果他们乐意的话。我们将捷径放置了进去（一顶商人帐篷，它会将你魔术般传送至城市中心），而且很清楚的是，凡是知道它的玩家都倾向于走这条捷径。安装游戏之后，观察它在使用过程中的情况，经常可以看到游戏操作员在屏幕上观察玩家的状态，然后突然弯下腰在玩家的耳边低语"进入帐篷！"当我目睹这一切的时候，

我问操作员为何她要告诉玩家那样做，她回答："好吧，我不知道……当他们走那条路时看上去更高兴。"

但这个体验非常简短——只不过大约五分钟之长。这种模式对于更长的体验来说究竟是否有意义，提这个问题是合情合理的。对于一段五分钟体验有用的东西是否对另一段耗时几小时的体验依然起作用？作为它依然有用的证明，参考一下《半条命2》这个游戏，它是游戏史上最受好评的游戏之一。看一下这张图（图16.6），它显示了游戏《半条命2：第1章》中玩家的死亡次数，它的平均完成时间是5小时39分钟。

图 16.6

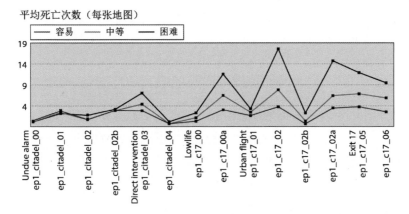

这三条线分别表示游戏中的三个难度。这个曲线看上去很眼熟吧？当然我们可以讨论玩家死亡的次数是否可以作为挑战的优秀指示器，而这种挑战是和游戏体验的有趣程度相关的。

但对于更加长时间的体验又如何呢？像那种一个玩家也许会玩上几百小时的多人游戏。同样的模式怎么可能支撑起500小时的游戏体验？答案会让人有点吃惊：兴趣曲线模式可以碎片化（图16.7）。

用另一句话来说，每个长峰值，经过更进一步的检查，会拥有一个看上去有点像整个模式的内部结构。

图 16.7

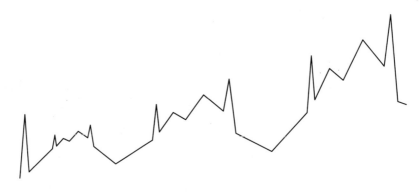

碎片化的兴趣曲线

当然，只要你乐意，它可以深入任意层次。这种模式一般以三个等级存在于标准的电视游戏中：

1. 整个游戏：开场影片，之后是提升兴趣的一系列关卡，最后以玩家完成游戏通关时达到大高潮作为结尾。

2. 每一关：一开始新的美感和挑战会吸引玩家，然后玩家会遭遇一系列提升兴趣的挑战（战斗、谜题等），直到关卡结束，一般都会以"头目战役"来结尾。

3. 每次挑战：每次玩家遭遇的挑战最好都自身拥有一条优秀的兴趣曲线，它有一个有趣的介绍，你努力通过难度阶梯式提升的挑战。

多人游戏不得不给予玩家一个更大的结构，我们会在第 24 章进一步深入讨论。

对于你这样一位游戏设计师来说，兴趣曲线将被证明是你可以使用的最有用和最多才多艺的工具之一。

## 69 号透镜：兴趣曲线

究竟什么东西可以吸引人们的心神，这通常看上去是因人而异的，但大部分让人愉悦的那种吸引模式对于每个人来说却是明显相似的。为了看出在你给出的体验中一个玩家的兴趣是如何随着时间变化的，问自己以下问题：

- 如果画一幅我的体验的兴趣曲线图，那么它的大致形状是什么？
- 它有钩子吗？
- 它是否拥有逐渐提升的兴趣曲线并由阶段性的休息间隔开？
- 它是否拥有一个比其他一切都更有趣的大结局？
- 什么改变会给我一条更好的兴趣曲线？
- 我的兴趣曲线是否拥有一个碎片化的组织？它应该存在吗？
- 我关于兴趣曲线的直觉是否符合我观察到的玩家的兴趣？如果让试玩人员画一条兴趣曲线，那么它看上去是什么样子的呢？

插画：克里斯·丹尼尔

　　既然所有的玩家都是不同的，那么当你为每一种玩家类型创造兴趣曲线时，可能会发现，同时使用"兴趣曲线"透镜和"玩家"透镜会非常有用。

## 兴趣是由什么组成的

　　在这一点上，你会发现你负责分析的左半大脑在哭喊："我喜欢这些曲线图，但我怎样才能客观地评估某件事物对另一个人的有趣程度呢？这一切看上去非常矫情！"它确实非常矫情。很多人问"兴趣单位"是什么？对此并没有一个好的答案——我们还没有一个计量趣味的表格可以给出一个"毫趣味"的读数。但这没什么问题，因为我们所关心的是兴趣的相对变化——绝对兴趣并不是那么重要。

　　为了决定趣味的等级，你必须全身心地去体验，用你的共鸣和想象力，以及像使用左脑一样来使用右脑的能力。你的左脑仍然会高兴地获知整个趣味可以被进一步地划分成其他因素。有非常多的方法可以做到这一点，但我喜欢用以下三个。

## 因素 1：内在兴趣

一些事就是比其他事更有趣。一般来说，冒险比安全更有趣，梦幻比平淡更有趣，异常比普通更有趣。戏剧性改变和它相应的潜质总是有趣的。相应地，一则人和鳄鱼摔跤的故事可能会比另外一则人吃芝士三明治的故事更有趣。我们通过内在的驱动力来驱使我们对某些事相对于其他事更感兴趣。当我们评估内在兴趣时，6 号透镜"好奇"正好适用，但内在兴趣拥有足够的理由来拥有它自己的透镜。

### 70 号透镜：内在兴趣

戏剧是期待与不确定的混合体。

——威廉·阿彻

有些事情就是有趣。通过问以下问题，你可以使用这个透镜来确认你的游戏是否拥有内在兴趣：

- 我的游戏的哪些方面会立刻激发玩家的兴趣？
- 我的游戏会让玩家做或看一些他们从来没做过或没见过的东西吗？
- 我的游戏会激发哪些基础本能？它是否可以激发更多的基础本能呢？

插画：帕特里克·米特雷德尔

- 我的游戏会激发哪些更高层次的本能？它是否可以激发更多的高层次本能呢？
- 戏剧性变化和对这种变化的期待是否会在我的游戏中发生？怎样可以让它变得更具戏剧性？

然而，故事里的事件并不孤立存在。它们相辅相成，创造出通常被称为故事线的东西。事件的内在兴趣部分依赖于它们彼此之间的联系。比如，在金发姑娘和三只熊的故事里，大部分事件并不是非常有趣：金发姑娘吃麦片粥，坐在椅子上，打了个盹。但这些无聊的事件可能使故事里的其他事件变得有趣，比如熊发现它们的生活被打扰后发生的事件。

## 因素 2：演出的诗歌艺术

这指的是娱乐体验的美感。无论体验展示中所使用的艺术技巧是写作、音乐、舞蹈、表演、戏剧、摄影、平面设计，还是其他什么，它越美丽，客人就会感觉它越有趣和引人入胜。当然，如果从一开始你就可以基于一个能让人产生兴趣的事物给出美丽的呈现形式，那就更好了。我们会在第 23 章进一步讨论它，但现在就把这个有用的想法加入我们的工具箱吧。

### 71 号透镜：美丽

美丽是神秘的。举例来说，为什么大部分美的事物都有一点儿悲伤的味道？通过问以下问题来使用这个透镜注视你的游戏中美丽的神秘之处：

插画：凯尔·加布勒

- 我的游戏是由哪些元素组成的？每一个元素如何能变得更加美丽？
- 一些东西它们本身并不美丽，但组合起来就很漂亮。如何才能把我的游戏中的元素编绘得既富有诗意又美丽？
- 在我的游戏的上下文中，美丽意味着什么？

## 因素 3：投影

这指的是你迫使客人使用他们的共鸣和想象将自身融入游戏体验。这个因素对于理解故事和玩法之间的共通性很关键，而且它需要一些解释说明。

看一下中彩票的例子（一个内在兴趣事件）。如果一个陌生人中了彩票，那么你对这件事情可能有一点儿兴趣。如果你的一个朋友中了彩票，那就有趣多了。如果是你自己中了彩票，那么你肯定会兴趣盎然地关注这件事。我们总是对发生在自己身上的事比发生在别人身上的事更有兴趣（图16.8）。

图 16.8

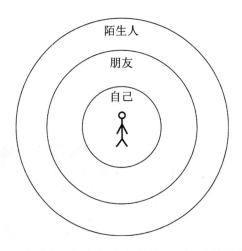

你也许会想，这可能会把讲故事的人放在一个不利的位置上，因为他们讲述的故事往往是关于陌生人的，经常是你从未听说过的或者根本不存在的人。然而，说书人知道听众具有共鸣的力量、代入的能力。讲故事的艺术中的一个重要部分就是创造那种能让听众轻易代入的角色，因为听众和角色产生共鸣越多，听众就会觉得发生在这些角色身上的事情越有趣。几乎每一个娱乐体验活动之初，里面的人物都是陌生人。当你开始了解他们时，他们变得像你的朋友，而且你开始关心发生在他们身上的事，兴趣就会增加。在某些点上，你甚至会在精神上将自己投影到他们的位置。

在尝试制造投影的方面，想象力和代入一样重要。人类存在于两个世界中：面向外界的感知世界和面向内心的想象世界。每次娱乐体验都是在想象中创造出自己的小世界。这个世界不需要真实（虽然它也许是），但它必须内部连贯。当这个世界连贯且引人入胜的时候，它填满了玩家的想象空间，而且玩家会在精神上进入这个世界。我们经常说玩家"沉浸"在世界中。这种沉浸会增加投影，显著地提升玩家的整体兴趣。玩家对面向内心的想象世界的怀疑在这个时候暂停了，它使玩家沉浸在这个想象世界里。但它其实很脆弱，只要一个小小的矛盾就可以把玩家"带离"体验并带回现实。

剧集形式的体验，例如肥皂剧、情景喜剧和连载小说，通过创造在不同娱乐体验中固定的演员和一个固定的世界而利用了投影的优势。回头客已经熟悉了这些固定角色和设定，每次他们体验一集内容，他们的投影就增加了，而且想象想世界也变得"更真实"。然而如果创作者没能仔细地维持人物和想象世界的完整，那么这种剧集策略很容易适得其反。如果为了新章节中的故事情节服务，想象世界中新的方面和之前建立的方面冲突，或者如果常规角色开始做/说一些失常的事，那么不光这一集妥协了，而是贯穿所有过去、现在、未来剧集的整个想象世界的整体性也妥协了。从玩家的角度来说，糟糕的一集可以毁了整个系列，因为妥协的角色和设定从产生矛盾的角度上看虚假，而且它会使观众很难继续维持投影。

另一种构建玩家对你所创造的世界投影是提供多种进入世界的方式。许多人认为基于流行电影或电视剧的玩具和游戏只是利用了一场成功的娱乐体验的长尾效应（多赚点钱的鬼把戏）。但这些玩具和游戏给孩子提供了接触这个想象世界的新的方式。玩具让他们在想象世界中花费更多的时间，他们花费在想象世界中的时间越多，他们对想象世界的投影及世界中的人物的表现也越好。我们会在第 19 章更多地讨论这个观点。

就投影而言，互动娱乐拥有一个更明显的优势。玩家可以是主要角色。这些事件实际上发生在玩家身上，而且因为这个理由他们反而变得更有趣了。同时，不像基于故事的娱乐中的故事世界只存在玩家的想象中，互动娱乐通过允许玩家直接控制和改变故事世界来创造感知与想象之间重要的重叠。这就是为什么电视游戏可以展现几乎没有内在兴趣或诗意的事件而对玩家仍然有吸引力的原因。它们在内在兴趣和诗意展现上的欠缺，都可以靠投影弥补。

我们在第 20 章谈论头像的时候还会继续讨论投影，现在介绍一下这个透镜。

## 72 号透镜：投影

人们正在享受一段体验的一个关键指标是他们将自己的想象投影进了体验中。当他们这么做的时候，他们对体验的享受以一种良性循环的方式快速增长。为了检查你的游戏是否合适地引导了玩家的投影，问自己以下问题：

- 我的游戏中有什么可以让玩家和自身联系起来的东西？除此以外，我还可以添加什么？
- 我的游戏中有什么可以抓住玩家想象力的东西？除此以外，我还可以添加什么？
- 游戏中有什么地方是玩家一直希望前往的？
- 玩家是否可以成为一个他们一直想象自己能够成为的人物？
- 游戏中是否还有别的玩家会感兴趣遇见（或者监视）的人物？
- 玩家是否可以做那些他们在现实生活中想做而不能做的事？
- 游戏中是否有一个玩家一旦开始做就很难停下的行动？

插画：凯尔·加布勒

# 兴趣因素的例子

为了确保兴趣因素之间的关系明确，让我们来比较一些不同的娱乐体验。

有些勇敢的街头表演者通过杂耍运转着的电锯来吸引注意力。这就是一个激发内在兴趣的事件。当它发生在你周围时，你很难不抬头看上一眼。然而其表演的诗意却通常是很有限的。不过投影依然存在，因为我们很容易想象如果表演者错抓电锯的另一边会发生什么事。当你亲眼目睹这件事时，整个投影甚至更好（图 16.9）。

图 16.9

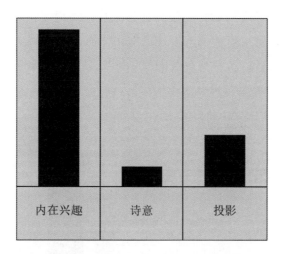

小提琴协奏曲是怎样的呢？这个事件（两根枝条相互摩擦）并不是天生有趣的，投影通常也不明显。在这种情况下，诗意就要支撑起体验。如果音乐演奏得并不动听，那么表演也就不会非常有趣（图 16.10）。现在，也有例外。当音乐或者节目单拥有精巧的结构时，内在兴趣是可以培养的。如果音乐让你感觉好像身处别的地点或者你对音乐家感到一种特别的代入感，那么可能存在一种重要的投影。但这些都是例外。在大部分情况下，单单诗意就可以在优美的音乐中支撑起趣味。

图 16.10

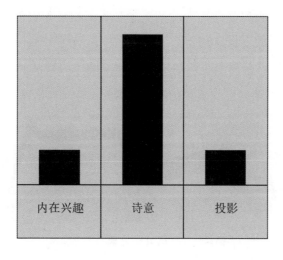

看一下畅销电子游戏俄罗斯方块。这个游戏主要由不停落下的积木块组成。这几乎和内在兴趣或者诗意没有任何关系。然而，投影却可能非常强烈。玩家做出所有的决定，成功或失败完全取决于玩家的表现。这是传统的讲故事的人所不能走的捷径。从一次有趣的娱乐体验的角度上来说，大量的投影可以弥补诗意或者内在兴趣的缺乏（图 16.11）。

图 16.11

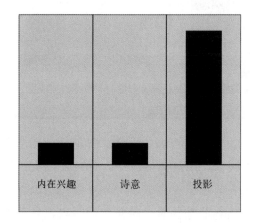

## 总结

有人觉得将发生在体验中不同时刻的兴趣类型描述出来是有用的，它会让你看出在不同时刻吸引观众注意力的兴趣种类，如果为它创作一幅图，那么大致是以下这个样子的（图 16.12）。

图 16.12

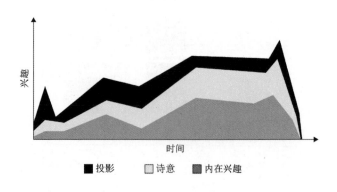

　　无论如何，检查玩家在游戏中的兴趣，是测量你所创造的体验质量的最好方法。有时人们对于最佳兴趣曲线的形状有不同看法，如果你不退一步来画一条兴趣曲线，那么你是在冒着"明足以察秋毫之末，而不见舆薪"的风险。不过，如果你养成创造兴趣曲线的习惯，那么你会深入了解你的设计，而这一点别人可能会忽视。

　　但有一个问题在我们前面隐隐出现。游戏并不总是遵循同一个体验模式。它们是非线性的。如果是真的，那么兴趣曲线怎么会对我们有一些用处呢？为了确切地定义这个问题，我们必须花一点儿时间来讨论最传统的线性娱乐体验类型。

## 拓展阅读

　　《魔术与技巧》，亨宁·内尔姆斯著。还记得本章开头那个关于杂耍演出的兴趣曲线的故事吗？第二天，马克·特里普给我了这本介绍兴趣曲线主题的书。任何需要登上舞台的人都应该读一下这本书。

# 第17章
# 有种体验叫作故事

图 17.1

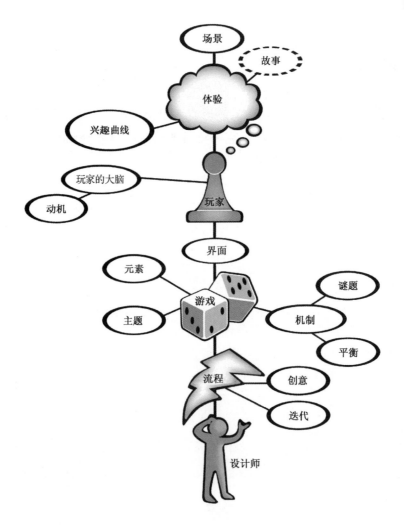

上帝一生从没写过一出好戏。

——库尔特·冯内古特

# 故事/游戏二象性

20 世纪初期，物理学家开始关注到一些非常奇怪的事。他们注意到电磁波和亚原子颗粒这些早就被认为是非常容易理解的现象正在以意想不到的方式互动。多年的创建理论、实验、再次创建理论最后得出了一个古怪的结论：波和粒子是同样的东西，都是一种单一现象的表现形式。这种"波粒二象性"挑战着所有关于物质和能量的已知理论基础，同样说明，我们并不像自己认为的那样了解整个宇宙。

现在讲故事的人正面临着相同的难题。随着电脑游戏的出现，故事和游戏两个古老的拥有不同规则的项目正展示出相似的二象性。讲故事人面临在一种媒体上他们不知道该如何为自己的故事选择路径的问题，就像物理学家发现他们不再确定电子会按照什么轨迹移动一样。两组人现在都只能根据概率来判断。

历史上，故事都是单线程的体验，个人可以欣赏它，而游戏是可以被一群人喜欢的具有非常多可能结果的体验。早期的电脑游戏只是简单的传统游戏，例如井字棋或者国际象棋只是由电脑担当对手。20 世纪 70 年代中期，带有故事线的冒险游戏开始出现，它让玩家变成故事的主人公。数千次故事结合游戏的实验开始发生。有的使用电脑和其他电子设备，有的使用铅笔和纸。有的非常成功，其他的都是惨败。这些实验证明了一件事，那就是同时拥有故事及玩法的体验是可以创造的。这个事实严重地质疑了故事和游戏是由不同的法则所支配的这一观点。

很多关于故事和游戏之间的争论依然存在。有些人是以故事为导向，以至于他们认为游戏注定会毁了一个好故事。其他人的想法正相反——一个带有强烈故事元素的游戏不会变得廉价。还有一些人偏向于走中间道路。有一次游戏设计师鲍勃·贝茨告诉我："故事和游戏就像油和醋。理论上它们并不能混合，如果你把它们放进一个瓶子里并好好地摇晃它们，那么它们还是能很好地配上沙拉的。"

把理论放一边，好好地看一下玩家真正喜欢的那些游戏，里面的故事无疑都为游戏加分，因为大部分游戏都拥有某种很强烈的故事元素，而且几乎很少有游戏完全没有故事性。有的故事很宏大，比如史诗故事，就好像《最终幻想》中精心制作的几十小时的故事情节。其他游戏里的故事都是难以置信的含蓄、精妙。想一想，国际象棋可能是一个完全抽象的游戏，但实际上它如蛛丝般细地隐含关于两个中世纪交战国的故事。即使是完全不内嵌故事的游戏，也在倾向于启发玩家编一个故事来给予游戏以语境和意义。我最近和一群学龄儿童玩了一个叫《吹牛》的骰子游戏，它完全是抽象的。他们喜欢这个游戏，但在几轮过后，他们中的一个说："让我们假装我们是海盗——为了我们的灵魂而玩！"他的提议得到了全桌热烈的同意。

当然我们关心的不是创造故事或者游戏——我们关心的是创造体验。故事和游戏都可以被认为是帮助我们创造体验的机器。在这一章里，我们会讨论故事和游戏可以如何结合，并且哪种技巧可以创造那些没有游戏的故事或者没有故事的游戏都不能单独创造的体验。

## 被动娱乐的神话

在进一步讨论之前，我想先谈一下互动叙事和传统叙事。我希望在基于故事的游戏每年赚取数十亿美元的当下，过时的错觉会被废弃和长久遗忘。令人遗憾的是，它看上去在每个新一代游戏设计师心里迅速成长，就如杂草一般。他们的讨论一般都像这样：

> 互动故事和非互动故事有着本质的不同，因为在非互动故事里，你完全是被动的，故事不管有你没你都在展开，而你只是坐在那里。

在这一点上，说者经常会翻着白眼，伸着舌头，流着口水来强调这一点。

> 而在互动故事里，你是主动并被融入在内的，不停地做决定。你

在做事，而不仅是客观地观察它们。真的，互动叙事是一种全新的艺术形式，所以互动设计师从传统的讲故事人身上几乎什么都学不到。

传统叙事的底层机制是人天生的交流能力，关于它被互动叙事废除的这个观点是荒谬的。只有一个讲述得糟糕的故事不会强迫听众在故事的讲述过程中思考和做决定。当有人和任何故事情节有关时，不管互动或者非互动，他还是会连续地做决定："接下去会发生什么？""英雄该怎么做？""兔子去哪儿了？""别开门！"只会在参与者采取行动的能力上显现区别。行动的欲望及伴随的所有思维和情绪都会呈现。一位叙事大师知道如何在听众的脑海里创造这种欲望，而且确切地知道如何和何时（以及何时不）满足这种欲望。这种技巧很好地传递到了互动媒体中，虽然它变得更加困难——因为叙事者必须预言、引起、回应参与者的行为，以及把它平滑地融入体验。

用另外一句话来说，虽然互动叙事比传统叙事更具挑战性，但并不是说，它从根本上与之不同。因为故事是许多游戏设计中的一个重要部分，游戏设计师该做的是学习所有他们可以学到的关于传统叙事的技巧。

## 梦想

"但是等一下！"我听见你在叫喊。"我有一个关于美丽的互动叙事的梦想——一个超越轻微游戏玩法、一个拥有完全互动叙事的精彩故事，它会让参加者感觉自己身处于有史以来的最佳电影里，同时他们依然拥有行动、思维和表达的完全自由！当然，如果我们继续模仿过去的故事和玩法形式，那么这个梦将无法实现。"

我同意这是一个美丽的梦——它促使许多关于互动叙事的精彩实验的出现。但是直到现在，还没人接近于实现这个梦想。但这并不能阻止人们创造精彩的、让人喜欢的，以及难忘的互动叙事体验，尽管他们在结构和给予参考者自由方面有一定限制。

马上我们会讨论这个梦没有而且可能永远也不会变成现实的原因。但是首先，让我们聊一聊什么是真正行得通的。

# 事实

### 真实世界方法 1：珍珠的链子

对于所有关于互动叙事的大梦想来说，有两种方法统领着游戏设计世界。在电视游戏里，第一种是最具统治地位的方法，通常被称为"珍珠项链"，有时也被称为"河与湖"方法。它被这样称呼，是因为它在视觉上就像这样（图 17.2）：

图 17.2

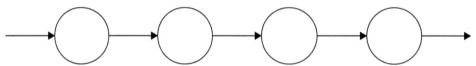

一个完全非互动的故事（串）以文字、幻灯片或者动画片段的形式呈现，然后玩家被给予一段带有固定目标的自由移动和控制（珍珠）的时间。当目标达成时，玩家顺着链子向下经过另一个非互动片段而到达下一颗珍珠，另外的说法是，过场画面→游戏关卡→过场画面→游戏关卡。

许多人批评这种方式"并不是真的互动"，但玩家确实乐在其中，而且这也没什么奇怪的。珍珠项链模式给了玩家一种体验，他们可以享受精美编绘的故事，其间穿插互动和挑战。赢得挑战时的奖励是什么？更多的故事和挑战。虽然有些假行家会嗤之以鼻，但它还是一个非常好用的小而美的技巧，而且它在游戏和故事之间形成了一个美好的平衡。当老一点儿的游戏所使用的方法看上去愚笨时，一些新一点儿的游戏，例如《古堡迷踪》《行尸走肉》，以及《最后生还者》，都显示出链子与珍珠可以多么有艺术性地结合在一起。

## 真实世界方法 2：故事机器

为了理解这种方法，我们必须仔细看看什么是故事。它其实就是一连串把某人和其他一些人联系起来的事件。"我的口香糖吃完了，所以我去了药店。"是一个故事，只不过并不有趣。然而一个好游戏尝试产生一连串的有趣事件，通常是非常有趣的，会告诉别人发生了什么。从这一点上来看，一个好故事就像一台故事机——产生一连串事实上非常有趣的事件，想一下，棒球游戏或高尔夫游戏所产生的数千个故事。这些游戏的设计师设计这些游戏时尽管脑子里从来没想过这些故事，游戏却创造了它们。奇怪的是，设计师将越多的规则放入他们的游戏（就像珍珠的链子），他们的游戏就产生越少的故事。有些电视游戏，例如《模拟人生》或者《我的世界》，就是被特意设计成故事机器，而且这方面看来非常有效。有些批评家说这些游戏根本不能被算作"互动故事"，因为这些故事没有作者。但我们不关心这一点，因为我们关心的一切只是如何创造精彩的体验——如果有人体验到他们认为是精彩的事，但它没有作者，就可以抹去这次体验的影响了吗？当然不能，创造一个精彩的故事还是创造一个当人们和它互动时能产生精彩故事的系统，思考哪个更具有挑战性是一个有趣的问题。无所谓，这是一种互动叙事有力的方法，它不应该被忽视或者想当然。YouTube 网站上大量的"让我们玩"视频及 Twitch 都能证明人们喜欢分享故事。用下面这个透镜来决定如何让你的游戏变成更好的游戏生成器吧。

### 73 号透镜：故事机器

当人们玩一个游戏的时候，它是一台能够生产故事的机器，这便是好游戏。为了确保你的故事机器尽可能高产，问自己以下问题：

- 当玩家在达到目标时有不同的选择，会产生新的不同的故事。我如何才能添加更多的这种选择呢？
- 不同的矛盾导致不同的故事。我如何才能让更多种类的矛盾从我的游戏中产生？

- 当玩家可以个性化设定角色时，他们会更关心故事的结果，类似的故事会开始感觉非常不同。你怎样才能让玩家个性化设定故事呢？

插画：吉姆·拉格

- 好的故事拥有好的兴趣曲线。我的规则能让故事拥有好的兴趣曲线吗？
- 只有你能讲述的故事才是一个好故事。

就互动叙事的方法而言，这两种方法已经涵盖了 99%现有的游戏。珍珠的链子需要事先创造一个线性故事，故事机器充满生命力却需要事先产生尽可能少的故事。"但是除此以外肯定还有别的方式"听见梦想家在喊。"这两种方式都不是真正的互动叙事的理想方式！第一种方式就是线性路径，第二种方式完全不是叙事——游戏设计！创造精彩的故事树分支这个构想怎样？都是人工智能人物，数十个令人满意的结局，让参与者一遍又一遍地享受它。"

这是一个好问题。为什么这种构想不现实？为什么它不是互动叙事的最重要的形式？常见的怀疑对象（保守的发行商、智力低下的受众群，懒惰的设计师）不该遭到谴责。这个构想不现实的原因是它通过猜测的方式解决了许多现实中还未被解决的挑战——而且它们可能永远没有结局。这些问题是真实、严肃的，而且值得被仔细研究。

# 问题

## 问题 1：好的故事是统一的

真的，创造一棵互动故事树是很简单的事。那就是坚持一直制造能引出更多选择的互动。这么做你会得到各种故事。但是它们中的多少会有趣呢？它们会拥有什么样的兴趣曲线？好故事拥有强烈的统一性——故事开头五分钟呈现的问题具有驱动的意义，贯穿始终。想象一个互动的灰姑娘故事。"你是灰姑娘。你的继母告诉你要打扫壁炉。你是打扫还是整理行李离开？"如果灰姑娘离开，而且假设得到了一份行政助理的工作，那它就不再是灰姑娘的故事了。造成灰姑娘可怜境遇的根结是她可以戏剧性、突然、出乎意料地脱离困境。你写不出比灰姑娘现有的更好的结局，因为所有的故事都是被统一创造的——开头和结尾是一体的。创造一个具有二十种结局，以及一个能够完美适配所有这些结局的开头，至少可以说是富有挑战性的。所以，大部分具有许多分支剧情的互动故事最后总有一种无味、柔弱及相互无联系的感觉。

## 问题 2：组合爆炸

> 我担心有太多的现实。
>
> ——约翰·斯坦贝克，《与查里一起旅行：寻找美国》

看上去可以简单地建议：在这个场景里给玩家三个选择，在下一个场景里再给玩家三个选择，以此类推。假设在你的故事里玩家有十次选择机会——如果每个选择会引出一个特别事件和三个新选择，那么你必须写 88573 种不同结果来针对玩家做出的选择。如果十次选择听上去有点少，你想给那三个选择从故事开头到结尾制造二十次选择机会，那么意味着你必须写 5230176601 种结果。这些巨大的数字让任何形式的分支叙事对我们短暂的人生来说都显得没有意义。而且悲伤的是，大部分互动叙事者处理这些过多且令人费解的剧情的主要方法是一开始就将结局融合在一起——有点像下面这样（图 17.3）。

图 17.3

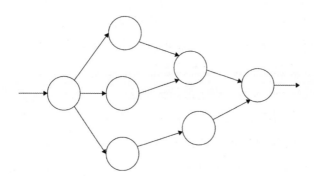

　　而这肯定使得叙事变得更加容易管理。但看看刚刚发生的事，对于玩家所有的选择（好吧，这里其实并没有那么多），它们的结局都是一样的。如果这些选择都导致同样的结局，那么它们有多大意义呢？这种组合爆炸很让人沮丧，因为它导致因妥协而给故事贴上了创可贴，创可贴又需要用另一个妥协来掩盖，最终这是一个没有活力的故事，你还得创造比玩家看到的多得多的场景。

## 问题 3：多重结局让人失望

　　互动叙事者喜欢幻想的是，如果一个故事有多重结局，则是多么的美妙。毕竟这意味着玩家可以一次又一次地玩，而且每次都是不同的体验！就像很多幻想一样，但现实是让人失望的。许多游戏在它们的游戏故事里都实验了多个结局。当出现众多可能性中的第一个结局时，玩家大都在结尾处考虑这两件事：

　　1. "这就是真的结局吗？"用另外一句话来说，这是最快乐的结局，或者与故事开头最统一的结局吗？我们都想找到一种写出同等合理结局的方法，但是因为好的故事具有统一性，所以这通常不会发生。当玩家开始怀疑他们也许处在一条错误的轨道上时，他们会停止体验故事转而开始思考他们应该如何正确玩游戏，而这就使叙事上的任何尝试都显得徒劳无功。珍珠的链子在这里就有一个巨大的优势——玩家总是处在正确的故事线上，而且他们知道，任何解决问题的动作都会将他们带往一个有回报的终点。

　　2. "我必须把所有的一切再玩一遍来看另外那个结局吗？"用另外一句话来说，多结局和统一性相抵触，虽然我们希望游戏玩法因玩家做出不同的选择而变得显著不同（通常不是这么回事），但玩家却必须继续经历一段反复的长途跋涉来探索故事树，而付出的努力对于忍受的乏味来说可能并不值得，因为第二次玩游戏可能会遇到很多重复的内容，这在 4 号透镜"惊喜"下会显得非常糟糕。有些游戏尝试过处理这类问题全新的方法。臭名昭著的游戏《灵魂侦探》（曾被一篇评论总结为"史上最差游戏之一，同时亦是一部杰作"）是一场 30 分钟不停移动的体验，它最终是在一场与恶棍的灵魂大战中达到高潮的，玩家在战斗中的力量取决于玩家选择的路径。结果就是玩家为了获得最强的力量，玩家必须一次又一次地玩这个游戏。因为大部分游戏是由视频片段组成的，整棵游戏树有一个很明显的瓶颈，而你每次都必须通过这个瓶颈，因此设计师拍摄了多个瓶颈区域的视频版本，每一个都是不同的对话，但包含同样的信息。虽然设计师非常努力地解决重复内容的问题（以及其他很多问题），玩家还是普遍觉得重玩有点无聊。

当然也有例外。《星球大战：旧共和国武士》为玩家提供了一个全新类型的选择——力量的"光明方"还是"黑暗方"，也就是说，玩家拥有不同的冒险、不同的任务，最终有不同的结局。人们可能会争论这并不真的是同一故事的两种不同结局，而是两个完全不同的故事——如此的不同，以至于它们是同等有效的。想走中间道路的玩家（额，难道是力量的米色方？）通常会觉得体验不好。

## 问题 4：动词不够

电视游戏里的人物花时间做的事和电影及书籍里人物做的事很不一样：

- 电视游戏动词：跑，射击，跳，爬，扔，投掷，用拳猛击，飞翔。
- 电影动词：交谈，问，谈判，说服，争论，叫，恳求，抱怨。

电视游戏里的人物因为严重受限于他们的能力而做不了任何需要高于他们脖子以上发生的事。在故事中发生的大都是交流，目前电视游戏还无法支持它。游戏设计师克里斯·斯温曾建议当科技发展到某一节点时，玩家可以与电脑控制的角色进行富有智慧的口头对话，它将具有和引入有声电影一样类似的效果。通常被认为是一个以娱乐为目的的新奇事物会迅速变成文化叙事的主要形式。然而直到那之前，电视游戏缺乏可用的动词严重影响我们以游戏作为一个叙事媒体的能力。

## 问题 5：时间旅行使悲剧过时

互动叙事所面临的所有问题中，最后一个可能是最容易被忽视的、造成最严重后果和最不可能解决的。这个问题经常被问起："为什么电视游戏不能让我们哭泣？"而这很有可能是相应的答案——悲剧经常被认为是最严肃、最重要和最令人感动的故事类型，遗憾的是，它们通常对互动叙事关上了大门。

自由和控制感是任何互动故事里最让人兴奋的部分之一，但它们的代价很可怕：叙事者必须放弃必然性。在一出极富力量的悲剧故事中，有一个时刻你可以看出将要发生的恐怖事情，你感觉自己正在希望、乞求而且盼望它不要发生——然而你是如此的无力来阻止它不可避免地发生。电视游戏故事就是不支持这种被一同带往某种厄运的感觉，因为好像每个主人公都有一台时间机器，任何真正恶劣的事情发生后都总是可以被撤销。比如，如何做一个罗密欧与朱丽叶的游戏？莎士比亚的结局（剧透警告：他们都自杀了）是游戏里"真的"结局吗？

不是所有好的故事都自然是悲剧。但任何符合互动小说之梦质量的故事都应该至少拥有悲剧的潜质。取而代之的是我们得到《波斯王子：时之沙》里当你的角色死亡时旁白的吟诵："等一下，那并不是真的发生了……"自由和命运是对立的两端。因此，任何解决这个问题的答案必须是非常睿智的。

## 梦想重生

互动叙事之梦的问题并不是微不足道的。也许有一天，真实到不可能与人类区分的人工个性将紧密地被融入我们的故事和游戏体验之中，但是即使那样也不能解决这里所有出现的问题——在《龙与地下城》这样运行良好的游戏里，人类智能支撑着每一个角色，它可以解决所有的问题。没有一个魔术般的答案可以一下子回答所有五个问题。但这也不是一个绝望的理由；这个梦想失败的原因是它有缺陷。有缺陷是因为它对故事着迷，而不是对体验着迷，但体验却是我们所关心的一切。因为专注故事结构而牺牲体验和过于关注技术、美感或者玩法结构而牺牲体验是同样的罪过。这是不是意味着我们需要抛弃我们的梦想？不——我们只是必须改善它们。当我们将梦想变成创造新颖的、有意义的，以及扩展心智的体验时，牢记它们必须以非传统的方式混合传统故事及游戏结构，这样梦想才可以成真。我们住在一片故事的海洋里，但是大部分刚接触叙事的人认为它比预期的更难。接下来的建议及第 18 章指出了一些能使你游戏的故事元素尽可能有意思和富有参与感的有趣方法。

# 给游戏设计师的故事秘诀

## 故事秘诀 1：尊重故事栈

当你在开发一个游戏时，希望它能拥有引人入胜的故事，你会忍不住先撰写故事而不是先设计游戏。描绘故事有很多具象的吸引力，比如里面迷人的角色、令人兴奋的事件，它们很吸引新手游戏设计师，对他们来说，勾勒一个故事的轮廓总比处理游戏机制和游戏心理学这种复杂的问题要简单。但是这条路径布满了可怕的危险。据我所知，它比其他错误摧毁了更多的游戏。我从设计师 Jason Vandenberghe 这里听说了故事栈，他之所以向我解释这个概念，是因为我陷入了它可怕的陷阱中，不仅为之浪费时间和资源，甚至几乎毁了我非常在意的一个游戏。正因为它会造成如此严重的危险，我才会把它列为故事秘诀 1。

图 17.4 完美地展示了故事栈的结构。它并不复杂，就是一个构成故事游戏的五个重要元素的列表。但我们将这些元素用一种重要的方式来排列：从最不灵活（幻想，底部）到最灵活（故事，顶部）。让我们从最聪明的位置开始，按顺序考虑每种元素及它们彼此如何联系。

图 17.4

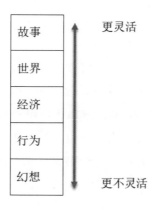

幻想：说幻想是这五种元素里最不灵活的一种听上去有点疯狂。幻想不应该比任何东西都更灵活吗？我可以幻想任何我想要的事！然而虽然这都是事实，但幻想具有一个非常恐怖的不灵活性，那就是这个幻想要么吸引玩家，要么不吸引玩家，绝对没有中间立场。一个关于会飞的超级英雄的故事游戏是合理的……很多人会有那样的幻想。但是一个关于成为专业的洗碗机的故事游戏呢？可能很难让玩家保持兴趣，因为它不是一个大多数人会有的幻想。你需要一个强大的幻想来开始你的设计，这很重要，毕竟人们玩游戏的主要原因之一是完成幻想。如果你的幻想不能让玩家产生共鸣，那么你其他的设计都会变成一场苦战。如果要对你的中心幻想做一个清晰的说明，那么它就是一块岩石，你可以把它作为基石来建造强壮的物体。

行为：一旦你把你的幻想清楚地阐明，你下一步要思考的就是玩家用什么样的行为能最好地实现他们的幻想。在基于迪士尼电影《小叮当》而开发的《奇妙仙子》网游的过程中，我们有一个初期的设计能让玩家沉浸于很多电影中的行为。他们可以帮助动物从大自然中收获物品，为其他仙女制作礼物，帮助有名的仙女解决人际关系问题，等等。我们骄傲地把这个设计呈现给一组由年轻女孩组成的座谈小组来测试她们的兴趣。令我们感到难堪的是，她们说"这些东西看上去有趣……但我真正想要的是飞翔！"我们忽略了飞翔是一种重要的行为，因为它在电影脚本中是最不重要的部分，只是一种转换行动的方式。所以在我们的设计中，飞翔只出现在过场动画中。如果我们退一步来看，为了实现成为像小叮当那样仙女的梦想，飞翔显然会成为首要的游戏行为。感谢这些姑娘，在我们还有时间修改的情况下纠正了我们。在游戏的最终版本里，玩家可以在他们所有的行为中一直飞翔，而且我们也特别注意了飞翔的感觉，让玩家可以用一种欢快的方式实现他们的幻想。

经济：既然我们已经有了一系列行为可以完全实现这些有吸引力的幻想，那么现在你需要一个成就系统来奖励这些行为，特别是那些可以最好地实现幻想的行为。就像我们在第 13 章讨论的那样，游戏经济是由收获和付出来定义的。最简单的游戏经济其实就是收获分数、进入下一关的许可、一场胜利。在你的游戏里，你非常容易去奖励一些错误的事物。比如，也许你创造了一个以成为忍者作为幻想中心的游戏。你选择一些像投掷忍者镖、偷袭敌人、用忍者刀来攻击敌人的行为来实现这个幻想。然而如果你意外地设计了一些需要获胜的关卡，那么玩家在里面必须单调反复地记住隐藏陷阱的位置，你正在奖励阻止玩家实现忍者梦的行为。例如，在《奇妙仙子》网游中，我们希望玩家从不同的任务中取得进步并且能够使用收益物去获取新的装备来装扮他们的仙女。但是……仙女应该拥有钱吗？"仙女币"感觉好像会毁了玩家成为仙女的这个幻想。类似交易系统的这种设置感觉好像更适合仙女幻想……所以我们就这样实现了它：一个拥有许多货币的系统。在一家仙女商店里，玩家会用一双拖鞋来换取五颗松针，用一个蝴蝶结来换取两颗蓝莓，用一件套装来换取六片百合花瓣。这就创造了一个符合成为仙女这个幻想情境的经济系统，并且它会鼓励我们希望的行为：渴望这些物件的玩家会飞去执行搜猎的任务，在奇妙仙子所藏匿的地方发现他们需要的物件。

**世界**：一旦你完成了幻想、行为和经济，你就需要一个能让它们变得合理的世界。我们很快会在第 19 章更多地讨论这个话题，但是简单来说，你必须创造一个具有规则的地方，在那儿你创造的经济必须有意义。如果你已经制作了一个只有奔跑和跳跃并且可以收集能用来交换魔法物件的星星的游戏，那么你应该能解释这些星星是从哪儿来的，以及为什么魔法物件的卖者需要星星这件事……这一系列关于世界运行的规则还并不是故事……一个故事是一系列事件。世界是按照这些规则运营的一个地方。如果你的世界规则并不符合你的经济，那么关于游戏的一切会感觉空洞和虚假。

**故事**：最后，我们来到了袋子的顶部。既然我们已经有了一个坚实的幻想，能实现幻想的行为，可以奖励这些行为的经济，以及可以证明这种经济合理的世界，那么说明我们已经做好撰写故事的准备了。它应该是让我们所创造的世界变得合理的一个故事，在这个故事里，玩家的行为和成长都重要。就像我们在下一个秘诀中看到的一样，故事几乎有无限的灵活性来让最奇怪的场景变得可以理解和正常。即使没有灵活性，故事也始终想要接管整个故事栈。当故事可以为所欲为时，它会奴役整个游戏设计过程。故事不应该是游戏的主宰，而更应该是一个顺从的仆人，使用它的灵活性来创造尽可能杰出的游戏体验。如果你发现自己或者团队的某个人说："那个我们可做不到……它违背故事了。"这就给了你一个很明确的信号，你的故事要了你，阻碍了你并且掌管了你的游戏。

所以这就是为什么尊重故事栈这么重要的原因。无论在哪儿开始你的设计，先在地上打一个桩子。在地上打一个故事桩子是很愚蠢的——因为现在你不知如何把并不那么灵活的幻想拖到打桩的位置。另一方面，如果你找到一个强大但又不灵活的幻想，用它作为你的桩子，然后在它上面建设其他元素，你可以轻而易举地编造一个故事来解释为什么你在这儿埋下桩子。这会把我们引向故事秘诀 2。

## 故事秘诀 2：开始使用你的故事

就像我们在第 5 章讨论的一样，设计可以从故事、玩法、技术或者美感四元组的任何一点开始。许多设计是从一个故事开始的。在以损失其他元素为代价的情况下过于盲目地跟从故事，是一个常见的错误——也是一个特别愚蠢的错误，因为故事从某些方面来说，是所有元素中最有适应性的！故事元素经常只用一些字就可以改变，而改变玩法元素可能需要几周来平衡，改变技术元素也许需要几个月的时间来重新编程。

我曾经听一个 3D 游戏的开发者讨论一些他们经历过的开发上头痛的事。游戏内容包括乘坐飞船飞越星球击落敌人飞船。这是 3D 游戏，为了保持性能表现，他们不能绘制远距离的地形。为了不使地形出现时显得突兀，他们计划使用老把戏让整个世界起雾。但因为 3D 硬件的一些问题，他们唯一可以创造的雾的颜色是看上去完全不真实且奇怪的绿色。起初，这个团队认为他们会不得不放弃这个解决方案，突然故事救了他们。有人想出了一个主意，也许占领了星球的邪恶外星人用有毒气体覆盖了整个星球才把它变成这样。这个故事的小小改变突然使得这种技术方法可以支持理想中的游戏玩法机制。而它的副作用是有争议地改进了故事，让外星人占领星球看上去更具戏剧性。

在开发桌游《莫达克的复仇》时我也有过类似的经历。我最初设计的玩法需要玩家在棋盘四周走动来收集五把钥匙。当他们找到所有五把钥匙后，他们必须前往并解锁邪恶巫师莫达克的老巢并与之战斗。在游戏测试期间，我很快就发现如果莫达克在玩家收集完钥匙后以某种方式来到他们面前，会是一个更好的游戏机制，因为它更加直接，并且也意味着和莫达克的战斗可以发生在不同的地形上。但我却因为故事变得不合理而困扰。所以，故事再一次被挽救。如果莫达克有一个没人可以找到的神秘老巢会怎么样？不用再收集钥匙，取而代之的是，玩家只要收集五个召唤石怎么样？当玩家集齐五个召唤石后，莫达克可以立即从他的老巢被召唤出来并被迫与玩家在他们当时所处的地形上作战。这个故事上简单的变化使整个预想玩法变得可能。它也比我有点俗套的"城堡里的恶棍"的故事要新颖。

牢记一个故事可以变得如此的柔软、灵活和有力量——别怕将你的故事塑造成可以支持你认为最好的玩法的样子。

## 故事秘诀 3：目标、障碍和冲突

好莱坞剧本创作界有一句格言：一个故事主要的原料有一个带有目标的人物和妨碍他完成目标的障碍。

当人物尝试克服障碍时，矛盾就会产生，特别是当另外的角色拥有一个与之冲突的目标的时候。这个模式会引出非常有趣的故事，因为在故事中，角色必须参与解决问题（我们认为这非常有趣），矛盾导致不可预料的结果，或者可以说惊喜（我们认为这非常有趣），再加上障碍越大，戏剧性变化的潜力也就越大（我们认为这非常有趣）。

这些原料在创造电视游戏故事时是否同样有效呢？当然，可能更加有效。我们已经讨论过 32 号透镜"目标"——主人公的目标会成为玩家的目标，也会成为保持玩家和珍珠的链子（如果你决定创造它的话）行动一致的驱动力。而角色遇到的障碍会成为玩家面对的挑战。如果想让你的游戏拥有一个完美整合的故事，那么给予玩家一个与角色面临的障碍非常相关的挑战，很重要，否则会极大地削弱体验。如果你找到一种方法使游戏挑战变得有意义，就像主人公碰到的戏剧性障碍一样，那么你的故事和游戏结构会融为一体，这会对玩家感觉自己是故事的一部分大有帮助。我们已经介绍过"目标"透镜，下面这个是它的姐妹篇。

## 74 号透镜：障碍

一个没有障碍的目标并不值得追寻。使用这个透镜来确保障碍是玩家想要克服的。

- 主人公和目标之间存在什么关系？为什么主人公会在意它？
- 主人公和目标之间的障碍是什么？
- 在障碍背后是否存在一个对手？主人公和对手之间存在什么关系？

插画：山姆·叶

- 障碍是否在逐渐增加难度？
- 有些人说"障碍越大，故事越好"。你的障碍够大吗？它们能够变得更大吗？
- 杰出的故事经常包含为了克服障碍主人公发生的转变。你的主人公是如何转变的？

## 故事秘诀 4：做到真实

> 了解你的世界，因为上帝了解我们。
>
> ——罗伯特·麦基

想出一条情节主线、一张人物列表和一组幻想世界的规则是一件事。而在你的脑海中看见它，并判断它是不是一个真实的场所就是另外一件事了。为了到达那一步，你必须不断思考它，想象你是住在这个世界里的角色中的一员。迪士尼设计骑乘设施的一大秘密是每一次体验都有一个不为人知的复杂背景故事，比如《鬼屋》或者《激流勇进》，但所有的设计师都了解且使用它来令整个世界紧固。托尔金并不是有一天简单地坐下来撰写《魔戒》，而是在故事真的开始成型之前，他花了许多年想象和记录中土世界的历史、人物和语言。那种级别的详细计划几乎是不必要的，但如果你不能回答出关于你创造的世界的历史及人物的动力这样的基本问题，那么这会在你的作品中体现出来，人们会认为它缺乏想象力。时刻牢记：如果它对你来说不像真的，那么对玩家来说也是一样的。

## 故事秘诀 5：提供简单和超越

游戏世界和幻想世界有一个共同的倾向，都给玩家提供了简单（游戏世界比真实世界简单）和超越（玩家在游戏世界比真实世界更富有力量）的组合。这个强有力的组合解释了为什么会有那么多的故事世界种类在游戏中一遍又一遍地出现，就像以下种种：

- **中世纪**：剑与魔法的世界潮流看来永远也不会结束。这些世界比我们知道的世界要简单，因为当时的科技是原始的。但他们很少精确地模仿中世纪时期——几乎总是会加上某种魔法，而这就提供了超越。这种类型的持续成功当然是因为它将简单和超越用如此原始的方法结合在了一起。

- **未来派**：许多游戏和科幻小说被设定在了未来。但这些几乎很少是任何一种我们想要看的对未来的现实解读——持续的郊区蔓延、更安全的汽车、更长的工作时间，以及更复杂的手机套餐。不，在这些世界里，我们看到的未来通常更多是经历浩劫后的未来。用另外一句话来说，一颗炸弹大爆炸后，或者我们位于一些奇怪的前线星球而且世界更加简单。当然，至少就超越而言，我们能接触足够先进的技术——它就像亚瑟 C·克拉克所认为的很难和魔术区分开来。

- **战争**：在战争里，事情更简单，因为所有正常规则和法律都被放置在一边。超越来自让参与者变得有如上帝般的有力武器装备、决定生死的能力。在现实中，它是恐怖的，但在幻想里，它给予玩家简单和超越这种强有力的感觉。

- **现代**：以现代作为年代背景在游戏里不常见，除非玩家突然拥有了超乎寻常的力量。这可以用许多方法实现。侠盗赛车手系列通过玩家的犯罪生涯同时实现简单（当你不用遵守法律时生活变得简单）和超越（当你不用遵守法律你会强大得多）。《模拟人生》将人类生活设计为一间简化版的玩具屋，它给予玩家上帝般的超越能量来控制游戏里的人物。

- 抽象：抽象世界，例如《我的世界》不只是比现实世界简单，比普通的电视游戏还要简单！就像诺奇发现的，将简单、上帝般的创造和摧毁的力量组合起来可以创造一个非常成功的游戏。

简单和超越组建的组合有力但又很娇弱。使用这个透镜来确认你将它们组合得恰到好处。

## 75 号透镜：简单和超越

为了确认你将简单和超越正确地组合，问自己以下问题：

插画：尼克·丹尼尔

- 我的世界如何比真实世界更简单？用其他方法可否使它更简单？

- 我给予玩家何种超越的力量？如何可以在不去除游戏挑战的前提下给予玩家更多的这种力量？

- 我创造的简单与超越组合是否很不自然，或者它是否满足了我的玩家一种特别的愿望？

## 故事秘诀 6：参考英雄的旅程

1949 年，神话学家约瑟夫·坎贝尔出版了他的第一本书《千面英雄》。在这本书里，他描述了大部分神话故事看上去都会具有的组成结构，他称之为单一神话或者英雄的旅程。他非常详细地阐述了这种结构如何构成摩西、菩萨、基督、奥德修斯、奥西里斯和许多其他神的故事。许多作者和美术家都从坎贝尔的著作中找到众多灵感。最著名的，乔治·卢卡斯围绕着坎贝尔描述的结构创造了《星球大战》的基础结构并获得了巨大成功。

1992 年，一位好莱坞的作家及制片人克里斯托弗·沃格勒出版了《作家之旅》，它是一本教授如何使用坎贝尔描述的原型写作故事的实用指南。沃格勒的书并不像坎贝尔的那样具有学术性，但它向那些想用英雄的旅途作为写作框架的作者提供了易用和实用得多的指南。曾创作了《黑客帝国》（非常明显地采用了英雄的旅程模型）的沃卓斯基兄弟据称就将沃格勒的书作为指南。和这本书的易用性一样，它也因为过于公式化，以及将太多故事硬塞进一个简单公式而经常被人诟病。不管如何，许多人觉得它给予了他们有用的关于英雄故事结构的见解。

因为如此多的电视游戏围绕着英雄这一主题，所以英雄的旅程在强大的电视游戏故事中作为一个相关的故事结构是非常符合逻辑的。因为有许多的图书和数目众多的网站介绍了如何围绕英雄的旅程来构成一个故事，因此这里简单地概述一下。

沃格勒对于英雄的旅程的概要

1. 平凡世界——创造场景以显示英雄是一个过着平凡生活的普通人。

2. 冒险的召唤——英雄面临的挑战扰乱了他平凡的生活。

3. 拒绝召唤——英雄为他不能继续探险找借口。

4. 和导师见面——一些充满智慧的人物提供建议、训练和帮助。

5. 跨过大门——英雄离开平凡的生活（经常迫于压力）而进入冒险世界。

6. 测试、同盟、敌人——英雄面对小挑战，结盟，遭遇敌人，学习冒险世界的运转方式。

7. 接近洞窟——英雄遭遇挫折并且需要尝试一些新的挑战。

8. 严峻的考验——英雄面临巅峰生死危机。

9. 奖励——英雄大难不死，克服了他的恐惧，得到了奖励。

10. 回家的路——英雄回到了平凡的世界，但问题依然未全部被解决。

11. 重生——英雄面临一场更大的危机而且必须运用他已学到的一切应对危机。

12. 带着长生不老药回归——现在旅程彻底结束了，英雄改善了平凡世界里每个人的生活。

不管如何，在你的英雄故事中，你不会需要用到所有这 12 个步骤——你可以用更少或者更多，抑或不同的次序来讲述一个精彩的英雄故事。

作为一条边注，通过 69 号透镜"兴趣曲线"来观察英雄的旅程是一个非常有趣的练习，你会看到一个熟悉的形式出现。

有些叙事者会对精彩的叙事可以通过公式来完成这种说法非常生气。但英雄的旅程并不太像保证产生一个富有娱乐性故事的公式，反而是许多有趣的故事倾向于使用的一个形式。可以把它看作一具骨骼。就像人类具有巨大的多样性，但所有人都拥有同样的 208 块骨头一样，英雄故事虽然具有共同的内部结构，但可以拥有百万种形式。

大部分叙事者看上去都同意使用英雄的旅程作为写作的起点并不是一个非常好的主意。就像鲍勃·贝茨写道：

> 英雄的旅程并不是一个你可以用来修复任何一个故事问题的工具箱。但它有点像一个万用表。你可以将铅片夹在故事中的一个问题点上，然后检查那里是否有足够的神话电流流过。如果你的故事并不精彩，那么它可以帮助你找到问题根源。

最好先写下你的故事，如果你察觉到它可能和单一神话拥有共同的元素，那么花点时间考虑你的故事是否可以用下面的典型结构和元素来进一步改进。换句话说，将英雄的旅程作为一个透镜来使用。

## 76 号透镜：英雄的旅程

许多英雄故事都拥有类似的结构。使用这个透镜来确保你没有遗漏任何可能改进故事的元素。问自己以下问题：

插画：克里斯·丹尼尔

- 我的故事是否拥有能够使之成为英雄故事的元素？
- 如果是这样，那么它如何匹配英雄的旅程的结构？
- 我的故事是否可以通过加入更多典型元素的方法来改进？
- 我的故事是否和这个形式过于匹配，以至于感觉陈腐？

## 故事秘诀 7：保持你的故事世界的一致性

有一句法语的古话是这么说的：

如果你往一桶污水里加入一勺子酒，

你会得到一桶污水。

如果你往一桶酒里加上一勺子污水，

你会得到一桶污水。

在某些方面，故事世界就和一桶酒一样脆弱。故事世界里只要有一个逻辑上的不一致，这个世界的真实性就会永远被破坏。在好莱坞，"跳过鲨鱼"这句话就是用来形容一部电视剧已经恶化到了一个无法再被认真对待的程度。这句话来自 20 世纪 70 年代一部流行电视剧《欢乐时光》。在第一集的结尾，编剧让片中最受欢迎的角色方兹骑着摩托车飞越了一整排的校车。这一集被大肆炒作并得到了极佳的评价。在之后的一集里，他们尝试复制这种成功，也为了取笑电影《大白鲨》的流行，方兹穿上了滑水服并跃过一条鲨鱼。它是如此的荒诞，而且和方兹的个性远远不符，以至于这部电视剧的粉丝都感到反感。单单一集荒诞的设定问题并不大，但角色及其世界却被永远地污染了，而且人们也不会再认真看待它才是更大的问题。另一个例子是，《质量效应3》上市后不久，许多玩家表露自己对三部曲结尾的失望之情。作为回应，创作者宣布他们将推出一个会改变结局的补丁。这引起了巨大的骚动，证明了故事的质量没有比故事是真实的这种幻觉重要。一个在一致性上的小错误可以造成整个世界分崩离析，毁灭它的过去、现在和未来。

如果你有一组定义你的世界万物运行的规则，那么请坚持它并认真对待它。打个比方，如果在你的世界里你可以捡起一个微波炉并把它放在口袋里，那么会有点奇怪，但也许在你的世界里，口袋是一种可以放进任何东西的宝物。不过，如果之后一个玩家尝试将烫衣板放进口袋却被告知："它太大了，无法携带"，玩家就会变得沮丧，也不再会把你的世界当真，并且会停止将自己的想象投映进去。转瞬之间，你的世界会无形地从一个真实、生动的地方变成一个悲伤、破损的玩具。

## 故事秘诀 8：让你的故事世界平易近人

在儒勒·凡尔纳的经典小说《从地球到月球（1865）》中，他讲述了三个人乘坐用大炮发射的太空飞船前往月球的故事。尽管这本书讲述了加农炮技术的细节，但故事中的设定用现代人的视角看上去很荒诞，因为如果任何大炮强大到可以发射太空飞船，那么肯定会杀死里面所有的人。我们根据经验得知，火箭是一种安全并现实得多的将人类送上月球的方式。有人可能会认为凡尔纳在他的故事中没有用火箭是因为当时火箭还没有被发明，但事实并不是这样的。在那个年代，火箭经常被用作武器——可以参考《星条旗永不落（1814）》中"火箭闪闪发光"的歌词。

所以，凡尔纳当然知道火箭，而且他看上去拥有足够的科学头脑来领悟到它们是比大炮更合理的将飞船送去太空的方式。为什么他这样写作他的故事呢？答案看上去好像因为大炮对于他的读者来说要容易理解得多。

让我们来看一下 19 世纪军事科技的发展历程。首先是火箭：

1812——威廉·康格里夫的火箭：直径为 6.5 英寸，42 磅，射程为两英里。

1840——威廉·黑尔的火箭：和康格里夫的一样，不过稍微精确了一点儿。

在近三十年里，火箭没有进步只是被轻微地改善。
现在看一下大炮：

1855——达尔格伦大炮，100 磅炮弹，射程为三英里。

1860——罗德曼·哥伦比亚大炮，1000 磅炮弹，射程为六英里。

在仅仅五年时间里，炮弹的体积增长了十倍！记住 1865 年时美国内战成为全球的头条新闻，想象力上的一点儿小小飞跃就可以构想出在未来的些许年中会产生体积更大和更强大的炮——也许大到可以将炮弹顺利地打到月球。

凡尔纳肯定知道火箭是人类达到月球最可能的方式，但他是一个讲故事的人，并不是一个科学家，而且他非常明智地知道当你在讲一个故事时，真相并不总是你的朋友。让玩家相信和喜欢的重点是故事外观上的精确性。

当我在制作《加勒比海盗：海盗黄金之战》时，基于这条原则的一些案例就出现了。一个是船的速度——最初，我们费力地确保海盗船以一个真实的速度行驶。但很快我们就发现这个速度太慢了（或者从我们距离水的高度看上去太慢），以至于玩家很快就感觉无聊。因此，我们加入了真实的风并将船速做到让人感觉真实并兴奋的程度——即使它完全不真实。另一个例子可以从游戏的这幅截图（图 17.5）中清晰看到。

图 17.5

（迪士尼娱乐集团提供授权使用）

看一下那些船和想象风在向哪个方向吹动。奇怪的是，它看上去好像在吹动所有的船。它确实是这样的。要求玩家理解如何利用风来驾驶船在一个动作游戏中无疑是太苛刻了，而且从来没有任何一个玩家关于此要求过我们；他们认为船就该像汽车和摩托艇一样行驶，因为这是他们所熟悉的。还有一个小细节，看一下船桅杆最上方的旗帜——它们飘动的方向和船帆是相反的！设计师最初是将船员的模型设计成面向同一方向的，但这样对于我们的测试员来说看上去有点奇怪，和桅杆上的旗帜相比，他们经常看到的是轿车天线上飘动的旗帜。我们的玩家经常会问为什么旗帜指向错误的方向，我们会回答："不，看，风是从船后方吹来的…"然后他们会说"哦…嗯…我猜那是对的。"但是过了一阵，我们对总是要解释这件事感到厌倦，所以就把旗帜指向了另一个方向，而人们也就停止问问题，因为现在它们看上去"正常"了。

　　不过，总有些时候你的故事需要一些玩家从没见过的奇怪东西，而这些东西无法获得。在这些情况下，提醒玩家特别注意这个东西并且让他们理解这是什么及怎样工作就非常重要了。我曾经教过一组学生，他们做了一个关于两只仓鼠在宠物商店陷入爱河却又因为关在不同笼子里而无法相见的小游戏。他们的游戏让玩家尝试用一支小型的仓鼠大炮将公仓鼠射向母仓鼠的笼子。有人向这组学生指出了世上没有什么仓鼠大炮的东西，因此这个故事看上去有点奇怪并让人难以相信。有一个解决方法就是把大炮改成别的可以发射公仓鼠的东西，比如可能是一个仓鼠轮，但团队想留下大炮，所以他们用了另一个方法。在创建宠物商店时，他们重要介绍了写有"特价！仓鼠大炮打折中！"的醒目标志。这不单只是一个激起体验兴趣的钩子，建立了玩家想一睹仓鼠大炮外形的预期，它也给玩家介绍了这种非常奇怪的物品，使得当它出现时不会看上去那么奇怪——只是一个奇异世界里的一个自然部分。超现实元素在游戏中并不少见，重要的是你懂得如何平滑地将它们融入游戏。一个方便的方法是使用下面这个透镜。

## 77 号透镜：最奇怪的东西

　　你的故事里有奇怪的东西可以帮助你给奇异的游戏机制赋予意义——它可以激发玩家的兴趣，而且可以让你的世界看上去特别。不过，太多太奇怪的东西会把你的故事渲染得费解并难以接近。为了确保你的故事是那种好的奇怪，问自己以下问题：

- 我的故事里最奇怪的东西是什么？
- 我怎样确保这个最奇怪的东西不会迷惑或疏远玩家？
- 如果有很多件奇怪的东西，那么是否应该去掉或合并其中的一些？
- 如果我的故事里没有奇怪的东西，那么它依然有趣吗？

插画：里根·海勒

## 故事秘诀9：明智地使用陈词滥调

有一条对电视游戏来说看上去无法避免的批评意见是其过多地使用了陈词滥调。毕竟，你只能从邪恶外星人手里拯救地球，使用你的魔法对抗恶龙，或者用一把霰弹枪在充满着僵尸的地下城里战斗一定次数——在它变得无聊之前。这驱使有些游戏设计师避免使用任何以前用过的故事设定或主题——有时这会使它们的故事和设定过于离奇，以至于玩家完全无法理解它是什么或者与什么关联。

尽管陈词滥调有着被滥用的危险，但它们拥有巨大的对玩家来说熟悉的优势，而熟悉就意味着可理解和可领会。有人说每一个成功的电视游戏都找到了一种将熟悉和创新组合在一起的方法。有些游戏设计师永远也不会做一个关于忍者的游戏，因为忍者游戏已经做滥了。如果你做一个关于孤独的忍者、一个无能的忍者、一条忍者狗、一个机器人忍者或者一个三年级女孩走上一条秘密的忍者之路的游戏又会如何呢？所有这些故事线都有成为新颖和不同故事的潜力，而又和玩家已经理解的世界有关。

当然过于使用陈词滥调是一个错误，但完全将它从你的工具箱内驱逐也是一个错误。

## 故事秘诀10：有时一幅地图能让故事活过来

当我们考虑撰写故事时，我们通常考虑的是文字、角色和故事情节。但故事可以来自意想不到的地方。罗伯特·路易斯·斯蒂文森本来并不打算撰写被人们认为是他最佳作品的《金银岛》。在一次多雨的假期，他因为责任需要逗一个男学生开心，他和男学生轮流画画。斯蒂文森心血来潮地画了一幅梦幻岛地图，就这样这个岛突然拥有了自己的生命。

> 当我停下来看着我的"金银岛地图"时，书中的未来角色开始浮现在虚构的树林中；他们棕色的脸和闪亮的武器从出乎意料的地方探出来指向我，他们来来回回地经过，交战和搜索宝藏，映射在这几平方英尺的平面上。下面我知道的是我面前有几张纸而且我正在写下章节列表。

大部分电视游戏并不发生在文字的世界里，而是在实体的地方。通过画这个地方的素描和图画，一般故事都会自然成型，因为你被迫去思考谁生活在那儿，他们在干什么及为什么。

## 故事秘诀 11：惊喜和情感

撰写故事是困难的。让它们从游戏里浮现出来是难上加难。但是，通常来说，如果故事很无趣，那是因为它们缺乏惊喜或情感（或者，呀，两者都没有！）。如果你发现你的游戏故事无趣，那么找出你的老朋友 1 号透镜"情感"和 4 号透镜"惊喜"，把它们对准你的故事。你可能会对它们提供的帮助感到惊喜和激动。

关于故事还有太多可以说的，我们在这里可能无法完全涉及。但不管你创造什么，是一个带着薄薄一层主题和设定的抽象游戏，还是包含数百个复杂人物的巨型史诗冒险游戏，使游戏中的故事元素尽可能有意义和强大是明智的。那么，我们以一个通用的透镜结束本章，它作为一个研究四元组中重要一环的工具可以让任何游戏从中获益。

### 78 号透镜：故事

问自己以下问题：

● 我的游戏真的需要一个故事吗？为什么？

- 为什么玩家会对这个故事感
  兴趣？
- 故事怎样支持四元组中其他的
  部分（美学、技术、玩法）？
  能优化它吗？
- 四元组中其他的部分如何支持
  游戏？能优化它们吗？
- 怎样使我的故事变得更好？

插画：戴安娜·巴顿

# 拓展阅读

《游戏中的人物塑造和叙事》，李·谢尔顿著。李撰写了数十个游戏和相同数量的电视剧。他将他毕生的叙事经验浓缩在了这本非常实用的书中。

《电视游戏的互动叙事》，乔赛亚·利波韦茨和克里斯·克鲁格合著。两位经验丰富的专家关于互动叙事给出的更杰出的建议。

《故事》，罗伯特·麦基著。被许多人认为是好莱坞电影剧本创作界的圣经，这本书清晰、易懂并充满了优秀的建议。

《作家之旅：源自神话的写作要义》，克里斯托弗·沃格勒著。这本书因为过于公式化而出名，但它使许多强大的想法容易理解，而且也提供了影响众多杰出的剧本作家的深刻见解。

《数字化叙事：给创作者的互动娱乐指南》。这本书充满了案例和建议，更不要说还有很多对整个行业互动叙事者颇具思想性的采访。

《写作故事：叙事创作指南》，珍妮特·伯罗威著。现在已经是第10版了，这本书是写给任何认真想要成为杰出叙事者和作者的。它从第1页："第1章怎样都行"起就已经完全赢得了我的心。

# 第18章

# 故事和游戏结构可以用间接控制艺术性地融为一体

图 18.1

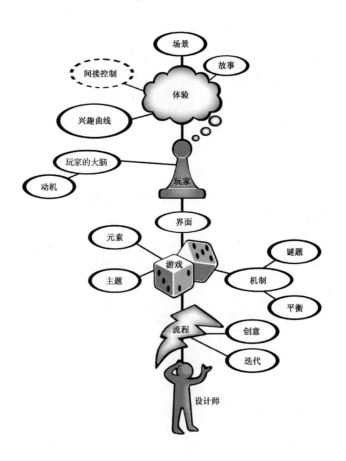

图 18.2

　　在 1966 年年底，音乐家约翰·列侬受邀参加一场在伦敦蛇莓画廊举行的名为"未完之作"的艺术展览。他对先锋派艺术没有特别的兴趣，而且从来没听说过那个叫小野洋子的女艺术家。但当他到达那里的时候，一件特别的艺术品吸引了他的注意：房间中心的一个高折梯（图 18.2）。在它的顶上，在嵌入天花板的画布边上，用链子挂着一个放大镜。约翰不确定地看着这件奇怪的集合艺术——他是应该往上看吗？这幅画又是空白的——如果是这样的，为什么那里有一个放大镜？他鼓起勇气，爬上了摇晃的梯子，然后在梯子最上一阶危险地保持着平衡，拿起放大镜伸长了脖子仰望白色的画布。刚开始他以为画布是空白的，是关于虚无的某种艺术方式阐释。然后他看见了一个将永远改变他人生的小字，不用放大镜不可能看见的小字。

　　那个小字就是"是"。

## 自由的感觉

在前一章里，我们谈及了关于故事和玩法之间的矛盾。究其核心，这是一个关于自由的矛盾。游戏和互动体验的精彩之处在于玩家感受到的自由，这种自由给予玩家美妙的控制感并容易让他们将自己的想象投映到你创造的世界中。这种自由的感觉在一个游戏中是如此重要，以至于它值得拥有一个新的透镜。

### 79 号透镜：自由

自由是区分游戏和其他娱乐形式的事物之一。为了确保你的玩家尽可能地感觉自由，问自己以下问题：

- 我的玩家什么时候可以自由行动？这些时间里他们感觉到自由了吗？

插画：内森·马祖尔

- 他们什么时候会被束缚？他们感觉到被束缚了吗？
- 游戏中是否有些地方可以让他们比现在感觉更加自由？
- 游戏中是否有些地方让他们因为过于自由而感到手足无措？

我们给予了玩家那些美妙的互动感和控制感，但即便如此，我们还是很难控制玩家的兴趣曲线，所以还必须给予他们自由，不是吗？

错了。

我们无须总是给予玩家真正的自由，我们只需给予他们自由感。就像我们讨论过的那样，所有真实的只是你的感觉。如果一个聪明的设计师可以让一个玩家感到自由，而其实他并没有多少选择的空间甚至完全没有选择的机会，那么突然间我们就拥有了最佳的两个世界，玩家拥有了美妙的自由感，而设计师也做到了经济地创造一次既具有理想兴趣曲线又包含理想事件集合的体验。

但这件事怎么可能呢？一个人如何在没有自由存在或只有有限自由的情况下创造出自由感？毕竟一个设计师对于一个玩家进入游戏后的行为无法控制，不是吗？

不，不对。设计师不能直接控制玩家的行为这种说法是正确的，但通过不同的巧妙方式，他们可以对玩家的行为施加间接控制。而且这种间接控制可能是我们所接触到的任何技巧中最巧妙、最精致、最具艺术性，同时是最重要的一种。

为了解释我在说什么，让我们看一下间接控制的几种方式。有非常多不同且巧妙的方式，但通常以下六种方法能满足大部分的要求。

# 间接控制方法1：限制

看一下以下两个要求的区别：

- 要求 1：选一个颜色：_____。
- 要求 2：选一个颜色：a. 红色　b. 蓝色　c. 绿色。

它们同样给回答者自由选择的机会，并且它们都在询问同一件事情。但区别是巨大的，因为对于要求 1 来说，回答者可以从数百万个答案中选择一个——"消防车红""菜花蓝""淡紫的灰褐""天空蓝粉红""不，你来挑一个颜色"或者就真的随便选什么。

但对于要求 2 来说，回答者只有三个选项。他们仍然拥有自由，他们仍然可以选择，但我们成功地把选项数目从数百万个减到了三个！而且准备选择红色、蓝色或者绿色的回答者不会感到不同。还有一些人会相对要求 1 更偏好要求 2，因为太多的自由会是一件令人望而却步的事情——它强迫你的想象力努力工作。在主题公园工作的那些日子里，我有时会在糖果店上班，站在六十种口味的老式棒棒糖陈列柜前。有件事每天会发生一百次，人们进来问："你们这儿有什么口味的棒棒糖？"起先，我会自作聪明地背诵出所有的六十种口味——当我这么做的时候，顾客的眼睛因为恐惧越睁越大，然后在我大约背了三十秒口味后，他们会说："停！停！够了！"他们被如此多的选择而弄得完全不知所措。过了一会儿，我想到了一个新办法。当他们询问口味时，我会说："我们这儿有任何你可以想到的口味。来，随便说一个你喜欢的味道，我肯定我们这儿有。"

起先他们会被这种巨大的自由打动。然后他们会皱起眉头，努力思考，并说："额…樱桃？不，等一下…我不想要那个…嗯…薄荷？不…哦，忘了它。"最后他们会在沮丧中离开。后来我想出了一个可以卖出许多棒棒糖的策略。当有人询问口味时，我会说："我们这儿有你能想到的几乎每种口味，但最畅销口味是樱桃、蓝莓、柠檬、根汁汽水、冬青和甘草。"他们会因为拥有自由感而高兴，但同时也乐于选择只有少数几个吸引人的口味。事实上，大部分顾客会从"畅销六款"中选择。这个单子其实是我瞎编的，而且我经常为了确保架子上的其他口味不会滞销太久而经常改变它。

这是间接控制在实际操作中的一个例子——通过限制他们的选择，我让他们更容易地做出一个选择。但不只是任何选择，而是我指引他们做出的选择。即使我狡猾的方法限制了他们的选择，他们依然会保留自由感，而且可能感觉到一种加强的自由感，因为提供给他们的选择比我完全没有指引他们时更清晰。

这种通过限制间接控制的方法经常被应用在游戏中。如果一个游戏将玩家置于一间有两道门的空房间内，那么玩家几乎肯定会通过其中一道。哪一道，我们未必知道，但他们肯定会通过一道，因为一道门传递的信息就是"打开我"，玩家自然是好奇的，毕竟没其他地方可去了。如果你问玩家他们是否有选择，即使只有两个选项他们也会说有。相反，如果把玩家置于一片空地上，一条城市大街上，或者一座购物商场内，在那些情况下，他们去哪儿和他们干什么的可能性太多了，而且难以预计，除非你使用别的间接控制的方法。

## 间接控制方法2：目标

在游戏设计中最常见也是最直接的方法是通过目标使用间接控制。如果一个玩家有两道门可供他们通过，那么我真的不知道他们会进入哪一道门。如果我给予他们一个"去找到所有香蕉"的目标，而且其中的一道门后明显藏着香蕉，那么我会猜得非常准他们将要去哪里。

之前我们讨论过建立良好目标来给玩家一个关心你的游戏的理由的重要性。一旦清晰和可及的目标被确立后，你可以利用这个事实来围绕目标打造你的世界，因为你的玩家只会前往和做那些他们认为会帮助完成目标的地方和事。如果你的驾驶游戏是关于在城市里赛车并最终达到终点，那么你不用制作一幅完整的街道图，因为如果你清楚地标记出最快的路线，人们在大部分情况下会坚持走这条路。你可以添加少数的小路（特别是有些是捷径的情况下！）来增添一种自由感。但是你选择的目标会间接地控制玩家去避免探索每条小路。创造玩家永远看不见的内容并不会给予他们更多的自由，这样做只是在浪费那些本可以用来改进玩家可见场景的开发资源。

这里要注意一个重要的问题是玩家的信心和目标之间的重要互动。如果玩家对他的目标、对他追求目标的能力非常有信心，那么间接控制的强大作用会数倍加成，因为他们会自信地相信自己的直觉。然而如果玩家对自己的目标感到困惑，对他在这个世界中能否正确使用能力产生怀疑，那么间接控制的作用会大大衰弱，因为玩家会怀疑用来判断做什么及怎么做的自身直觉是否正确。

阿姆斯特丹的史基浦机场里的男盥洗室是一个现实世界里的极好例子。使用盥洗室里小便池的用户会发现池里有一只苍蝇。这并不是只真的苍蝇，而只是被蚀刻在瓷面上的图画。为什么？设计师在尝试解决"马虎枪法"的问题，而这个问题导致了更多的清洁服务。这只被刻上去的苍蝇创造了一个含蓄的目标——击中苍蝇。通过将苍蝇放在小便池的中央（稍微靠向某一边来减弱入射角的影响），盥洗室变得更干净了。"玩家"至少没有被剥夺自由，但是却在间接控制下被引向设计师认为最佳的行为。

## 间接控制方法3：界面

我们已经谈论过反馈、透明、多汁，以及一个优秀界面的重要方面。但关于你的界面还有一些别的需要考虑的地方：间接控制。因为玩家需要界面变得透明，如果忍得住，那么他们真的不会去考虑界面。换句话说，玩家基于界面建立起他们在游戏中能干什么和不能干什么的预期。如果你的"摇滚明星"游戏里有一把塑料的吉他作为物理界面，那么你的玩家可能会期待弹奏这把吉他，而且他可能不会动想要做别的事的念头。相反，如果你给他们一个手柄，那么他们也许想知道是否可以弹奏不同的乐器并且从舞台跳入观众群，或者作为一个摇滚明星可能会做的任何其他事。但是那把塑料吉秘密地偷走了这些可能发生的事，无声地将玩家限制在单一行动中。当我们用一个木制的船舵和一个三十磅重的纺铝大炮来营造虚拟的海盗氛围时，没有一个玩家会问作为游戏的一部分他们是否可以击剑对战——这个选项不会进入他们的脑海。

　　并不只是物理界面拥有这个能力，虚拟界面同样也有。你控制的化身是虚拟界面的一部分，甚至它也可以对玩家施加间接控制。如果玩家控制一个真人冒险者，那么他们会尝试做特定的事。如果他们控制一只蜻蜓、一头大象或者一辆谢尔曼坦克，那么他们会尝试做非常不同的事。化身的选择一方面是关于玩家愿意将自己与谁相联系，但另一方面，它含蓄地限制了玩家的选择。

## 间接控制方法4：视觉设计

> 如果用眼而不是透过眼来看，
>
> 我们就会相信谎言。
>
> ——威廉·布莱克

　　任何在视觉艺术领域工作的人都知道布局会影响人们的视线。在互动体验中它变得非常重要，因为人们倾向于前往能吸引注意力的地方。因此，如果你能控制人们望向何处，你就可以控制他们去往何地。图 18.3 展示了一个简单的例子。

图 18.3

看这张图，你的视线很难不被引向图中间。当一个人在互动体验中看到这一幕时，他可能在考虑边框上的事物之前就审视中央的三角。这和图 18.4 形成鲜明对比。

图 18.4

这时，人们的眼睛会被迫去探索边框及其之外。如果这个场景是一场互动体验的一部分，那么人们非常有可能更多地尝试找出边上的物件而不是画面中间的圆。如果他们可以的话，他们极有可能想要将屏幕的边界往外推。

这些例子很抽象，但还有很多能证明同样道理的真实世界的例子。比如，背景的设计师会考虑很多关于如何吸引眼球的事。人们经常说一个好的背景设计师会让眼神持续地快速掠过背景，从不让它会停留在单一画面上。

布景师、插画师、建筑师和电影摄影师都使用这些原则来指引人们的眼睛并且间接地控制他们的注意力。一个极好的例子是迪士尼乐园中央的城堡。沃尔特•迪士尼知道人们有可能进入乐园后会因为不知道去哪里而漫无目的地在入口闲逛。建造城堡以让人们一进入乐园他们的眼睛就被快速地被吸引过去（和图 18.3 相似），他们的脚步也会快速跟上眼睛。很快人们来到迪士尼乐园的中心，那儿有许多视觉标志召唤他们去往不同方向（和图 18.4 类似）。间接地，沃尔特能控制人们做他想要他们做的事：快速移动到迪士尼乐园的中心，然后随机分散去往乐园中的其他部分。当然，人们几乎察觉不到这种控制。毕竟，没人告诉他们该去哪里。所有人不假思索就知道，他们完全自由地停在某处有趣的地方并享受一场娱乐体验。

沃尔特甚至因为这种控制而出名。他称之为视觉"火腿肠"，它通常用来指代电影场景中一种控制狗的方式：一个训练师将一个热狗或者一片肉举在半空中，并到处移动它来控制狗的视线，因为没有任何东西比食物能更好地控制狗的注意力。

要设计好的关卡，其中一个要点是玩家的眼睛能将他们毫不费力地带过关卡。这会让玩家感觉掌控自如并且沉浸在游戏世界中。理解什么东西能吸引玩家的眼球会有效地帮助你知道玩家希望做什么决定。当迪士尼 VR 工作室制作《阿拉丁的魔毯：VR 冒险》的第二版时，我们面临一个巨大的难题。一个非常重要的场景：宫殿中摆放王座的房间，如图 18.5 所示。

图 18.5

（迪士尼集团授权使用）

动画导演想让玩家飞入这间屋子，然后向上飞至大象雕塑底下的王座，在继续他们的游戏进程前在上面坐一会儿并倾听苏丹国王的信息。我们本希望那个身着白色衣服的苏丹国王小人在王座上跳上跳下，这样足以吸引玩家凑到它身前去倾听他——但那并没有发生。这些玩家正处于飞毯上！他们想到处飞翔，上升至天花板，围着柱子，飞往任何他们可以到达的地方。他们内心的目标是飞翔并获得乐趣——拜访苏丹国王并不和这个计划相符。看到没有其他选择后，我们开始努力实现一套能夺取玩家控制权的系统，将他们扯着穿过房间来到苏丹国王面前并在他说话的时候将他们黏在那一点。没人喜欢这个主意，因为我们都知道这样做意味着剥夺了玩家珍贵的自由感觉。

然而之后艺术总监有了一个主意。

他在地板上画了一条单直线，像这样（图 18.6）。

图 18.6

（迪士尼集团授权使用）

　　他的想法是，也许玩家会顺着红线前行。我们对此都有所怀疑，但这对于我们来说是一个很容易做的原型。而且让我们震惊的是，玩家真的这么做了！他们一进入房间，并没有像我们之前见到的那样到处乱飞，而是顺着红线直飞向苏丹国王的王座，就好像它是某种牵引波束。当国王开始说话时（在那一刻玩家正处于国王的正前方），他们等待着倾听国王要说的话。它并不是每次都奏效，但成功率高达百分之九十，这样的体验完全足够了。最令人吃惊的部分是之后的访谈——在问到玩家为什么要跟从王座房间里的红线时，他们说"什么红线？"这条红线完全没被记录在他们有意识的记忆中。

　　起先这对我来说完全无法理解：一条简单的红线怎么可能将在房间中尽情飞翔的念头从玩家的大脑中抹去？然后我理解了——看见柱子和吊灯，让到处乱飞的念头进入了玩家的脑海。红线在场景中是如此的明显，以至于玩家不再去注意别的事情，所以他们也不会想起做别的事情。

　　奇怪的是，我们在这个游戏的第三版中遇到了这个问题的一种新的形式。在这个版本中是四个玩家同时玩游戏，我们不想让他们都去苏丹国王那边。我们希望他们分开去不同的地方——我们想要一些玩家去拜访苏丹国王而其他人从房间的左右两侧飞过大门。但"专横"的红线使得所有四位玩家飞向苏丹王。我们再一次开始讨论如何强制让玩家分开，但我们又有了别的想法——是否可以改变红线来强制让玩家分开？我们尝试了这个（图18.7）。

图 18.7

（迪士尼集团授权使用）

它非常管用。在大部分情况下，两位玩家会前往王座，一位会向左分开跟随线向左门飞去，而另一位会向右分开跟随指向右门的线。

# 间接控制方法5：虚拟角色

间接控制玩家的一个非常直接的方法是通过游戏中电脑控制的虚拟角色实现的。如果你可以使用叙事的能力来使玩家确实关心角色，也就是说，他们愿意服从这些角色，保护他们，帮助他们，或者摧毁他们，那么你突然就拥有了一个杰出的工具来控制玩家将尝试做什么和不做什么。

它被用在一部早期互动电影《猎尸者》中并获得巨大效益，该电影在1961年由威廉姆·卡索执导并有着不寻常的噱头。旁白解释了电影如何结局是由观众决定的——恶棍应该受到惩罚还是被宽恕？每个观众成员都拿到并举起一张"拇指朝上/拇指向下"的卡片，这样放映师就可以装上合适的电影胶卷。卡索对观众会选择"惩罚"胶卷拥有充足的信心。他是如此的自信，实际上他根本没特意去拍"宽恕"胶卷，从来没有观众发现这一点。

在游戏《动物之森》中，一个被称为快乐房间学院（HRA）的神秘委员会定期评估你将房子内部装饰得多好，而且会基于你的装饰成绩给予奖励分数。玩家努力地去获得这些分数——一方面的原因是，这是游戏的一个目标，另一方面的原因是，人们在想到有人会观察房子内部并厌恶地摇头时会感觉尴尬，即使它只是假想的。

在游戏《古堡迷踪》中，你的目标是保护一位与你同行的公主。设计师在游戏中设计了一种非常聪明的计时机制——如果你呆住不动的时间太长，那么恶灵会出现并抓住公主，然后将她拖入地面的洞穴。即使如此，除非恶灵将公主成功拖走，不然公主不会受到伤害，并且他们真的要将公主拖进洞还是会花上不少时间，我发现当恶灵出现的一刹那时自己会快速行动，因为想到他们会触及公主使我感到我让她失望了。

虚拟角色是控制玩家选择或他们如何感受那些选择的一个好方法。首先，你必须让玩家关心那些虚拟角色的感受，一旦你做到了这一点，去鼓舞玩家的行动就简单了，因为希望帮助那些我们同情的人是人类天性中的一个伟大方面。这种观点非常有用，我们应该将 80 号透镜加入我们的工具箱。

## 80 号透镜：帮助

本质上，每个人都是愿意给予他人帮助的。为了将这种乐于助人的精神引向引人入胜的游戏玩法，问自己以下问题：

插画：阿斯特曼·里昂-钟

- 在游戏的上下文中，玩家在帮助谁？
- 我是否可以让玩家感觉和需要帮助的角色内心联系得更紧密？
- 我是否可以更好地讲述完成游戏目标可以帮助他人的故事？
- 被帮助的角色如何表现出他们的感谢方式？

## 间接控制方法6：音乐

当大部分设计师考虑向游戏中添加音乐时，通常考虑的是他们想创造的情境和游戏氛围。但音乐同样可以对玩家的行为产生重要影响。

餐厅一直在使用这种方法。快节奏的音乐让人们吃得更快，所以在午饭高峰时间，许多餐厅会播放高能舞曲，因为越快地进食意味着餐厅会有更多的收益。当然，在非高峰阶段，如下午三点，他们会做相反的事。一家空餐厅通常表示这是一家差的餐厅，所以为了让用餐者逗留在此，他们会播放慢速音乐，放慢顾客用餐的速度并让顾客考虑再多要一杯咖啡或一份甜点。当然，顾客并没有领悟到这一点，他们认为自己拥有完全的行动自由。

如果这个方法对餐厅经理有效，那么它同样对你有用。想一下你该播放哪种音乐来让玩家：

- 四处张望寻找隐藏物。
- 不放慢速度的同时毁坏任何可能的东西。
- 发现他们走错路了。
- 缓慢并小心地移动。
- 担心误伤到无辜的旁观者。
- 走得尽可能远、尽可能快，头也不回。

音乐是灵魂的语言，正因如此，它在一个深层次对玩家倾诉——一个如此之深的可以改变他们心情、欲望和行为的层次，而且他们并没有意识到这种情况正在发生。

间接控制的这六种方法可以作为平衡自由和优秀叙事的非常有力的方式。不过有可能你的设计会对玩家以你从未想要的方式施加控制，这对你是一种警告。我在20世纪90年代的时候带一个朋友去玩迪士尼世界中恐怖的《外星人接触》（自那之后它被设计成少一点儿吓人多一点儿适合家庭娱乐的游戏）。它包含了一个室内圆形剧场，内设奇怪的座椅，它们可以创造出邪恶外星怪兽被释放在剧院中，与你擦肩而过并在你脖子上呼吸的幻象。它是如此的独特和令人兴奋，我确定我的朋友会乐在其中，但当体验结束时，他看上去有点愣在那里。我问他体验怎样，他说："还可以吧。当我看到它被设计成圆形并且将我们绑在座椅上时，我以为剧院会旋转。但我们只是坐在那里。我的意思是，还可以吧，只不过并不是我预想的那样。"

为了确保你的体验拥有那种正确的间接控制，使用下面这个透镜。

## 81 号透镜：间接控制

为了达到一种理想的游戏体验，每位设计师对于想要玩家做什么都有一个幻想。为了确保玩家是完全凭着他们的自由意愿做这些事的，问自己以下问题：

- 最理想情况下，我想要玩家做什么？
- "限制"是否可以让玩家去做这件事？
- "目标"是否可以让玩家去做这件事？
- "界面"是否可以让玩家去做这件事？
- "视觉设计"是否可以让玩家去做这件事？
- "游戏角色"是否可以让玩家去做这件事？
- "音乐"或者"声音"是否可以让玩家去做这件事？

插画：谢丽尔·奇奥

- 是否还有别的方法在不侵犯玩家自由感的前提下，我可以用其强迫玩家去进行理想中的行为？
- 我的设计是否会降低我希望玩家不该拥有的欲望？

## 结论

在设计《加勒比海盗：海盗黄金之战》时，我们面临一个巨大的挑战。我们必须创造一场时长只有五分钟且非常有感染力的互动体验。兴趣曲线必须优秀，因为一个四口之家会付出 20 美元的代价只为玩一次这个游戏。但是同时，

## 第18章 故事和游戏结构可以用间接控制艺术性地融为一体

我们知道这不可能只是一场线性体验，因为作为一个海盗，最核心的元素就是一股无与伦比的自由感。基于我们之前的体验，我们知道这对于某些间接控制方法来说一次极好的验证机会。

我们早期的游戏原型弄清了一件事：如果我们只是将人们设定在海洋之上与敌人作战，那么他们大概会在两分二十秒之内感到极大乐趣。之后他们的热情会退却，而且有时他们会问："所以……这就是我们可以做的所有事吗？"很明显这是一条不可接受的兴趣曲线。玩家想要更多的场景组合。我们想出了一个解决办法，它拥有更多的有趣场景。我们认为将这些场景放置在玩家可以到达的岛屿附近是指引玩家去有趣事件发生地的一个好办法——有点像迪士尼乐园中指引人们前进的城堡。所以，我们画了下面这张草图（图18.8）。

图 18.8

（迪士尼集团授权使用）

玩家会在地图中心开始游戏，他们期待在那里会和一些敌人作战，然后希望能够航行去往某个岛，每个岛都被设计得有趣，而且即使隔着一定距离也可以看见。玩家会去哪个岛完全取决于他们——他们拥有选择的自由，因为玩家在每个岛都会经历不同的遭遇。其中在一个岛上，邪恶的海盗正在攻打一座燃烧的城镇。在另一个岛上，在一座火山的边上正在进行一项令人吃惊的采矿工作。在第三座岛上，皇家海军正运输着巨量的黄金并用可发射火球的投石机守卫要塞。我们确定这些巨大的岛会引起许多玩家的兴趣。

天哪，我们错了。再看一下图 18.9，你可以看到问题所在。

图 18.9

（迪士尼集团授权使用）

玩家被告知他们的目标是击沉海盗船。在这里他们被挂着刺眼白帆危险的大型海盗船所包围。看看远处的可怜火山，人们几乎发现不了它，而且它与玩家的目标也毫无关系。

我们立刻就发现之前设计的策略并不奏效。我们开始考虑将海盗船设置在一条固定线路上的可能性，它会指引他们去往这些岛。然后我们又有了一个有趣的主意。如果敌人的海盗船并不是按照对自己最有利的方式行动会怎么样？到目前为止，我们已经花了大量的时间编写很梦幻的算法来让敌人的船只以有趣并且聪明的策略进行攻击。我们新的主意是废弃之前所有的设计并且改变船的行动逻辑。在新系统下，当玩家在公海上遇到船时，船会攻击他们，然后他们开始逃离。那些将游戏目标锁定在击毁敌船上的玩家会追击他们。我们尝试对事件计时，这样当玩家正好击毁敌舰的时候，船正好也到达了岛群中的一个岛（随机选取）。随着敌舰被击沉，玩家抬头时会发现他们自己位于一个有趣的岛上。他们会在那里继续作战，有可能被新的敌船攻击而敌船又会再次逃逸——逃去哪儿？逃向任何玩家还未到过的小岛。

这个策略极为有效。带着一股完全的自由感，玩家会拥有一段非常有组织的体验：他们会以一场有趣的战斗作为开始，接着是一个小场景，再接着是一场新的海上战斗，再接着是另一个新的小场景。我们都知道游戏必须以一个大场面作为结局，但我们不确定玩家当时会身处何地。所以在第 4 分钟过后一小会儿，大结局以下列方式发生了：一场突如其来的大雾和来自幽灵海盗船的攻击，它会将玩家带入史诗般的最终战斗。

上述场景成为可能的唯一原因是我们做了一些不寻常的事——将游戏内的角色设定成拥有两个同期目标。一方面是让玩家陷入一场有挑战性的战斗。另一方面是指引玩家前往有趣的地方来保证体验的流畅度达到最佳。我将这个原则称为"串通"，因为游戏的角色和设计师串通在一起使得体验对玩家来说变得最佳。这是间接控制的一种有趣形式，它将目标、角色和视觉设计组合在一起来达到单一的联合效果。

有一些证据可以证明这种通过串通方式做到的间接控制可能会是未来互动叙事的核心。安德鲁·斯特恩和迈克尔·梅迪亚斯制作的游戏《假面》带给玩家的迷人体验将它带入了一个新层次（图18.10）。在《假面》中，你扮演格蕾丝与特里普这对夫妇举办的一场宴会的客人角色。你的界面主要通过打字来进行对话，它提供了巨大的自由和灵活度。当你玩游戏的时候，你很快注意到你是宴会上唯一的宾客，而且奇怪的是，这是这对夫妇的结婚周年纪念。当下的情境让人非常不适，因为他们不断地争吵，每个人都试着将你拉到他（她）那边来支持他（她）的观点。这是一种极为不同寻常的游戏体验，它的目标更像是那些小说或电视剧中的，而不属于一个电视游戏。

图 18.10

这个游戏还有一些别的东西也很独特。它看上去在不同的阶段玩起来很不一样——每次你玩，你听到的对话中只有10%是事先录好的。这并不是珍珠链子结构，或者一个分支结构。这是在模拟格蕾丝和特里普是具有人工智能的角色，他们在努力完成自己的目标。开发者通过标准的 AI 模型实现对角色的设定，目标与感应器触发的行为相关（图 18.11）。

图 18.11

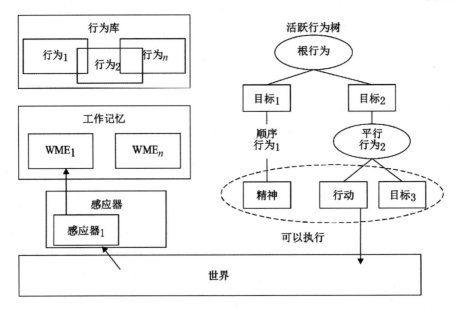

然而，就像我们设计巧妙的海盗船一样，格蕾丝和特里普并不只是在尝试完成它们的目标，同时很清楚他们是故事的一部分。正基于此，他们应该试着让故事变得有趣。当他们在做将要做什么或说什么的选择时，部分的决定会考虑他们将要说的是否和这部分故事情节的紧张度相适应，而且设计师设计了一条他们认为对于体验来说合适的紧张度时间线（图 18.12）。

图 18.12

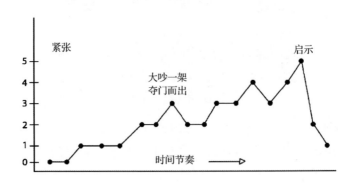

这张图看起来眼熟吗？通过让格蕾丝和特里普按照这张图来做决定，同时他们又会尝试实现他们作为故事角色而需要达到的目标，这样他们的行为既具有意义又会保持玩家对于整个事件序列的感兴趣程度。

看上去我们对于通过聪明地使用串通而可能达到的体验类型的探讨只是浅尝辄止。如果你想思考如何将它应用在你的游戏中，那么使用下面这个透镜。

## 82号透镜：串通

角色应该起到他在游戏世界中的作用，如果有可能，那么也应该作为游戏设计师的许多小分身来向着他的最终目标努力工作，这样也保证了这是一次对玩家来说迷人的体验。为了确保你的角色能胜任这个职责，问自己以下问题：

插画：尼克·丹尼尔

- 我想要玩家体验什么？
- 角色如何在不损害游戏世界的目标的前提下实现这种体验？

中国哲学家老子说过：

> 太上…功成事遂，百姓皆谓我自然。

希望当你尝试将玩家引向会让他们感觉自己掌控天下、如鱼得水和成功的迷人体验时，你能发现这种间接控制方法的巧妙。

但这些迷人的体验会发生在何处呢？

# 拓展阅读

《图画·话图：知觉与构图》，莫丽·邦著。这是一本由一位知名儿童书插画家所著的简单指南，它是我所找到的所有视觉间接控制指南中最好的那本。

# 第19章

# 在世界里发生的故事与游戏

图 19.1

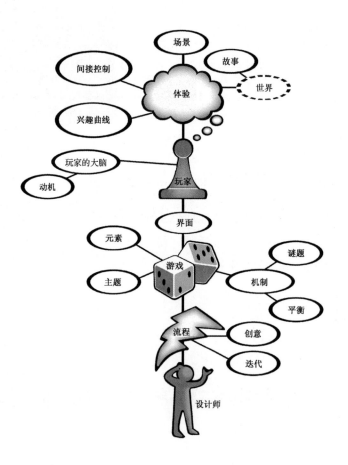

## 跨媒体世界

电影《星球大战》于 1977 的 5 月第一次与世人见面。电影出人意料地受到各个年龄层次影迷的欢迎，在年轻人中间更是如此。孩子们会一遍遍地反复回味。肯纳玩具公司大概花了一年的时间制作出了一套以电影角色为原型的可动人偶系列玩具。甚至在电影上映的一年后，这套玩具依旧大卖——刚一出工厂，就被买回了家，而这种热卖又持续了好几年。除此之外，市面上还有许多其他的《星球大战》周边产品，例如海报、拼图、睡袋、一次性纸盘（图 19.2），几乎涵盖了任何你可以想到的东西，但可动人偶系列玩具依然是最受欢迎的。

图 19.2

有些人相信，贩卖这些周边产品只是一种快速捞钱的方法。最后的结果就是拉低了整部电影的档次。的确，这些玩具比起电影里所展现的东西来说显得非常粗制滥造。

为什么他们要买这么多可动人偶呢？对于有些人来说，那些玩具只是很不错的装饰品——能够把玩观赏以回忆电影中的情节。但是对大多数人来说，那些玩具意味着其他的东西，它们是通向《星球大战》中的世界的入口。

如果你在小孩子玩耍的时候仔细观察他们，你会发现一些很奇怪的事情。出乎大人意料的是，小孩子很少会用玩具来重现电影里的场景。相反，他们会围绕那些人物，编出各式各样与电影情节没有太大关系的故事。因为电影里的情节往往非常复杂，对于小孩来说很难消化。你可能会根据这个判断说，其实受欢迎的只是《星球大战》里的人物，而非故事。但很多时候你会发现，在全世界小孩的卧室或者后院里上演的一出出悲喜剧中，小孩们会赋予那些玩具与电影中完全不同的名字和人物关系。

　　如果电影情节与电影角色都不是小朋友们兴奋的原因，那么还剩下点什么？答案是《星球大战》中引人入胜的（虚构）世界。从某些方面来说，那些玩具给孩子们提供了比电影更好的进入那个虚构世界的大门。因为孩子们可以与玩具进行互动，能够参与它们的故事，故事可以灵活变动、随身携带，还能与朋友分享。奇怪的是，对于孩子来说，《星球大战》的世界通过玩具变得更有意义了，而不是相反。因为那些玩具给予了孩子访问那个世界的能力，进而能够塑造、改变它，最后将它变成自己的世界。人们都非常期待《星球大战》的续集，而在这种期待里，有多少是因为他们想听一个新的故事？又有多少是因为能够重新进入《星球大战》世界所带来的兴奋？

　　亨利·詹金斯发明了"跨媒体世界"这个词，用来指能够通过多种媒体进入的幻想世界——不论是通过印刷、影视、动画、玩具、游戏还是其他的媒体。这个概念非常有用，因为幻想世界就好像真的存在于支持它的媒体之外。很多人觉得这个概念很古怪，因为他们觉得书籍、电影、游戏和玩具都是相互独立、互不相关的东西。但在越来越多的情况下，真正被创造出来的产品不仅是一个故事、一个玩具或一个游戏，而是整个世界。然而你不可能"出售"一个世界，所以上述不同的产品就被当作该世界的不同入口来进行贩卖。通过不同的入口，可以到达那个世界中不同的地点。如果那是一个结构完善的世界，那么随着你穿过越来越多的入口，造访更多的地点，你想象的世界就会变得越来越真实与紧密。如果那些入口互相矛盾，或者提供了不统一的信息，整个世界就会很快崩塌，化为乌有。所有的相关产品都会在瞬间变得一文不值。

　　为什么会这样呢？为什么对于我们来说，那些世界会变得如此真实，甚至比那些定义它们的媒体都要真实？这是因为我们希望那些世界变得真实。我们内心的某些部分想要去相信，那些世界不仅存在于书本上、几套规则中或是屏幕上的演员周围。那些世界是真实存在的。或许某一天，通过某种途径，我们可以找到进入那些世界的方法。

这就是为什么人们在看完杂志后可以随意扔掉。而在扔掉一本漫画书前，却要踌躇一番。毕竟漫画书里蕴含着整个世界。

# 口袋妖怪的力量

《口袋妖怪》系列大概是至今最成功的跨媒体世界之一了。自问世以来，所有口袋妖怪产品的合计销售额超过了 900 亿美元。这让《口袋妖怪》系列成为史上第二赚钱的电子游戏，仅次于马里奥。虽然很多人曾试图将口袋妖怪看作一现的昙花，但是在之后的 15 年里，新的《口袋妖怪》游戏经常问鼎游戏销售榜。了解一下《口袋妖怪》的历史让我们能更好地理解其作为跨媒体世界的力量。

《口袋妖怪》最初是任天堂 Game Boy 上的一个游戏。它的设计者，田尻智，在儿时就有捕捉和收集昆虫的经历。1991 年，在他见到能够让数据在两台 Game Boy 之间传输的功能"游戏连线"（game link）后，他就开始想象通过数据线来传送昆虫。他向任天堂提出了这个想法，并在随后的 5 年里与他的团队一同开发并完善这样一部作品。1996 年，"口袋中的妖怪们"（日文直译）以红与绿两种游戏形式发售了。它在本质上仍是一个传统的 RPG（与《创世纪》和《最终幻想》一样），除了你可以抓住与你战斗的妖怪，并将它们训练成你的队友。

游戏的画面和玩法在当时算不上精雕细琢和超前，但是游戏里的互动极为丰富和有趣，因为游戏团队花费了 5 年的时间去平衡整个游戏。体会当时的画面有多粗糙是重要的。最初一代 Game Boy 画面只有 4 个色度的橄榄绿，两个处在战斗中的口袋妖怪基本上就是站在一起的，等玩家从简单的菜单上选择攻击命令后晃动一下。

游戏非常成功，以至于不久之后一部漫画和一个动画系列就被纳入了议程。不像许多与原著游戏没有太大联系的电视节目（例如，由汉纳巴伯拉动画出品，糟糕的《吃豆人》动画），《口袋妖怪》动画如实反映了游戏里错综复杂的玩法。而主角的冒险更是直接取自 Game Boy 游戏的流程。最后的结果就是，这是一部真实反映游戏机制的动画。玩家在观看之后能够对游戏里所应该采取的策略有更深的理解。

　　更重要的是，电视节目带给了游戏玩家一个进入口袋妖怪宇宙的新入口——将《口袋妖怪》通过全彩色、戏剧性的动画与声音表现出来。当观众重新拿起Game Boy，那些生动的影像仍然留在他们的想象中，Game Boy 原始粗糙的画面与声效因此就变得无关紧要了。就像在第 13 章里说的，这是一个叫作"望远镜效应"（binocular effect）的东西。会这样命名是因为用它就好像人们使用望远镜观看体育比赛，或者观赏剧院里上演的歌剧。不会有人全程都使用望远镜。望远镜会在一开始被用来提供一个站在远处人物的特写。一旦看到特写之后，人们就能在他们的视觉想象中将那些图像映射到舞台中的微小人影上。

　　这两个入口有着非常大的协同效益——因为想要在游戏里取得成果，所以会去看电视节目。因为看了电视节目，所以玩的游戏会变得更栩栩如生与激动人心。

　　如果这还不够的话，1999 年，任天堂与制作了第一个可搜集卡片游戏《万智牌》的公司——威世智合作，创作了一个基于口袋妖怪世界的可搜集卡片游戏。与电视节目一样，这个卡片游戏的机制也尽可能地与 Game Boy 游戏一致。这给玩家带来了进入该世界的第三个渠道——一个既方便携带，也利于社交的渠道。虽然 Game Boy 游戏有数据线可供玩家交换口袋妖怪，但实际上玩家只会偶尔使用它。所以在绝大多数情况下，这只是一个人的冒险。但是到了卡片游戏，情况就不同了。因为价格便宜，获取方便，卡片游戏在小孩之间非常流行（特别是在男孩之间）。他们通过与同伴对战来获得卡片，而这也与《口袋妖怪》的宣传语不谋而合——"把它们都抓住！"

　　这三个通向同一个紧凑世界的入口，互为补充，使得这项资产几乎成为一股无法阻挡的力量。那些不理解《口袋妖怪》的人完全摸不着头脑：这到底是一个游戏，还是一个电视节目，还是其他什么东西？其中精彩的故事又是怎么回事，为什么小朋友们都想把零花钱用在上面？1999 年，我非常幸运地与一位大娱乐公司领导共同参与了一次圆桌会议。有人在会上问他，他对这场"口袋妖怪热"是怎么看的。他回答说："几个月后电影会下档，然后就失去影响力了。"当然，他错了。因为他没有理解跨媒体世界的根本含义。他完全深陷于那些关于故事世界的老旧好莱坞式思维模式中——一部好莱坞大电影定义了一个世界，之后的玩具、游戏及电视节目都来模仿电影的这种方式。诞生于掌上游戏规则中的世界，应该是越多新媒体加入就会越强大的世界。对于这些概念，那位公司领导是完全不熟悉的（他现在已经不再管理那家公司了）。

《口袋妖怪》的强大不仅仅在于这个游戏的概念，还在于谨慎而连贯地运用于众多媒体，为一个单一的、严格定义的世界提供入口。

## 跨媒体世界的特性

跨媒体世界有着好几个有意思的特性。

### 强而有力的跨媒体世界

成功的跨媒体世界对其支持者有着非常强大的影响力。它比一个粉丝对一个有趣故事的热爱更强大。几乎就像这个世界化身为支持者们的个人乌托邦，一个可供他们在幻想中驰骋的地方。有些时候，这些幻想很短暂，但在很多情况下，它们有着持久的生命力。对于一些人来说，这些长久的幻想是让他们偶尔寻求精神放松的东西。一个总是把变形金刚玩具带在身边作为装饰的成年人就是一个很好的例子。这个玩具给了他一个非常方便的入口，让他可以时不时从精神上进入变形金刚的世界。

但是对于另外一些人来说，对于这个个人乌托邦的热爱，变成了他们每天积极从事的事情。斯科特·爱德华·诺尔就属于这类人。他在 30 岁生日那天合法地将自己的名字改成了擎天柱，变形金刚世界中的机器人领袖之一。事实上，如果你去观察任何一部虚构作品的"铁杆粉丝"（hardcore fan），你会发现，那些有着最强跨媒体世界的作品往往有着最忠诚的粉丝。《星际迷航》《星球大战》《变形金刚》《指环王》《漫威漫画》《哈利·波特》，以及其他许多作品，我们都能在它们的核心里找到一个世界。除了享受一个好的故事、欣赏一群有趣的角色，进入这个幻想世界的强烈欲求似乎就是促使粉丝们走向如此极端的原因。就像我们在第 17 章中讨论的，幻想是游戏里的一个重要概念，还有一些人认为它比故事更重要。为了确保你能够把握由幻想带来的传奇力量，请使用以下这个透镜。

## 83 号透镜：幻想

每个人都有不能说的愿望与欲求。为了确保你（创造）的世界能够满足它们，问自己以下问题：

- 我的世界能够满足什么幻想？
- 我的玩家幻想成为什么样的人？
- 我的玩家会幻想在那个世界里做些什么事情？

插画：瑞安·伊

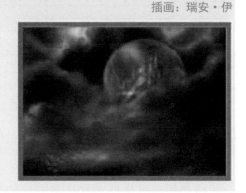

## 经久不衰的跨媒体世界

好的跨媒体世界往往会持续一段长到足以让人惊叹的时间。超人的第一次亮相就在 75 年以前。詹姆斯·邦德诞生至今已有 60 余年。《星际迷航》和《神秘博士》在 50 年后仍持续着往日辉煌。华特·迪士尼在意识到跨媒体的力量后，着手发展了一系列漫画书，以此来保持他的动画资产的活力。建立迪士尼乐园同样是为了这个目的。他对投资这项不同寻常的冒险提出的最有力的论证之一就是，那些东西能够通过为大众创造新的通向电影世界的入口，继而帮助大众保持对迪士尼电影的兴趣。1998 年颁布的《著作权延长法》使得企业的版权从 75 年延长至 95 年。促成这项法案在很大程度上是因为一些仍有很高商业价值的资产（例如，早期的米老鼠动画）在当时几近落入共有领域。先不论正确与否，有些人提出，这项法案的通过似乎是因为：让一个被努力经营、广受爱戴的（幻想）世界落入他人之手这件事情本身在感觉上就是不对的。

培养一个有力的跨媒体世界会出于很多理由，其中非常好的理由之一就是：如果你培养得很好，那么它会在很长一段时间内持续盈利。这似乎对于面向孩子们的世界尤其正确——当那些孩子长大成人后，他们常会给他们的孩子分享他们的世界，这也造就了一个能持续很久的循环。

## 不断进化的跨媒体世界

但是这些世界并不是静态的，而是进化的。想象一个有着超过百年历史的跨媒体世界（但是仍然广受欢迎！）：歇洛克·福尔摩斯的世界。即使在今天，当我们想到歇洛克·福尔摩斯的时候，我们还是会想起他戴着猎鹿帽、叼着特大葫芦烟斗的形象。而如果你去阅读歇洛克·福尔摩斯的故事，你会发现这些道具并没有在文中提及。猎鹿帽首先出现在西德尼·佩吉特的插画作中，这位插画家本人就很喜欢戴这种帽子。之后，演员威廉·吉列特出演了一系列由原著改编的话剧。他为自己所扮演的福尔摩斯挑选了这顶与众不同的帽子，以及特大号烟斗的原因是：它们非常显眼，坐在戏院后排的观众都能看清。该剧产生了极大的轰动，以至于之后的插画家们都以吉列特的照片作为他们笔下福尔摩斯的原型。所以烟斗和帽子也就阴差阳错地成为歇洛克·福尔摩斯的标志——即便福尔摩斯之父阿瑟·柯南·道尔爵士从来没有这么想过。但这就是跨媒体世界的处事之道——在新媒体给世界提供新入口的同时，世界本身（或者人们对它的认知，这两种对于一个想象中的世界来说其实是一回事）也发生了改变，以容纳那些新的入口。

另一个很好的例子源自一个更古老、更受喜爱的跨媒体世界——圣诞老人的世界。如果真有一个人们幻想成真的乌托邦，那么一定是圣诞老人的那个。在那里，会有一位慈祥的老人一年一度地认真考虑你内心的愿望。如果你值得拥有那件礼物的话，圣诞老人就会把它送给你。思考一下，该世界的众多入口：不仅有故事、诗歌、歌曲、电影，你还可以给他写信，甚至还能去拜访圣诞老人！想象一下：一个虚构的人物进到你家里，吃掉了你的小饼干，然后留下一堆珍贵的礼物！我们是那么渴望这个世界的存在，数以百万计的人花费了大量的金钱，乐此不疲地哄小孩，想让他们相信这个世界就是无可辩驳的现实世界。

可谁是这个世界的作者呢？与所有经久不衰的跨媒体世界一样，它也是多人合作的产物。说书人与艺术家一直在为这个世界添砖加瓦。有些成功了，例如克莱门特·摩尔在 1823 年引入的圣诞老人的驯鹿，或者是由罗伯特 L·梅于 1939 年加入的鲁道夫。还有些失败了，包括绿野仙踪的作者，L·弗兰克·鲍姆这样讲故事的行家。他在 1902 年写的《圣诞老人传》是一部非常失败的作品。在其中，他想将圣诞老人的起源归结为一名凡人，但是后来被一个由仙女、小矮人和恶魔组成的理事会赋予了永恒的生命。

那到底是由谁来决定哪些新的特征能够进入一个跨媒体世界，而哪些则被拒绝呢？其实是我们集体意识的一部分所决定的。通过一个心照不宣的民主过程，每个人都会决定某些具体特征合适与否，而整个虚构的世界就会发生些许变化去适应那些决定。没有正式的裁决，一切就很自然地发生了。如果某个故事特征被大家所喜欢，那么它就会被保留下来。相反，它就会逐渐消失。从长远来看，这个世界是由那些造访它的人所统治的。

## 成功的跨媒体世界都有哪些共同点

成功的跨媒体世界都很有影响力，也很有价值——所以它们的共同点有哪些？

- 它们常常扎根在一个单一的媒体里：尽管它们后来也会有数量众多的入口，但是最成功的跨媒体世界都首先只会在一个媒体里吸引大量的注意。《歇洛克·福尔摩斯》最初为连载小说，《超人》是一本漫画，《星球大战》是一部电影，《星际迷航》是一个电视剧，《口袋妖怪》是一个掌机游戏，《变形金刚》是一个玩具。它们都以很多形式出现，但影响力最大的仍是最初出现的那个媒体。

- 它们很直观：在我研究《卡通城 Online》的时候，我试着去尽可能多地了解卡通城这个虚构的世界。在我研究《谁陷害了兔子罗杰》这部电影的时候，我意识到电影里几乎没有对卡通城的描绘。电影这么做的理由是，每个人早已知道卡通城的存在了。即使没有人明说，但是所有卡通人物住在一个有别于我们世界的卡通世界里，这似乎早就成为常识。超人的作者与蝙蝠侠的作者肯定从来没有想过，他们的角色会与其他的超级英雄共享一个世界。但对漫画读者来说，这些角色住在同一个世界里是显而易见的——所以现在他们就在一个世界里了。

- **它们的核心是富有创造力的个人**：大部分成功的跨媒体世界都建立在一个人的想象与美学风格之上。诸如华特·迪士尼、宫本茂、L·弗兰克·鲍姆、田尻智、吉姆·汉森、J.K.罗琳和乔治·卢卡斯都是这一方面的代表人物。有时候，小而紧密的团队也能够创造成功的跨媒体世界，但是由大团队打造的成功案例却几乎没有。正是由个人所带来的全局观，才能赋予这个世界必要的力量、稳固性、完整性和美感，以对抗众多入口所带来的压力。

- **它们适合讲多个故事**：成功的跨媒体世界从来不会只有一条情节线，但其中的紧凑性与互联性，远非单一的故事可以企及。这些为后来的故事留下了空间，也为受众留下了想象他们自己故事的余地。

- **它们可以通过任意一个入口去理解**："如果你去看原著的话会理解得更好。"这句评论对于几乎所有的电影来说都是一个"死亡之吻"。你不可能知道受众会先从哪一扇大门进入，所以你必须让所有入口变得一样吸引人，对客人一样友好。《口袋妖怪》在这方面就很成功——它的电视节目、漫画、视频和卡牌游戏都能被独立地理解与享受。它们中的任何一个都能成为受众与口袋妖怪世界第一次的接触，并在之后可能将受众导向其他的入口。

在黑客帝国世界中所尝试的一些事情可以被看作一个反例。《进入母体》是一个根据第二部电影改编后反响平平的游戏。《黑客帝国：重装上阵》选用了新奇的手法——并没有讲述电影里的故事，而是讲述了一个与电影故事关联的平行故事。这是一个很有意思的想法，然而如果你没有事先看过电影的话，游戏里的情节就会让你非常困惑。相似的还有《黑客帝国》（动画版）。只有在观众已经熟悉黑客帝国世界的前提下，才能理解这一系列关于该世界的动画短片。这种"只有通过所有的入口后才能理解"的方法对于有些人来说可能饶有趣味，但大多数人还是会敬而远之。

- **它们常常与探索有关**：这说得通，是因为一个关于探索的世界会鼓励来自不同入口的探访。

- **它们与完成心愿有关**：想象一个幻想世界是一件很费工夫的事情。除非玩家真的想去探索，否则他们是不会费这番工夫的。这个世界能够满足一些深层次、重要的愿望。

跨媒体世界是娱乐（行业）的未来。只关心在单一媒体里创造优秀体验已经过时了。设计师们被越来越频繁地要求创造通往现有世界的新入口。这不是一项简单的工作。我们非常需要这样的设计师：他们能凭借其创造性，给玩家带来认识现有世界的新角度与新享受，继而创造能够激起玩家兴趣的新入口。但是更需要的是那些能够理解玩家内心深处的愿望，并以此为前提创造一个成功跨媒体世界的人。如果你想要创造或者改进跨媒体世界，请使用以下这个透镜。

## 84 号透镜：世界

你的游戏的世界与游戏是分离的。你的游戏是一扇通向这个只存在于玩家想象力中的神奇世界的大门。为了确保你的世界有足够的力量和完整性，问自己以下问题：

插画：尼克·丹尼尔

- 我的世界在哪方面比现实世界更胜一筹？
- 能有多个通往该世界的入口吗？它们之间有什么不同？它们之间如何互相支持？
- 我的世界围绕一个单一的故事吗？有没有可能在其中发生多个故事？

强有力的跨媒体世界不仅是空无一物的场所。谁居住在里面会极大地影响这些世界有趣与否。下面我们会将注意力转向那里。

# 第20章
# 世界中的角色

图 20.1

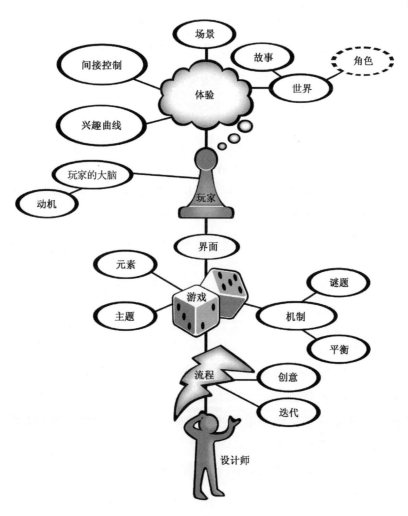

# 游戏角色的本质

如果我们想要创作有着优秀故事的游戏，那些故事里肯定要有令人向往的角色。这时提出的以下问题就显得尤为重要：游戏中的角色与其他媒体中的角色有什么不同？如果我们一个一个地检视不同媒体中的虚构角色，就能发现一些不同之处。以下是我从 20 世纪最好的小说、电影和游戏中选取的例子。

## 小说角色

霍尔顿·考尔菲德：出自《麦田里的守望者》。考尔菲德是一位同成人世界的虚假与丑陋搏斗的青少年。

亨伯特·亨伯特：出自《洛莉塔》。亨伯特是一名成年男子，沉溺于对青春期少女的淫欲中而无法自拔。

汤姆·约德：出自《愤怒的葡萄》。汤姆是一名前科犯，在自己的家庭失去农场后想要帮助自己的家庭走出困境。

雷尔夫：出自《蝇王》。雷尔夫与其他小孩一同被困在一座荒岛上，试图从荒岛及心怀不轨的伙伴处求生。

塞丝：出自《宠儿》。塞丝是一位在逃离奴役后想要重筑新生活的黑人女性。

## 电影角色

瑞克·布莱恩：出自《北非谍影》。瑞克必须在他一生的挚爱和她丈夫的生命之间做出抉择。

印第安纳·琼斯：出自《法柜奇兵》。一位富有冒险精神的考古学家必须将法柜从纳粹手中抢夺回来。

罗丝·德维特·布克特：出自《泰坦尼克号》。在命运多舛的泰坦尼克号邮轮上坠入爱河的年轻女子。

诺曼·贝兹：出自《惊魂记》。一名患有精神分裂症的男子，实施了多起谋杀，并想要掩盖真相。

唐·洛克伍德：出自《雨中曲》。一位无声片演员，正处于转向有声片的艰难事业转型期。

## 游戏角色

马里奥：出自《超级马里兄弟》。一位卡通水管工对抗强敌，以期从邪恶国王手中解救公主。

索利德·斯内克：出自《合金装备》。一位退役士兵潜入一座核武器处置设施，以化解一次恐怖威胁。

克劳德·施特莱夫：出自《最终幻想 7》。一伙叛军试图击败一家由邪恶法师掌控的超大企业。

林克：出自《塞尔达传说》。一位年轻人必须找回一件魔法道具，以从反派手中拯救公主。

戈登·弗里曼：出自《半条命 2》。在一桩实验事故中，一位物理学家必须对抗外星人。

在仔细研究了这些列表后，我们看到了什么模式？

- 心理→身体：小说中的人物都深陷精神的挣扎中。这是合情合理的，因为在一部小说里，我们花费了大量的时间去聆听角色们内心最深处的想法。对于电影中的角色来说，会同时有心理与身体这两方面的挣扎，并通过对话和行动共同表达。如果你考虑该媒体的特点，这么安排同样合理：我们不能听见电影角色的内心想法，但是我们可以听到或看到他们的言和行。最后是游戏角色，他们面对的冲突几乎都是身体上的。因为大多数的角色没有想法（玩家会替他们想），并且只会在很少数的情况下说话。所以这也很合情合理。在这三个例子中，角色们都由他们的媒体来定义。

- 现实→幻想：小说希望基于现实；电影常扎根于现实，但是往往倾向于幻想；游戏世界几乎全是幻想。角色们也反映了这个区别——因为它们是它们所在环境的产物。

- 复杂→简单：出于多种多样的原因，剧情的复杂程度及角色刻画的深度从小说到游戏呈递减趋势。

　　根据上述几条，有人可能会说，因为游戏里只有简单的幻想角色，并且在大多数情况下执行着身体方面的行动，所以游戏会走向灭亡。游戏的确很简单。毕竟不像电影或小说，游戏只需要各类动作元素就行了。然而这并不意味着在游戏中增加深度、心理冲突、有趣的人物间关系等是不可能的，只是很有挑战性。名单上的某些游戏，例如《最终幻想 7》，就围绕着一个简单的玩法，加入了一系列引人入胜的角色关系。这让玩家大呼过瘾。而玩家并不满足于此，玩家希望他们的游戏里能出现更丰满、更有意义的角色与剧情。本章我们将去看看其他媒体中用来定义角色的手法，以及思考我们如何才能运用这些手法创作出有个性的游戏角色。

　　我们从一类非常特别的角色开始：化身。

# 化身

　　由玩家在游戏里控制的角色是一个拥有神奇力量的角色，因此我们赋予它一个特殊的名称：化身。该名称源自一个梵语词汇，指神以肉身的形式出现在地面上。这个词很符合这个角色，因为当玩家控制他们在游戏里的化身时，就发生了与原词所指的类似变化。

　　玩家与化身之间存在着奇怪的关系。有时候玩家与化身泾渭分明。但是有时候玩家的心理情况会完全反映在化身身上，此时玩家能够感受到化身是否受伤，或者是否面临威胁。这不应该是完全在我们意料之外的，因为毕竟我们有能力将自己投射到我们控制的几乎任何东西上。举个例子，在驾驶时，我们将自己本身投射到车上，就好像车变成了我们身体延伸出去的一部分。在检查一个车位的时候，我们常常会这么说："我不觉得'我'能停进去。"如果另外一辆车撞到了我们的车，我们不说"他撞了我的车！"而说"他撞了我！"所以，如果说我们能够将自己投射到一个我们直接控制的游戏角色身上，那应该是没什么好奇怪的。

　　设计师们往往就这个问题争论不休：第一人称视角与第三人称视角，到底哪一个更有沉浸感。一个论点是：第一人称视角，即在屏幕上没有可见的化身时能够达到更好的投射效果。然而，请不要忽视共情作用的影响。当玩家在控制一个可见的化身时，如果他们见到自己的化身受到攻击，他们会因为想象中的疼痛而身体不由自主地后缩；如果他们见到化身逃过一劫，也会长出一口气。他们的化身就好像控制着他们触觉的巫毒娃娃。再比如保龄球手会在保龄球沿着球道滚向球瓶的时候冲着球说些什么。这些行为很多时候都是下意识的，而实际上就是投手将自己投射到了球上。从这个意义上来说，保龄球是投手的化身。

另一方面，我们可以将化身看作一件工具，然后将自己投射到上面。而如果我们与游戏角色有某些联系的话，则这种投射的体验会更强大，那么，哪种角色最适合玩家来投射他们自己呢？

## 理想型

第一种不错的化身选择是那些玩家一直梦想成为的角色，例如孔武有力的战士、法力无边的巫师、楚楚动人的公主和精明强干的特工——他们都会在我们的精神上产生影响。我们内心有一股力量，它一直将我们朝着最好的一面推动。因而这股力量会倾向于将我们自己投射到一个理想化的形象上。即使这些角色与我们本身不是很相似，但他们是那些我们梦想成为的人。

## 白板

如斯科特·麦克劳德所说，第二名很适合作为化身的角色是符号化的角色。在他的大作《理解漫画》里（图 20.2），麦克劳德提出了一个很有趣的观点。一个角色身上的细节越少，读者就越有可能将自己投射到那个角色上。

麦克劳德进一步指出，在漫画里，那些被设计成玩家会感到奇怪、不熟悉或害怕的角色与环境，往往被赋予了非常多的细节，因为更多的细节让他们与玩家更疏远。当你将一个符号化的角色与一个被细致描述的世界组合起来的时候，会生出强力的组合。就像麦克劳德在下面这幅画（图 20.3）中展现的一样。

这个理念的涵盖范围远超漫画。在电子游戏里，我们同样能够看到这种现象。一些最受欢迎、最吸引人的化身都是非常符号化的。考虑一下马里奥：他并不算一个理想化的角色，但是他很简单，几乎不说话，且完全人畜无害。所以你很容易就会将自己投射到他的身上。

图 20.2

（已经得到哈珀柯林斯出版公司的许可）

【译者注（图中文字含义）】：

左：通过传统的现实主义，漫画艺术家能够刻画外在世界。

右：而通过卡通，能够刻画内在世界。

图 20.3

（已经得到哈珀柯林斯出版公司的许可）

【译者注（图中文字含义）】：

左：这种组合让读者能够戴上角色的假面，并且安全地进入一个充满感官刺激的世界。

右：一组线条是用来"观察"的，另一组线条是用来"成为"的。

理想型与白板常常混合使用。例如蜘蛛侠，他是一个理想型：强大果敢的超级英雄，但是遮其容貌的面具让他成为一个符号——这块白板几乎可以成为任何一个人。

一些小工具会周期性地出现，让你可以轻松拍下自己的照片然后放到你的化身上。我听到有些推销小工具的人这么说："这是每一名玩家的终极梦想。"虽然这些工具有新意，但是从来没有长时间流行过。因为人们在玩游戏的时候并不是为了扮演自己。他们玩游戏是想成为他们想要成为的人。

在第16章，我们介绍了72号透镜。将投射看作一种工具来审视玩家有多擅长将自己投射到游戏中的想象世界里。我们在这里会添加一面更具体的透镜，能够审视玩家有多擅长将自己投射到他们的化身里。

## 85 号透镜：化身

化身是玩家进入游戏世界的入口。为了确保化身能展示出玩家尽可能多的身份特征，问自己以下问题：

插画：谢莉尔·谢尔

- 我创造的化身是不是一个能引起玩家引起共鸣的理想型？
- 我创造的化身有没有符号化的特性来让玩家将自己投射到那个角色里？

# 创造令人信服的游戏角色

化身在一个游戏里很重要，其重要性可以类比传统故事中的主人公。但是我们不能忘记其他角色的存在。市面上有很多关于剧本与故事写作方面的书，你可以从中找到很多创造刻画有力、令人信服的角色的建议。下面我会总结一些我认为在创造游戏角色中最有用的方法。

## 角色窍门 1：列出角色的功能

在创作故事的过程中，人们常会根据故事的需要加入新的角色。但是怎么根据游戏的需要来构思新角色呢？一个在构思角色方面很有用的技巧就是，列出每个角色需要在游戏里起的作用。先将你准备加入游戏的角色以列表的形式写下来，然后观察它们是如何相互联系的。例如，假设你想制作一个动作平台游戏，你的列表可能看起来和下面这个差不多。

角色功能：

1. 英雄：玩家控制的角色。
2. 导师：提供建议及有用的道具。
3. 助手：有时候会给出一些提示。
4. 教师：解释游戏玩法。
5. 最终 Boss：最后一战的对手。
6. 爪牙：一群坏蛋。
7. 3 名 Boss：需要面对的强敌。
8. 人质：需要拯救的人。

现在发挥一下你的想象力，你可能会想到如下角色。

a. 老鼠公主：美丽、坚强、理性。
b. 猫头鹰智者：有大智慧，但健忘。
c. 银鹰：愤怒且复仇心重。
d. 小蛇萨米：不分是非，喜爱嘲讽。
e. 耗子军团：成百上千长着邪恶红眼的耗子。

现在你需要将角色与功能配对。这是你发挥创造力的最好时机。比较传统的做法是将老鼠公主作为人质。可为什么不尝试些新东西呢？她可以是导师？英雄？甚至是最终 Boss！耗子军团似乎生来就是当爪牙的命，可这又是谁规定的？它们有邪恶红眼的原因是被邪恶老鼠公主抓住并催眠了。其实它们是真正的人质！唔……似乎我们没有足够的角色来分配到 8 个功能上。我们可以构思更多的角色，或者我们可以将多个功能分配到一名角色身上。你的导师，猫头鹰智者，是最终 Boss？这可以成为游戏里最具代表性的转折点，而且也能省下你构思新角色的工夫。也许可以让小蛇萨米充当助手与教师。

又或许可以让银蛇同时作为人质与导师。它在被囚禁的地方通过心电感应向你传送信息。

　　将角色的功能及与你对角色的想象区分开后，你可以更清楚地思考故事，并能确保游戏中不会缺少必要角色。有时候，你还可以通过赋予一名角色多个功能来让整个过程更有效率。这个方法是一个十分便利的透镜。

## 86 号透镜：角色功能

为了确保你的角色完成游戏所赋予它们的全部职责，问自己以下问题：

- 我需要的角色是什么？
- 我已经想象了哪些角色？
- 某角色与某功能是否很好地对应？
- 能否让某一角色行使多个功能？
- 我是否需要改变一下角色设定，让它与功能对应得更好？
- 我需要新的角色吗？

插画：山姆·叶

## 角色窍门 2：定义并且运用角色的特征

　　一起来看一下这段发生在女主角萨布与跟班莱斯特之间的对话。只是一段简单的提示，但是为下面的关卡埋下了伏笔。

　　莱斯特：萨布！

　　萨布：什么事？

　　莱斯特：有人偷走了国王的宝冠！

　　萨布：你知道这意味着什么吗？

莱斯特：不知道。

萨布：这意味着暗黑之箭（the Dark Arrow）卷土重来了。我们必须阻止它！

这段对话很直白。虽然它包含了当前情况（宝冠被偷）与敌人（暗黑之箭）的信息，但是并没有告诉我们任何关于萨布或莱斯特的信息。你的角色必须做些什么事情，让它们变得生动起来。为了达到这个目的，你得清楚角色的特征。

定义角色特征的方法有很多。有些人建议写一本《角色圣经》。你可以在里面列出所有可以用来定义角色的事物，例如，他们的爱憎、衣着、饮食习惯和生长环境等。这是一个很有用的练习。但最后你还是会把所有的事情简化成一个小清单，然后在上面写下能够概括角色的特征。你会选取那些最具代表性的特征，因为角色会依照这些特征，在不同的环境里做出不同的反应，进而能够被刻画成一个有血有肉的形象。有时那些特征会互相矛盾。但真人就有充满矛盾的个性，为什么游戏角色不能有呢？下面我们会给萨布和莱斯特加上一点儿个性特征：

萨布：可靠、暴脾气、英勇、有激情的情人。

莱斯特：自大、喜欢嘲讽、有信仰、冲动。

现在让我们试着在对话中加入那些特征，最好一次能够加入多个（记得49号透镜"优雅"吗？）。

莱斯特：（闯进房间）神明啊！萨布，我有个坏消息！（冲动和有信仰）

萨布：（用床单遮住身体）你怎么敢闯入我的房间！（暴脾气）

莱斯特：先不要管这个了。也许你对国王的宝冠被偷这件事没有兴趣？（自大和喜欢嘲讽）

萨布：（往远处望去）这意味着我得履行我的诺言了……（可靠和英勇）

　　莱斯特：我以天神的名义起誓，我不想再听你说什么旧情人的故事了。（莱斯特：有信仰，喜欢嘲讽；萨布：有激情的情人）

　　萨布：住嘴！暗黑之箭伤透了我的心，还有我妹妹的心。我向她保证过，如果让我再遇到那个臭男人，我就算和他同归于尽也要消灭他。快去准备马车！（暴脾气、有激情的情人、可靠、英勇）

这么做不仅能让对话受益。你为角色设计的动作及他们将动作表现出来的方式，都能够表现他们的人物性格。如果你的角色是个鬼鬼祟祟的人物，这难道不会在他跳跃的动画里表现出来？如果你的角色非常消沉，这难道不会在他跑动的时候表现出来？也许一个沮丧的角色根本就不应该跑，只能走。为你的角色列出特征清单并不是什么神奇的技巧，但用了这个方法，就意味着你非常了解你的角色。

## 87号透镜：角色特征

为了确保一名角色的特征在其言行中表现出来，问自己以下问题：

插画：尼克·丹尼尔

- 是什么特征定义了我的角色？
- 这些特征是如何表现在世界、角色的举止和容貌上的？

## 角色窍门3：运用人际关系环状图

　　你的角色当然不会是一个人，它们之间会有各种互动。由凯瑟琳·伊斯比斯特从社会心理学领域带到游戏设计领域的工具叫作人际关系环状图。这是一幅图，你可以用它来观察角色间的关系。它有两板斧：友谊和支配。下面这张复杂的示意图（图20.4）展示了许多特征在图上所处的位置。

图 20.4

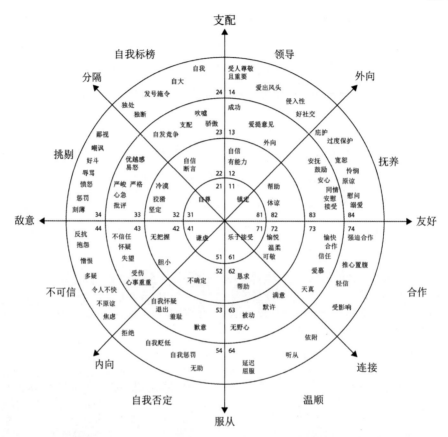

乍一看有点难以接受，但是该图作为工具确实很简单。现在我们来展示《星球大战》中其他角色与汉·索洛（Han Solo）之间的关系。因为友谊和支配往往是角色的相对特征，所以对于每一个具体角色来说它们都不一样。你可能会画出这样一幅围绕汉·索洛的人物关系示意图（图 20.5）。

将角色放置在这样的图上，是将角色间关系可视化的好办法。请注意达斯·维达、丘百卡和 C-3PO 在图上所处的极端位置，而正是这些极端情况使他们成为有趣的角色。另外请注意，和汉·索洛交流最多的人在图上所处的位置也与他最近。那么在图左下部分没有角色告诉了我们关于汉·索洛的什么信息呢？请思考卢克和达斯·维达的图分别有什么不同。

人际关系环状图并非唯一的工具，但有时候运用它来考虑角色间的关系是很有用的，这体现在它所反映的问题上。所以请将它放入我们的工具盒中备用。

图20.5

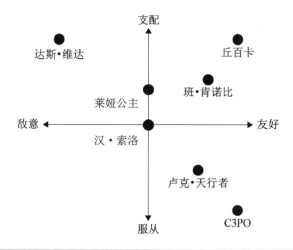

## 88号透镜：人际关系环状图

理解角色之间的关系非常重要。一个方法是画一个直角坐标系，其中一根轴表示敌意/友好，另外一根轴表示服从/支配。选取一名角色进行分析，将其放在原点位置。思考其他角色相对于该角色所处的位置，并问自己以下问题：

- 图上是否有间隙？它们为什么会出现？将间隙填上是否有帮助？

- 图上是否有"极端角色"？如果没有，那么加入"极端角色"是否有帮助？

- 被分析角色的同伴都处于一个分区还是不同分区？如果在不同分区会怎样？

插画：夸米·巴巴

角色窍门 4：创造一个角色网络

人际关系环状图是一个通过视觉来审视角色关系的好方法。但还有其他很多因素会影响人物之间的关系。角色网络是探讨角色相互之间的感觉，以及他们为什么这样感觉的好办法。

整个想法很简单：为了分析一名角色，写下该角色对其他所有角色的看法。下面是来自《阿奇漫画》中的例子。

阿奇

- 维罗尼卡：阿奇倾倒在她优雅动人的身姿下。虽然她很有钱，但是阿奇并不关心这件事。
- 贝蒂：阿奇的真爱，但是她经常表现出来的不安全感让阿奇不知所措，所以阿奇与她保持适当的距离。
- 雷吉：阿奇不应该相信雷吉，但他却常常这么做，因为他想扮演一名好人，而且阿奇很容易上当受骗。
- 傻蛋：阿奇最好的朋友。他们的共同点就是，他们都是人生的失败者。

维罗尼卡

- 阿奇：维罗尼卡觉得阿奇很有吸引力，但她有时候约阿奇出来只是为了扫贝蒂的兴，因为她总感觉只要阿奇在她身边自己就能高人一等。
- 贝蒂：作为朋友，维罗尼卡非常相信她，因为她们一起长大。维罗尼卡非常享受在贝蒂面前高人一等的感觉，这是因为她的财富与身世。而事实是，贝蒂在做人方面比维罗尼卡强，维罗尼卡心里总是对这件事情感到沮丧。
- 雷吉：雷吉是一个有吸引力的丑角，他为金钱着迷。但是维罗尼卡对他很失望，因为他并不尊敬她或者爱她。
- 傻蛋：一个令人恶心的怪胎。维罗尼卡怎么也搞不懂为什么阿奇会和他交朋友。维罗尼卡常用一些食物去控制傻蛋为自己办事。

贝蒂

- 阿奇：她想托付一生的人。她一直不敢开口向阿奇表达真情，因为她对自己没有信心。

- 维罗尼卡：贝蒂最好的闺蜜。有时维罗尼卡很刻薄，而且太热衷于金钱。但是一天为友终身为友，所以她们两个仍然很要好。

- 雷吉：贝蒂十分害怕他的家世与爱在班上出风头的表现。她感觉自己似乎应该要去喜欢他，但在内心深处其实她是拒绝的。

- 傻蛋：贝蒂觉得他挺讨人喜欢、挺有意思，并对他与她的真爱是好友这件事感到很开心。

雷吉

- 阿奇：雷吉的死敌。雷吉不能想象其他人到底看上这个老好人哪一点。有时候，阿奇的受欢迎很遭雷吉的嫉妒，但是他总觉得自己能找到一条旁门左道来赶超阿奇。

- 维罗尼卡：雷吉觉得她有魅力，而且富有。雷吉就喜欢由她的财富所带来的权力。

- 贝蒂：雷吉觉得她有魅力，虽然她的不自信有时候让雷吉大失所望。如果雷吉能够赢得她的芳心，他就能在阿奇面前耀武扬威一番了。

- 傻蛋：雷吉把他看作没有一点儿出息的失败者，欺负他甚至是应该的，特别还因为他是阿奇的朋友。

傻蛋

- 阿奇：傻蛋最好的朋友，并且是唯一一个能够理解与欣赏傻蛋对食物热爱的人。

- 维罗尼卡：阿奇喜欢的刻薄女孩。

- 贝蒂：阿奇喜欢的好女孩。

- 雷吉：校园恶霸。

你可以看到，这个过程需要一点儿时间，但肯定会有收获。因为这样一来，一些你之前没有考虑过的关于人物间关系的问题就会浮出水面。这也是一个给角色增加深度的好方法。

## 89 号透镜：角色网络

为了让角色间的关系更加丰满，列一个所有角色的清单，然后问自己以下问题：

插画：黛安娜·巴顿

- 角色之间具体怎么看待对方？
- 有没有未解释的人际关系？我如何使用它们？
- 是否有太多相似的关系？它们怎样才能变得不同？

像《迷失》《辛普森一家》等电视剧的成功，都能归为其中对于角色网络的深入挖掘。而在游戏里，这种关系少之又少，因此也使建立角色网络成为一个非常值得尝试的手段。

## 角色窍门 5：运用"地位"

大多数上述窍门都来自故事作者。还有另一个职业，同样深知如何创造令人信服的角色，他们就是演员。很多人会将互动故事的不可预期性与即兴舞台表演比较。的确，即兴表演的演员所运用的技巧对游戏设计师来说很有用。技巧有许多，也在很多本书中被表述。不过就我个人而言，当中有一个技巧是最为重要的。它也不能算一个真正意义上的技巧，其实是一个透镜，由凯斯·约翰史东在他的经典著作《即兴表演法》中完美地表述出来——它就是关于地位的透镜。

不论何时，只要人们见面或者互动，在背后就会有一项协商持续进行。在大多数情况下，我们几乎不会察觉到它，因为它不能用语言来描述。这是我们关于状态的协商，即谁在目前的互动中占据主导地位。地位与你是谁没有关系，而只与你做了什么有关。约翰史东运用了下面的对话将这点清楚地表达了出来。

流浪汉：这里！你要走到哪里去？

公爵夫人：对不起，刚刚我没有注意……

流浪汉：你又聋又瞎吗？

你可能会有这样的预期：流浪汉应该在对话中处于非常低的地位。但实际情况是，流浪汉的态度显露出非常高的地位。任何时候两个或多个人在一个场景中互动，不论是敌人或友军、合作或竞争，还是主人或奴仆，一个关于地位的协商一直发生着。这件事几乎全在我们的潜意识中进行，通过我们的动作、语气、眼神交流及其他许多细小的动作表达出来。这些行为在多个不同的文化里有着惊人的相似之处。

- 典型的地位低的行为：慌张、避免眼神交流、摸自己的脸、大体感觉很紧张。
- 典型的地位高的行为：放松和自控、有很强的眼神交流，还有很奇怪的一点是，在说话的时候不随意移动脑袋。

一个典型的即兴练习是，将一组演员分成两个小组，然后两组混合在一起练习。第一组（地位低）里的人只进行简短的眼神交流，之后移开目光。而第二组（地位高）里的人互相进行长时间的眼神交流。大多数尝试过该练习的演员很快就会发现他们并不仅仅是在表演——地位低组内的演员们很快就会觉得自己低人一等，随后不由自主地表现出地位低下的人物的性格特征。在地位高的组内的演员们很快就会春风得意，进而表现出其他类似的性格特征。如果你只有一个人，可以试着完全不移动脑袋，看看感觉怎么样，或者尝试一下相反的动作，在说话时快速转动脑袋。相信很快你就能体会到这个练习的意义了。

地位是一个相对而言的东西，对于个人来说不是绝对的。达斯·维达在面对莱娅公主时采取了地位很高的行为，但是他在面对西斯大帝的时候就变得地位很低。

地位能够通过一些令人惊异的方式传达——例如慢镜头可以赋予人物高地位，就像我们在《六百万元男人》《黑客帝国》，以及不胜枚举的洗发水广告里看到的一样。角色占据空间的方式同样是其传达地位的方式。地位低的角色会在那些不会遇到其他人或不引人注意的地方，而地位高的人则会占据房间里最重要的位置。

地位就像一种我们太熟悉不过的秘密语言，而正因为我们对它太熟悉了，所以我们反而意识不到我们正在使用该语言。地位对于我们来说属于潜意识，这会带来一个问题：当我们在创作角色时，我们不会运用"地位"去赋予角色不同的行为，因为我们常常不会意识到我们正在做这些事情。但是如果你将这些行为赋予你的角色，你很快会发现，这些角色互相之间产生的感觉是在电子游戏中非常少见的。

在游戏《孟克历险记》中，你会找到关于角色地位互动的好范例。你在游戏里控制两名不同的角色，其中一人为奴隶，另外一人只能坐在轮椅上（地位低）。在整个游戏过程中，你会面对自大的敌人（地位高），并从奴性的追随者（地位低）那里得到帮助。其中包含的互动都十分有趣，出人意料的地位转换会带来许多喜剧元素，例如追随者爬到孟克或者敌人的身上。这里的角色都能意识到周围角色的存在。虽然很残酷，但不得不承认，这比很多游戏好得多。

地位是互动娱乐中一大块尚未探索的领域。布伦达·哈格是第一位向我介绍"地位"这一概念的人。她是一位出色的即兴表演女艺术家，也是卡内基·梅隆大学娱乐技术中心的一位研究人员。她与她的学生在创造人工智能角色方面已经取得了令人称道的成果。那些角色能够意识到他们自身和其他角色的地位，并能够自动采取合适的姿势、动作，以及占据适合个人的位置。目前大多数电子游戏角色都不会因为周围站的是谁而采取不同的行为。次世代的互动游戏角色可能会变得更加生动，因为它们会意识到自己的地位。

在第 16 章，我们讨论了那些"重要的事情"。它们都包含戏剧性的变化，因而本身就是有趣的。"地位"也是那些重要事情中的一个。在一场争论中，人们总是想争取其中最高的地位（不论是抬高自己，还是贬低对方），而正是因为这种地位的上下交替，争论才变得有趣。

地位不仅是关于对话的，还关于移动、眼神交流、领域及角色做的事情。这是一个看待世界的方式，所以让我们将其放入我们的工具盒里。

## 90 号透镜：地位

人们在互动时会根据不同的地位产生不同的行为。为了让你的角色能够有相互意识，问自己以下问题：

- 我的游戏里的角色的相对地位级别是什么？
- 他们怎么才能展现出符合地位的行为？

插画：克里斯·丹尼尔

- 地位冲突很有趣，我的角色怎样争取他们的地位？
- 地位的改变也很有趣，这会发生在我的游戏的哪些环节中呢？
- 我如何给玩家一个表达地位的机会？

当然，理解了地位这个概念不仅会提升你创作真实角色的洞察力，更能帮助你理解和处理现实生活中的情况，例如设计会议、客户谈判。我们会在后面的章节对其进行详细讨论。

## 角色窍门 6：运用语音的力量

人类的嗓音是一个拥有神奇力量的东西，它能够在深层的潜意识当中影响我们。这就是为什么有声电影将电影院从一件新奇发明变成了 20 世纪最有影响力的艺术形式。而对于电子游戏来说，在过去的几年里，科技的进步才使严格的配音工作在游戏制作中成为可能。即使现在，游戏中的语音表演与电影中的相比，仍显得非常粗糙和原始。

一方面，这是由于游戏开发者缺乏与优秀配音演员打交道的经验。在开发过程中指导配音演员是一门微妙的艺术。为了做好这项工作，要求你有一定的天赋，以及多年的训练。但是，还有另外一方面能解释游戏里不如人意的语音表演——这是因为我们本末倒置了。在动画电影里，工作人员首先完成剧本，随后交由配音演员进行录音。在他们录音的过程中，会修改某些台词，加入即兴表演，随后那些好的改动便被保留了下来，并被整合进原始的剧本中。在录音工作完成以后，开始进行角色设计（常会根据配音演员的面部表情特征），最后着手动画制作。在游戏开发中，我们使用了另一种方法。最初的是角色的设计与建模，然后撰写剧本，这时很可能会制作一些基本的动画，最后才加入语音表演。这在很大程度上消除了配音演员的作用。他们现在只不过是努力模仿他们所看到的东西，而非充分地表达他们对该角色言行的理解。配音演员没有处在这种创作过程的中心，他们被边缘化了，因此语音的表现力也削弱了。

为什么我们会采取这种相反的过程？其原因在于，游戏的开发过程很不稳定，围绕角色的语音来创作角色代价高昂，在整个开发过程中，剧本会进行多次改动。希望在将来，我们能发展出新的技术，它会让我们更注重配音演员对角色设计的影响，并重拾语音的力量。顽皮狗（Naughty Dog）是一家认真考虑此事的公司。《神秘海域》系列和《最后的生还者》都包含了数十个录音环节，增加了整个项目的长度。配音演员的重复劳动让这些游戏中的情感力量与众不同。

## 角色窍门 7：运用面部的力量

我们大脑的很大一部分是由为面部表情定制的"硬件"所组成的。我们拥有整个动物界中最复杂、最有表现力的面部。例如，你会注意到我们的眼白，其他动物并没有非常明显的眼白。这似乎是我们为了交流所进化出来的。我们也是唯一能够脸红、能够哭泣的动物。

尽管如此，却很少有电子游戏给予面部动画应有的重视。游戏设计师们几乎将注意力全放在了角色的动作上，以至于他们没有仔细思考过角色的感情。当一个游戏有着有意义的面部动画（例如《塞尔达传说：风之杖》）时，它常会吸引很多的注意力。早期 3D 聊天室《OnLive 旅行者》的设计师对角色的多边形在数量上有着非常严格的限制。在他们制作并测试原型时，他们每一次都会问用户："角色还需要更多的细节吗？"每一次的回答都是："在脸部需要。"在 5 到 6 轮测试过后，角色的身体被完全去除了，只剩下了飘在空中奇怪的脑袋——然而这就是用户所偏好的，因为这是一个关于自我表达的活动，而面部则是世界上最有表达能力的工具。

面部动画不一定需要高昂的成本，因为你可以通过简单的眉毛或者眼睛形状的变化来得到很好的效果。但是你必须有一个玩家能够看到的脸。通常情况下，玩家是看不到化身面部的。《毁灭战士》（图 20.6）的设计师们找出了一种解决办法，他们用一幅屏幕下方的小图片来表现化身的脸。因为比起辨认数字，我们的外围视觉更容易注意面部表情，所以他们聪明地让面部表情与血槽中的血量对应。这样一来，玩家能够在不将目光从敌人身上移开的情况下得知自己的受伤情况。

图 20.6

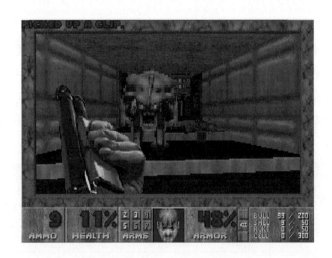

最重要的是，你应该把注意力集中到角色的眼睛上。人们常说，眼睛是心灵的窗户，然而游戏角色常常只有呆板、死寂的眼神。如果你能将角色的双眼变得鲜活起来，那么整个角色也会随之生动起来。想让游戏里的坏蛋看起来邪恶？把注意力集中到眼睛上。想让你的僵尸令人毛骨悚然？把注意力集中到他恐怖的双眼上。想让你的企鹅变得可爱？把注意力集中到可爱的双眼上。另一个关于眼睛的有趣事实是：我们用它们来判断谁与谁有关。举个例子，观察《辛普森一家》里的卡通双眼，每一个家庭都有差不多的眼睛。眼睛里有很多的秘密，给它们足够的关注，带来的回报就是你的角色会"活起来"。

## 角色窍门 8：有力的故事能够转变角色

> 人们不会改变，他们只是很少流露真心。
>
> ——安妮·恩莱特

优秀故事的一个显著特点就是其中角色的转变。游戏设计师们很少会考虑这一点，这是他们的损失。在设计游戏角色时，会有一种将游戏角色看作固定不变的倾向——坏蛋永远是坏蛋，英雄生来就是英雄。这样的故事情节非常无聊。有些游戏，例如《神鬼寓言》《星球大战：旧共和国武士》的成名是因为它们把几乎每一部成功电影或者书中的套路运用到游戏中——游戏中的事件会随着游戏的进行慢慢改变主角。

当然，并不是所有的游戏都能在主角身上加入有意义的角色转换。不过，可以对这类游戏中的其他角色进行角色转换，例如，跟班或者坏蛋。一个检查游戏的中角色是否有转变潜质的方法就是列一张角色转变表，把角色放在表的左边，故事的不同环节放在表的上边。随后，标记出角色经历转变的环节。下面的例子会就《灰姑娘》里的故事展开讨论。

| | | 场景 | | | | |
| --- | --- | --- | --- | --- | --- | --- |
| | | 在家 | 邀请函 | 舞会之夜 | 第二天 | 结局 |
| 角色 | 灰姑娘 | 悲伤、痛苦的女仆 | 充满希望，随后失望 | 光彩照人的公主 | 再次陷入痛苦与悲伤 | 从此过着幸福快乐的生活 |
| | 她的姐姐们与继母 | 高人一等，刻薄 | 狂喜，嚣张 | 失望，因为没有人注意 | 妄图穿上水晶鞋 | 丢人现眼，难以置信 |
| | 王子 | 孤独 | 仍旧孤独 | 为一名谜一般的女子着迷 | 疯狂搜寻 | 从此过着幸福快乐的生活 |

通过观察每名角色在一段时间里的变化，而非故事脉络，我们得到了一个独特的视角。它能帮助我们更好地理解我们的角色。一些转变是暂时且细小的，还有一些是永久且巨大的。思考你的角色会经历何种转变，并在故事里尽力表现出来。你的游戏将会讲述一个比之前有力得多的故事。这个关于角色转变的视角是我们最后一个角色透镜。

## 91 号透镜：角色转变

我们关注角色转变，因为我们关心这么做之后能带来的转变。为了确保你的角色能够通过一种有趣的方式发生转变，问自己以下问题：

- 每一名角色在游戏中会如何转变？
- 我如何将这些转变传达给玩家？我能否使用一种更清楚、更有力的方式？
- 转变足够多吗？
- 转变出人意料吗？有趣吗？
- 这些转变可信吗？

插画作者：克里斯·丹尼尔

## 角色窍门 9：让你的角色出人意料

在 F·斯科特·菲茨杰拉德的小说《夜色温柔》里，有一段罗斯玛丽与迪克的对话。这段对话对于故事作者来说，非常重要。对话从女演员罗斯玛丽的一个简单的问题开始。

"我想问，你觉得我最近拍的片子怎么样——如果你已经看过的话。"

"可能要花几分钟才能讲清楚。"迪克说，"我们现在假设妮可告诉你，拉尼尔病了。在现实生活中你会怎么反应？一般人会怎么反应？他们开始表演！通过表情、声音、言语。脸上流露出不幸的神情，声音里透出震惊，言语里表达着同情。"

"是，我明白。"

"但在剧院里不是这样的。剧院里最好的戏剧演员们，都因为能用夸张的手法去表现那些应有的反应而出名，不论是害怕、热爱还是同情。"

"我明白了。"虽然她这么回答，但她并没有明白。

"女演员最危险的时刻就是她做出反应的时候。现在我们假设有人跟你说：'你的情人已经死了。'在现实生活中恐怕你会崩溃。但是在舞台上，你所要做的是娱乐大众——观众不能自己去做出'反应'。首先，女演员需要说既定的台词，其次，她需要将观众的注意力导向她自己，让他们忘记那名遇害的华人或者其他什么，所以她必须做一些出人意料的事情。如果观众认为那名角色是坚强的，那她需要温和地去表现；如果观众认为她温和，则表现坚强。你需要走出角色！你明白吗？"

"我不是很明白。"罗斯玛丽承认道，"走出角色是指什么？"

"你持续做一些出人意料的事情，直到你将观众的注意力从客观事实引回到你身上。随后你再自然地进入角色。"

这条建议看起来与我们所知的任何关于故事和表演的事情都矛盾。我们希望角色的行为能够真实可信。但菲茨杰拉德在这里告诉我们的是，在一个优秀的故事当中，角色会做与观众期望相反的事。这一点儿也不假。在你意识到这点后，去查找一番，你会发现这种情况到处都有。不论是在喜剧片里、剧情片里，还是在经典剧集里，到处都是。热门电视剧《绝命毒师》就特别热衷这一原则。这也是惊喜透镜的另一个用法。当角色表现出一种我们预料之外的情感反应时，我们会密切关注该角色。当然，趣味就是愉快加上惊喜，不是吗？如果你希望玩家享受用角色游玩的过程，试着把每一个角色都当成玩具来设计。寻找让角色出乎玩家意料的方法，这样一来，角色的每一句话、每一个动作都能抓住玩家的心。

## 角色窍门 10：避免恐怖谷

关于人类对机器人及其他人造角色的反应，日本机器人学家森政弘发现一个有趣的现象。如果你思考人类的同情心，你可能会注意到：如果一个东西看起来越接近人类，人类对它就会越有同情心。你甚至可以画出如下的示意图（图 20.7）。

图 20.7

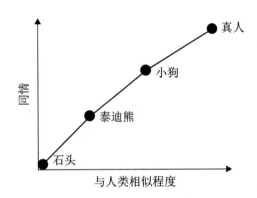

这很有道理。一个东西越像一个人，我们就会给予它越多的同情。但是森政弘注意到了一个很有意思的特例。在他开发模拟人类的机器人时，一旦那些机器人变得太"人类"，大概从一张金属脸（想象一下 C-3PO）变成拥有人造皮肤的脸，人们会突然对它感到反感。这让图 20.7 变成了图 20.8 的样子。

图 20.8

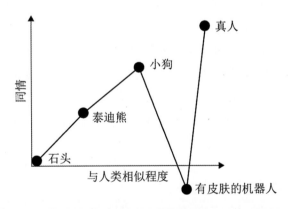

森政弘将图中出人意料的下沉称为"恐怖谷"。这种不安感的来源是：在我们见到那些与人几乎没有差别的"东西"时，我们的大脑会将它们认定为"病态的人"，而它们出现在我们周围时可能会带来危险。僵尸就是处在恐怖谷底的那些令人毛骨悚然东西的典型。

恐怖谷一直都存在于电子游戏与动画中。电影《最终幻想》和《极地特快》中的每一帧都看起来既华丽又真实——如果你只看一帧的话。然而，在电影播放的时候，很多人都觉得那些由电脑生成的人类总是有点诡异——不知怎么的，它们动起来的时候总是不那么对劲——它们离深谷太近了，最后坠了下去。这与皮克斯电影里的卡通角色（鱼、玩具、汽车、机器人）形成对比。因为这些卡通角色能够顺利地在人类心中引起同情，它们处在深谷的左边，类似于小狗所处的位置。

这种问题也时常发生在游戏角色身上，特别是在那些希望模拟现实的游戏里。在未来的某一天，游戏里的人可能会极其接近真人，并且能够安全地处在深谷的右边。但在那一天到来之前，请谨慎对待，因为恐怖谷可是很深的。

角色无疑能让一个世界更加有趣，但是一个世界之所以成为一个世界，它还需要其他的东西——一个容其存在的地方。

# 拓展阅读

凯瑟琳·伊斯比斯特撰写的《设计更好的电子游戏角色》一书巧妙地将社会心理学领域及电子游戏领域联系在了一起。书中提供了许多实践工具与技巧，能够帮助你创作生动鲜活的角色。

凯斯·约翰史东撰写的《即兴表演法》。如果你觉得即兴表演只是关于傻里傻气笑话的话，这本书会纠正你的偏颇之见。它是关于如何实时创造有趣情景的学问，换一种说法就是，游戏设计。

斯科特·麦克劳德撰写的《理解漫画》一书是难有比肩作品的杰作。如果你还没有读过它的话，现在就去读吧！

# 第21章
# 世界里的空间

图 21.1

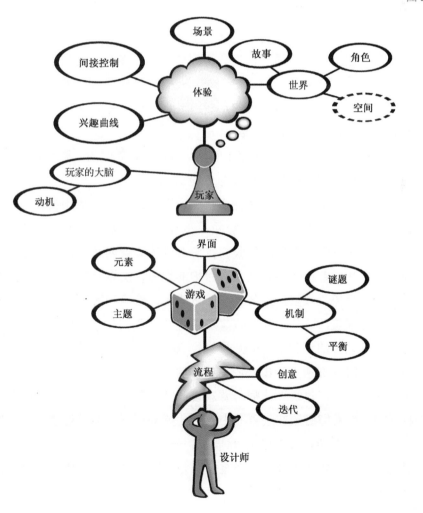

等一会！我们不是在第 12 章已经讨论过空间的概念了吗？是，又不是。那时我们只讨论了功能空间这一概念——但是，功能空间只是游戏空间的骨架。在这一章里，我们会审视玩家实际体验到的、加入细节后的完整空间。

## 建筑的功能

> 对，造一幢弗兰克·劳埃德房屋。如果你不介意下雨天里在前院露营的话。
>
> ——艾琳·巴恩斯德尔

在听到"建筑"这个词时，你会想到什么？大多数人会想到宏伟的建筑，特别是那些有着不常见外形的现代建筑。人们有时候会这么想：建筑设计师的主要工作就是雕琢一幢大楼的外部形状。因此欣赏优秀的建筑就如同在博物馆里欣赏雕塑一样，要欣赏它们的外部形状。

尽管一栋建筑的外部形状是建筑的一部分，却与建筑的主要目的关系不大。

建筑的主要目的是把握一个人的体验。

如果我们想要的所有体验都能不费吹灰之力地在自然界中找到，那么建筑就变得毫无意义了。但是那些体验并不常有，所以建筑设计师设计了一些东西，帮助我们获得我们想要的体验。我们希望体验背阴及干燥的地方，所以就有了庇护所。我们希望体验安全及有保护的地方，所以就有了围墙。我们建造房屋、学校、商场、教堂、办公室、保龄球场、旅馆和博物馆，并不是因为我们想观赏这些建筑，而是因为这些建筑使得一些我们想要的体验成为可能。当我们称赞一栋大楼的设计非常"优秀"时，我们并没有在谈论这栋大楼的外观，谈论的是在建筑内部所创造出来的良好体验。

出于这个原因，建筑设计师与游戏设计师可称得上表亲关系。他们都在创造一种结构，而人们必须在进入其中之后才能利用它。不论是建筑设计师还是游戏设计师，都不能直接创造出"体验"——都必须依赖一种间接的控制，以此来引导人们获得恰当的体验。最重要的是，两类设计师都想创造出的结构是一种会给人带来快乐体验的结构。

## 整理你的游戏空间

在游戏设计师与建筑设计师之间还有一个更明显的联系——他们都必须制造空间。虽然游戏设计师能从建筑设计师那里学到很多关于如何创造有意义和有力空间的学问，但这并不意味着游戏设计师必须遵从建筑学中的每一条法则。因为他们所创造的空间并非由砖石水泥构成，而是完全的虚拟空间。虽然这听起来像一种绝妙的自由（的确如此），但却能够成为一种负担。缺少物理上的限制就意味着几乎一切都有可能——如果一切都有可能，那么你从哪里开始入手呢？

一个入手点是，为你的游戏空间确定一条组织原则。如果你已经在心里有了整个游戏的玩法，那么确定一条原则应该是很简单的事情。通过第 26 号透镜"功能空间"去观察你的游戏（来自第 12 章），然后把它作为你希望制造的空间的骨架。

不过，你可能还没有确定你的功能空间——也许你的游戏设计还处在非常早期的阶段，你可能会寄希望于绘制一幅游戏地图，帮助你理解游戏的流程。如果是这种情况，下面有 5 种设计师常用的游戏空间的整理办法供你参考。

1. 线性：非常多的游戏是在一个线性的游戏空间中进行的。玩家只能沿着直线前进或者后退。有时直线的两端都有尽头，其他情况是循环的线路。下面是一些非常著名的基于线性空间的游戏：

a.《糖果大陆》。

b.《大富翁》。

c.《超级马里奥兄弟》。

d.《疯狂喷气机》。

e.《吉他英雄》。

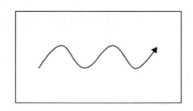

2. 网格：将你的游戏空间按照网格来布置有很多好处。它能够很容易就被玩家理解，它里面的东西很简单地排列整齐，它让里面的东西保持合适的比例。还有就是网格很容易被电脑理解。你的网格不一定是正方形的——也可以是长方形、六边形（在战争游戏里很流行）的，甚至是三角形的。下面是一些著名的基于网格的：

a. 《国际象棋》。

b. 《高级战争》。

c. 《卡坦岛》。

d. 《塞尔达传说》。

e. 《我的世界》。

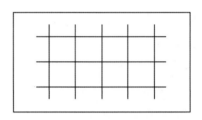

3. 网络：你可以在一幅地图上标出数个点，然后用路线将它们连接起来。这样就能得到一张网络。如果你希望玩家探访多个地点，但又希望给他们提供不同的线路，那么这个方法是很有用的。有时候，在线路上的时间是有意义的；还有些时候，旅行瞬间就可以完成。下面是一些著名的基于网络的游戏空间。

a. 《狐鹅棋》。

b. 《常识问答》。

c. 《魔域》。

d. 《企鹅俱乐部》。

e. 《字谜探险》。

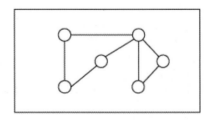

4. 空间内的点：这是一类不常见的游戏空间。使用该空间的游戏希望唤起这样一种感觉：在沙漠里徘徊，且时不时能够回到一片绿洲，就像 RPG 中常见的那种感觉。这在那些玩家能够自己定义游戏空间的游戏里也很常见。下面是一些基于这种空间组织形式的游戏：

a. 室外地滚球。

b.《如履薄冰》（一个用沾湿的弹珠和餐巾纸来玩的桌面游戏）。

c.《极性塔》（一个用磁铁玩的桌面游戏）。

d.《动物之森》。

e.《最终幻想》。

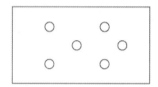

5. 分割空间：这类空间与真实的地图最为相似，因此常见于那些希望复制真实地图的游戏。你可以将一个空间用不规则的方式分割成几块来实现。下面是一些基于分割空间的游戏：

a.《战国风云》。

b.《轴心国与同盟国》。

c.《黑塔》。

d.《塞尔达：时之笛》。

e.《文明》。

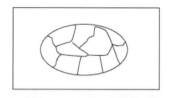

这些整理办法常常被组合在一起使用，以创造新型的游戏空间。图版游戏《妙探寻凶》就结合了网格和分割空间。《棒球》则是线性与空间内的点相结合的产物。

*简单说一下地标*

当你组织空间时常会考虑这样的一个问题：哪些可以是地标？最早的文字冒险游戏《巨穴冒险》里有两类不同的迷宫。在一类里，对每块区域有这样的描述："你处在有着曲折通道的迷宫里，所有的路都一样。"与之相反的迷宫同样令人困惑，其中的区域里有着这样的描述："你处在有着曲折通道的迷宫里，所有的路都不一样。"的确，过多的混乱与过多的秩序同样无聊。《巨穴冒险》的玩家会学着在迷宫的通道里留下道具，以制造出有助辨认道路的地标。任何一个优秀的游戏空间里都会自带地标，这能够帮助玩家辨认方向，并且让整个空间看起来更有意思。地标是玩家会牢记并且会讨论的东西，因为他们想让一个空间变得值得回味。

# 克里斯多夫·亚历山大是一位天才

克里斯多夫·亚历山大是一名建筑设计师，他毕生都致力于研究场所给我们带来的感觉。他在自己的第一本书《建筑的永恒之道》（1979 年）里，试着去阐述那些通过精心设计所取得的空间与物件是如何共享一个特质的。他这么写道：

> 想象一个冬日的午后——你自己、一壶香茶，一盏台灯，还有两三个大型靠枕。现在试着放松。不过请不要采用一种为了在别人面前炫耀而做的方式去放松。我希望你真的喜欢这种放松的方式，只为了你自己。

> 你把茶壶放在你够得到的地方，而且在那里你不可能把茶壶弄翻。你把台灯调低，让它照在书上，但却不觉得太亮，这样一来你不会看到灯罩里的灯泡。你把靠垫放在身后。一个，一个，小心地放好，就放在你喜欢的地方。你会用它们来支撑你的背、你的颈、你的手。所以现在你就应该很舒服了，你可以抿一口茶，然后读一会书，打个盹。

> 在你不辞辛劳地做好了一切的准备工作，而且你非常仔细、认真地去做了，之后就会给你带来一种难以名状的高质量体验。

很难去描述这种体验，但是大多数人在体验到的时候都能觉察。亚历山大指出，那些会带来难以名状体验的事物往往会有如下特点：

- 它们感觉起来是活的，就像拥有某种能量。
- 它们感觉起来是完整的，就像没有缺少任何东西。
- 它们感觉起来是舒服的，在它们身边很愉快。
- 它们感觉起来是自由的，天生就没有限制。
- 它们感觉起来是确切的，就像它们本该如此。
- 它们感觉起来是无我的，与整个宇宙相连。
- 它们感觉起来是永恒的，就像它们一直存在也会永远存在。
- 它们没有任何内在矛盾。

最后一条，"它们没有任何内在矛盾。"对于任何设计师都极其重要，因为内在矛盾是任何糟糕设计的根源。如果一个仪器应该为我的生活带来便利，但是它本身却很难使用——这就是矛盾。如果某一个东西本应该好笑，但实际上它却很无聊或者扫兴——这就是矛盾。一名好的设计师必须谨慎地扫除内在矛盾，而不是习惯它们，或者为它们找借口。所以让我们往工具箱里加入扫清内在矛盾的工具吧。

## 92 号透镜：内在矛盾

一个优秀的游戏不能有妨碍最终目的的属性。为了扫除那些互为矛盾的属性，问自己以下问题：

插画：尼克丹·尼尔

- 我的游戏的目的是什么？
- 我的游戏里每个子系统的目的是什么？
- 我的游戏里有没有什么东西是与其目的矛盾的？
- 如果有，我要怎样改善？

　　亚历山大也解释了，如何使用迭代与观察事物的方式做出真正优秀的设计。换一句话说，建筑学中的循环原则在游戏设计中同样适用。他为这个系统举了一个实在的例子。在谈到在建筑群的大楼间铺设小道时，"不要铺路，只种草。一年后回来，观察人们在草坪的哪些地方走出了路，到那时再开始铺路。"

　　亚历山大后来的书稿《建筑模式语言》是他最著名且最具影响力的著作。在书中他描述了 253 种各不相同、似乎有着难以名状特性的建筑学模式。从大尺寸的模式"城镇分布"和"农业深谷"到如"帆布顶棚"和"能够敞开的窗"的小尺寸模式，《建筑模式语言》中如此这般的范围和惊人的细节，让读者用新的视角去看待他们每日与之互动的世界。许多游戏设计师们都从该书中受到了启发。就我个人而言，我一直对《卡通城 Online》的世界是怎么构建出来的感到很疑惑，直到我读了这本书，很多问题才豁然开朗。据说威尔·莱特设计《模拟城市》的初衷就是为了实验这本书中列举的建筑模式。计算机科学中的"设计模式"运动兴起也许是源自这本书的力量。那么当你阅读这本书的时候，你会创造出些什么呢？

　　亚历山大并没有满足于任由那些难以名状的特性处于无名字的状态。在他后来的书里，他深入研究了给予事物那些特殊感觉的东西。他记录了成千上万不同的事物，它们或能产生那种感觉，或不能。随后他寻找它们的共同点。他从中总结出了 15 项那些事物共有的根本特性，并将它们详细地写进《生命的现象》一书中。这本书的书名来自他从那些难以名状的性质中得到的感悟：那些事物对我们而言特殊的原因在于，它们有着与生命相同的特性。作为生命体的我们，会对那些与生命有着同样特性的物品或者地点感到亲近。

　　深入探讨那些特性的细节远超本书的范围，但反思你的游戏是否拥有那些特性是一件迷人且有趣的事情。这些模式大都关于空间和纹理质量。思考这些该如何运用到游戏中是一项极好的脑力训练。

## 亚历山大提出的"生动结构的 15 项特性"

　　1. 缩放级别。我们在"重叠目标"里看到了缩放级别。在那里，玩家必须先完成短期目标，才能完成中期目标，最后完成长期目标。我们能在分形兴趣曲线里看到它，我们也能在嵌套游戏世界结构里看到它。《孢子》是一部缩放级别组成的交响乐。

2. 强力中心。我们肯定在视觉设计里见过它，但它在故事结构中也有。化身处在我们故事宇宙的中心，在通常情况下，比起无力的化身我们更偏向强有力的。另外，当我们设计游戏的目的时，我们也偏向强力中心——这是我们的目标。

3. 边际。许多游戏主题就是关于边际的。当然，任何关于领土的游戏都是一个对边际的探索。但规则同样是一种边际，没有规则的游戏根本不是游戏。

4. 交替重复。我们会在象棋棋盘上看到这个令人愉快的形状，也在许多游戏里看到过这样的重复：关卡/Boss/关卡/Boss。甚至紧张/放松/紧张/放松也是一个交替重复的好例子。请见图 10.7。

5. 正空间。亚历山大在这里指出的是，前景和背景元素都有美丽、互补的形状，例如阴和阳。从某种意义上来说，一个平衡得很好的游戏有这样一种特性：使多种交替的策略间产生一种连锁的美感。

6. 好的形状。就和字面意思一样简单——一个令人愉快的形状。我们肯定会在我们游戏的视觉部分里搜寻这样的形状。但也能在关卡设计中看到并感受它。一个好的关卡感觉起来是"紧凑的"，而且有一条"优美的曲线"。

7. 本地对称。与镜面图像的全局对称不同，这个概念是指，在一个设计内部存在的多种细小的对称。《塞尔达：风之杖》在整个设计上都有这种感觉——当你处在一间房间或一片区域里时，你会发现许多对称的东西，但是它们又与其他的场所有机地连接在一起。规则系统与游戏平衡同样可以有这种特性。

8. 深度连锁与歧义。两样东西相互之间连接得过于紧密，以至于它们只有通过对方才能定义自己——如果你取走了其中的任何一个，那么另一个也失去了意义。我们会在许多桌面游戏里看到这个特性，例如围棋。棋盘上棋子所处的位置只有在相对对手棋子而言的时候才有意义。

9. 对比。在游戏里，我们有许多种对比，对手间的对比，受控与不受控之间的对比，奖赏与惩罚之间的对比。当对应的双方在游戏里有着强烈对比的时候，游戏会让人感到更有意义而且更有力。

10. 渐变。这指的是那些逐步变化的属性。逐步上升的挑战曲线就是其中一例。经过精心设计的概率曲线也是如此。

11. 粗糙感。如果一个游戏看起来过于完美，那么它就失去了个性。"家庭制作"的手工质感往往让一个游戏变得更活灵活现。

12. 回声。回声是一种令人愉悦且统一的重复。如果怪物首领与其爪牙有共同点，我们就会感受到回声。优美的兴趣曲线也有这一性质，特别是分形曲线。

13. 虚空。就像亚历山大所说："在那些最深刻的中心，都有最完美的整体性。但在它们当中都有一个虚空，就像水，有无限的深度，与其周围杂乱的事物形成对比。"想象一座教堂，或者人类的心脏，当怪物首领处在一个巨大而又空洞的场所中时，我们就能体会到这种虚空。

14. 简单与内在平静。设计师总是一再重复：让一个游戏变得简单的重要性——通常会从数个规则中引申出众多特性。当然，这些规则必须能很好地平衡，这样就能带来亚历山大所描述的"内在平静"。

15. 不分离性。这指某些东西能够与周围事物紧密联系在一起，就好像它也是其中的一部分一样。我们游戏的每一条规则都必须有这项特性。游戏中的每一个元素也同样如此。如果游戏里的任何东西都有这一特性，那么就会产生某种整体性，肯定会让整个游戏"活起来"。第 11 号透镜"统一"是不分离性的好指导。

亚历山大看待建筑学的方法在设计游戏空间时非常有用。但正如你所见的，他所描述的优秀空间的特性同样能被运用到游戏设计的其他方面。在这里，我只能非常粗浅地讨论一下亚历山大的设计思想。阅读他众多令人愉快的书肯定能为你的游戏设计带来新的洞见。作为他提出的有深度的视角的复习，请使用下面这个透镜。

## 93 号透镜：难以名状的特性

有些东西的初始感觉就很特别也很美妙，这是因为它们自然、有机的设计。为了确保你的游戏也有这些特性，问自己以下问题：

- 我的设计有没有生命的特殊感？或者设计中的某些部分是"死"的？什么能够让我的设计"活起来"？
- 我的设计里有亚历山大提出的 15 项特性中的哪几项？
- 能不能通过某种方法加入更多的特性？
- 我设计的哪部分感觉起来像自己？

插画：克里斯·丹尼尔

## 真实与虚拟的建筑

亚历山大关于建筑设计的视角"深层基础"（deep fundamental）很有用，但仔细审视一些关于虚拟建筑的特点也很有用。当我们研究一些流行游戏里的空间时，我们会发现它们常常很奇怪。它们中有很大一片弃置不用的空间；有奇怪与危险的建筑特征，与外观没有一点儿关系；并且有时候某些区域以一种物理上不可能的形式和自身重叠在了一起。

像这类奇怪的建筑结构会被现实世界中的建筑师认定为疯狂之举。看看那些古怪的空洞区域或水潭。为什么在玩电子游戏的时候，我们没有注意到建筑的布局有多奇怪呢？

这是因为人脑非常不善于将 3D 空间转化成 2D 地图。如果你不相信，请在脑中想一个你熟悉的场所，那些你经常去的地方，例如你家、学校或者办公场所，然后试着画一幅地图。很多人会觉得这很难办到——因为我们的大脑不是这样将空间存储起来的——我们对它们进行相对的思考，而不是绝对的。我们知道哪扇门能通往哪间房，但是我们并不总是清楚没有门的墙后有些什么。因此，3D 空间有没有真实的 2D 地图这件事并不重要。重要的是，当玩家身处其中（图 21.2）时，他们的感觉是怎么样的。

图 21.2

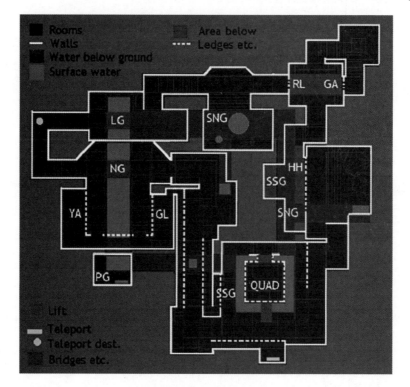

现实生活中没有人会建造这个

## 知其规模

当我们身处真实的场所时，会自然生出一种规模感。因为我们会得到太多的线索——光、影、纹理、立体视觉及最重要的一项：我们的身体亲临现场。但在虚拟空间里，尺寸并不总是那么明确。因为失去了现实世界中的许多线索，所以很容易就能造出一个比看起来大得多或者小得多的虚拟空间。对玩家来说，这会让他们很困惑，或者会误导他们。我经常与学生或者新手虚拟设计师之间有如下的讨论：

虚拟设计师：我的世界总是看起来很怪……但是我不知道问题出在哪里……

我：嗯，里面东西的尺寸似乎不太正常——那辆车对于马路而言太大了，而且那些窗户相比大楼来说又太小了。不过一辆汽车有多大？

虚拟设计师：我不清楚……也许 5 个单位？

我：那么 5 个单位是多大？

虚拟设计师：我不知道，它们都是虚拟的……所以多大有关系吗？

从某种意义上说，他是正确的——只要你的世界中的所有东西都比例合适，你的虚拟单位可以是英尺、米、腕尺或者蓝精灵帽子，没有任何关系。不过一旦有东西的尺寸变得不正常，或者你怀疑它的尺寸不正常，那么这就变成了一个极为重要的问题。因为那时你必须将所有的东西都与现实世界联系起来。出于这个原因，用现实世界中你非常熟悉的东西作为游戏里的尺寸是一个明智的选择——对于大多数人来说，应该就是英尺或者米。这会省去不少时间和麻烦，因为如果你的单位是英尺，而你的汽车长为 30 个单位，那么你马上就能知道问题出在哪里。

但是有时候你的世界中元素的尺寸都非常合适，但是对于玩家来说，那些东西的大小还是不对。下面是可能导致这种情况的罪魁祸首。

- 眼睛高度：如果在你的第一人称游戏里，虚拟摄像机的位置非常高（例如离地面超过 2.1 米）或者非常低（例如离地面不到 1.5 米），这就会让视角失真。因为人们倾向于假设该高度与他们自己的眼睛高度接近。

- 人与门：两个影响最大的尺寸线索是人和门（当然，门是设计用来让人通过的）。如果你的世界里有巨大或者矮小的人的话，可能会让玩家搞不清尺寸。相似的还有，如果你想让游戏里的门非常大或者非常小，这也会带来差不多的问题。如果你的游戏里没有人、门或者其他平常尺寸的人造物，那么玩家也常会搞不清尺寸。

- 贴图缩放：在设计世界时很容易犯的错误就是贴图没有调到合适的尺寸，例如，墙上的贴图过大或者地上的贴图过小。请确保你在游戏里用的贴图与现实世界中的纹理相一致。

## 第三人称空间错觉

设计虚拟空间还有一个特性。我们中间的每一个人都发展出了一种天生的关于相互间关系的感觉，能够感知我们的身体如何被容纳到我们所见的这个世界。在我们玩能够看到自己身体的第三人称游戏的时候，我们的大脑会做一项惊人的工作。它会通过某种方法让我们同时处在两个地方——在角色的身体里，但同时飘浮在我们身体后两三米的地方——在整个过程里，大脑会让我们自然地接受这个奇怪的视角。在游戏里能够看到我们的虚拟身体，这给我们带来极大益处的同时也给我们关于比例的感觉带来了奇怪的影响。在一个空旷的室外场景里，我们几乎意识不到这个问题。但是当我们试着控制处在正常大小室内空间里的角色时，这个空间就会让人感觉异常拥挤，就好像我们驾车在一幢房子里穿行。

奇怪的是，大多数玩家并不会将上述问题视为"第三人称化身系统"问题，他们反而觉得是房间太小了（图 21.3）。有什么办法来改变此类房间，从而使第三人称视角在房间中的体验变得正常？

图 21.3

问题：房间对于第三人称视角来说过于狭小了

解决办法 1：放大房间与家具的尺寸（图 21.4）。如果你放大所有的墙壁与家具，这的确会提供更多的移动空间，但同时带来了一种奇怪的感觉——你的化身变小了，就好像变成了一个小孩。因为正常大小的物件，例如椅子与沙发相较你而言变得很大。

图 21.4

解决办法 1：放大房间和家具

　　解决办法 2：放大房间，但是家具保持尺寸不变（图 21.5）。现在你有了一间又大又空的屋子，里面有一堆挤在一角的孤零零的家具。

图 21.5

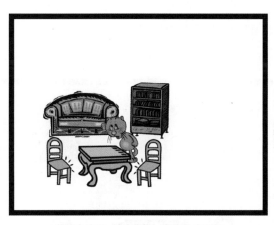

解决办法 2：放大房间，家具尺寸不变

　　解决办法 3：放大房间，家具保持尺寸不变，但是分散摆放（图 21.6）。这个办法稍微好一点儿——房间看起来不再那么空旷。但是房间中的物品看起来很稀疏，很奇怪，房间里的物件之间都有不自然的较大空隙。

图 21.6

解决办法 3：放大房间，正常的家具分散摆放

　　解决办法 4：放大房间，稍稍放大家具，并且将家具分散摆放（图 21.7）。这个解决办法最早由《马克思·佩恩》的设计师运用，非常有效。在第一人称视角里，这样的房间看起来很奇怪。但是在第三人称视角里，这种方法很好地弥补了由远离身体的视点所带来的失真。

图 21.7

解决办法 4：放大房间，稍大的家具分散摆放

## 关卡设计

已到本章的最后一部分了，然而我们并没有讨论过关卡设计。我们有吗？事实是，我们一直在讨论这件事！不仅是在这一章里，而且是在整本书里。关卡设计师所做的就是用一种有趣且有意思的方法去布置建筑、道具，还有游戏里的各种挑战。这就是说，确保游戏里有适当级别的挑战、适当级别的奖励、适当级别的有意义的选择，以及其他所有好游戏的必备要素。关卡设计只是在细节方面进行的游戏设计——这并不是一件容易的差事，因为细节之处见真章。每一个游戏中的关卡设计都是不同的，因为每一个游戏都是不同的。但是如果你在设计你的关卡时，运用你所有关于游戏设计的知识，并从多个透镜仔细审视，那么最佳的关卡设计选择就会变得一目了然。

## 拓展阅读

克里斯多夫·亚历山大撰写的《建筑的永恒之道》，给设计师提供了天才建议，这是你需要读的第一本亚历山大的著作。

克里斯多夫·亚历山大等撰写的《建筑模式语言》，读完此书，你将会用前所未有的角度看待世界，在上一本书后请读这一本。

克里斯多夫·亚历山大撰写的《秩序的本质》（卷1～4）。我们的后人会惊叹我们不能在亚历山大在世的时候领略这套书的魅力，可稍后一些读这套书。

菲尔·科撰写的《游戏中的关卡设计：创造引人入胜的游戏体验》，一本非常好的书，里面有着丰富的实践建议，包括很多细节设计和游戏文档。

# 第22章
# 用交互界面创造临场感

图 22.1

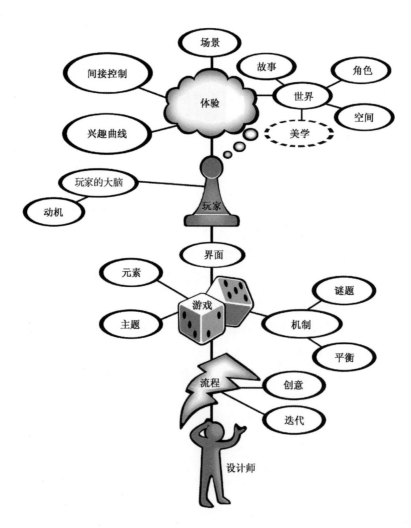

你怎么知道你的周围环境是真实的，而非幻觉？我们一直都与幻觉为伍……照片、视频、电影，甚至 3D 电影。特别是视频和电影，它们有一种力量，能够抓住我们的意识，将我们的大脑完全吸引住。可即便它们如此引人入胜，看起来如此逼真，我们也从来没有愚蠢到认为它们是真实的，或是和我们一样存在于现实中。这是因为，我们可以看到且可以感觉到我们的身体并没有和那些画面处在同一个地方。我们也许会将自己的思维投射进视频里，但我们的身体仍处在现实世界中。而当夜幕低垂，我们沉醉梦乡时，又会接触另一类的幻觉。尽管这类幻觉里存在诸多逻辑问题，但在梦里我们仍会将它们看作真实的。这类幻觉有时过于真实，以至于我们嘴角上扬地醒来，又或是惨叫着惊醒。梦中的幻觉与清醒时的场景大都不同。在梦里，我们不仅会体验到丰富的景色与声音（完全不靠我们的眼睛与耳朵），我们还会体验到气味、味道、触感和其他一些体验。在梦里，我们的身体似乎也处在我们的大脑所创造出来的幻觉中。所以，我们相信梦里的场所和事件都是真实的。

人们会认为虚拟现实（VR）和增强现实（AR）是专门用来欺骗眼睛的技术。但说它们是专门用来欺骗身体的技术可能更为准确。确切地说，并非是身体本身，而是大脑对身体的感知。这种感知的术语名叫"本体感受"（proprioception）。这个源自拉丁文的术语在 1906 年被提出，本意为"对于个体本身的感受"。这是一种非常有趣的感受。我们的身体和世界的关系是我们定义我们自身的途径，也是我们判断何为真、何为假的途径。"掐我一下，我一定在做梦"，这句话的意思是，我们的眼睛和大脑可能被幻觉欺骗，但发生在我们身体上的感受却是真实的。

VR 和 AR 的真正魔力并不单单是 3D 画面。3D 画面从 1838 年立体眼镜问世以来就有了。不，VR 和 AR 的真正魔力是，它们能带着我们的身体一同进入模拟的世界。这点非常重要，因为我们不仅通过大脑思考，还通过身体思考。传统游戏（孩童游戏、体育游戏、派对游戏）很多时候都与身体有关，但大多数电子游戏都会尽量避免与身体有交集。大多数电子游戏只认同你跳动的指尖。然而，身体的存在是确实的。VR 开发者们常会在玩家身上观察到玩家的一些无意识的动作，想要破解谜题的 VR 玩家在考虑时，常会随意地靠在虚拟的桌子或柜台上，而后猛地发觉并没有桌子，差点摔倒在地。当然，玩家从来不会主动相信虚拟的桌子是真实的。但潜意识里，他们觉得沉浸式的 3D 世界足够真实，因此会将虚拟物体当成实际存在的物体。心理学家们还未能完全解释清楚这种临场感，这也是 VR 最大的魔力。

那么 AR 呢？人们在争论到底哪一个对世界更有影响力：VR 还是 AR？在写本书的时候，VR 似乎在游戏领域占得先机，因为它能把你送入幻想世界中。常会听到有人说："我对 VR 没兴趣，我的真爱是 AR。"这指的是，把自己的身体送往虚拟世界这件事并不能提起他们的兴趣，他们真正想要的是，将模拟的物体带到他们所在的现实世界里来。的确，"把身体送往某个地方"对有的人来说是值得兴奋的，而另一些人会感到不适和无力。一方面，幻想世界可能是奇怪的或可怕的；另一方面，"你的大脑把注意力全部放在虚拟世界里而忽视了现实世界中的身体"——这样一种概念也令人非常不安。人们可以如此总结：AR 体验是关于将模拟带到"这里（身体所在之处）"来的体验，而 VR 体验是关于将身体带到"那里（模拟所在之处）"的体验。现在把现实世界／模拟与"这里"／"那里"作为坐标轴，我们得到了一幅示意图（图 22.2），用来表示 4 种与现实互动的不同方法。

图 22.2

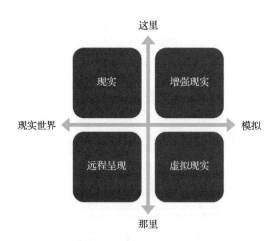

当然，不同的游玩体验落在不同的象限内。目前来说，很少有游戏落在"远程呈现"象限内，但谁知道呢？也许有一天，远程呈现的机器人普及了，开创了新的游戏类别。

作为游戏设计师，我们一直在创造新的现实。每一种模拟都是一种新的现实。在所有我们能够创造的现实里面，有一些是值得我们思考的：

- 逻辑现实：定义了因果关系。
- 空间现实：定义了我如何在空间中移动。
- 本体感受现实：定义了我对自己的身体所处位置的感受。
- 社交现实：定义了我如何与其他人互动。

之前的章节主要讨论了创造令人信服的逻辑现实和空间现实，之后的章节我们会讨论社交现实。而由临场的力量所创造出来的本体感受现实非常特别，值得我们关注。临场感比看上去的更重要。毕竟，很多人会说快乐的秘密就是"活在当下"[1]，而一些冥想的人会说，如果每天都能"在场"，那么生活的奥秘就会在他们面前展现。

# 临场的力量

当新媒体出现时，人们免不了抱住旧的不放。电影发明之初，人们会拍摄整场戏剧表演，完全没有意识到剪辑和编辑才是新媒体的核心。网络视频出现之时，人们花费大量金钱拍摄 30 分钟甚至 60 分钟的影片，完全没有意识到业余小短片才是观众真正的心中所爱。现在 VR 与 AR 出现了，人们尝试着复制原先在主机、电脑和手机上流行的游戏，完全没有意识到 VR 和 AR 的核心是完全崭新的东西。VR 和 AR 的核心是临场感。

# 6种威胁临场感的因素

不幸的是，临场感并不是新科技轻而易举就能带来的。临场感是一种非常脆弱的幻觉，好比魔术师的把戏——任何小失误都会让整场表演付之东流。如果你要设计一种以临场感为中心的体验，那么心中一定要有这样一种令人不安

---

① 译者注：直译为在场或临场。

定的念头——临场感甚至要比游戏玩法更重要。记得关于玩具的透镜吗？玩家感受临场感的时候，会乐意去摆弄场景里的东西，即使一点儿玩法都不存在。而一旦临场感被打破，玩家马上就会注意到自己戴着头盔，甚至会感到体验不佳，不论玩法有多棒都没有用。这会令那些崇尚玩法至上的开发者们大跌眼镜。但是请考虑下面这个问题：如果你创造的 VR 或 AR 体验的核心是把玩家带到虚拟世界里，但是临场感的幻觉却被打破了，那么你现在创造的是一种什么样的体验？那些把时间花在新媒体上的开发者们意识到了临场感是多么的脆弱，因为必须投入大量的精力来保护它。下面我列举了 6 种对临场感的威胁。

## 临场感威胁 1：晕动症

仔细想来，晕动症这种现象非常怪异。一个人在面对少见的晃动或运动（例如在船上、汽车上或过山车上）时，或者是运动的表象（例如 IMAX 电影、VR 赛车）时，人的身体会逐渐感到恶心，严重的会导致呕吐。为什么不是打喷嚏、寒战、感到刺痛，或是其他生理反应？为什么会有反应？答案是"毒理学假说"。某些毒药（比如某些毒蘑菇）会扰乱大脑神经，导致我们内耳的小毛（检测加速和旋转）的输入信息与我们视觉系统的输入信息不符。这些毒药在我们进化过程中一定造成过不小的麻烦，因为智慧的大自然教会了我们的大脑应急的办法。当这种情况发生时，我们会通过呕吐来试图救自己的命。问题是，除了毒药，还有其他东西会造成输入信息脱节——在车上阅读、玩旋转椅、体验 VR。目前，AR 体验造成晕动症的可能性很小，因为 AR 基本不会在我们视野（field of view）的边际（大脑在这里感知运动）给出错误的信息。但是，一旦 AR 技术影响的视野进一步扩大，将会触发神经系统的异常反应机制。

我们能扰乱这种身体反应吗？一些药物是有作用的，例如茶苯海明。斯波尔丁·格雷有一次在讨论用药物抑制特定大脑行为时指出："没有精准打击这回事。"类似的药物常会让玩家感到嗜睡、注意力分散。未来某一天（我猜大约在 2060 年），我们大概会有某种纳米技术，可以安全无副作用地消除晕动症。不过在那天到来之前，我们只能和这种症状共存。导致晕动症的具体原因，每个人的情况都大不相同。不过下面的建议可以让"没有运动方面不适"的体验成为可能。

1. 保持高帧数。将每秒 60 帧（fps）定为最低标准。90fps 或以上应该是目标。对，我知道这很难办。对，我也知道硬件平台有差异。但是我不管。你的头和眼能够迅速移动，而当游戏达不到需要的高帧数时，你的大脑会开始感到事情不对劲。有些人不同意，坚持说大脑根本感觉不出这么高帧数之间的差异，因为电影证明了 24fps 就足够。如果你也是这么想的，可以做这个实验。晚上出去找一盏荧光灯式路灯，然后往空中扔一个球。这种路灯 1 秒大约闪50～60 次。如果你单看灯本身，看不出灯光闪烁。但是，你看球的话，就会注意到灯光闪烁。你甚至都不用出门，握住电脑鼠标，反复晃动。这时观察屏幕上的光标。屏幕大都以 60fps 的标准更新，你可以很清楚地发现光标会处在不连续的位置上。大脑感知运动的方式很复杂，也很不容易。在 VR 的新世界里，60fps 是最低标准。

2. 避免虚拟相机移动。我明白，如果你想做第一人称射击游戏，想做赛车游戏，想做太空狗斗，这一切都要求虚拟摄像机到处疯狂移动，同时真实摄像机，即玩家的双眼，保持静止。猜猜会发生什么？每一次玩家的视觉和内耳里的小毛出现感知偏差，玩家都会感到恶心。对的，这意味着我们要放弃很多种玩法。不过请记住，VR 每带走一件东西，都会用一件新的、前所未有的东西作为补偿。在虚拟环境里移动你的头和躯干，即使距离很短也是一种令人难以置信的体验。用你真实的双手来操控虚拟物体也是如此。戴着 VR 跳舞，要求设计师具有一定的创造力。不过，你下定决心的话，就能够创造出不会引发晕动症的强大体验。这并不是说我们要完全抹去有空间移动的 VR 体验。只是，当你冒险创造它们的时候，你必须加倍努力来给玩家一个舒适的体验。

3. 如果你一定要移动摄像机，不要加速。这里有一个关于内耳里小毛的趣闻：它们只能感知到加速度，而非速率。它们感知不出在高速公路上 120 千米时速的均速疾驰和完全静止的区别。它们只能感知速度的上升或下降。20世纪 90 年代末，我在迪士尼探索为《阿拉丁魔毯 VR 大冒险》编写运动系统时，我运用了这个小趣闻，把魔毯的运动写得尽可能线性。然而少量的加速度还是不可避免的，因此还会有晕动症产生。不过症状非常轻微，因为整个游戏体验只有 5 分钟。大多数人能够忍受 5 分钟内的轻度晕动症。然而，居家游戏的话，5 分钟的时间太短了。在家的玩家通常会持续玩 VR 超过 1 小时，晕动症诱因也会在这段时间里不断积聚。

4. 隐藏边际。你有没有这样的经历，坐在公交车或者火车上，突然感到身体在移动。抬头一看后才发觉，你的交通工具并没有移动，移动的只是隔壁的车辆。这种运动感源自我们的大脑，大脑是靠我们视野的边际来决定我们如何移动的。聪明的 VR 开发者发现，如果运用大家常说的"暗角效果"（vignette），能够大幅降低玩家因移动而产生的不适感。第一个运用这种技巧的商业游戏叫《猎鹰翱翔》。不过这种技巧也不是百试百灵，因为有时候会对临场感造成破坏。运用得当的话，例如在玩家集中注意力前往某地时，玩家根本意识不到这种效果的存在。

5. 少量传送。既然虚拟运动会造成晕动症，那么最显然的移动方式就是传送——能够很快把你带到目的地，而且不会造成晕动症——完美，不是吗？不幸的是，传送有可能极大地威胁到临场感。你的大脑创造出临场幻觉的方法似乎是，在脑内构建一个你周围空间的 3D 模型。但是只有你观察了空间之后，大脑才能做到。这是一件很微妙的事情，但是每次你按下传送键，你把自己带到了新的地方，只有你花时间观察了周围环境后，才能找回临场感。传送能避免晕动症，然而临场感，这种我们最希望保留的东西，也会随之消失。意译一下神秘博士的台词："（传送）是一种上不了台面的空间旅行方式。"

6. 不论你做什么，保持水平。一些特定的移动方式，不论虚拟或真实，都会在极短的时间内造成晕动症。用"桶滚"的方式转动摄像机，地平线像车轮一样在玩家眼前翻转，这会让玩家的胃里瞬间翻江倒海。所以——不要做这种事。负责控制身体反应的内耳道非常善于探测旋转这种运动方式，所以通常来说，你应该避免使用任何虚拟旋转（摄像机独立于玩家脑袋旋转）。VR 的一个特别之处就是，让玩家自己转动——是真正的转动！让玩家转动身体去观察环境，在一切可能的情况下避免虚拟旋转。

严肃对待晕动症很有必要。这种症状不仅会影响你努力不懈创造出来的体验，还会有后续的负面效果。大多数人，如果对某种食物有不愉快的经历而感到恶心的话，在未来的几年甚至几十年，他们一看到这种食物都会产生生理上的不适。因为我们的大脑将"毒药"防控看得很重。如果玩家潜意识里相信你的游戏有毒,那么他们这辈子都会远离这些游戏,因为光是想想就会让他们的胃发生反应。

## 临场感威胁2:反直觉的互动

当然,我们制作任何游戏,都希望操作和互动直观明了。在 VR 里,操纵不直观的后果更严重。某个身体上的互动,一旦不够明确或者违反直觉,会瞬间打破临场感。因为在 VR 里,玩家游戏中的动作与现实中的动作相符,操作直观的重要性比隔着屏幕玩的游戏要大得多。举个例子,传统冒险游戏中的道具都只有一个功能:螺丝刀只能拧螺丝,小刀只能切,就好比"钥匙和锁"一样。然而,产生临场感后,你的身体认为虚拟世界也是真实的,大量更丰富的互动产生了。在谢尔的游戏中,我们开发了一个以特工为主题的 VR 游戏,叫作《我希望你死》。在其中的一个谜题里,你需要打开汽车的面板,一把螺丝刀放在了很醒目的位置,我们觉得玩家一定会用它来完成任务。然而,我们发现很多玩家试着用在手套箱里找到的折叠小刀拧螺丝。这非常出乎意料,因为我们的思路还停留在传统无关临场的冒险游戏上。由于临场感的关系,如果玩家觉得在现实世界里能用小刀拧螺丝,那么在游戏里也该如此。在一开始的版本里,这种情况让人瞬间出戏。我们必须大幅调整谜题的结构,才能支持玩家用小刀拧螺丝。作为妥协,我们后来加入了一句旁白:"我看到你用小刀做了很多有趣的事,不过螺丝可不是用刀就能拧开的。"尽管还是有点儿出戏,但是至少玩家的实验被认可了,他们可以去试其他的道具。在另一个版本里,我们处理得更好:用枪可以击碎香槟瓶,而瓶子的碎玻璃可以用于切割东西;用打火机真的可以点燃钞票。玩家沉迷于将一种道具在另一种道具上面使用——如果你可以把这些互动处理得十分真实,那么玩家会感到很高兴。如果你没有做到,那就是在提醒玩家"这只是一个游戏",打破了玩家的临场感。唯一找到这些深层次互动的方法就是反复地测试游戏。比起制作一个大而空、毫无临场体验的游戏,小巧却充满丰富互动的游戏才是明智的选择。

### 临场感威胁 3：过于紧张

很多玩家都寻求刺激，以及紧张的动作场面——这些都是游戏所带来的重要的满足感。VR 是带来这些体验的有力工具。不过一些开发者没有意识到紧张程度会被 VR 放大多少。我们的大脑里有一个特殊的细胞核，负责注意那些离我们身体很近的东西。让别人把手放得离你的脸很近（你自己的手放近时无效），你马上就会意识到身体有反应。传统游戏不会激发这种反应，但是 VR 和 AR 会。我们的恐惧在很多时候来源于身体受到的威胁，通过 VR，玩家会觉得这些威胁是真的。VR 会让你感到身体真的从高处坠落，感到淹没在水中，感到无数蜜蜂的围绕，感到令人发毛的怪兽正在触碰你。这些体验的确很刺激，令人很兴奋，但程度可能会过大，以至于玩家想要抛开头盔立刻停止。当有人心想：这太过火了！快停下！玩家已经出戏了。因为玩家内心的声音正在小声重复（就像父母对孩子那样）：这是假装的，这是假装的。玩家内心激烈斗争时，你小心创造的临场感已经不复存在了。

### 临场感威胁 4：不真实的音效

我捡到一枚虚拟硬币，或握在掌心中，或在指尖前翻滚。如果这一切看起来很真实，我一定会沉浸其中。但是假如硬币掉在地上，却没有一点儿声响，我就会意识到这个世界是假的，我的临场感也会随之消失。如果硬币在鹅卵石路面上跳动，发出清脆的声响，那么我的临场感会持续下去。声音与触觉紧密联系着，你的大脑依靠听觉来判断你的身体处在何处。换而言之，耳听则实。

### 临场感威胁 5：本体感受脱节

本体感受不仅是你对身体所处位置的感受，也是你对身体如何摆放姿势的感受。举个例子，你可以意识到你是站着的还是坐着的，或者一条腿搁在另一条腿上面。如果在屏幕上玩游戏，则本体感受没有关系。玩 VR 游戏时，确保我们虚拟的和现实的身体一致是保持临场感的重要手段。你在玩 VR 游戏时是坐着的，但游戏里的角色却在房间里走动，你的身体会把这种体验看成是假的，因此破坏了临场感。单凭尺寸一条就令人困惑：如果你真正的身体坐着，但虚拟脑袋却离地 1.8 米。你的大脑和身体会觉得：要么你在飞，要么你所在的世界很小。因为，即便你现在与游戏世界里高大的成人一样高，你的身体也知道一旦你站起来，你就会变成 2.4 米高[①]。你的大脑明白这不可能，所以它创造了一种奇怪的感觉，让你感觉周围的一切都很小。

　　另一种本体感受分离和物体穿过玩家身体有关——比如你在走过一张虚拟桌子的时候。玩家不喜欢身体被虚拟物体穿过。玩家首先会感到不安，因为大脑和身体在潜意识里会产生恐惧感，之后临场感便会被破坏。让本体感受分离的最快方法就是，让玩家见到自己奇怪的虚拟身体。如果你对虚拟身体的感知与你的本体感受不符（例如假的手脚和真的不在同一位置），你的大脑马上就会把场景看成是假的。与显示稍微错位的身体相比，完全不显示身体要好得多（因为某些原因，你的大脑并不排斥这一点）。请把这条看作 VR 化身的恐怖谷。

## 临场感威胁 6：缺少自我认同

　　临场感是一种处在场所中的感觉。但在处于一个场景前，你先要是某个人。临场感和自我认同是紧密相关的。VR 电影人往往忽视了这一点。如果有一部在荧幕上看的电影，其中两人坐在桌子旁谈话，而我们在旁观，那么一切都很正常。我们是一对漂浮的眼睛，在场景里穿梭，演员们对我们视而不见。这是我们熟知的传统荧幕媒体的情况。如果同一部电影用 VR 来拍摄，你的身体就会出现在那里，然后你就会想：为什么那两个人无视了我，他们看不到我就在这里吗？你出现在虚拟世界里，马上就会产生对自身身份的质疑。如果电影没有解释清楚这个身份问题，那么你一直会觉得自己并不真正身处其中。

# 6种临场感营造方法

　　在你创造的体验里去掉所有对临场感的威胁十分重要，但光这一点还不

---

① 译者注：远高于游戏中的人物。

够。临场感并不会自己产生。就像用燧石和火绒取火一样，我们要耐心地培养和支持临场感的产生。下列 6 个方法会有帮助。

## 临场感营造方法 1：手的存在

因为 VR 和 AR 是关于身体的技术。我们运用的不仅是眼睛，整个身体在体验中都非常重要。人与世界互动的主要方式就是运用双手。记得我们对游玩的定义吗？"满足好奇心的操控"。操控（manipulate）的英语来自拉丁语 manus，意思是手。看到自己的手是非常特殊的。"清醒梦"（lucid dreaming）指一种不同寻常的体验：你意识到了自己在做梦，但是持续做下去。我们中的大多数很难做到这一点，因为一旦我们发现自己在做梦，梦境便会消失。热衷清醒梦的人通常会运用这样一个技巧，一旦意识到自己在做梦，他们马上会盯住自己梦中的手来维持梦境。看着自己的手似乎能说服我们的大脑，世界是真实的。VR 和 AR 之间也有极大的不同，比如看世界的方式，以及可以触及的地方。这种效果非常强，以至于 VR 开发者常会提到"手临场"的力量。跟踪手部是让手临场的必要条件，但还不够充分。玩家在自然而有意义地操控周围环境时，最强烈、最好的"手临场"会出现。这要求很多深思熟虑的设计，以及对于手脑关系的深刻理解。例如，当人在用工具时，大脑不会考虑手——大脑的注意力处在手握工具的尖端。精明的 VR 开发者意识到了这一点，所以在使用工具时，即使不出现手也可以接受。你可以举出哪些 VR 体验运用这个技巧，哪些没有用吗？大多数玩家不会记得，因为他们只是没有注意到他们的手消失了。

## 临场感营造方法 2：社交临场

人是社会性动物，我们大脑的很大一部分都用在处理人的面部表情和手势上。VR 和 AR 拥有创造特殊远程交流的能力，这种交流比起视频通话感觉更自然，因为我们可以感受到其他人的存在。能够在 VR 和 AR 里与别人自然地对话或交换手势是很特别的体验，如果联网的头戴式设备头盔超过千万的话，那么这种体验会更加深入我们的生活。即使一通简单的语音通话都能创造出某种形式的临场感，因为你感觉到自己和远距离的对方处在同一个社交空间里。在同一空间里和另一个人眼神接触、打手势、做动作，这些行为所创造出的临场感对于制造这种空间帮助很大，会让那个人显得真实。如果我们可以互相交换物件的话，那就更好了。

## 临场感营造方法 3：熟悉程度

我们说过，要产生临场感，你首先必须观察四周环境，所以你的大脑可以创造一个环境的 3D 模型。这条只适用于你在一个不熟悉的空间里的情况。提示一个你很熟悉的场所，例如，汽车内部、快餐柜台、棒球场，如果你对这类地方已经了如指掌，那么你的大脑根本不需要你观察周围，就可以加入各种细节，很快产生临场感。正如我们讨论的，游戏的创新很重要——但是给玩家适当的熟悉程度，特别是玩家身边的东西，可以带来强得出奇的临场感。

## 临场感营造方法 4：真实的音效

你设计传统游戏时花在音效上的力气，在制作 VR 体验时请翻倍。要让互动的物件显得真实，需要在音效设计方面付出多得多的努力。一方面，在 VR 游戏里，空间音效（声音来自特定方位的假象）既强大又重要。在狭小或宽阔的空间里，回声是不一样的。碰撞的声音和环境尤其相关，硬币扔在木头桌子上和玻璃桌子上听起来全然不同。在传统游戏里，玩家可能注意不到这种不同，而在 VR 里，对这些细节的处理对临场感的建立至关重要。

## 临场感营造方法 5：本体感受一致

本体感受脱节会消除临场感，然而，当你的真实身体和虚拟身体保持高度一致时，会创造一种很强的临场感，这就是本体感受一致。在《我希望你死》里，我们专门针对的是坐着的玩家，所以我们设计了一系列坐着的场景（坐在桌前，坐在车里），以此增强临场感。很多游戏一直在试图找到新的使本体感受一致的方法，例如在射箭游戏里，箭放在你背后的袋子里。你需要把手伸到肩膀后面，才能抓取一支新的箭——这个动作非常自然，而且也让本体感受得统一。随着技术的进步，跟踪腿部及全身的系统逐渐成为标配，本体感受是否一致会变得越来越重要，也会带来更加强烈的临场感。

## 临场感营造方法 6：喜剧

乍一听很奇怪，但是，比起严肃的世界，在喜剧的世界里临场感更容易出现。在工作模拟器（job simulator）里，玩家会在不同的工作环境里做一些犯傻的事情。而这个早期 VR 游戏的成功印证了这一点。在一个卡通的喜剧世界里，你不会期望所有的东西都正常运作。实际上，探索这个世界里的疯狂规则正是乐趣之一。在工作模拟器的早期版本里，玩家会在厨房场景里拿到一把小刀和一些蔬菜。玩家自然会希望去切蔬菜，那么这个场景在技术上会带来很大的挑战，因为每一刀都会产生随机大小的几何体。开发者们为了避免这个问题，允许了一些奇怪事情的发生。如果玩家想要去切蔬菜，小刀会突然散成碎片，带来一种奇怪的喜剧效果，成功地避免了技术难题。在一个严肃的世界里，这种情况会打破临场感，因为这与真实世界完全不同。但是在喜剧世界里，这类怪异的事件证实了怪异世界中的规则，反而加强了玩家的临场感。

# 鼓励观察四周

早在 1996 年，兰迪·波许在对迪士尼的《阿拉丁魔毯 VR 大冒险》的研究中发现，从来没有接触过 VR 的玩家不太会转动头部四处观察。原因可能在于，享受荧幕媒体的习惯在我们心中根深蒂固——坐着不动，眼光往前。除此之外，创造一种要求玩家四周观察的环境也是一门微妙的艺术，可许多 VR 开发者并不精通此道。还有，很多早期的 VR 体验，帧数很低（小于 60fps），玩家如果要避免晕动症的话，不得不保持头部静止。

为了营造临场感，让玩家观察周围很重要，因为这样他们才能创造空间的3D 模型。新玩家不太倾向于这么做，但可以逐步地引导他们。《我希望你死》

中的一个关卡发生在停靠着的车上。玩家坐在驾驶位，起先，他们会看面前有什么——方向盘、油门和刹车。一旦发现这些东西都没有用，玩家会逐渐开始探索整辆车：排挡、手套箱、副驾驶位，然后他们会想知道后排有什么东西。一旦探索开始，大多数玩家都会惊叹这个世界看起来多么真实。这种临场感可能是"熟悉程度"和"观察周围"共同产生的结果。如果这是一个赛车游戏，我不认为临场感会出现得这么快（晕动症反而会很快出现）。

你不仅要给玩家环顾四周的理由（包括看起来、操作起来有趣的东西），还要让玩家仔细研究周围的东西。设计师往往会把所有的东西都堆在游戏开始时就能一眼看到的位置上，因为他们想要帮助玩家。在我们的游戏里，我们给了玩家足够的理由，让他们转动甚至移动自己的头部。好几个手套箱、后排的道具，小号字体，让东西掉在汽车地板上的物理系统，甚至还有一个视网膜扫描系统，它会命令你身体前倾（然后还会试着用激光干掉你，如果你的脑袋没有躲开的话）。这些都是我们鼓励玩家在环境中移动头部的方法。

## 想一想纸箱实验

大多数开发者明白，当你的游戏项目里有很多未知数时，你必须在日程表上留下很多时间来探索和应对此类不太明了的问题。VR 和 AR 中还有很多未知领域，当然都要很多时间来实验和适应。有趣的是，因为你试着要模拟现实，所以，你在现实里还原你的游戏体验的话，就可以学到很多。肖恩·巴顿是"纸箱实验"技巧的先驱（图 22.3）。这种技巧是指，在现实世界里，用一堆旧纸箱模拟 VR 场景。就像在纸上试玩一样，请别人扮成游戏主持人，在你触摸、捡起或操纵不同物件时告诉你产生的结果。并不是所有方面都可以如此测试到，但是你可以很快知道玩家的手会如何与场景互动，以及他们可以触碰的范围。一旦你的纸箱实验迭代完成，量好尺寸，交给建模师，你就会为第一个数码"白盒"原型打下坚实的基础。

图 22.3

肖恩·巴顿和马特·马洪在测试《我希望你死》中的潜艇关卡

## 不同的硬件带来不同的体验

你制造的体验效果与你运用的 VR 和 AR 的硬件密切相关。用手柄的、用手握式体感的，以及直接跟踪手部的系统各不相同。要求玩家站住不动的和让玩家能够自由走动的系统会产生截然不同的体验。除此之外，处理器能力、音响效果等其他方面都有非常大的区别。

能够轻易移植到不同 VR 系统上的 VR 体验是极其稀少的。所以，创造优秀 VR 体验的第一步就是选定硬件系统，然后围绕这套系统开发游戏。的确，这样一来你的游戏会很难移植到其他平台，不过在你选定的平台上，你的游戏一定会很棒。

记得关于"透明"透镜的叙述吗？下面这个透镜是它的好伙伴。

## 93½号透镜：临场感

临场感看不见，稍纵即逝，脆弱不堪，但却是人类体验的重要部分。为了记住你的玩家身处何地，问自己以下问题：

插画：乔什·亨德里克斯

- 我的玩家产生临场感了吗？这种感觉能够变得更强烈吗？
- 我的游戏里有什么东西破坏了这种临场感？
- 我的游戏里有什么东西建立或加强了临场感？

写作本章的时候（2019 年），VR 和 AR 系统才刚被看作正经的游戏平台。我冒着被未来人笑话的风险写下了这部分内容。然而，我觉得这些观点非常重要，我应该与你分享。尽管 VR 与 AR 不太可能成为游戏硬件的绝对主流，但是它们带来的强烈临场感让我坚信，它们会在游戏设计的世界里占据不可动摇的重要席位。虽然技术会飞速发展变化，但我有信心，临场感的重要性在这些平台上不会改变。

因为体验的面貌和感觉对临场感的影响很大，所以下面我们不如就来讨论一下美学。

# 第23章
# 世界的外观与感觉是由其美学所定义的

图 23.1

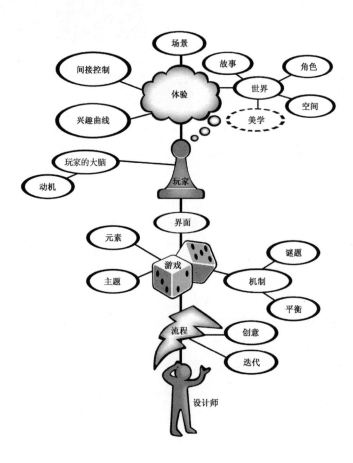

## 莫奈拒绝了手术

大夫，你说巴黎的街灯边，

没有围绕的光环，

而是我所见的恍惚。

因我年老，这是一种苦难。

告诉你吧，我花了一生，

才将煤气灯看作天使一般，

来软化，来模糊，最后流放。

你叹息我不曾见到的边，

知晓我那曾名为地平的线。

不在那里，连同水与天，

经历许久的分别，依旧同样的留存。

在我能看见的四十五年前，

人们造了鲁昂大教堂，

利用了太阳平行的光，

而你现在想要重现。

我年轻时犯的错：下与上，

永不换，

还有三维空间的幻想，

紫藤从其覆盖的桥上延伸。

我怎样才能让你相信，

议会大厦夜复一夜在消亡，

变成泰晤士中流淌的梦？

我不愿往那个宇宙折返，

那里万物互不亲近，

如同群岛不是迷途的少年，

找不到他们的大陆母亲。

世界在流动，光变成了它的轻拂，

变成了水，百合浮在水面，

在水之下，在水之上，

变成了淡紫、紫红与黄，

变成了白与天蓝的灯，

穿过阳光的是紧握的拳，

相互追赶。

而我要用那长而飘荡，

那画笔中的毫去阻拦。

为了画下光的速度！

我们受力的形体，这些垂直线，

混合着空气燃烧，

将我们的骨、肤与裳化作气。

大夫，只要你能看见，

大地如何被拥入天堂，

人心如何无限延展，

去要求世界，蓝色的雾气未有始终。

——丽泽•穆勒

# 美学的价值

美学是四大基本元素中的第三个。有些游戏设计师会鄙视游戏中的美学思考，称其为"表面功夫"，因为这与他们心目中真正重要的东西——没有一点儿关系。但是我们必须时刻牢记，我们设计的不单单是游戏机制，而是一整套游戏体验。美学思考是将游戏体验变得更令人享受的要素之一。好的美术作品能为游戏做出许多神奇的贡献：

- 它能将玩家吸引到玩家可能错过的游戏中去。
- 它能让游戏世界感觉更紧凑、真实与宏大。这能让玩家更认真地对待该游戏，并且提升内源性价值。请思考一下第 9 章中轴心国与同盟国的故事。
- 美学愉悦不是一件小事。如果你的游戏里充满美丽的艺术作品，那么玩家见到的新事物本身都是对他们的回报。
- 受欢迎的游戏世界里会有一种"氛围"。很难确切地描述它是什么，但是这种东西是由画面、声音、音乐和游戏机制共同产生出来的。
- 就像世人往往会忽视貌美的女士或者英俊的男士身上的缺点一样，如果你的游戏有着美丽的画面，那么玩家更有可能会容忍你在游戏设计中某些方面的不足。

你已经拥有了许多用来评估游戏中美学的工具。很明显第 71 号透镜"美丽"是有用的。不过你可以通过新方式去使用其他透镜来提升或者整合游戏中的美学元素。先暂停一下，思考如何运用下列透镜观察游戏中的美术素材，而非游戏的机制。

- 1 号透镜：情感。
- 2 号透镜：本质体验。
- 4 号透镜：惊喜。
- 6 号透镜：好奇心。
- 11 号透镜：统一。

- 12 号透镜：共鸣。
- 13 号透镜：无尽灵感。
- 17 号透镜：玩具。
- 18 号透镜：激情。
- 19 号透镜：玩家。
- 20 号透镜：乐趣。
- 27 号透镜：时间。
- 38 号透镜：挑战。
- 46 号透镜：奖励。
- 48 号透镜：简单/复杂。
- 49 号透镜：优雅。
- 51 号透镜：想象力。
- 53 号透镜：平衡。
- 54 号透镜：可达性。
- 55 号透镜：可见的进步。
- 60 号透镜：物理界面。
- 61 号透镜：虚拟界面。
- 66 号透镜：通道和维度。
- 68 号透镜：时刻。
- 72 号透镜：投影。
- 75 号透镜：简单和超越。
- 81 号透镜：间接控制。
- 83 号透镜：幻想。
- 84 号透镜：世界。
- 85 号透镜：化身。
- 90 号透镜：地位。
- 92 号透镜：内在矛盾。
- 93 号透镜：难以名状的特性。

现在让我们再加一条。

## 94 号透镜：氛围

氛围看不见摸不着,但它用某种方法包围了我们,在我们周围,并让我们成为世界的一部分。为了确保你的世界中有恰当的和醉人的氛围,问自己以下问题:

插画:瑞安·伊

- 我如何不用语言来描述我的游戏氛围?
- 我如何用艺术内容（视觉同听觉）去加深氛围?

# 学会观察

你应该能理解,你得通过多种透镜去观察游戏中的美术作品,因为优秀美术作品的创作就是依靠你"看"的能力。这不是说要你在看到一个食盐瓶的时候说"那是一个食盐瓶"（图 23.2）,而是要你真正地去观察——去观察它的形状、颜色、比例、阴影、反光和纹理,去观察它与环境的关系,以及与使用者的关系,然后可以观察它的功能,接着可以观察它的意义。这种深层次的"看"是从视觉方面来对应我们在本书开篇所讨论的深层次的"听"。

观察事物真正的面貌是一件极为困难的差事,很多人会惊讶于其困难程度,原因在于效率——如果我们只是诚惶诚恐地盯着我们目力所及的任何东西,不放过任何可见与可闻的小细节,那么我们的大脑就会因为吸收了过多的东西,到最后反而没有什么深入理解。所以,我们的大脑出于效率上的考虑,在一个很低的层次上对事物进行了分类,随后才让它们进入我们的意识。我们看到一个食盐瓶或者一条狗,然后我们的左脑就会给它们贴上标签,因为比起深入观察某事物本身所有的细节与特点,观察它的标签要容易得多。当你在观察与思考游戏中的美术作品时,你必须学会让你的左脑休息,同时发挥你右脑

451

的力量，因为右脑能够察觉到一些左脑无法察觉的细节。贝蒂·艾德华的著作《用右脑来绘画》是这方面极佳的教科书，书中希望通过传授每个人观察的方法，教会他们作画的方法。这是一个吸引力非常大的良性循环——"真的看见"能够让你正确地绘画，而绘画又能帮助你正确地观察。

图 23.2

## 如何让美学指导你的设计

有些人错误地相信，直到游戏设计接近完成时，他们才能让艺术家参与进来。然而我们的大脑倾向于用视觉思考，我们常会遇到这样的情况：一幅插图或者铅笔草稿能够完全改变设计的走向。因为游戏在你心目中时与它被画在纸上时看起来是完全不同的。有时候，一幅具有启发性的概念图能够为游戏试图达到的体验提供一个全局统筹的视野。还有一些时候，一幅插图能够让我们看清某个界面的构思是否可行。偶尔，一幅用来取笑设计的涂鸦会突然间变成一个该游戏最核心的主题。游戏设计是抽象的——图示却是具体的。在将你的抽象设计转化成具体游戏这个痛苦的过程中，图示充当了一个简单而有效的途径，能够将你的设计从项目一开始就变得具体。

如果你拥有一些美术功底，那么这对于作为游戏设计师的你非常有帮助——因为你可以画草图，人们会觉得你心中的创见如纸面上的那样清晰。另外，这还能让你成名。只有两类有名的游戏设计师：第一类是设计"上帝模拟游戏"的人，例如威尔·莱特、彼得·莫林纽和席德·梅尔，想必是因为人们很容易将设计师想象成一个世界里的上帝；第二类游戏设计师拥有非常出众的美术风格，例如宫本茂和亚美利坚·麦基。所以如果你有一种独特且有吸引力的美术风格，那么你真应该考虑一下围绕你的美术去设计游戏。

但是如果你（像我一样）没有美术天赋，在画画的时候一点儿头绪都没有，该怎么办？在这种情况下，我们最好的弥补方案就是找到一位有艺术细胞的伙伴。因为如果你能找到志同道合且有才华的艺术家，你的那些模糊不清的想法能够在很短的时间内具体起来。这样的合作是非常有优势的，因为一幅漂亮的图片只能带来片刻享受，一个好主意也只在理论上优秀。但是一幅精心制作的图片所传达出的想法的魅力，是很少有人能抵抗的。有力的游戏设计加上优秀的概念艺术将会：

- 把你的想法清楚地传达给每一个人（你不会真的以为每一个人都会读你的设计文档吧）。
- 把你的世界展示给别人，并且让他们在想象中进入你的世界。
- 让人们对能玩到你的游戏感到很兴奋。
- 让人们对能参与你的游戏工作感到很兴奋。
- 让你能够确保开发资金及其他用以开发的资源。

现在你可能在想：从项目开始就画非常细致的图，这与制作只有抽象游戏元素的快速原型矛盾。但实际上不是这样的——图示只是另外一种原型。这差不多就和玩跷跷板一样——抽象原型会提供你的游戏"看起来应该怎么样"的想法，这会让你去画更多的概念美术图。而概念美术图会展现出你的游戏"玩起来应该怎么样"的想法，这会让你去制作新的抽象原型。如果你一直按照这个循环走下去，最后你会制作出拥有优美画面且玩法有趣的游戏。其中的美术素材与游戏玩法紧密地结合在了一起，因为它们是一同被完善起来的。

# 多少才够

然而，这就提出了一个很重要的问题——多少细节对于你的概念美术图来说才是合适的？大多数艺术家想让他们所有的作品看起来都绝对完美——但是美丽的艺术很花时间，有时候一些粗略的草图或者简单的建模足以胜任。这对年轻的艺术家来说尤为如此，因为他们害怕绘制草图并向人展示。他们害怕草图的质量会让人看轻自己。绘制简单粗略且有用的草图是一种我们必须训练的重要技能。

当然，有时候只有那些光彩夺目的全彩色渲染才能展现游戏真正的感觉。我曾经一起共事的一位艺术家有一个很好的小技巧——他会精心绘制一幅巨大的铅笔草图，然后挑选画面中最重要的部分，用全彩色、清晰的线条，以及合适阴影渲染出来。这是一个绝妙的平衡——不仅能看到他所表现的广度与复杂度，还能体会到画作最终完成时的细节质量。只要画面有那一小块的重要细节，观者就很容易想象出整个画面的样子。

即使在你的成品里，你也需要仔细考虑在哪里加入细节，因为一些处在合适位置的细节能够让你的游戏世界变得比它看起来还要宏大丰富得多。迪士尼的伟大构想工程师约翰·亨奇常说，任何人都能让事物从远处看起来很美——让它们从近处看也很美却非常困难——迪士尼公园里的灰姑娘城堡就是一例。人们从远处看的话，会被它吸引，因为城堡实在是太美了。人们走近后发现，城堡只是粗制滥造的玻璃纤维，之后他们就会败兴而归。如果近看的城堡是由精美绝伦的马赛克与石材精心雕琢而成的，就超出了人们的预期，使得城堡显得难以捉摸、美丽与真实。

J. R. R. 托尔金的世界就以有深度和丰富而出名——达成的方法之一就是使用他所称的"远山"技巧。在整本书里，他赋予那些未曾出现在书中的地点、人物与事件以名字。那些名字与简要介绍使得整个世界看起来比实际要大得多，也丰富得多。但在粉丝询问他为什么不为那些事物添加更多的细节时，他回答说，虽然他可以告诉他们所有关于远处群山的细节，如果他这么做了，他就得为那些群山制造更远的远山。

## 使用音效

你在考虑游戏中的美学时，常会掉进只考虑画面的陷阱里。然而音效有着令人惊讶的影响力。音效反馈比起视觉反馈来说更接近我们的本能，因此能更简单地模拟感觉。在曾经进行的一项研究中，参与测试的人被要求给游戏画面打分，且只评价画面。两组玩家玩同一个游戏，但只有一个区别：第一组游戏的音质很差，而第二组的音质很好。出人意料的是，尽管两组的游戏画面完全一致，但是"音质好"组里的人给予游戏的评分要比"音质差"组高得多。

游戏开发者们常犯的严重错误是，只在开发接近尾声时才往游戏里加入音乐或者声效。第 7 章所提到的凯尔·盖布勒技巧，在这里又出现了。在开发的一开始就为你的游戏挑选音乐，要尽可能早——甚至可以在你根本不知道游戏是什么样之前。如果你能够选出与你的游戏玩法感觉一致的音乐，那么你已经在潜意识里高效地完成了许多关于游戏感觉的决定。换句话说，你已经决定了游戏的氛围。和主题一样，音乐能够引导你游戏的设计——如果你发现游戏的某个部分与你确定了的音乐感觉不符，那么这就表明应该修改那部分的游戏设计了。

## 平衡艺术与技术

在现代电子游戏里，艺术与技术的紧密结合带来了许多游戏设计上的难题。在被技术赋予力量的同时，艺术家们也被技术所限制。工程师也面对相似的困境——既被艺术赋予力量，又受其限制。游戏中有太多看起来技术要求很高的艺术，因此很容易就会放任工程师自由创造他们的游戏艺术美景——工程师总是非常乐于做这样的事情。不要让这样的事情发生！才华横溢的艺术家一生都在进行这方面的训练——想象并定义精彩且统一的艺术美景。他们看世界的方式与其他人不同，就像丽泽·穆勒在本章最初的诗中描绘的一样。在所有可能的情况下，请让艺术家去驾驭美学的巴士。我的意思是你应该无视工程师在美学方面的参与吗？完全不是！让工程师成为领航员和机械师——让他们推荐新的航道和捷径，让他们加快巴士的速度。但要让艺术家决定最终目的地，让他们用才华横溢的双手引领我们完成美丽的游戏。不要让工程师加进那些流行的阴影算法——相反，要让艺术家去画出那些他们想要见到的阴影与材质，然后让工程师接受挑战，去迎合那些美景。

你需要考虑的一件事是为你的团队寻找一名技术美术。这名不同寻常的角色有着艺术家的眼睛及程序员的大脑。一名优秀的技术美术能够在美术团队和工程师团队之间架起桥梁，因为他能够流利地使用两种语言，并制作那些既能让艺术家掌控技术，又能让工程师掌控美术的工具。我们都不应该轻视这种平衡——如果不合适，那么游戏中就会有隔阂。如果你达到了这种平衡，你的游戏就能成为一个玩家前所未遇的美轮美奂而又有吸引力的游戏。

# 拓展阅读

乔希·耶尼施撰写的《电子游戏的艺术》是一部优秀的游戏史，也是对游戏制作过程中艺术层次的一个有趣审视。

克里斯·梅里西诺和帕特里克·欧罗克撰写的《电子游戏的艺术：从吃豆人到质量效应》是史密森尼博物馆电子游戏艺术展的手册，它周到地提供了一部电子游戏艺术史。

布里安·索拉斯基撰写的《绘画基础与电子游戏艺术》不仅面向艺术家，还是传统与电子艺术之间的优秀桥梁。

贝蒂·艾德华撰写的《用右脑来绘画》告诉我们，每个人都应该能画画。跟随其中的建议，你就能学会如何画画。

# 第24章
# 一些游戏让多人同乐

图 24.1

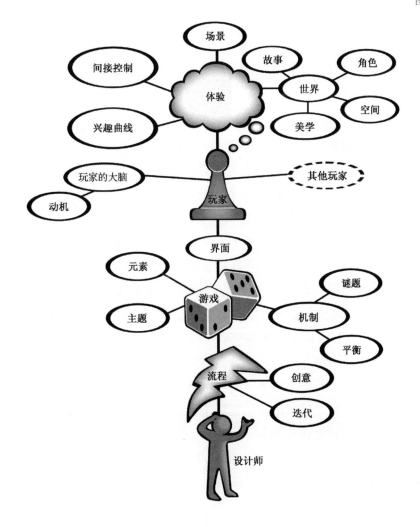

# 我们并不孤单

> 我们最好牢记：整个宇宙，除了一个微不足道的例外，都是由他人组成的。
>
> ——约翰·安德鲁·霍姆斯

> 没有人在他们临终前会说："嗨，我真希望那时候我和我的电脑独处的时间能再长一点儿。"
>
> ——丹妮·邦滕·贝里

人类是社会性动物。一旦有可能，人类就会避免独处。在大多数情况下，我们并不喜欢一个人进餐、一个人入睡、一个人工作，或者一个人娱乐。那些表现不好的犯人会被处以单人监禁，这是因为虽然和一个危险的罪犯困在一个笼子里是一件糟糕的事情，但是孤身一人更糟。

如果你回顾历史，会发现游戏设计的历史就反映了这种情况。大部分的游戏被设计成能与其他人一同玩耍或者同台竞技。在电脑出现以前，像《空当接龙》一样的单人游戏是非常少见的。

电子游戏到底出了什么事？数量众多的电子游戏都只供单人体验。但是为什么？是不是制作游戏的技术让我们抛弃了向往社交的人类天性？当然不是。实际上，趋势很明显——每一年，更多的电子游戏都会加入多人模式或者社区部分。Facebook上的游戏和异步社交的移动游戏的火爆就是一个人类天性绽放的结果。"单人模式"现象似乎只是一个暂时的异常。产生的原因部分是单人互动世界的新奇感，还有一部分是游戏软件与硬件的技术限制。现在越来越多的游戏平台加入了在线模式，将玩家连接起来。那些没有多人模式的游戏再一次变成了少数派。科技进步与创新不断褪去热度后，更多的电子游戏开始向持续千年的人类社会模式靠拢。

这是不是说，单人游戏会在未来的某一天里消失？当然不是。有很多时候，人类希望独处一段时间——阅读书籍、锻炼、冥想，以及玩填字游戏都是令人愉快的独处时光，电子游戏与那些东西有着共同之处。但是比起独自一人，人类更倾向于与他人共度时光。最后，游戏也会变成这样。

# 为什么我们要与他人游戏

> 每一个人都是一扇半开的门，通向适合每个人的房间。
>
> ——托马斯·特兰斯特罗默

很显然，与他人一同游戏是我们的天性，实际上这也是我们偏爱的玩游戏的方式。但是为什么会这样呢？本书到目前为止，已经讨论了几十条玩游戏的理由：为了乐趣，为了调整，为了评判，为了奖励，为了心流，为了超越，还有许多其他理由。虽然有其他玩家在场的话，其中的某些体验会被增强，但其他玩家的到场并不是必需的。那在我们与其他人进行游戏的过程中，我们追求的又是什么？似乎有 5 个主要理由：

1. 竞争。当我们想到多人游戏，竞争往往是第一个出现在脑海中的词——是指好的一面：它同时满足了我们的多项需要与欲求，会同时做以下事情。

a. 在一个游玩场地上允许一场平衡的竞赛（37 号透镜：公平）。

b. 提供给我们一名称职的对手（38 号透镜：挑战；43 号透镜：竞争）。

c. 让我们去解决有意思的问题（8 号透镜：解决问题）。

d. 满足我们内心深处的需要——我们想要判断，我们的技巧比起社交圈中的其他人怎么样（25 号透镜：评价；90 号透镜：地位）。

e. 允许游戏里有复杂的策略、选择和心理活动。这一切都因我们的人类对手所有的智能与技能而变得可能（39 号透镜：有意义的选择；34 号透镜：技巧；9 号透镜：自由）。

2. 合作。竞争的反面。这是我们喜欢与他人进行游戏的"另一种方式"。合作类游戏令人享受的原因在于，它们：

a. 让我们参与游戏活动，并能实现凭一人之力不可能完成的策略（例如，一对一篮球几乎没有意义）。

b. 让我们享受（很可能生成）一种深度快乐。它来自一群人通力合作解决问题的过程，也来自作为成功团队的一员。

虽然一些人将合作游戏看成实验性质的东西，但这仅仅局限在玩家合力对抗电脑对手时，因为大多数合作类游戏都采取团队运动的模式。在这种情况下，玩家能够同时体验到合作与竞争带来的快乐。

3. 会面。我们喜欢与朋友在一起。在通常情况下，如果我们突然出现，然后被迫与人交谈，那么这件事是很尴尬的。游戏与食物一样，给我们提供了一个很方便的会面借口，让我们有内容可以分享，让我们可以集中注意力到某处而不至于让房间里的任何人感到尴尬。玩游戏是家长与孩子共度时光的好办法，许多友谊都是由每周一次的游戏建立起来的，如国际象棋、高尔夫、网球、桥牌、宾戈、篮球或者像最近流行的《英雄联盟》《使命召唤》和《填填看》（*Words with Friends*）。

4. 了解朋友。虽然玩游戏是一个和朋友碰面很好的理由，但游戏还能让我们做一些通过谈话不能轻易办到的事——探索我们朋友的内心世界。在对话里，我们能听到他们谈论个人的喜好，以及他们和其他人处事的逸闻。但是这些信息都经过了我们朋友的过滤，他们会根据他们心目中我们的喜好去处理那些故事。当我们与他们一起玩游戏的时候，我们有机会窥见那些被掩盖起来的真相。我们可以目睹他们如何解决问题、如何在压力下艰难抉择、他们决定什么时候放人一马、什么时候落井下石。我们会知道谁值得信任，谁不值得。传说柏拉图曾经说过："与人游玩 1 小时，胜过与他交谈一年。"

5. 了解自己。我们一个人玩的时候，游戏能让我们测试自己能力的极限，让我们发现我们喜欢的事物，以及我们需要努力的地方。但是当我们和其他人一起玩游戏时，我们能够探索我们处在复杂社交环境及压力下的反应。我们会不会倾向于在朋友难过的时候故意放水，还是不论如何都要碾压他们？我们喜欢和谁一队？为什么是那些人？我们对于在公开场合失败怎么看，我们怎么处理这种感觉？我们采取的策略与其他人有什么不同？为什么会不同？我们会去选择模仿谁，或者我们发现自己在模仿谁？所有上述的问题，以及其他很多，都会在我们与他人进行游戏的过程中进行考察。这并不是一些琐事——它们都是非常重要的事情。它们接近我们内心深处的自我认识，以及我们与他人的相处方式。

值得注意的是，对于有些人来说，上述的有些事情并不一定要真的参与到游戏中去才能知道。单单看别人玩游戏有时也是一个很好的社交活动。出于这个原因，在你设计游戏的时候将旁观者考虑进去也非常重要。在壁炉边聚会（客厅里）的情况下，这尤为重要。因为很可能会有这样的人——比起亲自玩游戏，更喜欢看着电视机。如果你能让你的游戏非常吸引人，以至于他们会在一边观战——大笑、插嘴，帮助玩家解决困难问题，那你就做了一件很有意义的事。另外，也有越来越多的人通过流媒体远程观看他人的游戏过程。人们会很容易忘记这件事，所以我们应确保将它加入我们的收藏。

## 95 号透镜：旁观

几千年以来，人们都喜欢坐在那里看其他人玩游戏——前提是那些游戏值得他们旁观。为了确保你的游戏也值得被人旁观，问自己以下问题：

插画：乔什·亨德里克斯

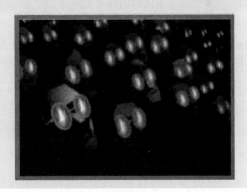

- 我的游戏观看起来有意思吗？为什么有？为什么没有？
- 我如何才能让它看起来更有意思？

尽管单独游玩的时候并不十分严重，多人游戏里出现了新的风险，这就是作弊。玩家单人游玩的时候作弊，他们只是在骗自己。但是，在和他人玩耍过程中作弊，是对社会契约的违背。一旦作弊的人被抓住了，其他人就会羞辱他。这一点会在两个方面有损你的游戏。第一，如果你的游戏里有鼓励玩家作弊的漏洞，那么会在其他玩家身上增加压力，因为他们需要格外留意作弊行为。但是能够作弊的游戏还有一个更严重的问题：如果玩家发现了作弊是可能的，而且他们并不能明确判断其他玩家是否在作弊，那么不作弊的玩家就会停止玩耍。因为他们担心，如果不作弊，就战胜不了作弊的人，但是谁又想输给作弊的人呢？在所有的联机和社交游戏中，这都是一个非常重要的方面。请收下这个透镜，来使你的游戏远离作弊的人。

## $95\frac{1}{2}$ 号透镜：作弊

没有人想要时刻担忧着会不会被作弊的人击败——这种感觉让人觉得自己是个傻瓜。为了确保你的玩家相信你的游戏，问自己以下问题：

插画：德雷克·赫特里克

- 玩家能够在我的游戏中作弊吗？如何作弊？
- 如果有玩家作弊了，那么别人会注意到吗？
- 玩家相信我的游戏吗？

虽然多人游戏模式很重要，但是你必须小心谨慎地使用它，因为这会带来非常多的工作量，而且难以驾驭。一般来说，制作一个多人在线游戏花费的时间精力和金钱是制作一个类似的单人游戏的 4 倍。这是因为多人模式调试与平衡起来的难度要大得多。不过最终回报颇丰——前提是你加入多人模式的理由非常明确。如果这么做的理由只是"因为多人模式很酷"，那么你可能需要再多考虑一下。

有许多不同且有力的原因来解释我们为什么喜欢与其他人一起玩游戏。不过比上述原因更有力的是我们下一章讨论的话题。

## 拓展阅读

丹·库克撰写的《睾酮与竞技》。丹所写的"失落花园"系列博文都非常有见解。这篇更是如此，特别是对于任何正在开发有着竞技内容游戏的人。[链接 4]

奥格登·纳什撰写的《听……》。这首诗总结了多人游戏设计真正的目的。[链接 5]

# 第25章
# 其他玩家有时会形成社群

图 25.1

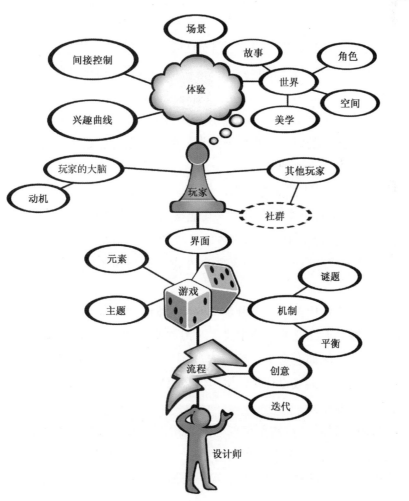

# 不仅是其他玩家

游戏是一种能够在玩家心中激起真正激情的东西，因而围绕着不同游戏频繁建立起来的社群也不足为奇了。这些可以是支持者的社群，就像职业运动里那样；或者是玩家的社群，就像《魔兽世界》或《堡垒之夜》里那样；或者是设计师的社群，就像在《我的世界》和《小小大星球》里一样。这些社群能够成为非常有影响力的势力，能通过经常性地吸引新玩家来延长一个游戏的生命。

但社群到底是什么呢？答案并不简单。它不仅是一群互相认识，做着同一件事情的人。你可能每天都和同一批人坐一辆火车，但是你肯定从来不会在这件事中得到任何"社群"的感觉。但是你可能在一群陌生人身上感受"社群"的感觉，因为你们同为一部小众电视剧追随者。"社群"很难被描述清楚，但是当我们感觉到它的时候，我们会知道。两名试图深入研究这种社群感的心理学家发现了它有 4 个主要元素：

1. 会员。能够清楚地告诉你，你是这个团体的一员。
2. 影响。成为团体的一员会在其他事上给你带来影响。
3. 整合与满足需求。作为团体的一员能为你做些事情。
4. 共享的情感联系。你对某些事件肯定会与团体内的其他成员产生相同的情感。

这 4 点毫无疑问都是一个社群的重要方面，但有时候我更偏向于设计师艾米·乔·金姆对于社群的精确定义：一组共享兴趣、目的或目标的人，而且随着时间的推移，他们会愈加了解对方。

但是作为一名游戏设计师，你为什么想要围绕你的游戏而组成的社群呢？以下是 3 个主要原因：

1. 成为社群的一员满足了部分社交需求。人们需要觉得他们属于某样东西，就像 22 号透镜"需求"里说的那样，社交需求的影响力非常大。
2. 更长的"传染周期"。在购买一个游戏时，个人的推荐是影响力最大的因素。游戏设计师威尔·莱特曾指出，如果我们真的相信对于一个游戏的兴趣会像病毒一样传播，那么我们去学习流行病学是很合理的。我们从流行病学里了解到的一点是，如果传染周期翻倍，那么被感染的人群将会增加 10 倍。在这里"感染"指的是"购买该游戏"。但是对于一个游戏来说"传染周期"指的是什么呢？指一段时间里，人们会对某游戏异常兴奋，以至于他们会经常向每一个他们认识的人提及这个游戏。属于一个游戏社群的玩家更有可能更长时间地处在"传染状态"，因为该游戏会更深入他们的生活，让他们对其赞不绝口。威尔同往常一样，走在了潮流的前面，因为"扩散性"如今已被视为社交与移动游戏的成功关键之一。

3. 更长的游戏时间。通常的情况是这样的：玩家会因为游戏带来的乐趣而投入其中，但让他们长时间坚持的往往是社群带来的乐趣。我曾经与一位朋友以及他的一大家子一起去登山，在去的路上，他跟我聊起了一个他们全家都爱玩的纸牌游戏。那天晚上，用过晚餐，所有家庭成员围坐在桌边玩起了纸牌，我非常急切地想知道这个他们非常喜欢而我又不熟悉的游戏到底是怎么回事。他们解释了规则，简单得惊人——基本上就是将纸牌往右传，直到所有的牌都被按顺序整理好。有时候，甚至说不出来到底是谁赢了。我非常失望，但是当我环顾四周时，失望的却只有我一个。其他人都在打牌的时候聊天、开玩笑、大笑。我突然意识到了，这与游戏的好坏没有任何关系。重要的只是这个游戏让他们聚拢在桌子周围，而且让他们能够享受彼此的陪伴，让他们的手不闲着，但是放空了大脑。一个有能力产生社群的游戏会被长久地玩下去，不论它在其他方面有多匮乏。如果你的游戏的财务成功取决于续订会员、出售续作或者游戏内的微交易，那么"社群让人想更长久地玩下去"这个事实就变得非常重要。

## 壮大社群的10条建议

社群非常复杂，而且包含许多不同且互相关联的心理学现象，但是你也能够做一些基本的事情，从而围绕你的游戏培养一个社群。

## 社群建议 1：培养友谊

网络友谊的想法看起来很简单。就像真实的友谊一样，不过是在线的，对吗？但我们真的了解友谊的本质吗？我们如何才能将其转化到一个游戏环境中去？想与另一个人产生有意义的在线关系需要 3 个方面。

1. 对话的能力。这是显而易见的。然而市面上数量惊人的在线游戏并不能让玩家在其中互相对话——设计师希望在游戏过程中会有一种非语言的交流，而这就足够了。其实这并不够。为了形成一个社群，玩家必须能够不受限制地互相说话。

2. 值得交谈的对象。你不能假设所有的玩家都想和对方交谈，就像你不能假设巴士上的陌生人会混在一起一样。社交媒体的爆发已经向我们展示了人们主要有兴趣于与之关联的对象——他们的朋友和名人。你必须了解你的玩家希望与谁交谈，及其原因。这取决于你的人口统计数据，结论差别会非常大。成年人常想与和他们的问题有联系的人交谈。青少年时常寻找异性或者那些比他们的寻常朋友更有意思的人。小孩通常不会对陌生人有太大兴趣——他们偏好与现实生活中的朋友进行社交活动。但是单单理解这些根据年龄的归纳是不够的——你必须理解属于你的游戏的特殊社交方式。你的玩家寻求的是竞争者？合作者？助手？短时间交流还是长期关系？如果玩家不能快速地找到他们感兴趣的人进行交谈的话，他们很快会离开游戏。

3. 值得交谈的内容。前两项只要有一个聊天室就足够了。能够培养社群的游戏会给玩家提供一个稳定的交谈内容来源。这可以来自玩法本身（像《填填看》与《你画我猜》，每一次玩的时候都会有新内容）、游戏内涵的策略深度（例如，讨论策略是象棋社群的主要话题），或者来自一些活动，又或是一些游戏规则变更（这是在大型多人在线游戏 MMO 与可搜集卡片游戏 CCG 中的常见讨论）。很多人常说"一个好的网络游戏比起游戏来更像一个社区"，但这并不正确。如果一个游戏不够有趣，那么社群也没有东西去讨论。另一方面，如果你对游戏社群的支持不够好，玩家虽然会享受这个游戏，但最终还是会离开。

很多游戏就是设计给你与朋友共同玩乐的。不过在游戏里交新朋友怎么样？友谊会经历 3 个阶段，而如果你想要友谊之花在你的游戏中绽放与长久，那么你的游戏必须对每一个阶段都提供有效的支持。

- 友谊阶段 1：破冰。两个人在成为朋友之前必须先见面。第一次见其他人是一件尴尬的事情。理想的情况下，人们通过你的游戏不费力就能找到他们可能想结交的人，而且能在很低的社交压力下建立友好关系。但同时他们也能够表达自己，这样一来别人也可以了解他们。

- 友谊阶段 2：成为朋友。两人何时"成为朋友"其实是一件既神秘又微妙的事情——但总是会牵扯一些双方都有兴趣的对话。在游戏的语境下，这些对话常常会与两名朋友共同经历的游戏过程有关。在一次紧张的游戏经历后给玩家提供相互讨论的机会是鼓励他们建立友谊的好方法之一。在你的游戏里设计一个交朋友的仪式是个不错的主意，例如可以邀请其他玩家加入你的"朋友列表"。

- 友谊阶段 3：保持友谊。与人接触并成为朋友是一回事，但是保持友谊关系则是另一回事。为了与某人保持友谊，你必须能够再次遇到他们。在现实世界里，这取决于你的朋友们。而在网络游戏里，你需要提供给玩家再次找到对方的途径。可以通过朋友列表、工会，甚至是容易记住的网络昵称。随便什么，只要有用就行！但是你必须去做这件事，否则，你的游戏里就会失去友谊的力量。它可是维系起整个社群的黏合剂。

请牢记，不同的人会对不同的友谊感兴趣。成年人往往喜欢与有相似爱好的人交朋友，而小朋友们更喜欢与他们现实生活中的朋友玩游戏。友谊对于一个社群来说至关重要，对于游戏过程来说也是如此。这就是为什么它该有一个自己的透镜。

## 96 号透镜：友谊

人们热衷于和朋友一起玩游戏。为了确保你的游戏中有合适的特性让人交朋友并且保持友谊，问自己以下问题：

- 我的玩家想要一种怎样的友谊？
- 我的玩家会怎样去破冰？
- 我的玩家有足够的机会与他人对话吗？有足够的谈话内容吗？
- 他们会在什么时候变成朋友？
- 我给了玩家什么样的工具来让他们保持友谊？

插画：尼克·丹尼尔

## 社群建议 2：牢记矛盾

在线游戏的先驱乔纳森·伯龙提出：所有的社群核心都有一个矛盾。一支运动团队会因为与其他队伍的矛盾而变成一个强大的社群。当家长/老师的联合体为了打造更好的学校时，他们会形成社群。一群古董车狂热爱好者会因为他们共同对抗诋毁而结成社群。幸运的是，矛盾是游戏天然的一部分。但并不是所有的游戏矛盾都会产生社群。举个例子，《空当接龙》中的矛盾并不会对生成社群有多少贡献。你的游戏中的矛盾要么能激起玩家向别人证明自己最强的欲望（与其他玩家间的矛盾），要么是一种只在与人合作过程中才能被解决的矛盾（与游戏间的矛盾）。许多游戏同时围绕着这两种矛盾建立了社区：例如，收集卡片游戏就是关于成为社群中最强玩家的，但是其中所要用的策略又非常复杂，所以玩家会花费大量时间分享与讨论。类似地，《我的世界》是关于合作与创造的游戏，但同时也是关于谁才是社群中最优秀玩家的游戏。

## 社群建议 3：运用建筑学去形成你的社区

在有些街区，人们并不真的了解他们的街坊邻里。而在另一些街区，每个人都互相认识，整个地区就有一种社区感。这是不是因为住在里面的人是不同的？不。这常常是由街区设计的方式所带来的副作用。如果一个街区被设计得适宜散步（有意义的散步目的地），那么邻里们就有机会交流。一个死胡同比较多的街区往往不会有太多顺道路过的人流，所以如果你见到有人路过的话，你很有可能会认识他们。换句话说，你有机会经常遇到同样一群人，而且你们可以有多次交流。在线世界同样能支持这些特性，一部分可以通过好友列表与公会实现，还有一部分可以通过创造一个场所实现，在那里人们经常可以看到对方，且有交谈的闲暇。许多大型多人在线游戏中都有一个人们在休闲时聚集与交谈的场所——这些地区往往处在许多玩家前往处理重要游戏事件的必经之路上。

## 社群建议 4：创造社群财产

当你能够在游戏里创造一个东西，而这样东西只能被多名玩家共同拥有时，这能够极大地鼓励玩家团结在一起。举个例子，也许没有一个单独的玩家有能力在你的游戏里购买一艘船，但是一组人可以共同出资，继而共同拥有。这一群人实际上立刻就成为一个社群，因为他们必须经常互相交流，且相互之间能够友好相处。*EVE Online* 的巨大成功就是基于社群财产。你所创造的财产并不一定是有形的东西——像公会的地位一样的东西也是一种社群财产。

## 社群建议 5：让玩家表达自己

在任何多人游戏里，自我表达都非常重要。虽然玩家可以通过他们的游戏策略及游玩风格来表达自己，但我们为什么要止步于此呢？毕竟，你正在创造一个幻想世界，玩家可以在里面成为他们想成为的人，为什么不让他们表达这个？丰富且富有表现力的化身制作系统受到许多网络游戏玩家的喜爱。那些能让玩家传达情感，能让他们更改显示文字的字体或颜色的对话系统同样受欢迎。在网络游戏里购买这类"虚荣道具"是许多游戏"货币化"的重要组成部分，那些游戏包括了《英雄联盟》和《色彩转换》。

玩家的自我表达不仅仅局限在网络游戏中——考虑一下《哑谜猜字》和《画图猜字》所蕴含的表达力量。游戏设计师肖恩·巴顿曾经创作了一个图板游戏，主要关于一个小朋友在玩耍的同时需要避免弄脏衣服。每一次你弄脏了衣服，就得把脏颜色涂到你的角色卡上。玩家从编造他们如何弄脏衣服的故事中得到乐趣，然后往他们的角色卡涂上与故事对应的颜色。每个《大富翁》游戏都让玩家表达自己——虽然游戏只能同时由 2～8 名玩家游玩，但游戏却提供了 12 名不同的角色，这是一种确保玩家自我表达的简单方法。

自我表达非常重要，但却很容易被忽视。留下这个透镜，不要忘记让玩家表达自己。

## 97 号透镜：表达

当玩家得到表达自我的机会时，他们会感到自己的生命鲜活，为自己骄傲，自己很重要，而且自己和他人联系在了一起。在使用这个透镜的时候，问自己以下问题：

插画：内森·马祖尔

- 我如何才能让玩家表达自我？
- 我忽略了哪些方法？
- 玩家对自己的身份感到自豪吗？为什么是，为什么不是？

这个迟来的透镜很重要。它与其他透镜组合起来效果非常好，例如 71 号透镜"美丽"和 90 号透镜"地位"。

## 社群建议 6：支持 3 种水平

在设计一个游戏社区时，你实际上在为不同经验水平的玩家设计 3 个分开的游戏。有人可能认为不止 3 个，不过至少 3 个。

1. 水平 1：菜鸟。新进入游戏社区的玩家常会觉得不知所措。他们还没有轮到接受游戏里的挑战——他们正面临着"学习如何玩这个游戏"的挑战。从某种意义上说，"学习玩游戏"是他们正在玩的"游戏"，所以你有责任将这个学习过程设计得尽可能有成就感。如果你不这么做，那么菜鸟们在领略到游戏的真正魅力之前就放弃了，这会极大地限制游戏的受众人数。一个让菜鸟得到成就感并让他们与游戏产生共鸣的好办法就是，创造一种处境，在其中菜鸟们能与更有经验的玩家进行有意义的互动。一些有经验的玩家乐意欢迎新手，并且喜欢教导他们。但如果你游戏中没有足够数量的玩家去做这件事情，为什么不给那些帮助菜鸟的人一些游戏里的奖励呢？网络版的《战斗科技》采用了一种有趣的间接方式——有经验的玩家会扮演将军的角色，他们需要为自己的军队招兵买马。对于菜鸟们来说，被将军招募进部队是他们的荣幸。而更光荣的是，他们被安排在了战斗最激烈的地方——前线，老手常会避免的地方。即使大多数的菜鸟会在最前线被屠杀，但这从某个角度来说仍然是一个双赢的结果——将军们得到许多"炮灰"，而新人们能够体验战场的感觉。

2. 水平 2：普通玩家。这类玩家已经从菜鸟阶段毕业了。他们完全理解了游戏，并且沉浸在游戏活动，以及如何驾驭它们的乐趣中。游戏中大多数的设计是瞄准这个群体的。

3. 水平 3：老鸟。对于许多游戏，特别是那些有着"等级"系统的网络游戏来说，到达这个级别后的玩家已经对游戏失去了兴趣。游戏里大多数的秘密已经被发现了，大多数游玩的乐趣也被榨取干净了。当玩家达到这个级别后，他们倾向于离开该游戏，去寻找隐藏着新秘密的新游戏。然而有些游戏让这些老鸟玩家留了下来，因为游戏提供给了他们一种完全不同的体验——适合他们等级的技巧、专门技术，以及对于游戏的投入。吸引老鸟们留下来是非常有好处的，因为他们通常是你的游戏最好的活广告。另外，他们也是你的游戏的专家，时常能够教会你如何改进你的游戏。典型的"老鸟游戏"有如下几个类型。

a. 难度更大的游戏。在大型多人在线游戏中，中局往往是关于逐步接近一个清晰目标的过程：当目标达成后，接下来该做什么？有时候更困难的游戏会开放给高等级的玩家——它们非常难，以至于没有人能够精通那些关卡。在《卡通城 Online》里，"卡格的总部"区域就引入了一个新的平台类玩法，以及新的战斗系统来提升难度。在一些游戏里，你的等级能够从士兵提升到将军。还有些游戏从让你对抗电脑变成对抗其他玩家。有很多办法可以增加游戏的难度，但是你总会抱有这样的疑问：在老鸟厌倦了之后还能怎么办？

b. 管理者特权。有些游戏会授予老鸟玩家特殊级别的责任，例如，决定游戏的规则。许多 MUD 游戏中会给予老鸟这样的权力。这是个好办法，它能够让老鸟持续参与游戏，并且让他们觉得自己很特殊。不过如果你给了他们过多的权力，那么还是会有一定的风险的。收集卡片社区往往在这方面有官方的系统：有经验的玩家可以去接受测试，通过后可以成为游戏锦标赛中的官方裁判。

c. 创造的乐趣。那些真正热爱某个游戏的玩家总是幻想着用新的方式去扩展它，特别是当他们已经厌倦了现有游戏的时候。所以为什么不成全他们呢？像《模拟人生》和《上古卷轴：天际》之类的游戏都是通过让玩家创造和分享自己的内容而打造出强有力的社区。许多老鸟玩家会进入这一阶段：他们只是偶尔玩游戏，但是花费大量的时间在创造新的游戏内容上。

d. 公会管理。当玩家组成群体后，这些群体通常会因为拥有组织者而获益。老鸟玩家通常会独立做这件事情。但如果你能提供他们一系列有助于管理公会的工具，管理活动对他们而言会变得更有吸引力。

e. 教导的机会。就像很多"现实世界"中的专家享受教导别人的机会一样，游戏里的专家也是如此。如果你能够允许并鼓励他们这么做，那么很多人会乐意充当菜鸟的欢迎大使，以及一般玩家的向导。一些网络游戏，例如《安特罗皮亚世界》，会授予那些乐于教授的老鸟特殊地位，以表明他们专家与教师的身份。很多老鸟对于这种身份非常自豪。

这 3 个水平的设计听起来很复杂，但实际上，它们很多时候很简单就能被加入游戏了。举个例子，每年的复活节，我所住的街区就会为所有当地的孩子举办一个"寻蛋活动"。当然他们也发现，如果将孩子们分成 3 组的话，效果最好。

- 水平 1——年龄 2～5 岁（菜鸟）。这些小朋友会与年纪更大的孩子分开，在一块单独的区域里寻蛋，因此，他们不用担心会与大孩子一起竞争。所有的蛋都被放在显眼的地方——并没有藏得很隐秘。对于学龄前儿童来说，仅仅在区域里跑动、发现蛋随后捡起它们已经是很大的挑战了。区域里会有很多蛋，但是不会有捣乱的大孩子。

- 水平 2——年龄 6～9 岁（普通玩家）。这些孩子会进行一场正常难度的寻蛋游戏——在一块大区域里进行，藏蛋的地方有时候比较难找。每个人都能得到蛋，不过孩子们还是需要快速行动并且仔细寻找。

- 水平 3——年龄 10～13 岁（老鸟）。这些大孩子被授予的任务是藏蛋。他们对此非常骄傲——他们觉得这件事既有挑战性又有趣，为肩负这样的责任感到荣幸，也很享受它所带来的地位，这地位当然是相对于更小的孩子来说的。他们也喜欢提示那些找不到蛋的孩子。

## 社群建议 7：迫使玩家互相依靠

光有矛盾的话并不能形成社群。矛盾必须能在其他玩家的帮助下解决。即使在一个多人游戏里，大多数游戏设计师也总是习惯把游戏设计成玩家一人就能通关。他们的逻辑是"我们不希望排挤那些只喜欢自己玩的人"。这的确是一个有道理的考虑。但是在你创造一个能被玩家独自驾驭的游戏时，你就削弱了社群的价值。另一方面，如果你创建了一个场景，玩家在其中一定要通过交流互动才能成功，那么你就赋予了社群真正的价值。这常会包含一些反常的措施——从玩家身上拿走一些东西。移动游戏《太空战队》就是一个例子——每名玩家都有对任务非常重要的信息，但只有队友能根据该信息行动——这保证了经常性的交流。在《卡通城 Online》里，我们的团队制定了一条反常的规则——玩家在战斗中不能治疗自己，他们只能治疗其他玩家。我们当时很担心一些玩家会觉得这条规则令人泄气，但是当我们把规则加入游戏后，似乎并没有出现我们担心的情况，反而圆满地完成了任务。这条规则迫使玩家进行交流（"我需要治疗！"）并且鼓励他们互相帮助。记得 80 号透镜"帮助"吗？人们希望互相帮助——帮助他人会让人心满意足，即使只是帮助他们赢得一场电子游戏中的比赛。然而我们常常羞于帮助别人，因为我们害怕我们提供的帮助会被看作对别人的羞辱。但是如果你能够制造一个环境，玩家需要别人的帮助且很容易开口求助，那么其他人也会很快回应。最后你的社群会因为这个而变得更强大。

## 社群建议 8：管理你的社群

如果你觉得社群对于你的游戏体验很重要，那么你需要做的不仅仅是祈祷社群自然产生。既然游戏能够在玩家实时反馈的基础上进行更新，那么玩家肯定期待着那些更新的内容。你需要制作合适的工具和系统来让你的玩家交流、组织起来。你可能还需要一些职业的社区管理员在游戏设计师与玩家之间建立有利的反馈循环。你可以把那些管理员想象成园丁。他们并不直接创造社区或社群，但是他们会替玩家撒下种子并通过观察和提供服务的方式来鼓励社群的成长。这个角色的工作就是培育、倾听和鼓励，所以许多优秀的管理员都为女性也是在意料之中的。在之前提到的艾米·乔·金姆的著作《于网络上构建的社群》中，有许多关于如何精心管理网络社群的建议——手段就是处理好"有为"和"无为"之间的平衡。

## 社群建议 9：负起对他人的责任

在一部分澳大利亚原住民生活的地方，出其不意地送礼会被看作一个鲁莽的行为，因为这么做会给对方造成回礼的压力。这可能是一个文化的特例，但在所有的文化中都强调对于他人的责任。如果你能创造玩家互相许诺的情况（"我们星期三晚上 10 点一起去干掉那些怪兽吧！"），玩家会非常认真地履行诺言。许多《魔兽世界》的玩家声称，对于他们所处公会的责任感是他们经常玩游戏最大的驱动力。这一部分是因为他们想要享受在公会里的高地位，但常常是出于另外一个理由——避免地位降低。"送礼"是 Facebook 游戏病毒式高速扩散的主要原因。像我们在 25 号透镜"评判"里看到的那样，没有人喜欢来自他人的负面评价。没有履行诺言是最快让别人瞧不起你的方法之一。仔细设计一个"玩家对玩家"的承诺系统是让他们定期玩游戏的好办法，同时能帮助你组建强大的社群。

## 社群建议 10：创建社群活动

几乎所有的社群都围绕定期的活动运作。在现实世界里，这些活动可以是会面、派对、竞技、训练环节或者颁奖典礼。在虚拟世界里，这几乎一模一样。活动为社群的多个方面服务：

- 让玩家有所期待。
- 创造一个共享的经历，让玩家觉得与社群的联系更紧密。

- 强调某些时间，给玩家值得回忆的东西。
- 事件确保了玩家互相联系的机会。
- 知道了活动频繁发生后，玩家会经常回来查看未来的新活动。

玩家也常会创建他们自己的活动，但是为什么不创建你自己的呢？在网络游戏里，创建活动不需要很复杂，可以为玩家创建一个简单目标或者群发一封电子邮件。

## 98 号透镜：社群

为了确保你的游戏能够培养强有力的社群，问自己以下问题：

- 哪些矛盾是我的社群的核心？
- 建筑学能够如何帮助我的社区？
- 我的游戏支持 3 类不同水平的玩家吗？
- 有没有社群活动？
- 为什么玩家互相之间需要对方？

插画：黛安娜·巴顿

# 来自恶意破坏的挑战

恶意破坏是任何基于社群的游戏，特别是在线游戏最终需要面对的问题。对于一些玩家来说，游戏本身并没有戏弄、欺骗或者折磨其他玩家来得有意思。如果你还记得巴特尔将 4 类玩家比作红心、黑桃、方块和梅花的话（第 9 章），恶意破坏的人就是鬼牌。

回忆一下 90 号透镜"地位"，恶意破坏的人将自己看作地位比其他玩家高的人，因为他拥有破坏其他人珍惜的游戏的力量，而且他自己并不在乎这个游戏。

游戏设计师能够对恶意破坏做些什么吗？一些游戏里有"反恶意破坏政

策"，会禁止那些恶意搞破坏的人进入游戏——这是处理问题的一种方法。但是它带来了一个难看的处境，你需要用"警察"去镇压那些寻衅滋事的人，随后必须将他们送上"法庭"，去判断哪些对游戏的破坏是"蓄意的"，而哪些只是无伤大雅的"玩笑"。一个更好的办法是避免使用恶意破坏门槛很低的游戏系统。下面是最容易被寻事者利用的游戏系统：

- **玩家对玩家战斗**。在一些游戏里，例如第一人称射击类，玩家对玩家（PvP）战斗是核心部分。但是如果你在制作一个核心内容不是 PvP 的游戏，你必须仔细考虑你支持这个系统的原因。虽然这可能很令人兴奋，但是这也让玩家时刻都觉得受到了威胁，没有安全感。一个典型的寻事者会在没有 PvP 限制的游戏里用这样的伎俩：与玩家互加好友，花足够多的时间与他们建立起一定程度的信任，然后出其不意地干掉玩家，随后搜刮他们的道具仓库。你可能会辩解说，这只是"游戏的一部分"，但是大多数情况下寻事者们并不是为了在游戏里占得先机才这么做的——他们这么做只是因为他们享受折磨其他人的过程。最后这会营造出一种玩家害怕与陌生人交谈的环境，这会给你带来怎么样的社群呢？如果你真的觉得 PvP 战斗是游戏中的重要组成部分，你应该考虑将其限制在一个特殊的区域里或者特殊的情况下，这会让钻空子恶意破坏的难度上升。

- **盗窃**。在很多游戏里，道具给予玩家很大的力量。任何从别人手中抢走这种力量的机会对于寻事者来说都很吸引人。他们可以通过掏别人的包，或者在干掉对方后搜刮"战利品"的方式来做这件事情。被人偷走东西会让玩家觉得他被侵犯了，因此寻事者特别热衷于此事。除非你只想让寻事者从你的游戏里得到乐趣，而其他人则败兴而回，否则你不该在游戏中加入玩家间互相偷窃的功能。当然还有其他种类的盗窃会盗走道具。一些游戏会遇到"抢怪"的问题。例如在最初版本的《无尽的任务》里，只有对敌人实施最后一击的玩家才能得到所有的经验值。寻事者会养成这种习惯：站在一场战斗旁围观，等一个强大的怪兽濒死的时候偷偷潜入战局实施击杀，从而"盗取"了所有的经验值。同样，有些玩家会把这个作为正当的游戏策略来实施，但是很多人只是为了搞破坏所带来的乐趣而这么做。提高搞这种破坏难度的方法是：建立某种系统，让玩家不能轻易获得不该属于他们的东西。

- 交易。如果你给予玩家交易物品的机会，那么你也创造了不公平交易的机会。如果玩家收到的道具有全透明的信息，那么用这个系统来搞破坏就不那么容易了。然而一旦交易中有任何误导信息存在的可能，寻事者就会抓住并利用这次机会去进行不公平的交易。

- 下流语言。寻事者所喜欢的一件事就是当众使用一些刺激性或者令人不安的语言。如果你为这种语言设置过滤系统，那些人几乎总能找到绕过的方法，特别是在你使用"黑名单"（一些词会被禁止）或者"白名单"（只有一些词被允许），或者其他一些自动的聊天过滤时。因为人脑在发现规律方面比任何机器都要强大得多。制止此类破坏行为的最成功的系统是结合自动过滤以及玩家主动上报粗俗行为。语音聊天让这件事变得困难得多，但随着语音识别技术的发展，我们慢慢能够解决这个问题。有趣的是，Xbox One 上的 NBA 2K14 会在话筒监测到玩家爆粗口的时候判他们"技术犯规"。另一个限制下流语言的好技巧是利用 63 号透镜"反馈"。请记住使用下流语言对于寻事者来说就是一场游戏，如果你不给他们任何下流语言过滤与否的反馈，他们就不会从这场"游戏"里找到乐趣。你可以就简单地在他们那端显示下流语言，但在其他玩家那端把不当的言辞过滤掉。虽然他们仍可以找到规避该系统的方式，但是会花更多的时间，而且不会带来太多乐趣。

- 挡路。最简单且最烦人的破坏行为就是阻挡其他玩家前进的道路。解决这个问题的办法有：保证碰撞系统能让玩家擦身而过；使用足够宽敞的门，不会被一名玩家挡住；允许玩家推开其他玩家。在《卡通城 Online》里，我们选用了最后一种解决办法。即便如此，寻事的人还是占了上风！因为玩家可以互相推动，那么寻找"被抛弃的化身"就成了一项流行的恶作剧。控制那些化身的玩家有事暂时离开了键盘，就有人沿着街道慢慢推动他们，最后把那些化身推到了战斗区域。

- 漏洞。这可能是寻事者最喜欢的事情——在游戏系统里寻找漏洞，然后利用它做一些他们本不能够做的事情。如果寻事者能在战斗中拔线并因此让另外的玩家得不到任何有价值的东西，他们会去这么做；如果在一个角落里持续不断跳跃两小时能够偶尔搞垮服务器，他们会这么做；如果能在公共场合用家具拼出下流语言，他们会这么做；如果他们能找到盗取资源的方法，他们肯定会这么做；任何故意破坏或者让人心烦的举动都能让他们觉得自己强大并且是重要人物，特别是在其他玩家都不知道怎么做这些事情的情况下。你必须时刻注意那些漏洞，并在它们一出现时就小心地消除它们。处理这些问题也是为什么制作一个多人游戏是一项困难的工作。

## 第 99 号透镜：恶意破坏

为了确保你的游戏里的恶意破坏程度降到了最低，问自己以下问题：

插画：尼克·丹尼尔

- 我的游戏中的哪些系统能被轻易破坏？
- 我如何让恶意破坏在我的游戏里变得无趣？
- 我有忽视漏洞吗？

## 游戏社群的未来

游戏社群成为这个地球上生命的重要组成部分已经有几个世纪之久了，大多数是关于运动团队的，包括职业的与业余的。在我们进入网络与社交媒体的时代后，新类型的游戏社群也变得重要起来。在这个新时代里，一个人的网络身份变成了一种非常重要、非常个人的东西。选一个网络昵称和身份已经成为孩子与青年成长的重要仪式。大多数创造网络身份的人会一辈子持续使用同一个身份。那些在 20 年前取了网络昵称的人，至今仍然会使用，而且也不准备换掉。把这些与如下的事实联系起来的话——最能表达自我的在线体验来自多人游戏的世界——人们能够轻易在脑海中勾勒出这样的未来：人们会创建游戏中的化身，而那些化身会被看作玩家的孩子，会在他们成长的过程中变成他们个人与事业的一部分。这就好比现在的人会一辈子只忠于某一支运动团队，在玩家还是孩子时加入的公会，可能在他们今后的人生中影响到他们的个人社交网络。在玩家过世后，那些网络身份与社交网络又会发生什么呢？可能他们会在某种网络陵墓里被永远铭记，又或许我们的化身会比起我们有着更长久的生命，它们会传给我们的子子孙孙。这会把我们未来的后代与他们的祖先用一种奇怪的方式联系在一起。制作网络游戏是非常激动人心的事情，因为我们发明的新社群可能会作为人类文化的永久组成部分保留下去。

## 拓展阅读

艾米·乔·金姆撰写的《于网络上构建的社群：成功在线社群的秘诀》。这本书有点年头了，但据我所知，这仍然是帮助我们理解在线社群本质方面最好的一本参考读物。

# 第26章
# 设计师常与团队合作

图 26.1

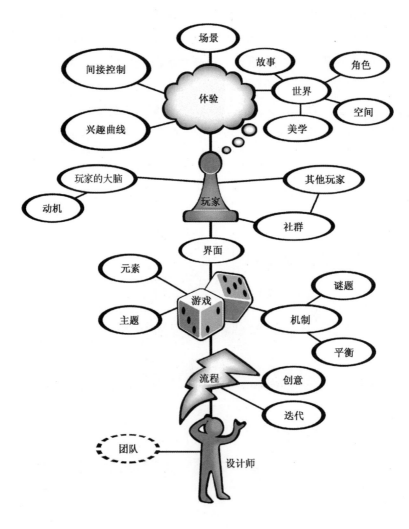

# 团队成功的秘诀

为了开发一个现代电子游戏，一个非常多样性的团队是必需的。你的队员需要有艺术、技术、设计和商业等多样专长。通常，他们有着非常不同的背景，以及非常不同的价值观。然而，如果你想让你的游戏变得优秀，那么他们必须通力合作，放下所有的不同，停止争论。只有这样，这个游戏才能变得极好。

在所有那些成功合作且完成过伟大作品的团队里，都有一项简单的秘密。这个秘密太简单了，以至于你在听到后会觉得我在开玩笑。但这是我会在整本书里说的最严肃的一件事。

> *成功合作的秘密在于爱。*

是的，这是真的。

这句话的意思并不是说，如果整个团队握着手唱着歌，一派和谐，你就能做出一个优秀的游戏。我甚至没有说你得喜欢团队中的其他人，当然这么做也没有坏处。

我的意思是，你必须热爱你所制作的游戏。因为如果你的团队中的每一个人都对他们共同制作的游戏以及该游戏面向的玩家有很深的、很真挚的爱，那么所有的不同与争论都会被搁在一边。因为他们想将那个游戏变成现实，想让它尽可能完美。

那些开发者们，如果在过去能有幸与一支真正热爱他们游戏的团队共事的话，会知道我说的是什么。团队中的每一个人，常会期盼游戏完成的那一天，就像孩子们期待圣诞节的到来一样。

类似地，那些曾在"爱不足"的团队里工作过的开发者们也会明白我说的是什么。在团队是否热爱他们的游戏方面，一共有 3 个主要问题。

- 爱的问题 1：团队成员不喜欢任何游戏。虽然这很难理解，但是有些进入游戏行业的人不论是对游戏还是游戏的玩家都没有任何特别的感情。如果这样的人在你的团队里，那么你的队伍就像背上了负重。

他们没有什么贡献，但是总把时间浪费在与那些真正热爱游戏的成员的争论上。不幸的是，团队中负责管理或者开支的成员往往是这类人。不论如何，处理这个问题的办法只有一个：请那些人离开团队。

- 爱的问题 2：团队成员比起他们正在制作的游戏，更喜欢另一个游戏。

这个问题有很多变化：一名只喜欢第一人称射击游戏的关卡设计师，被迫开发一个角色扮演游戏。一名喜欢超群游戏画面的工程师，被迫开发一个网页游戏。一名喜爱汉斯·鲁道夫·吉格尔作品的艺术家，被迫开发以爱心熊为主打的新游戏。如果你发现团队成员身上有这类问题，解决办法是与他们沟通，看看他们正在开发的游戏里有没有吸引他们的部分，或者他们有关于新特性与新元素的想法，可以让游戏变得有新意，与原来不同。在之前章节里讨论过的海盗游戏里，我们很早就碰到了"爱的问题"。团队里的动画师迫不及待地想为游戏中那些激动人心的海盗角色设计动画。但是随着设计的进行，慢慢发现游戏的主角是船——船上唯一出现的人物都处在非常远的位置，而且尺寸都非常小，根本不能加入什么有意义的动作或者感情。一开始动画师们还挣扎了一会儿，但是慢慢他们发现自己没有胜算，很明显地开始失去对游戏的爱，因为他们在之后关于游戏的讨论里非常不积极。我的团队里的好几个人将其视为重大问题——我们需要动画师全身心投入游戏中，以制作漂亮的动画效果。但是他们因为不能做人物动画而变得非常失望，所以也不可能投入动画制作中去。之后的一次会议改变了一切。一名动画师带来了一堆画稿，说："我一直在考虑这个游戏。一开始，在你们取消了所有人物角色后，我非常失落。但是，后来我想到这部游戏真正的明星是那些船——我能做什么来让它们看起来很酷呢？"随后他向我们展示了他带来的大量手稿：船如何被炸成碎片；桅杆如何断裂，并坠入大海；在船帆遭到加农炮弹的冲击时会如何撕裂、翻飞——这些手稿对于其他人来说是极大的鼓舞。瞬间，其他动画师开始了他们之间的动画效果竞赛。这种态度的转变，让一个他们痛恨的项目变成了一个他们热爱的项目，而这也使游戏质量有了翻天覆地的变化。

● **爱的问题 3：团队成员喜欢同一个游戏的不同版本**。这是最普遍、最有挑战性的问题。在这种情况下，团队中的所有人都非常热衷于开发游戏，但是每一个人都对游戏最终应该是什么样的有着截然不同的看法。避免出现这个问题的关键是尽可能早地让所有人都明确知道游戏的设计。在制作过程中肯定会有争论与分歧，但如果每一个人都能耐心聆听，并且尊重他人的意见，团队就能得到最重要的东西——热爱同一个东西，并且对这个东西有着共同的理解。而只有通过彻底的沟通与理解才能达到这种状态。一旦你在会议里感觉到有人并不真的同意某个想法（即使他们口头上说没有意见），你必须立刻停下任何事情，找出原因，试着找到让他们满意并且能继续合作的方法。如果你不这么做，他们会暗自否定游戏的方向，并且失去对于这个游戏的热爱。一旦发生这种情况，他们就失去了对游戏做出有价值贡献的可能。没有什么决定应该是"最终决定"，除非整个团队都同意它是"最终决定"。

## 如果你实在对游戏爱不起来，请热爱游戏的受众

作为一名游戏设计师，让其他人热爱你的游戏是你的责任之一。当糟糕的情况发生时该怎么办？最恐怖的情况是，你发现你自己并不热爱你参与开发的游戏。你不能忽视这种情况，也不能指望它自己能够好转起来。除非你发现让你对游戏产生激情的方法，你的游戏成品最多只会是中等水平，因为你并没有全心全意投入其中。当你对你的游戏的热情减弱了，你必须找到一种方法来恢复你原来的热情。但是怎么做才行？

一种是之前提过的方法，你得努力寻找在目前的游戏里你所热爱的部分——也许那只是一个瞬间，或者是一个设计巧妙的机械，再或者是一个漂亮的界面。你只要找到一样能为之兴奋、为之骄傲的东西，很多时候你就会觉得整个项目就是值得你为之奋斗的——这已经足够让你爱上这个游戏，并且全力工作使其成功了。

也许你并不能找到那一样你热爱的东西，这可能是因为你并不是该游戏的目标受众。在这种情况下，不要把这个游戏看作为你自己制作的游戏——就事

论事，就把它当作为它的目标受众而设计的游戏。想象你曾经会为了你爱的人，花费大量的心血去准备一件特殊的礼物。想象那时候的你，在见到对方打开礼物那一刻的表情有多开心。对于那一瞬间的期盼，让你在礼物的选择、包装和赠送上都花了大量的心思。你仔细地设计了那个瞬间，因为你爱那些人，你想看到他们欣喜的时刻。是什么让他们这么高兴？仅仅是那件礼物吗？当然不是。他们那么高兴的原因是，你爱他们，出于这种爱，你为他们创造了这独一无二的特殊时刻。你往那个瞬间所倾注的爱会直达他们的内心。如果你将这种爱带到你为玩家制作的游戏中去，游戏会给玩家带来特殊的感觉，他们会意识到有人真的在乎他们玩游戏时的感受，而知道有人在乎你是一种非常特别的感觉。设计师并不能伪装出这种感觉——你必须真的这么想才行。就像伟大的魔术师亨利·瑟斯顿曾经说的那样：

> 我多年的经验告诉我，我成功的关键就在于我是否有能力向我的
> 观众流露出美好的意愿。只有一种方法能够办到这一点，那就是去感
> 受它。你可以骗过观众的眼睛和心理，但是你欺骗不了他们的心。

即使这个方法不适用于你——你既不热爱你的游戏，也没有对你的受众有特别的偏爱，那么只有一个办法了：假装。这听起来就像一个不诚实的举动。我们不是才说过"爱是假装不出来的"吗？但是当我们假装热爱某样东西时，奇怪的事情发生了——有时候真正的爱会涌现出来。你有没有和一群人一起完成枯燥任务的经历呢？也许是一整天的春季大扫除。每个人都很不情愿，敷衍了事。然后其中一个人半开玩笑地说："动起来！大伙儿！这肯定会很有意思！肯定会很好玩！"每个人在听完这句讽刺的话后都轻声笑了起来，随后装出一副"这肯定会很棒"的态度开始大扫除。虽然一开始只是假装，但是没过多久，他们就会觉得大扫除有意思起来——讽刺的是，所有人都开始喜欢这项任务。如果你不知道怎样去热爱一个东西，只需要问你自己那些真正热爱游戏的人会做什么，然后开始做那些事情。你可能会吃惊地发现在你体内所发生的种种变化。

## 100 号透镜：爱

为了使用这个透镜，问自己以下问题：

插画：尼克·丹尼尔

- 我热爱我的项目吗？如果不爱，那么我怎么样改变这种状况？
- 团队里的每个人都热爱这个项目吗？如果不爱，那么怎样才能有所改观？

最后，当我在说团队对于游戏的热爱是决定团队成功与否最关键的因素时，我是真心实意的。爱不是一种奢侈品——而是一种必需品，如果你希望制作出一个伟大的游戏的话。

# 共同设计

我们忘记了我们神奇话语中的一个重要变体：

我是一名游戏设计师。

如果团队中的每一个人都热爱这个项目，那很棒！但这也给你带来了新问题——每个人都会对游戏设计插上一手！对于一些设计师来说，这种情况很可怕——团队里的其他成员想在游戏设计方面有所贡献的想法威胁到了他们作为设计师的地位，迫使他们不得不与其他人争论什么才是"正确"的游戏设计。这些设计师往往会从团队里退出来，无视其他的意见，然后制作出一种完全独立于其他组员的设计。结果显而易见：他们践踏了所有其他组员提出的好建议，而所有人对于游戏的热爱也随之消失。设计师会变得很沮丧，因为他的团队似乎不愿，也不能实现他的宏大目标，完成他的游戏。就像你想的那样，这么做所有人都不会高兴。

一个更容易成功的方法是尽可能多地让团队成员参与到设计过程中。如果你能把你的自尊放在一边，很快就会发现团队里大多数有设计提议的人并不想抢走你的游戏设计——他们只希望他们的主意能够被采纳，因为他们同样也希望游戏变得优秀！

如果你让所有人参与设计过程中，认真听取每一个主意和建议，你将会：

- 有更多设计想法的选择。
- 快速排除有缺陷的想法。
- 被迫从不同的角度看待游戏。
- 让团队里的每个人都感到他们拥有游戏的设计权。

当整个团队都参与设计里来时，你的游戏会变得更有力，每个人在完成自己任务的时候也会更有信心，因为他们理解游戏的设计。这非常重要，因为并不是所有游戏设计的决定都是事先被确定好了的。无数小决策一直在进行着——它们并不是设计师做出的，而是由游戏的程序员、艺术家和执行官做出的。如果所有那些人都能对游戏设计有完整统一的理解，这些小决策都能增强游戏的设计，整个项目会因此有一种统一的健全感与紧密感。这是其他情况所不能达到的。许多开发同一项目的不同的人常常会觉得他们的贡献才是游戏里最重要的部分——这也是一种健康的情况！这只意味着不同的团队成员感觉到他们自己对于游戏的所有权和责任。增强这种感觉的一个好办法就是避免你的设计"过于详细"。在游戏的细节设计上留下一点儿空间，特别是在你不确定的部分。这会迫使相关的开发负责人思考那部分的游戏应该变成什么样的，然后想出实现这些细节的办法。因为通常他们总是与那部分的游戏关系最近的人，他们对于设计细节的直觉通常十分优秀——如果他们的设想很好，最后被采纳，那么他们会对那部分的游戏产生一种主人翁似的自豪感。

这是不是说，你得让所有人参与到整个设计环节中？不是所有的人都有精力花 3 小时在讨论道具库的界面上的。对于那些细节讨论，你可能需要根据团队中的成员——谁在那方面既有兴趣也有能力——建立一个核心设计团队。不过在这个核心设计团队达成设计上的共识后，你应该尽快将这些想法传达给团队中余下的成员。下面是一个典型的设计过程：

1. 头脑风暴。团队中参与的人越多越好。
2. 独立设计。核心设计团队的成员独立思考。

3. 设计讨论会。核心设计成员将他们独立思考的成果放在一起讨论，并试图达成共识。

4. 设计报告会。核心设计团队将他们的进程报告给整个团队，同时接受意见与批评。这会发现新问题，同时会变成一个头脑风暴，推动下一轮的设计进程。

虽然让整个团队都参与设计中既花时间又花精力，但是从长远来看，你会发现这让你的游戏变得更有吸引力，因为你的团队善于交流。

# 团队交流

团队合作不是一种美德，而是一种选择。

——帕特里克·伦乔尼

市面上已经有了无数关于如何促进团队良好交流的书。我在这里将会总结出 10 个与游戏设计有关的主要方面。你可能会觉得它们都很基础，的确如此——但是掌握基本技巧是在任何领域中成为杰出人才的关键，特别是在复杂的领域里，例如与一个团队合作开发游戏。不浪费时间了，下面就是团队交流的 10 个要点。

1. 客观。把这个列在首位的原因是，人们常常在这方面最容易出错。在游戏设计的那种令人着迷与挣扎的过程中，人们很容易就会把自己与那些突如其来的灵感紧密联系在一起。但如果团队里的其他成员不喜欢你的主意，那该怎么办？如果你要执着于维护你的见解和直觉的话，那么你什么也办不了。将你从这个问题中拯救出来的工具是 14 号透镜"问题描述"，它可以给你带来你需要的客观态度。所有的小组讨论都必须着眼于怎样用精心设计的主意来解决手边的问题。个人对于那个主意的喜好并不要紧——唯一要紧的只是那个想法能否解决问题。甚至不要将那个主意说成"我的主意"或者"苏的主意"——请用客观的态度陈述："那个关于宇宙飞船的主意。"这么做不仅会让主意与个人分离（让个人回到团队中间），还能让主意更清晰。另一个小技巧（我从兰迪·波许那里学到的）是将原意通过一个问题来进行阐述。例如，你不要说"A 不好，我更喜欢 B"，而是简单地问"如果我们用 B 取代 A 会怎么样"，让小组共同讨论 B 与 A 之间相对的优势。这种区别很微妙，但是驾驭团队交流就是一件微妙的事。如果你可以养成一种客观的好习惯，那么所有人都会毫不迟疑地回答你关于设计的问题，因为他们知道在你"传达判断"时，不会出现令人尴尬的情况——他们会得到诚实、客观、有用的反馈。除此以外，人们也会想让你参加每一次设计讨论，因为你客观的语气会缓和那些态度不那么客观的人之间的紧张气氛。最好的是，当一个设计讨论会里充满了客观的氛围时，每一个提出的建议都会被认真考虑。这意味着即使是团队中最害羞的成员都敢于自由发表看法，许多本可能隐藏起来的想法都会浮出水面。

2. 清晰。这个很简单。如果交流很不清晰，那么就会带来困惑。在你解释一件事情的时候，请留意其他人是不是明白你说的。在可能的情况下请使用图示。当其他人说一些不明确的东西时，永远不要假装你明白他们在说什么。不管有多丢脸，一直提问，直到你明白他们的意思。因为如果设计团队中的每一个人的理解都不同，怎么可能进行有效的交流？不过互相理解只是交流清晰的一半——另一半是交流内容的具体和细致。对你的制作人说下面的两句话是有本质区别的："我会在周四前设计完战斗系统。"和"我会在本周四，下午 5 点前发你一封电子邮件。里面是关于回合制战斗系统界面的描述。大概有 3～5 页。"第一句话表述的意思非常不清晰，很容易误解。而第二句话中提供了许多关于该文档的重要细节，不容易误解。

3. 持续。把东西都给我写下来！对，你没有听错！口头交流只是暂时性的——很容易就会被误解和忘记。但是记录下来的事情之后能让组里的所有成员看到。你应该利用每一种有用的持续媒介——笔记本、电子邮件、论坛、邮件列表、文件分享、百科、打印的文档，等等，确保在每一次设计会议上都有人做笔记，之后可以与组内成员分享。在许多队伍里，制作人负责这个任务。当你在发送关于设计主题的电子邮件时，确保发给组内的每一个人。这样可以避免有人掉队，甚至产生被抛弃的感觉。

4. **舒适**。我知道这一点听起来很傻。舒适与交流有什么关系呢？很简单：当人们感到舒适的时候，他们不容易分心，而且能更自由地表达想法。确保你的团队有一个交流的场所，里面很安静，温度适宜，有足够的椅子，也有足够的地方可以写东西。简而言之，那是一个让人生理上感到舒适的地方。另外，你也要确保团队的成员吃饱喝足，不过分辛劳。身体上很不舒适的人会变成糟糕的交流者。只在身体上感到舒适还不够——他们必须从感情上也感到舒适。我们会在下面一项讨论。

5. **尊重**。我们已经讨论了成为优秀设计师的秘诀——成为优秀的聆听者。而聆听的秘诀就是尊重你聆听的那个人。如果人们觉得他们不受尊重，那么他们不会说太多的话。而即使他们说的时候，他们也不会诚实地表达他们的感觉，因为他们害怕被严厉地指责。当人们受到尊重时，他们会自由、公开并且诚实地发言。如果你能记住去做这件事的话，尊重他人是很简单的。无时无刻不都用你自己愿意受到的待遇去对待别人。不要打断他们，或者目光游离，即使你觉得他们说的话是荒谬的。你总是应该有礼貌而且有耐心。说一些令人愉快的话，即使你需要思索一下。请记住，其他人和你身上的共同点要比不同点多——寻找你们身上的共同之处，因为尊重像我们自己一样的人是最容易不过的。如果其他方法都失败了，对你自己重复这句咒语："是不是因为我做错了什么？"如果你不知怎么地侮辱或者冒犯了某人，不要急于辩解自己刚刚说的话，而要立即表示歉意，并且真诚地做这件事。如果你能够一直尊重你的队友，他们会情不自禁地尊重你。当每一个人都受到了尊重时，他们会尽最大努力去交流。

6. **信任**。尊重不可能没有信任，反之亦然——如果我不相信你的所作所为，我怎么知道你是否尊重我？单靠信仰并不能带来信任——互相信任的关系是长时间建立起来的。因此，交流质量的影响比交流数量的影响大。那些每天互相见面的人，经常交谈，经常共同处理问题，逐渐认识到他们之间有多少信任存在，也认识到什么时候能够相信对方。一组相互间几乎不认识，而且一个月只见一次面的人，完全不清楚哪些人该相信，或者该相信到何种程度。在这个领域光靠数码交流是不够的——根据面对面交流里的细小差别，我们在潜意识里会决定如何以及何时要去相信别人。在一个团队中找出谁信任谁的最简单的方法就是，观察哪些人一起吃午饭。大多数的动物对于和谁一起进餐是非常挑剔的，当然人也是如此。如果美术与程序员分开进餐，那很有可能在管线上出了问题。如果 Xbox 组与 PlayStation 组分开进餐，这常是因为移植上的问题。提供给你的团队任何会面和交流的机会，即使那与你的项目没有关系。因为你的团队有更多的高带宽交流（可以关于任何东西！），那么他们更有可能学会如何信任对方——这就是为什么很少有游戏工作室会采用隔离的办公室，它们都偏好让整个团队坐在一间开放式的办公室里。这样一来，他们就会经常性不由自主地与其他人进行面对面的交流。

7. 诚实。如同舒适建立在尊重之上，尊重建立在信任之上，信任就建立在诚实之上。如果你在某些方面有不诚实的"美名"，即使它与游戏设计或者开发没有任何关系，团队中的其他人仍会害怕与你坦诚交流。这会妨碍团队交流。游戏开发有时候会变得非常政治化，你肯定或多或少地会对某些事实有夸大的表述，但是你的团队必须相信你说的都是真相，否则团队交流就会受到限制。

8. 保留隐私。保持诚实并不总是那么简单，因为有时候真相很伤人。即使我们都希望我们可以在设计工作中保持客观，有时候个人的骄傲和自负肯定会被带入工作中。在一个公开的论坛讨论某些事情是非常困难的，有时候是不可能的。比起公开场合，在一对一的对话里，人们更容易告诉你他们的真实想法。如果你可以的话，请花时间与你团队里的每一个人进行私下的交流——他们常会陈述一些想法，或者讨论一些问题。而这些都是他们不想在公开场合讨论的东西。这些一对一的交谈也对建立信任很有帮助，它会建立一个良性循环：更多的信任带来更坦诚的交流，然后又会带来更多的信任，就这样持续下去。

9. 团结。在设计进程中，会有许多关于游戏设计的矛盾意见和争论。这是有益且自然的。最终，团队必须达成一个所有人都同意的决定。记住，争论是在两个人之间产生的。如果团队中的某些成员非常固执于某一点，那么你必须给予他们应有的尊重，并且与他们共同处理这个问题，直到找出有意义的妥协方案。让他们解释他们认为这一点如此重要的原因，这常常能让团队里的其他人理解这一点的重要性。如果这个办法不管用，可以问这个极好的问题："我要怎么做你才会同意？"你也许不能立刻平息这次争端，但你唯一不能做的事情就是忽视它。英特尔在这种情况下会用一个很好的短语："不同意但承诺。"我们不总是能在最佳方案上达成一致，但是我们可以在马上要做的事情上达成一致。团队成员有时候需要为了队伍的团结在他们不同意的路上走下去。如果他们做不到这一点，就会反映到最后的游戏当中，这就像汽车发动机里只有一个汽缸点不了火，会使总体表现降低一半，最终会破坏发动机。团队中只要有一名成员不赞同游戏的设计，就会拖所有人的后腿，最终让团队崩溃。交流的目的就是确保团结。

10. 爱。这根链条还能通向哪里呢？的确，它就是一根链条。没有客观、清晰、持续、舒适、尊重、信任、诚实、保留隐私和团结，团队对于游戏的爱就会受到妨害。然而如果你拥有上述所有的东西，团队的爱就会展现出光辉，而你除了制作出一款令人难以置信的佳作，别无选择。

游戏设计与开发是困难的。除非你是多面手，而且你的项目的规模又非常小，否则你不可能独自完成。人比起想法来更重要，这是因为，用皮克斯的埃德温·卡特莫尔的话来说就是："如果你把一个好的想法给了一组平庸的人，他们会毁了这个想法。而如果你把一个平庸的想法给了一组优秀的人才，他们就会改善这个想法。"

## 101 号透镜：团队

为了确保你的团队就像一台运行顺利的机器，问自己以下问题：

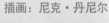
插画：尼克·丹尼尔

- 这个团队适合这个项目吗？为什么？
- 团队成员有没有客观地交流？
- 团队成员有没有清晰地交流？
- 团队成员在一起相互适应吗？
- 团队成员是否互相信任与尊重？
- 团队最终是否可以团结在决定的周围？

你可能觉得这些和团队有关的话题与设计没有任何关系，并且，如果团队里的其他成员不做他们分内的事情，那么这些与你这个设计师也没有任何关系。这些也许是正确的，但是它们与这个制作中的游戏有着千丝万缕的关系。因为每一个在设计过程中染指这个游戏的人，都会对它的设计产生影响。如果你希望自己的伟大构想得以实现的话，你需要团队中的每一个人齐心协力。

现在，团队正在进行着交流，而某人需要写一点儿文档——这是我们下一章的主题。

## 拓展阅读

帕特里克·兰西奥尼撰写的《优势》。这本书涵盖了你在培养一个健康开发团队时所需要知道的任何事情。

肯·柏德威尔撰写的《密谋：Valve 创作半条命的进程》。据我所知，这是关于团队游戏设计最佳实践的最好文章。[链接 6]

我撰写的《信息流：工作室结构的秘密》。这是我在 2011 年 IGDA 领导峰会上的演讲。它深入探讨了游戏开发中的团队合作。[链接 7]

# 第27章
# 团队有时通过文档进行沟通

图 27.1

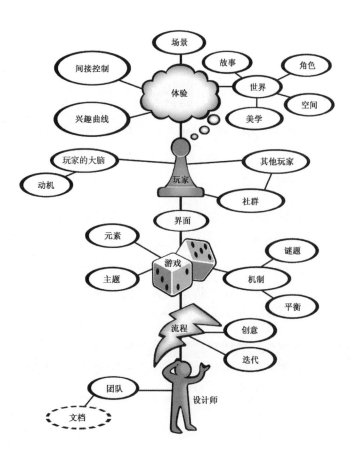

# 游戏设计文档之迷思

　　许多新手设计师，还有其他梦想从事这一行业的人，都对游戏设计的流程抱有一个很有趣的看法。他们并不知道循环原则，所以他们相信游戏设计就是靠一名天才游戏设计师，独自一人坐在键盘前，然后打出一份完美无比的游戏设计文档。杰作大功告成以后，只要把文档交给一组能干的程序员与美术师，然后等待他们把他的完美设想变成现实。那些灰心丧气的未来设计师们常想："要是我能知道游戏设计文档的正确格式，那我也能成为一名职业的游戏设计师！我的主意多如泉涌——可要是没有这个神奇的模板，我不可能设计出游戏。"

　　就我个人而言，下一个观点非常重要，而我想把它表述清楚，所以我会用一个非常大的字体。请仔细听清楚了：

### 根本没有神奇的模板！

　　世上未曾有过，将来也不会有。任何告诉你它存在的人，不是傻瓜就是骗子。即使真有这么一个东西，我们也不知道它是否有帮助。考虑一下设计师杰森·范登堡对于游戏设计文档所说的一番话：

> 　　游戏设计文档的问题就在于，在你写下它们的一刻，它们就过时了。设计文档表述的是你当前认为的有助于游戏的东西……但是你不知道它们是否真的有用，直到你看到你的想法付诸实践。不幸的是，我们的天性驱使我们把官方文档想象成规范、脚本或蓝图。不，它们不是——它们只是想法。如果有人觉得你的文档是一个可行的计划，有人觉得你的文档是一条理论，或者有人觉得你的文档是一幅蓝图，那么麻烦事就来了。小团队可以通过许多人际交流去克服这些不正确的想法……但是对于大团队来说，这会困难得多。

　　这意味着文档不属于游戏开发中的一环吗？不！文档是游戏设计中非常重

要的一环。但是每一个团队和每一个游戏都会有不同的文档。为了理解游戏文档的正确结构，必须首先理解文档存在的目的。

# 文档的目的

游戏文档有且只有两个目的：备忘与沟通。

## 备忘

人类的记忆力很差。一个游戏的设计中，会有数千项关于游戏如何，以及为何如此这般运作的重要决策。你大概率记不全。不少好主意刚刚进入你的脑海时，你以为绝对忘不掉。但是过两个礼拜，做了两百个设计决定以后，最天才的解决办法也很容易忘记。如果你养成了记录下设计决策的习惯，就可以免于一遍又一遍解决相同问题的窘境。此外，把设计过程从有限的工作记忆转移到文档里，能帮助你思考——在纸上或屏幕上发展一个想法，很能帮助其成形。

## 沟通

即使上天赋予你完美的记忆力，你仍然需要与团队中的其他许多成员交流设计想法。在这方面，文档很有用。这类的沟通，就像我们在第 26 章讨论的那样，不仅是单方向的，而是双向的对话。因为一旦某项决定被写在了纸面上，别人就能从中发现问题，或者找到改进之法。文档能更快地聚集起更多的头脑，以快速发现并解决游戏设计上的缺陷。所以许多人应该阅读并且修改这些文档。很容易理解，为什么谷歌文档这样的协作文档工具成为撰写和维护游戏文档的标准方法。

# 游戏文档的种类

因为撰写游戏文档的目的是备忘与沟通，所以你所需要的文档类型应该由需要记住的东西和需要沟通的东西来决定。很少会有一份文档能够满足所有的要求，所以通常我们会创建多份不同的文档。共有 6 个需要记住与沟通的部分，而每一个都会生成一类特别的文档。

图 26.2 展示了一些在游戏设计团队中可能的备忘与沟通的路径。每个箭头可以代表一份文档，或是多份文档。现在让我们分别看看图中的 6 个组，以及它们需要的文档吧。

图 26.2

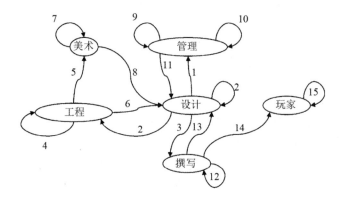

## 设计

1. 游戏设计概述。这个高级别的文档可能只有几页。它的主要读者是管理层，好让他们在不过度钻进细节的情况下清楚这个游戏是什么，以及这个游戏的受众是谁。概述文档在让整个团队对于游戏产生全局观上也很有用。设计师史东·利布兰德给出了这个极好的建议：游戏中的重要组成部分都应该能被海报上的示意图解释清楚。

2. 详细设计文档。这份文档常详细地描述了所有的游戏机制与界面。这个文档通常有两个目的：设计师们可以记下他们想出的所有细节，同时能够将这些想法传达给令它们变成代码的工程师，以及令它们变成美丽画面的艺术家。因为"外人"几乎没有机会阅读这份文档，所以文档可能比较乱，包含的细节刚好足以激起之后的相关讨论。这常是最厚的一份文档，也经常不及时更新。项目进行到一半时，这份文档常被完全抛开——因为此时游戏本身就包含了大部分的重要细节，而文档里没写的细节常常会通过非正式渠道交流，例如电子邮件或者简短的笔记。但是在项目最初，找出合适的设计文档形式是非常重要的。大多数情况下，根据游戏子系统撰写多份详细的文档比只写一份巨大的文档效果要好得多。设计师理奇·马姆拉说得很好："我的游戏设计文档哲学是：为与我共事的团队量身定做。虽然游戏设计文档是我整理思路的地方，但它也肯定是团队成员寻找信息与解释的地方。可能最核心的部分会在多份文档中保持一致，但是结构与写法都会随着游戏开发而改变。正如没有两个团队或者游戏是一样的，也不应该有两份游戏设计文档是一样的。"

3. 故事概要。许多游戏需要专业作家来创作对话与旁白。这些作家往往是合约制的，也常会远离整个团队。游戏设计师时常需要拿出一份简短的文档，其中描述游戏中的重要场景、角色、行动等。很多时候，作家会回应这个文档，并提出许多能够改变整个游戏设计的有趣想法。

## 工程

4. 技术设计文档。电子游戏里常有许多复杂的系统，但与游戏的机制没有任何关系，而是确保了屏幕上能显示东西，通过网络发送数据，以及其他加班加点要完成的技术任务。通常情况下，工程师团队以外的人不关心这些细节。但是如果工程师团队的成员超过一人，那么在文档中记录下这些细节是有必要的。因为这可以让后来加入的人清楚整个工程的情况。和细节设计文档一样，这份文档也不会经常更新，但是这份文档往往是架构出必要系统，让代码工作顺利开展的关键。

5. 流程概述。在游戏工程里，大量困难任务都来自如何将美术资源恰当地整合进游戏里。为了让美术资源正确显示在游戏里，常会有一个指示美术"做何事、不做何事"的列表，美术必须严格遵循。这个简短的文档通常由工程师特别为美术团队撰写，所以越简单越好。

6. 系统限制。设计师与美术师们通常完全不清楚他们为之设计的（或者假装在为之设计的）系统究竟能做什么、不能做什么。在一些游戏里，工程师们会觉得需要专门写一份文档来说明那些不可逾越的系统限制——同屏多边形数量、每秒发送的更新信息数量、同时在画面上显示的爆炸数量，等等。当然这些信息有时候会发生改变，但是尝试建立标准（并且写下来）可以在日后省下很多时间，也能激发那些关于突破这些限制的创造性讨论。

## 美术

7. 美术圣经。多名艺术家在合作完成一个游戏时，如果想营造出一种单一、前后一致的画面和感觉的话，他们必须靠指导方针来帮助他们保持这种一致性。"美术圣经"就是一份能提供指导方针的简单文档。可能是人物卡、环境实例、颜色实例、界面实例，或者其他任何可以界定游戏中元素视觉效果的东西。

8. 概念美术纵览。团队中的许多人需要在游戏完成前看到完成时该有的样子。这就是概念美术的任务。这些美术作品本身并不会讲述故事——它们常会在设计文档里发挥最大的作用，所以美术团队常会和设计团队一起制作出一组图像，在游戏设计的语境下去表现其看来如何、感受如何。这些早期图像可以放到各种地方——在游戏设计概述里，在细节设计文档里，有时甚至会被放到技术文档里，以展示技术应该达到的画面。

## 制作

9. 游戏预算。虽然我们都希望能够"持续开发游戏，直到完成"，但是游戏这门生意多半不允许。团队往往在还不清楚自己在建造什么产品的情况下，就要琢磨出开发成本。成本常以文档的形式出现，通常是一份电子表格，其中会列出为了完成游戏所有必要的工作、预计完成时间，以及相应的花费。制作人或项目经理不可能独立提出这些数字，所以他们通常会与团队的各个部分合作，以求最后的数字尽可能精确。这份文档通常是最先完成的文档之一，因为这会被用来帮助确保项目的资金。一名好的项目经理会在开发过程中持续改进这份文档，以避免项目超出预算。

10. 资源跟踪文档。这可能就是一张简单的电子表格，或是一个更为正式的系统，你必须跟踪所有被创作出来的资源及其状况。代码、游戏关卡、美术资源、音效音乐还有设计文档都在此列。跟踪资源的一大重点就是验收：是不是每个资源都有相应的人验收通过了？

11. 项目日程表。在一个进行顺利的项目里，这份应该是最常更新的文档之一。我们知道游戏设计与开发的进程会被意外与不可知的改变所阻碍。然而，一定程度的计划还是必需的，理想情况下，至少要能以星期为单位来改变。一个优秀的项目日程表中会列出所有需要完成的任务、耗时、任务的最终期限，以及任务的负责人。希望在准备这份文档的时候把如下两个事实考虑进去：一是一个人每周不应该工作超过 40 小时，二是有些任务必须在其他任务完成后才能开始。有时候日程会保存在一张电子表格里，还有些时候会用更正式的项目管理软件。在中等或更大规模的团队里，一般需要专人时刻更新这份文档。

## 文案

12. 故事圣经。虽然有人可能认为游戏的故事会完全由项目里的编剧（如果有的话）来决定，但是很多时候项目里的每一个人都会贡献故事的修改。引擎程序员可能会意识到某个故事元素技术上挑战过大，因此会提出修改建议。美术师可能有个视觉想法给故事加入作者未曾想到的部分。游戏设计师可能会产生新的玩法概念，因此需要对故事做出改变。在故事圣经里写明故事中能发生以及不能发生的事，会让团队里的每一个人更容易对故事提出建议。而最终这会整合艺术、科技和玩法，让故事世界更坚实。

13. 剧本。如果游戏里的 NPC 会说话，那么总归有个地方写对话！对话常写在一个剧本文档里，一般和详细设计文档区分开或作为其附件。游戏设计师需要检查所有的剧本，因为某句台词可能很容易就与一条玩法规则矛盾。

14. 游戏教程与手册。电子游戏是复杂的，而玩家必须有办法学会游玩。游戏内置的教程、网页或者是印刷出来的手册就是解决这个问题的方法。这些东西里面的文字很重要——如果玩家不能理解你的游戏，他们如何享受它？游戏设计的细节很可能在开发完成前会持续发生变化，所以需要有人去确保这些文字能够确切反映游戏的最终内容。

## 玩家

15. 游戏攻略。开发者们并不是唯一会为游戏制作文档的人。如果玩家喜欢一个游戏，那么他们会写下他们自己的文档，并发布到网上去。研究你的玩家写的关于游戏的东西，是一个从细节方面找出玩家喜欢什么，不喜欢什么，哪部分太难，哪部分太容易的好办法。当然在玩家写完攻略的时候，你想去改游戏已经太晚了，但是至少下次你就会注意了！

　　重申一遍，这些文档并不是神奇的模板——不存在神奇模板！每个游戏是不同的，也会在备忘与沟通方面有不同的需求，而这些你都要自己去发现。

## 那么我从哪里入手呢

　　从简单的开始，就像你最初设计游戏一样。一开始先写一份文档，其中只有你想加进游戏的粗略要点清单。在这个清单增长的同时，与设计相关的问题也会出现在你的脑海里——这些问题非常重要！把它们写下来，你就不会忘记它们！"完善你的设计"主要是指回答这些问题，所以你不要遗失这些问题。每一次你对一个问题做出了满意的回答后，记下你的决定，以及你这么做的理由。逐渐地，你清单上的想法、计划、问题还有答案会增多，并且自然地落入几个分区里。持续写下你希望记得的事情，以及你希望沟通的事情。在你意识到之前，你就能有一份设计文档了——不是根据神奇模板的，而是围绕着你独特游戏的设计有机地发展起来的。

### 102 号透镜：文档

　　为了确保你使用必要的文档，跳过不必要的文档，问自己以下问题：

插画：尼克·丹尼尔

- 我们在制作这个游戏时需要牢记哪些事情？
- 我们在制作这个游戏时需要沟通哪些事情？

# 拓展阅读

丹尼尔·库克撰写的《游戏设计日志》。你能在丹的"失落花园（Lost Garden）"博客里找到这个分类。其中为那些无趣的设计文档提供了极好的解决办法。

史东·利布兰德撰写的《一页纸设计文档》。史东在 2010 年的 GDC 上演讲的时候，他一夜间就改变了整个游戏业界。对于所有人来说，这个演讲很明显就是创建设计概述最好的方法，因此几乎在一夜间，它就成为业界的标准。演讲的幻灯片可以在这里找到：[链接 8]。

# 第28章
# 通过试玩测试创造好游戏

图 28.1

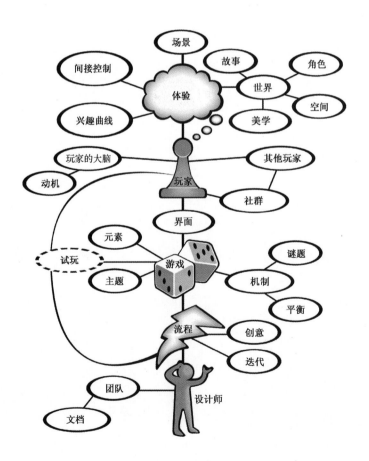

# 游戏测试

图 27.2

我们开发游戏时，很容易陷入玩家将会有怎样美妙体验的幻想中。游戏试玩就像警钟一般，经常能提醒我们从幻想中醒来，着手解决那些我们忽略的现实问题。在更深入讨论这个话题之前，首先明确区分一下游戏开发中四种不同的测试方式：焦点小组、QA 测试（质量保证测试）、可用性测试和试玩测试。

1. 焦点小组。这是一个让职业设计师颤抖的名词。它指的是对潜在玩家进行采访，以了解他们对某些游戏类型和概念的喜好，从而影响游戏开发团队对是否在游戏中采用某些想法和概念的决策。焦点小组在合适的情况下非常有用（比如需要决定一组已经规划好的功能各自的优先级时），而造成其在游戏设计师中恶名远扬的原因，往往是焦点小组不专业的组织运作，或者被刻意操控用来干掉管理层不喜欢的设计想法。

2. QA 测试。QA 是"质量保证"的简写。这类测试和游戏是否好玩无关，只是为了找到 Bug。

3. 可用性测试。这类测试主要确保交互界面和系统是否容易使用并符合用户的直觉。提高这些标准对于一个"好玩"的游戏来说是必要条件，但远远不够。所以当有人提议你应该雇佣一些可用性专家来让你的游戏变得更"好玩"时，请保持清醒的大脑。

4. 试玩测试。和上面三者不同，这类测试的唯一目的就是通过邀请其他人在你眼皮底下试玩游戏，观察游戏设计是否能够引发预想的玩家体验。虽然其他三种测试都很有意义，但在本章中，我们只专注于对游戏设计师来说最重要的测试类型：试玩。

# 让我尴尬的秘密

我现在要坦白一件对我来说超级尴尬的真相。多年以来，我曾多次试图拒绝承认这件事，但又没有什么合理的借口。我甚至不愿意谈起，因为这让我看起来像一个言行不一、没有足够说服力证明自己游戏设计师资格的家伙。

然而，我写这本书的目标是清楚地描述游戏设计的真实情况，而不是大家梦想中的版本。那么我就一鼓作气地把这件事讲出来吧，看完以后请大家拍砖时不要下手太狠：

我讨厌试玩测试。

试玩测试能够尽早发现问题，让我们有足够的时间去补救吗？是的。试玩测试能够确认游戏在目标受众中受欢迎，从而增强团队的信心吗？没错。试玩测试是制作一个好游戏所必不可少的环节吗？一点不假。试玩测试给了我如此大的恐惧，以至于我不能心平气和地去评价它吗？是，没错，一点不假！

真是让人害羞啊。我清楚地知道，试玩测试对我的游戏不仅大有裨益，而且是必不可少的。但是，每当到了要实际进行试玩测试时，我总是找一切可能的借口回避。一开始，我会把组织试玩的工作往后拖延；当试玩活动已经安排好了，我又会找各种借口不能到场；当我迫不得已出现在试玩测试的场地时，我尽可能不去直面玩家的屏幕，而是假装被旁边随便什么东西干扰了注意力。我了解自己的这些行为，也会竭尽全力地去对抗，但最后，我对试玩测试的恐惧仍然存在。

为什么？我害怕的究竟是什么？真相很简单。我害怕玩家不喜欢我的游戏。我应该没有这么幼稚，但我的感觉确实如此。当你创造一个游戏时，会努力把你的一切都放进去：你的心、灵魂、梦想、血汗、眼泪。一个全心投入的游戏会变成你身体的一部分，让它直接和人们接触，然后又被人排斥，这是一件让人非常难受的事。另外不用欺骗自己——这种事肯定会发生。

让你的作品被人们讨厌和羞辱，可能是作为一个游戏设计师最痛苦的部分。而试玩测试就像一封烫金邀请函，上面写着：

诚挚地邀请您来告诉我，

为什么我弱爆了。

带上您的朋友——我们还有免费点心供应。

试玩测试真的会让人如此难受吗？确实如此。试玩测试的全部意义就在于向你清楚地证明一些你觉得理所应当的决定是完全错误的。你需要在还有时间补救前，尽早地了解这些真相。

也许试玩测试对你来说是很容易接受的；也许你并不惧怕自己的作品遭到别人的嘲弄。如果是这样的话，恭喜你！你客观的视点和心态会帮助你在试玩测试中收获更多。如果你像我一样害怕和厌恶这些测试，那么唯一的选择就是从心理上克服它。参与试玩的只有两种人，一种喜欢你的游戏，另一种不喜欢。测试者不喜欢你的游戏，这也是一件好事！因为你有机会当面询问他们不喜欢的原因，然后改好。放下恐惧，拥抱测试吧：它是让你的游戏变好的绝佳机会。

任何试玩测试都由六个关键问题定义：为什么、谁、何时、在哪、发生了什么、怎么发生的。

## 试玩测试第一问：为什么

你是否还记得，在第 8 章，我们讨论了如何设计每个原型，让它们能够回答一个具体的问题？试玩测试也是一种原型——不是游戏原型，而是玩家游戏体验（我们最关心的就是这个）的原型。如果你在组织试玩测试时脑子里没有准备好一个"具体的问题"，那么整个试玩测试是在浪费时间的概率就很大了。你的问题越具体，越容易从特别为这个问题准备的试玩测试中获得收获。

我知道你心中可能有成千上万个问题想通过试玩测试来回答，其中最明显的一个——"我的游戏好玩吗？"——这是不够具体的典型。通常情况下，你需要有更多细节或专注于某一方面的问题。下面是一些问题的例子——有些比较泛泛，有些更具体：

- 男性和女性玩家会采用不同的方式来玩游戏吗？
- 小孩会比大人更喜欢我的游戏吗？
- 玩家理解游戏的玩法吗？
- 玩家想玩第二次吗？还是第三次或更多？为什么呢？
- 玩家觉得游戏是公平的吗？
- 会有感到无聊的时候吗？
- 会有感到困惑的时候吗？
- 会有感到沮丧的时候吗？
- 游戏中是否有任何"必胜"的战略或漏洞？
- 游戏是否有隐藏的 Bug？
- 玩家自己能够发现怎样的游戏策略？
- 游戏的哪些部分是最有趣的？
- 游戏的哪些部分是最无聊的？
- 应该使用"A"按键还是"B"按键来跳跃？
- 第三关会不会太长了？
- 那个莴笋的谜题会不会太难了？

这些都只是一些抛砖引玉的想法。我常常发现本书中提供的各种透镜很适合用来构造试玩测试的问题。

计划一场试玩测试的第一步，应该是准备一个要在试玩中寻找答案的问题清单，因为在你决定了"为什么"，也就是"为什么我们要举行这场试玩测试"之前，我们没有办法回答谁、在哪里、什么和怎样的问题。

# 试玩测试第二问：谁

一旦你明确了试玩测试的目的，接下来就可以决定邀请"谁"来进行测试了。紧接着前面一个问题，挑选测试者的方式完全由你想了解什么来决定。最有可能的情况是你会挑选属于游戏目标用户群体的人来进行测试，但即便在这个范围内，还是有很多可选择的余地。下面是一些常见的情况：

1. 开发者同事。第一批能够玩你设计的游戏的人，就是和你共事的其他开发者，所以我在这里首先把他们列出来。

a. 优点：开发者就在你身边！他们有足够的时间可以经常参加测试，而且他们不会无缘无故地消失，因此你可以从他们那里得到很多有意义而且经过深思熟虑的反馈意见，也省去了你和他们签署保密协议（NDA）的麻烦，因为关于他们对游戏的秘密早已了如指掌。

b. 缺点：开发者太熟悉游戏了，比将来的任何玩家都要熟悉。这会影响他们对游戏的观点。一些"设计专家"会告诉你依赖做游戏的人进行试玩测试是危险的，应当避免。当然这种极端的立场往往意味着你可能会从开发者同事那里损失一些很有价值的反馈和意见。最好的做法是依旧邀请开发者参与测试，不过要用自己冷静的判断来加工他们的意见。

2. 亲朋好友。下一组可能被邀请的测试者人群就是开发者团队的亲友团。

a. 优点：朋友和家人都很愿意为你付出时间，而且跟你的交流会很轻松。如果他们在试玩测试活动结束后想到了什么，那么你仍然能够听到这些意见。

b. 缺点：亲友往往不想伤害你的感情，毕竟他们之后还要经常面对你。这可能会导致当他们不喜欢某些东西时，无法做到直接地说出真相。此外，因为他们跟你很亲近，所以他们总会倾向于喜欢你的作品——他们将不自觉地去尝试——而这种好事不会在现实世界中发生。

3. 专业玩家。每个游戏作品都有相应的"专家"——也就是玩过几乎所有和你正在制作的游戏类型差不多的其他游戏作品的核心玩家。这些家伙喜欢参与正在开发中的游戏的试玩测试，因为这将为他们的"专家"头衔增加一道光环。

a. 优点：玩过了几乎所有同类型的游戏之后，这些专家可以参考类似的游戏给你提出很多详细的意见，而且还会使用该游戏类型中惯用的专业术语和具体的例子。

b. 缺点：正如每天吃饭的人中只有一小部分是美食家一样，在游戏受众群体中，只有微小的一部分可以称之为"游戏专家"（ludophiles，ludo 来自拉丁文，是"玩"和"游戏"的意思，代表热衷于游戏和相关文化的狂热人群，可见[链接 9]）。专家往往比一般群体更容易厌倦，还会要求游戏有更高的复杂度和挑战性。许多游戏就是因为过于听信专家和精英的意见，而被修改为只适合小众人群的硬核游戏。《模拟人生在线版》本来是被大家寄予厚望的系列野心之作，却由于在试玩测试中听信了过多核心玩家的意见，结果爆冷成了一个失败之作。制作组没有意识到的是，尽管核心玩家想要更多的可创造的内容，但占市场大多数的游戏粉丝只想不费力气地体验这些内容。

4．一次性测试者。游戏设计师理想的测试条件有时会要求测试者在参与测试时是第一次玩这个游戏。业内人士喜欢称他们为"鲜肉"或"纸巾测试者"（也就是说他们像面巾纸一样只能使用一次）。

a．优点：让从未见过你的游戏的人初次试玩游戏能够发现很多你已经习以为常的问题。这类测试者在回答诸如可用性、重要信息的传达及游戏的初始吸引力方面的问题时尤其有价值。

b．缺点：游戏一般都是为了让人们重复玩很多次或分多次完成游戏目标而设计的，如果你只使用"一次性测试者"来测试你的游戏，则会获得一个具有强烈初始吸引力的游戏，但很可能随着游戏时间和次数的增加变得不那么有趣。

再次重申，找谁测试完全取决于你想解答哪些问题。为你想知道答案的问题找到合适的测试者是唯一能够获得有价值结果的方法。几乎每个游戏在设计阶段都会使用上述几种测试者的组合——关键是在正确的时候找到正确的人，尽可能详细地回答你想知道答案的问题。

## 试玩测试第三问：何时

找理由不搞测试很容易……最常见的借口是"游戏还没准备好"。但越早测试，就越知道游戏是不是上了正轨。无论游戏处于什么阶段，都可以试玩。

**有想法前：**找一帮你想为他们做游戏的人来当焦点小组，问他们"喜欢哪种游戏？想看到什么样的游戏？"

初始概念："我们想做一个如此这般的游戏……你怎么看？"

纸面原型：正如第8章讨论的，纸面原型是测试新游戏概念的高效方式。但不要光让开发者拿纸玩，也邀请玩家来看看他们喜不喜欢你的游戏骨架吧！

白盒原型：太好了！游戏的代码都写出来了，但还没有将任何美术元素放进去。没关系，让玩家了解这些问题后请他们玩吧。大家面对丑游戏的时候会更愿意说实话哦！

工作原型：更好了！你已经差不多做了一个有功能的游戏。不断组织试玩，尽量持续到开发后期吧。

完成上线游戏：游戏做完了……现在再试玩会不会太晚？不会！现在可是"将游戏作为服务"的时代——玩家在游戏发售后也会期望补丁和新功能。这么看来，游戏上线可能是最大规模的试玩呢。

希望你了解，游戏开发中的任何阶段都可以拿来试玩。不过，多久测试一次比较现实呢？游戏策划和试玩大师肖恩·巴顿有一个简单的答案：

**WUBALEW**

这说的是，"有用就测，至少一周一次"（When Useful, But At Least Every Week.）。听起来有点多，但养成每周一测的习惯可以让游戏永远不会在缺乏真实反馈的情况下走得过远。而且，只要定期举行，变成例行事项，坚持一段时间后，就会想"如果不试玩日子要怎么过"了。

# 试玩测试第四问：在哪儿

正如游戏的生产环境（见第3章）能够决定很多东西一样，你组织试玩测试的场地也能够在很大程度上左右测试结果。我们来看看可能选择的场地：

1. 你的工作室（或者习惯用其他方式称呼、实际制作游戏的地方）

a. 优点：所有的开发者都在场，你也在，当然你的游戏也在！因此，在工作室里进行测试简直太方便了。另外，团队里的每个人都有机会观察真实的玩家试玩游戏时的反应。

b. 缺点：你带来的测试者可能不会感觉 100%自在。他们将处于完全陌生的环境，而且除非有单独的房间，否则他们很可能会因在身旁有人工作时自己却纵情欢乐而感到难为情。如果你决定在工作室举行游戏测试，那么应该尽可能地布置一个令测试者舒适的环境。你最不想看到的，就是测试者不敢制造声音、享受欢笑，以及随时讲出心中所想。请测试人员带朋友一起来会对此有所帮助。

2. 测试实验室：一些（实际上比例小的可怜）比较大的游戏公司为试玩测试准备了专门的实验室。另外，一些第三方服务提供商会为测试你的游戏而提供专用的场地。

a. 优点：测试实验室里一切都是为试玩测试设计的！它可能拥有你期待的所有装备：单向可视玻璃、针对每位测试者的专门的拍摄镜头、提供问卷调查的专家、专门的记录人员，可能还有根据特定条件选出的测试参与者！

b. 缺点：全套这样的场地和装备是非常昂贵的。不过只要你能负担得起，通常都会取得不辜负你投资的结果。

3. 一些公共场所：可能是商场、举办活动的大学校园、像 PAX 或 IndieCade 那样的游戏展，或者平凡街角的一张桌子。

a. 优点：这类场地通常不会花费太多，如果你挑选的地方合适，则可能会吸引很多人来测试。当 Schell Games 需要测试《老虎丹尼尔的邻居》这个游戏时，我们成功地和匹兹堡儿童博物馆达成了协议，定期在博物馆里举行试玩测试活动，结果我们获得了源源不断的 3～5 岁儿童和他们的家长——正是我们想要的样本群体。

b. 缺点：你可能无法只过滤出你的"目标群体"来参加测试。另外，如果场地周围还有其他活动在进行，那么测试者的注意力很可能会被干扰。

4. 测试者家中：当人们买了你的游戏后，几乎所有人都会选择在自己家里玩——为什么不顺其自然选择场地呢？

a. 优点：你将有机会看到游戏在最理所应当和真实的环境下的表现。而且测试者可能会邀请朋友一起玩游戏，你能够观察游戏在真实社交互动中起的作用。

b. 缺点：你的试玩测试将受到很多限制。很可能只有一两名游戏设计师能出席，每次试玩测试也只有少数几位测试者参与。你还必须搬着沉重的测试机跑来跑去，或者花时间在测试者家里设置好能够运行你半成品游戏的设备。

5. 在线测试：对于这个年代来说，物理空间的约束根本不是制约你试玩测试的理由！

a. 优点：很多人将参与进来，而且能够使用很多不同配置的电脑来测试你的游戏。如果你寻找的答案是关于压力测试和大规模在线游戏玩法的，那么这将是你能找到的最合适的方法。

b. 缺点：参与的测试者数量上升了，但付出的代价是测试报告的平均质量可能会下降。虽然有很多人会参加测试，但你不可能像和测试者同处一室那样获得有深度的、完整的答案。另外，如果你想在公开发行游戏之前保密的话，那么为在线测试提供游戏下载可能会让你的计划很难执行。此外，玩家的第一印象很重要，所以你需要在将未完成的版本推上线时，尽可能限制你的测试群体数量。幸运的是，一些在线的游戏场所（比如 Steam）提供了比较安全的 Beta 测试环境，而且提前告知玩家测试的游戏是未完成的，以帮助他们降低期待。

如何选择测试场地也是由你想了解答案的问题决定的。在选择时要记得考虑前面问过的"为什么"的重要性。很多时候最简单的想法就是最好的——我们看看设计师科特·贝雷托的故事：

> 我们在进行一个 Facebook 游戏的 Alpha 测试时的做法后来被证明是非常有效的：我们在游戏窗口下面放了一个包含两三行字的文本框，写着"请告诉我们怎样让这个游戏变得更好"，你每次玩游戏时都可以留言一次，然后这个文本框就会消失。我们会使用一个专门的邮件列表来收集这些留言，而团队中的每个人都可以订阅这个列表来看看玩家都说了些什么。

> 这个简单的文本框在 Alpha 和 Beta 阶段都起了很大作用，我们甚至在游戏正式发行后，还为一定比例的玩家保留了这个沟通方式。这样我们每天可以收到大概 30 条关于游戏建议的留言，我们有兴趣了就可以去看看。你可能会以为收到很多包含咒骂的留言，但实际上几乎所有的留言都是有价值的反馈。我们因此发现了海量的 Bug 和用户体验问题，以及很多了不起的想法。每当我们更新了在线版本，都会

很仔细地查看留言。补充说明，如果你在留言系统的基础上，增加收集玩家所在的关卡或状态信息，以及玩家使用的平台信息（如游戏版本、电脑配置等），就可以更容易地重现 Bug，或者更全面地了解你的玩家玩游戏的环境。

# 试玩测试第五问：发生了什么

"什么？"在这里指"你在试玩测试中观察的重点是什么？"一般来说有两类东西值得你注意。

## 第一类：你明确知道要找的东西

这里的目标来自你的"为什么"列表。首先，希望看完本书后，你将围绕一系列"为什么"的问题来组织你的测试。然后当你做测试计划时，确保你采用的方法能够获得列表中每个问题的答案。如果你的游戏中有很多内容与这些问题无关，那么请考虑制作一个不包含这些无关内容的特别游戏版本来节省测试者的时间。如果一次测试无法回答所有问题，那么请考虑计划多次迷你测试来涵盖你想了解的所有问题。

## 第二类：你通过测试首次发现的东西

任何人有了明确的目标后，都能找到他们要找的东西——但只有真正具有敏锐洞察力、了解如何倾听玩家需求的游戏设计师，才能发现那些意料之外的东西。关键是要睁大眼睛等待你意想不到的事情出现。如果想在测试过程中发现意外，那么首先要对正常情况下会出现的事情了如指掌：比如玩家在第二关一般会使用特定的战略，然后会对第三关开始的挑战感到兴奋，诸如此类。当这些剧本之外的事情突然发生后，不管是好是坏，都请马上集中精力观察，并试图理解为什么会发生这样的情况。女生会比男孩子更喜欢你的游戏吗（尽管你的预期恰恰相反）？玩家在游戏中的反派出场时会不会笑出了声，而你本以为他应该很吓人？玩家有没有被一些你认为无关紧要的细节打动？他们在试玩之后，是否就你从未想到过的策略激烈讨论？请找出所有这些问题的原因！即使你不是为了这些东西组织的测试，也可以利用这个机会认清那些你以为自己已经了解的事情的真相吧。在理解这些意外状况的过程中获得的灵感，才是试玩测试这棵树上长出的最甜美的果实。

## 试玩测试第六问：怎么发生的

到目前为止，你已经确定了为什么要举行试玩测试，邀请谁来做测试者，在哪里进行测试，还有什么是你想重点观察的。这些是不错的先决条件，但要想让一切都在测试的时候顺利运作，你一定要制定详细的行动计划。

### 你需要到场吗

有一种学派认为让游戏开发者在测试时到场是一种危险的行为。危险在于开发者对游戏倾注了太多的感情，以至于他们很可能会不自觉地鼓励测试者避开那些可能会出现问题的地方。这种可能性是很高的。如果你无法控制自己和保持客观冷静的态度，那么最好还是不要出席，确保测试者能够在"自然纯净"的状态下玩游戏。这种事是很让人遗憾的，因为你能通过直接观察测试者试玩中的行为来获得很多调查问卷和视频录像中无法提供的信息，所以尽管受到很多设计理论家的反对，我还是建议尽可能到场观看，并设法阻止你向测试者透露信息的腐败行为。

### 试玩之前，告诉他们什么

对于一些测试来说，你不应该告诉测试者任何事情——应该尽可能让游戏介绍自己，尤其是当你想了解测试者能否自己设法了解游戏中的信息时。不过对于绝大多数的试玩测试，你需要让玩家了解足够让他们上手的信息。在告知玩家信息时要格外小心——一两个不慎说漏嘴的词就可以毁掉整个游戏对玩家的未知状态。假如你告诉玩家他们的目标是打倒邪恶的克罗诺斯，那么有些玩家可能会从游戏一开始就刻意寻找这个最终目标，而错过游戏中各种重要的细节——他们本可以在不知情的情况下自己探索故事和发现目标。出于这个原因，你应该记录在测试开始前你对测试者说的所有内容，以便在发生意料之外的情况时拿出来对比并寻找原因。把要说的话提前写下来也是一个好主意，这样你可以确保对不同批次的测试者透露的信息是完全一致的。

当然在多次测试后，你也可能需要调整对测试者公布的信息内容，澄清一些必要的情况。注意，这里是定期组织试玩测试的又一绝佳好处：在你连续举行几次试玩测试之后，你会逐渐调整对玩家给出的信息和指示，这里减少一个词，那里增加一个短语，直到你的开场白被打磨得非常清晰和精准。请随时记下这些！这段开场白可以成为未来游戏新手教程的基础。许多游戏新手教程不忍直视——而用这种方法打磨出的教程则可以称得上业界良心。拥有一个让玩家感到欢迎和对新手细致关照的教程，可以大大提升你的游戏给人的第一印象。

## 要看哪里

大多数参加试玩测试的人员习惯跟随玩家的视线观察。如果测试的是主机游戏，那么大家都会盯着屏幕看。这样做有一定道理，因为你能够以玩家的第一视角观察游戏，但我一般不会这样观察。我会花费大部分测试的时间观察玩家的面部表情。当然，我会常常抽空瞟一眼屏幕来了解正在发生什么，但最主要的注意力还是放在玩家的脸上。因为比起玩家正在做什么，他们感受到什么才更加重要。玩家的表情会透露出大量关于游戏体验的情报，而这些情报是永远无法从测试后的采访或问卷中获得的。

这是我从做街头艺人的经历中学到的。在街头表演时，只有在表演结束后向人群递出帽子收集硬币时才能挣到钱。所以如果你想要一顿像样的晚饭，就必须确保围观的人群能够被吸引到表演最后。通过实践，我很快就发现我能读出人群情绪的变化，并相应地调整我的表演——延长他们喜欢的环节，一笔带过他们厌倦的部分。开始开发游戏后，我很吃惊地发现自己能够通过阅读玩家测试时的表情来决定如何调整游戏，以改善玩家能够获得的情感体验。这个技巧每个人都能实现——只不过需要一些练习。

当然，如果我们的眼睛能够同时看到所有东西就好了：游戏屏幕、玩家的表情甚至观察他们的手部动作是否按照预想的进行操作。好消息是，依靠现代视频技术，你完全可以做到这一点。设置几部不同位置和角度的摄像机，把画面拼接到一起，就能够获得包括游戏、表情、手部的全方位测试记录，以便在测试结束后反复仔细观察。

## 在试玩中还需要收集什么其他数据

通过肉眼观察和摄像机记录能够获得很多有用的信息，但还有其他方式可以收集信息。只要计划得当，你可以设法在每次试玩中都记录下所有重要的游戏事件。如果你的游戏是编程产生的，则可以在代码里完成记录工作；如果你的游戏是实体的，则可以在重要事件发生时手动记录。"重要事件"会根据游戏的不同而有所区别。这里列出一些你可以收集数据的例子：

- 玩家在创建角色上花费了多少时间？
- 打倒大反派需要多少次攻击？
- 玩家平均得分有多少？
- 玩家最常使用哪些武器？

你的游戏自动收集这些数据的能力越强，这些数据对你来说就越有用。在过去几年中，任何开发多人在线游戏或免费氪金游戏的开发者，都会把建设一套强大的数据分析和与之配合的内容管理系统作为必不可少的任务，这样就可以形成随时对游戏数据进行分析并快速推出内容调整的持续运营系统。这种新的"量化设计"有其危险性——它可能导致设计乏味，以及不敢相信自己作为设计师的直觉；如果你能够解决这些问题，那么这项精巧的艺术能给你带来了解玩家行为的全新机会。

## 我能否打扰正在进行游戏的玩家

这个问题很微妙。一方面，在游戏过程中打断玩家只是为了采访他们在做什么，你在冒很大风险干扰玩家自然的游戏模式。另一方面，在适当的时候提出正确的问题，能够帮助你了解通过其他方式都无法获得的重要见解。你可能会反驳说只要记下问题等测试结束再问就可以了，但等到那个时候，玩家会处在一个完全不同的精神状态中，他们很可能无法再现当时的感受和想法。这是一个艰难的选择。大多数游戏设计师似乎只会在玩家正在做完全出乎他们意料之外又无法理解的行为时才会当场出言相问。

　　人机交互专家经常推荐一种"放声思考法"来了解当人们和软件产品交互时的决策思维过程。依照这种方法，我们鼓励测试者在使用软件时随时把他们的内心想法用自言自语的方式表达出来。对游戏来说，这个过程听起来就是："这里该怎么做呢……我应该去找香蕉，但我们没看到……我觉得那个木桩后面好像有什么东西……呀！这么多坏蛋！哎哟！吃我一招！好吧……哟，香蕉不就在那座小山上吗？"在游戏测试中运用这个方法不是那么容易的事。对于一些人来说，说出心里的想法本身就会改变他们的行为方式——他们可能会对自己的行为更加小心。其他人可能会在同时玩游戏和说话的时候变得更加迟钝，当游戏挑战变得强烈时，他们往往会完全停止讲话。这就很让人遗憾了，因为游戏设计师最想了解的事情之一，就是玩家在面对游戏挑战的压力时会有怎样的思考和感受。然而，对于一些玩家来说，有声思维是很正常的，这类玩家能够通过这种方式提供大量的信息——你需要解决的，就是如何发掘有这样能力的玩家，或者如何训练测试者具备这样的能力。我曾经亲眼见过人机交互专家为了诱导玩家的有声思维，而不断询问玩家各种问题，最后生生地毁掉一场测试的情况。何时以及是否要使用这个方法，是你应该根据自己和测试者的情况仔细决策的问题。

## 我要在测试结束后收集哪些数据

　　仅仅观察玩家如何和你的游戏互动，就能获得非常巨大的信息量了，除此之外，你还可以通过有意义的事后问卷调查和采访来获得更多。那么你应该怎样选择收集数据的形式呢？

## 调查问卷

调查问卷可以非常有效地请玩家回答可以量化的直接问题。下面的技巧可以帮助你从调查问卷中收获更多：

1. 只要有可能，优先使用图片。当你想了解玩家对于某个游戏元素或场景的看法时，图片可以确保玩家回答的正是你所指的东西。

2. 在线调查问卷可以节省你（和测试者们）大量的时间。像 SurveyMonkey 或谷歌表单这样的系统很容易设置和使用，而且是免费或收费低廉的。

3. 不要让测试者在 1 到 10 的范围内对某件事情打分。如果你使用满分 5 分的计量范围，那么你能够获得更具一致性的结果。因为 5 分制的每一个选项都可以被清晰地标记，比如：

a. 糟透了。

b. 不怎么样。

c. 一般般。

d. 不错。

e. 非常好。

4. 不要在问卷中加入太多问题，否则人们在做到后半段时就会不耐烦了，然后你获得的答案就可能是随手写的干扰数据。

5. 在游戏结束之后马上发给他们问卷，这样测试者可以在答题时有最鲜活准确的印象。

6. 在答卷现场安排专人解答测试者对问卷的疑问。

7. 在每份答卷上注明参与者的性别和年龄等信息，这样你可以在收集较多数据后观察玩家的看法是否有某种所在群体上的联系。

8. 不要把调查数据当作圣经。你的问卷设置很可能不是那么严谨科学，而且测试者在不确定答案的时候也会捏造答案。

## 采访

游戏结束之后的面对面采访环节很适合用来向玩家提出调查问卷中无法

清楚表述的复杂问题。这也是能够直观获得他们对游戏印象的方法，因为你可以直接看到他们脸上的情绪变化和听到他们的声音。下面是采访方面的建议：

- 在你采访测试者之前准备好一个问题列表。而且在列表中留下足够的空间来记录他们的回复。除了问题的答案，你还需要有额外的空间来记录其他玩家回答中出乎意料的内容（相信我，采访经常会碰到惊喜）。

- 尽可能单独采访每一个测试者。人们在一对一交谈的时候往往会更加诚实，而一群人在一起发言时更倾向于聆听和说场面话。如果是三五好友一起参加测试的，则可以在单独采访之后再安排小组采访，捕获可能出现的好友之间交流产生的火花。

- 试玩测试者会倾向于避免伤害你的感情，尤其是在他们了解到你对游戏制作的参与程度以后。很多时候，客观的态度是不够的。我有时会故意小题大做地说："我真的要拜托你，这个游戏让人感觉有严重的问题，但我们目前没办法具体定位问题所在。请你一定要把你所知道的不喜欢这个游戏的地方都告诉我，这会对我们有莫大的帮助。"这将使测试者允许自己诚实地（不顾他人感受地）说出他真实的好恶。

- 避免记忆测试。如果你抛给玩家的问题是这样的："在第三关抓住黄色蝴蝶后，你向左飞而没有选择向右，为什么？"一般你只会得到玩家呆住的表情。玩家忙着在游戏中挑战的时候是不会刻意去记忆那些和游戏目标并没有直接关联的细节的。如果你需要了解这类问题的答案，那么应该在游戏过程中向他们提问。

- 不要用设计师的标准要求测试者。像这样的问题："如果把第三关调难一点儿，游戏会不会变得更好玩？"可能不会得到你想要的结果。在一般情况下，大部分玩家总是希望游戏能够更容易，所以他们对上面的问题会更倾向于否定态度。多数测试者并不具备探讨游戏机制的能力。更好的提问方式应该是："第三关有什么地方让你感到无聊了吗？"这样的问题很可能会帮助你获得是否应该提升第三关难度的诚实回答。

- 多留冗余。不要问："你最不喜欢哪个部分？"而改问"你最不喜欢的三个地方是？"这样不仅可以得到更多的数据，而且是经过优先级排序的数据——玩家感受最强烈的内容往往会第一个蹦出来。

- 请考虑视频壁橱。视频壁橱是游戏设计师芭芭拉·钱伯林的发明。她是新墨西哥州立大学学习游戏实验室的领导。她说："视频壁橱是一个独立空间，内有摄像机或 iPad，还有一块写问题的白板。我们请玩家一个个进去，读到问题，然后回想、思考。玩家准备好回答后可以打开摄像头讲述答案。此举可以极大避免从众思维，也可以让内向的玩家发声。若在壁橱外用测试小组或者访谈形式问过他们相关问题，那么此时再让他们进去提供更深刻或者角度不同的见解，效果更好。这种方式能得到很多浓厚、丰富的反馈，而且因为都录下来了，所以便于与团队及客户分享！"我本人也能为视频壁橱的威力作证——人们不愿对你当面说的话，对着摄像机就能说出来。

- 放下自我。坐下来听人当面说你的游戏有多烂是很困难的一件事。你会非常想打断玩家并为你的游戏辩护，告诉他们游戏本应如何，是他们的打开方式不对，等等。请抵制这种冲动。在采访中没人在乎游戏本应如何。此时此刻，只有测试者对游戏的感受，以及他们为何有如此感受才是最重要的。当你感觉想辩解的情绪逐渐上升时，冷静一点儿，强迫自己提出像这样的客观问题："你不喜欢关于 XX 的哪些部分？"和"关于这一点，能告诉我更多细节吗？"

## FFWWDD

FFWWDD 是肖恩·巴顿发明的另一个大有用处的方法的缩写。它代表 6 个易记的问题，推荐在玩家试玩结束后提问。在 Schell Games，我们必问这 6 个问题，所以也在此分享。

1. 刚才玩的过程中最沮丧的时刻或者部分是什么？
2. 刚才玩的过程中最喜欢的时刻或者部分是什么？
3. 有没有想做却做不到的事？
4. 如果手里有魔杖，能随便修改、增加、删除体验中的任意东西，那么会是什么呢？
5. 在这个体验中，你在做什么？
6. 你如何向亲朋好友形容这个游戏？

　　以上问问题的顺序是有道理的。第一问（沮丧）给玩家吐槽不爽的机会。第二问（喜欢）很关键，因为问到了他们体验中的高点。第三、第四问（想做、魔杖）看起来相似，其实不同。玩家一般在第三问会说一件小事，但到了第四问才会放开思考。第五问（在做）告诉你玩家的目标是什么，而第六问（形容）会给你宝贵的信息，了解玩家是如何感受整个体验的。

　　随着技术进步和免费微交易游戏的兴起，随时分析、随时调整的开发方式越来越多，而试玩测试也变成了在游戏运营过程中持续调整的工具。不过别让这些概念搞糊涂了，测试始终还是测试。归根结底，试玩测试是收集玩家意见和信息的工具，你需要聪明地使用这些信息来让你的设计变得更好。

## 103 号透镜：试玩测试

　　试玩测试是你提前看到游戏在最终用户面前如何表现的机会。为了确保你测试成功达到目的，问自己以下问题：

插画：克里斯·丹尼尔

- 我们为什么要组织这次测试？
- 应该邀请谁来参加？
- 应该在什么场地举行？
- 我们应该在测试时收集哪些信息？
- 怎样筹划整个测试才能得到我们想要的？

　　说到技术进步，终于是时候打开新章节了——600 页介绍游戏设计的书怎么能少了介绍技术的内容呢？

## 拓展阅读

　　《万智牌设计的进化》，作者为理查德·加菲，介绍了历史上最成功的游戏系列之一的试玩测试故事。这段故事也可以在特雷西·浮尔顿的作品

《游戏设计工作坊》及 Tekinbas 和 Zimmerman 的作品《游戏设计读本》中找到。

《游戏可用性：提升玩家体验》，作者为 Katherine Isbister 和 Noah Schaffer，本书收集了很多关于试玩测试的完整的资料和攻略。

《逆袭主流人群之旅：为我岳母推荐的游戏》，作者为 Dave Grossman。这篇文章出色地描述了一场完美的试玩测试是什么样子的。[链接 10]

《拼了老命来做一个不那么糟糕的游戏》，作者为 Barbara Chamberlin。这段 20 分钟的视频包括了丰富的精确到细节的建议，帮助你运作试玩测试。[链接 11]

《阀门社（Valve）的试玩测试方法：经验主义的运用》，作者为 Mike Ambinder.。这段来自 GDC 2009 的演讲为我们提供了世界上最成功和稳定的游戏开发商如何运行试玩测试的内幕。演讲幻灯片可以在这里下载：[链接 12]。

# 第29章
# 制作游戏的技术

图 29.1

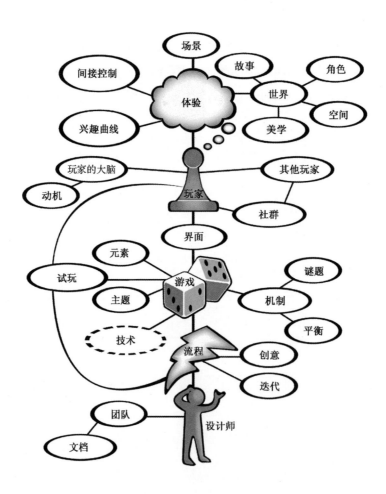

　　塞缪尔进来的时候，汤姆正在画一个图样。塞缪尔看着图样："这是什么？"

　　"我正在设计开门的机关，不用下马车就能够开门。这是打开门闩的拉杆。"

　　"你用什么来开门闩呢？"

　　"我打算安装一根强力的弹簧。"

　　塞缪尔仔细研究了设计图，"然后呢？用什么东西来让门闩闭合？"

　　"这里有一根铁棍，弹簧回跳时就会把门闩顶回去了。"

　　"唔，"塞缪尔说，"我看能行，只要门不偏斜。再说，制作和维修这套设备的时间，同你二十年内下马开门总共加起来的时间相比，只不过多一倍罢了。"

　　汤姆申辩说："有时候马不老实……"

　　"我知道，"他爸爸说，"不过主要的原因是这玩意儿比较有趣。"

　　汤姆咧嘴笑了，"被你识破了，"他说。

——约翰·史坦贝克，《伊甸之东》

## 终于该谈论技术了

　　机器并没有把人们从自然界最大的问题当中解脱出来，而是使他深陷其中。

——安托万·德圣埃克絮佩里

在一本表面上是讲述游戏设计的书里，在接近结尾的地方突然开始谈论技术，是一件很奇怪的事情。我这样安排的原因在于，在游戏设计师的生活中，技术的确是越来越重要的一环。正如在太阳照耀下很难观察星星一样，我们无法在排除技术影响之前谈论设计。技术永远意味着新鲜的东西，意味着惊奇，意味着需要解开新的谜题。在游戏设计四要素中（技术、故事、美感、机制），技术是其中最为多变和难以预测的。就像邀请一个喝得烂醉的亿万富翁参加你的聚会——他总能吸引所有的眼球，因为没人能猜到他会干什么。现在，是时候让我们去研究太阳，或者说，这位烂醉的亿万富翁了。

那么，到底什么是技术？我们是在谈论电脑和电子设备吗？不对，我们所指的是更加广阔的概念。对于游戏设计师来说，"技术"表示组成游戏的媒介——使游戏能够实现的实际物质。对于《强手棋》来说，"技术"就是欺骗、纸钞、卡片和骰子。对于《跳房子》来说，"技术"指的是粉笔和一段空白的人行道。对于《俄罗斯方块》来说，则是指一台电脑、一块屏幕还有合适的输入设备。把技术当作组成游戏的物质可能听起来过于肤浅了，但这个概念还有更深的含义，因为技术的发展速度远远超过我们的想象。想一想，从你出生到现在有多少新发明？数以万计？百万计？太多了，我们根本数不过来，但有很多新发明都可以用来制作新的游戏类型。这一点很重要，因为游戏设计师的毕生追求就是创造新的东西。前面说过，人们购买新游戏只有一个原因，就是它们是"新"的。因为这些来自创新的压力和新技术的诱惑力，人们很容易就会被新技术的全新可能性主宰了心神，而忘记了我们应该创造伟大游戏的初衷。

保持清醒的大脑，而不要和那个亿万富翁一起喝醉对很多人来说都是一个很大的挑战。尤其是工程师，他们天生就对技术有一种狂热的爱好，很容易就被想要使用新技术的想法所迷惑。沃尔特·迪士尼对此深有体会，在迪士尼的名作《生命的幻象》一书中，动画师弗兰克·托马斯和奥利·约翰森提到：

> 由于某些原因，（沃尔特）不信任工程师，他觉得工程师是一帮只会为自己设计产品的人，而不会思索产品最终的使用目的，他甚至拒绝让职员中的任何人挂上"工程师"的头衔。

这当然是一种极端的立场，但它暗示了在你创造的游戏体验中，主宰技术而不是被技术所主宰有多么的重要。

# 基础性技术和装饰性技术

要对技术保持理智，一个很实在的方法就是理解基础性技术和装饰性技术之间的区别。基础性技术能够让一种全新的游戏体验变成现实。装饰性技术只能让已经存在的体验变得更好。我发现图 29.2 可以比较容易地解释这个区别。

图 29.2

纸杯蛋糕的蛋糕部分就是基础性技术。如果缺少这一部分，就不会存在纸杯蛋糕这种东西。而顶上的奶油和樱桃则是装饰性的技术。加入这些不能创造一个新的食品种类，但能够让现有的东西更漂亮、更好吃。下面我们会举一些娱乐界和游戏的例子来让这个概念更加鲜明。

## 米老鼠的第一部卡通片

一个问答综艺里常常会出现的问题是："第一部有米老鼠出现的卡通片是什么？"我们中的很多人都会脱口说出答案：《汽船威利号》。可惜大多数人知道的这个答案是错误的，实际上另一部作品《疯狂的飞机》在《汽船威利号》之前 6 个月就发布了。让人们对《汽船威利号》如此印象深刻的是该电影首映时使用的技术。特别值得一提的，本作品是卡通电影历史上第一部使用了同步音效的影片，而且音效并不是装饰性的——整部电影都有着精细设计的同步音轨。《汽船威利号》的故事主要描述了米奇和米妮将各种各样的农场动物当作乐器来演奏的情景，十分的聪明、可爱和吸引人。如果没有同步音轨技术，那

525

么根本无法表现诙谐有趣的"乐器"演奏场景。在这个例子中，技术成为这部卡通作品能够制造引人入胜体验的基石。不久以后，同步音轨也被添加到了《疯狂的飞机》里，但在那部影片中，这个技术就完全是装饰性的：飞机引擎轰鸣的音效只不过为观看卡通的体验增加了一些乐趣，但没有根本性的体验变化。

## 角力棋

我们来看一个有趣的基础性技术的实践：角力棋，一个由洛朗·列维和米歇尔·拉莱特在 1987 年发明的桌面游戏（图 29.3）。游戏的棋盘由很多圆形的洞组成，看起来像中国跳棋，但有本质上的区别：每两个放置棋子的洞之间还有凹下去的沟，这样就可以推动一枚棋子，让这枚棋子去推动排成一列的其他棋子顺着洞之间的沟全部向前移动到下一个洞里。大多数对战型的桌面棋类游戏都设计了通过移动到对方位置或跳过对方棋子来占领对方地盘或吃掉对方的机制。但列维和拉莱特意识到由很多洞组成的棋盘可以引入"推"这样一个全新的游戏机制。所以他们设计了这样一个通过将对方棋子推下棋盘来吃子的游戏。棋盘的洞和洞之间的沟并不是什么复杂的技术，但它的存在提供了一种全新的游戏体验。

图 29.3

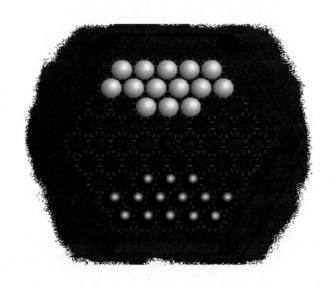

# 《刺猬索尼克（音速小子）》

在世嘉五代游戏机上推出的动作游戏系列《刺猬索尼克》和《刺猬索尼克2》是基础性技术的强力例证。世嘉公司当年对于世嘉五代游戏机和它的最大竞争对手——任天堂的超任游戏机——之间最大的差别就是前者的系统架构支持非常快速的屏幕卷动。因此索尼克系列游戏（尤其是主角具有超快速冲刺技能的《刺猬索尼克2》）都是围绕这一特性来设计的。当时的玩家从来没有见过能够让主角以如此快的速度移动的游戏，因此得到的游戏体验是新奇而且独一无二的。

# 《神秘岛》

《神秘岛》是一个取得了直到今天都让人难以理解的成功的游戏。它曾经连续五年每个月都成为当时最畅销的PC游戏，非常强大。而它取得的成功是一系列基础性技术和装饰性技术共同作用的结果。首先我们来看看装饰性技术：华丽的3D画面和美术设计。1993年，电脑运算渲染出的3D图像是非常新奇的东西，而《神秘岛》正是拥有这样超凡脱俗的画面。不过要想把这样的画面在消费者的电脑上显示出来，就需要另一项基础性技术：CD-ROM光盘驱动器。

在CD-ROM诞生之前，大多数游戏都会选择使用低分辨率的像素图来展示游戏图像。CD-ROM承载容量的提升使得具有照片级图像质量的游戏开始成为可能。《神秘岛》的研发商Cyan非常认真地对待这项技术——在CD-ROM刚出现的几年里读取稳定性和兼容性都有一些问题，有太多不同的制造商和产品型号，而任何兼容性问题都可能让软件产品无法正常使用——Cyan理智地决定花费大量的研发时间来确保他们的游戏可以在当时所有的CD-ROM驱动器和电脑组合上运行，而这些时间很可能会被花费在为游戏添加一些锦上添花的细节上。事实证明，他们的决策是正确的，在当时那几年，任何为自己电脑添置了CD-ROM驱动器的人都会顺便买一张《神秘岛》游戏，因为他们听说这个游戏有着前所未有的优美画面，更重要的是，和其他很多使用CD-ROM的软件不同，这个游戏不会出现任何读取问题。

## Journey

不是著名的电子游戏《旅》（*Journey*）。在 20 世纪 80 年代早期，Bally Midway 的几名工程师产生了一个电子游戏新技术的想法：我们为什么不在街机机台上安置一个数码摄像头，这样获得高分的玩家不光可以留下他们名字的缩写，还能留下他们帅气的身影呢？他们很快开发了可以拍摄玩家黑白照片的游戏机原型并投放在芝加哥的一家街机厅进行测试。他们很快就痛苦地发现，有几名高分玩家对摄像头动了手脚，他们在排行榜的头像显示的是低分辨率的腰部以下不能说的部位。当时没有人能设法解决这个问题，所以管理层很快叫停了这个项目的后续开发工作。但工程师没有放弃，他们已经在这项技术上投入了很多心血，非要看到它开花结果不可。最后他们开发出了 *Journey* 这个以同名乐队命名，玩家可以使用以乐队成员为形象的角色来闯关的平台动作街机游戏。这些游戏角色有着非常独特的外貌，他们有着非常细小的卡通身体，加上乐队成员黑白照片头像的大脑袋。这项照片技术，一开始作为改变游戏体验的基础性技术被设计，但由于意外的原因，最终成为一项纯装饰性技术——而且是非常丑陋的装饰，这样的技术最后也没有拯救这个平庸的游戏。

## 布娃娃物理系统

我们接下来举一个时间上离我们更近的例子："布娃娃物理系统"，一种能够在运行时演算和操纵动画角色，使它们的身体能够真实地和游戏世界中其他物理物体交互，而不需要事先制作动画的技术。换句话说，如果你抓起游戏角色的一只手来回晃动，那么它的身体会被手臂带动而来回摆动——所有动作都是由电脑实时计算出来的，不需要动画师的帮忙。这项技术被无数个第一人称设计游戏当作装饰性的功能使用：当一个角色被手雷击中时，它的身体会被吹到天上并最终落地，整个动画过程由物理系统实时计算得出。即使很多情况下看起来并不真实（很多时候被炸飞的角色看起来更像橡皮人），这项新技术还是深得工程师的喜爱，因为他们觉得能把人变着花样炸飞是一件很酷的事。

同样的技术，在另一个游戏 *Ico* 中的使用，就和前面的装饰性技术产生了鲜明的对比。*Ico* 是叙事型游戏的代表之一，很大一部分原因是在游戏主角 Ico 和他想要拯救的公主之间的互动使用的创新技术上。

在游戏的大部分进程中，Ico 需要牵着公主的手，带领她到处移动，躲避各种危险和陷阱。公主跟随 Ico 的方式、在 Ico 奔跑时手上传来的拉扯的感觉，让人觉得她似乎是活生生的人，这种感觉在以前的游戏中从未出现过。游戏中大多数的谜题都是围绕玩家必须拉着公主走这个核心设计的，如果没有布娃娃物理系统，就不可能让公主做出真实的被人牵着走的反应。游戏设计师和工程师联手，让这项此前的装饰性技术变成了游戏体验和游戏世界构造的核心，这个游戏也成为我们心中永远的记忆。

了解了这两个例子，我们不妨养成一个习惯，每次遇到新技术时问问自己："我要怎样让这项技术成为游戏的基础？"

# 触摸屏革命

当使用触摸屏操作的游戏首次在任天堂 NDS 或苹果的 iPhone 上出现时，很多游戏玩家都在大声抱怨：触摸屏根本无法代替游戏手柄——如果他们只想用触摸屏来模拟一个游戏手柄的话。很快，很多只能用触摸操作来实现的游戏佳作出现了（比如 NDS 上的《料理妈妈》和 iOS 上的《切绳子》），玩家的感受和反馈也有了极大的变化。一直以来对于新技术都有同样的故事在上演：刚开始出现时，人们认为它没有任何价值，直到设计师开始使用新技术设计专门的产品。

# 技术成熟度曲线

另一个防止技术中毒的方法是深入理解这个中毒的过程。我们通过一个 Gartner Research 创造的被称为"技术成熟度曲线"的模型来展示（图 29.4）。

图 29.4

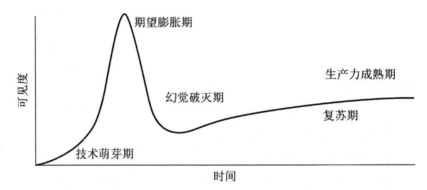

图 29.4 所示的曲线代表了一种技术对公众的可见度（量化为有多少人在谈论这项技术）。Gartner 认为任何一种新技术都要经历 5 个阶段：

1. 技术萌芽期。也就是新技术第一次被发现或公布的时期。

2. 期望膨胀期。有很多人在谈论一项技术，而实际使用它的人数却较少的时期。换句话说就是，"没人真正了解它，但每个人都说它很棒"。发布新产品（比如说下一代的苹果 iPhone）的公司总是试图引发人性中的特点，让大家相信新技术能使梦想成真，虽然结果往往并不是人们的想象的那样。

3. 幻觉破灭期。当技术无法达到人们酝酿已久不断升温的期待（比如赛格威电动车）时，人们才学会用冷静客观的态度来看待，这时候很多技术都会很快退热，甚至遭到嫌弃。

4. 复苏期。逐渐地，工业生产中的专业人士开始掌握新技术的正确打开方式，并加以利用获得生产力或利润的提升。

5. 生产力成熟期。终于，新技术带来的好处被整个行业认识和接受，这个阶段曲线的高度取决于新技术是否有足够大的适用范围。

关于技术成熟度曲线，最有趣的地方就在于任何新技术都会经历这些阶段，而人们总是无法学会预测它的出现。他们一遍又一遍地重复曾经上演过的愚蠢故事：首先假设这个"新玩意"将会改变每个人的生活，然后在它无法达到预期时立刻踩上一脚，最后当它终于变得有用时再跟风使用它。作为游戏设计师，你需要从技术成熟度曲线的故事中学会下面三件事：

1. 免疫性。如果你了解了这个总会重复自己的故事，那么可以训练你对新技术的免疫性，这样就不会把整个职业生涯赌在某个还没被证明可用的技术上。

2. 预防针。你很可能会在某个阶段被狂热于某种技术的人们包围，他们都想请你设计游戏来配合这项技术，如果你除了自我免疫，还能通过让他们了解技术成熟度曲线来帮别人注射疫苗，就可能会从危险的决策中拯救你的整个团队。

3. 融资技巧。这是一个我没办法粉饰的真相。总有一天，你会遇到一个满脑子都是对某项技术"期望膨胀"的金主，在你向他兜售游戏设想时，他对你的兴趣完全和你酷炫的设计无关，而是相信跳上新技术的火车就能保证他赚得盆满钵满。你可能想说服对方设计比技术重要，但对方绝对不会听的。唯一管用的技巧就是在"幻觉破灭期"之前融资到账，然后不管使用什么技术，尽你最大的努力来做好游戏。尽管过程可能很惊险，但不管怎样你能够让你的游戏成为现实。

回顾不同游戏主机和游戏发布的历史也是理解技术成熟度曲线的有趣方式。不过我将把这部分内容作为练习交给读者自己研究，因为下面我们还有更重要的课题要讨论。

# 创新者的窘境

对于任何接触和使用新技术的人需要了解的另一个模式被称为"创新者窘境"（图 29.5），这个命名来自 Clayton Christensen 的同名著作。这个模式的基本思想就是很多科技公司经常因为过于听信用户的意见而失败。这听起来太扯了——我们不是刚刚才说听取试玩用户的意见是很重要的吗？不过 Christensen 所说的是一种非常特别的情况：当新技术出现时，它是和已有技术完全不同的东西，但还不足以代替原有技术。当你向用户征求对新技术的看法时，他们一定会说"这还不够好"。如果你重视这些意见，就会选择把新技术放在一边，继续沿用和改进成熟的已有技术。但不管你和用户怎么看待，新技术也会慢慢发展成熟，当你突然再次发现它时——几乎是一夜之间的感觉——新技术一下子就跨越了魔法的分界线，变成了"足够好"的东西，而所有之前持否定意见的用户也会突然间"跳车"到另外一辆更快、更好、更便宜的"颠覆性技术"的列车上。

图 29.5

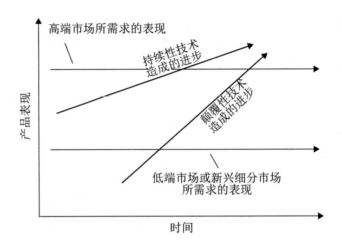

这样的事情我们在游戏行业见识过无数次了。过去的数年间，PC 游戏的研发商都没有把主机游戏放在眼里——游戏主机就是"不够强大"。结果突然有一天，它们就成了机能和游戏性的标杆。短短一年内，PC 游戏就从主流变成了小众市场。另一个例子，体感控制器已经存在超过 20 年了，而过去所有人都觉得它们要么造价太高，要么不能提供准确稳定的体验。所以大多数主机制造商并没有想挖掘这类游戏的价值。在一系列逐步改善和创新之后，任天堂发布了新一代游戏主机 Wii，加上精心设计的 Wiimote 体感控制器，一下子就把体验推进到了"足够好"的地步，然后席卷了整个主机游戏市场。时至今日，像语音识别、人工智能、脑波传感等一系列新技术都处在被人忽视的角落，因为它们对游戏研发来说还"不够好"。如果你能够设法为正在"突破瓶颈"的技术设计适合的游戏，你就可以踏着新技术的滚滚浪潮占领一片完全空白的市场——当然，首先要保证新技术在游戏中的应用是基础性的！

# 分歧法则

当人们试图预测未来科技走向时经常一遍又一遍犯同样的错误：他们认为

技术发展的趋势是融合和一体化。比如，很多人之前预测很快我们就会实现客厅娱乐的一体化，使用一台设备满足看电视、视频、听音乐、玩游戏的所有需要。结果如何？看看现在你家客厅有几个遥控器就知道了（没猜错的话至少有3个）。反而是十几年可能每家都只有一个遥控器，但随着技术的进步，各种设备的数量成倍上升，为什么会这样呢？因为这就是技术发展的特点。不同的技术的发展速度不同，如果我们非要把所有设备捆在一起销售，那么每当负责其中一项功能的技术更新时，我们就要扔掉原来的设备再买一台新的。技术总是像这样随着演变和进步而不断地分化，淘汰发展慢的，就像加拉帕戈斯群岛的鱼类一样。让不同科技代表的设备保持独立，你就可以一直为接下来会出现的新玩意做好准备。对游戏行业来说也是一样的，我们总是会开发和设计新的输入/输出系统来更好地实现游戏乐趣，而用户总是为这些新设备留出了空间。

分歧法则有一个例外，就是随身携带的设备会越来越少，瑞士军刀和智能手机之类随身设备为了便携，一般是聚合技术的。对游戏开发者来说也要了解这个随身的例外，但要记住，这只是例外。

## 技术奇点

我们都意识到这几年中新技术正以更强力的姿态闯入我们的生活。毫无疑问，科技进步的速度不仅是在增加，而且是以前所未有的加速度增加。正因为如此，预测未来才变得越来越困难。一千年以前，你能够对未来100年的人类生活做出一个不算太差的估计；但如今预测未来十年的情况已经变得非常困难。理论认为科技发展会持续加速，很快我们将无法预测一年后、一个月以后甚至下一小时里的生活。当技术发展过快而我们无法再预测未来时，我们就将这个时间点叫作技术奇点。有人认为我们这一代人就有希望看到这一天。

听起来好像扯远了，但毫无疑问，技术的快速进步对游戏设计师来说是一件好事，因为新技术意味着实现全新游戏想法的机会。另外，我们对于开发有虚拟世界概念的游戏并不陌生，虽然类似的游戏已经成为有趣一时的历史，而一旦虚拟现实技术的发展突破了瓶颈期，这个概念将会孕育出一整片全新的游戏设计领域。

技术是游戏的载体和介质，也是游戏设计四大基石之一。请用下面的透镜仔细检查和选择适合你的技术。

## 104 号透镜：技术

为了确保使用适合你的技术，问自己以下问题：

- 什么样的技术能够实现我想创造的体验？
- 我使用的技术是基础性的还是装饰性的？
- 如果我选择的技术没有提供基础性的功能，那么是否还应该继续选择它？
- 这项技术的实际效果是否达到我的预期呢？
- 我是否能找到更具革新性的技术来代替现有的技术？

插画：约瑟夫·格拉布

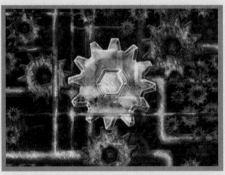

# 看看你的水晶球

> 即使对预测的结果没有把握，也远比不去预测要好得多。
>
> ——昂利·庞加莱

> 对于盲人来说，所有事物都是突然的。
>
> ——匿名

技术快速发展的一大影响就是人们往往拼尽全力试图理解眼前的新技术，而忘记了考虑未来会发生的事情。由于被眼前的新事物所困扰，人们会觉得预测未来是更加困难和没有意义的事。对有心人来说，这个现象是一个绝佳的机会——坐下来仔细思考未来会发生的事情，并取得先机。作为游戏设计师，如果你能猜中未来，就能够在新的潮流发生之前做好准备。只有运用逻辑思维和多年积累的知识才能做出这样的预测，当然，你不可能总猜对。但每次就算猜错也请仔细思考错误的原因，这样下一次你的预测会更好。

预测未来的行为本身也会改变你看待世界的方式，可以尝试下面的例子：

- 4 年以后的客厅游戏娱乐会是什么样子的？和我们现在主流的游戏有什么不同？
- 对 8 年以后同样的话题进行预测。
- 从现在开始 2 年以后，下载游戏和零售版（光盘或其他物理载体）游戏各占多少市场比例？为什么？5 年以后这个比例又会怎样？
- 平板电脑会变成主流的游戏设备吗？为什么？
- 下一波多人在线游戏的大潮会是关于什么的？为什么？
- 小型游戏开发工作室在未来 4 年会做什么样的游戏？
- 大型游戏开发商在未来 4 年会做什么样的游戏？
- 体育类游戏在 4 年后会是什么样子的？
- 第一人称射击游戏在 4 年后会是什么样子的？
- 4 年后你最喜欢的游戏类型是什么？
- 未来 4 年会有哪些全新的游戏类型出现？为什么？

回答这些问题不是一件容易的事，不妨和你身边的伙伴一起讨论，你会发现这样做能够逐渐地区分可能性很大的事情，并以此为基础帮助你预测那些难以确定的事物。最后得到的预测结果本身并不重要，你需要的恰恰是做出假设依据的基础。

经过这样的过程，你不光对技术的发展有了更好的直觉，而且对人们如何看待一项技术也有了深入的认识。预测未来需要两者一起作用，换句话说，科技+心理学=命运。而且，预测未来的尝试往往需要你仔细研究历史趋势，正好能够为你提供独特而正确的观点。我在 YouTube 上开设了一个频道([链接 13])，内容主要是我和其他朋友对未来做出的有理有据的分析和预测。欢迎你也来投稿！经过练习，预测技术的未来走向并不是那么困难，而且很容易形成习惯。不管怎么说，任何人都想拥有水晶球，不是吗？

## 105 号透镜：水晶球

如果你想了解一项游戏技术的未来，那么问自己以下问题，理由越充足越好。

插画：戴安娜·巴顿

- 这项技术在 2 年后会变成什么样子？为什么？
- 这项技术在 4 年后会变成什么样子？为什么？
- 这项技术在 10 年后会变成什么样子？为什么？

在我们进入下一章之前，我想花一点儿时间讨论为什么人们对技术如此狂热。我们在第 16 章曾经讨论过，技术能够提供的巨大变化的潜力天生就很吸引人。但不仅于此，技术提供了古往今来每个人想寻找的东西：乌托邦。对人人平等、无限财富的理想世界是每个人共同的追求。我们为了梦想中的理想世界才会有驱动力去建设学校、教堂、政府、法律、发明、互联网创业公司、社会保障计划、革命、非营利组织、书籍、艺术，以及，你猜得没错，电子游戏。从某种意义上讲，电子游戏特别符合这个梦想。毕竟我们的创造有着无限可能，不仅是你输我赢的游戏，而是完整的世界——一个比现实更美好、更令人激动、更公平的世界。从这个角度来看，我们用于创造游戏的技术成熟度曲线有着更重要的意义。玩家期待我们这些游戏的创造者带领他们走进理想的世界，而当他们发现我们不知道路在何方时，就会很快失去信心并停止关注我们的新游戏和系统。

所以在我们选择使用的技术时，最重要的就是选择能够引领我们建设一个更好世界的技术。在成书之时，我相信下面列出的 5 种技术最有机会实现我们的梦想。

1. 魔法界面。在未来，符合人们直觉的界面已经不够了，玩家会想要具有魔力的交互界面。iPhone 和 iPad 的巨大成功就来源于那种具有魔力的感觉。很多人对于微软 Kinect 系统还抱有各种不同的看法，但没人能否认数以百万计的体感游戏的热卖正是来自玩家那种想尝试用魔法来和机器交互的渴望。

2. 公平支付。电子游戏的销售模式在过去十年中有了翻天覆地的变化，直到今天，无数开发商还在进行不同商业模式的尝试。但玩家还是不认为我们现在提供的游戏主机和游戏的销售模式是公平的。如果你能够设计出让玩家总是觉得超值的购买系统，加上继续创造好玩游戏的能力，那么玩家和开发者都会跟随你的脚步。

3. 少点 A，多点 I。也就是让人工智能（AI）变得更真实（not artificial）。电脑革命中的最大谎言就是电脑会像人类一样思考和交流。我们现在还差得很远——但能够最先实现拟人化的人工智能的领域很可能就是游戏。因为游戏中的人工智能不需要表现得很完美，他们只要做到有趣和吸引玩家就可以了。我们在过去十年中创造了无数引人入胜的游戏人工智能，之后一定可以继续承载整个世界的想象力。

4. 家庭和好友。我们曾经提到，人们不是为了独处才去玩游戏的。如果有可能，他们通常都会选择和家人朋友一起玩。我们现在已经有了一些不错的为亲友设计的游戏，但还有更多未被开发的机会。夫妻会每天晚上一起玩的游戏在哪里？让整个家庭一起冒险和完成任务的游戏在哪里？能够让孩子和远在外地的祖父母一起玩的游戏在哪里？像 *Words with Friends* 这样的游戏指出了一条路，但我们可以找到更多这样的空白。

5. 成长游戏。人们玩游戏首先是为了娱乐——但如果你能够让他们通过游戏成为他们想成为的人，从精神上、身体上、智力上产生根本的变化。这无疑是一个极其困难的任务，但需求也同样强烈，就像 Wii Fit 和《成人脑锻炼》的热卖所揭示的。如果你选择了能让人们变得更好的技术，那么肯定能够带领我们向更好的世界前进。

通过游戏实现乌托邦是一个反直觉但很重要的概念。下面的透镜能帮助你指明前进的道路。

## 106 号透镜：理想世界

要确认你正在向着一个更好的世界努力，问自己以下问题：

- 我正在创造的东西会让普通人感觉具有魔力吗？
- 人们听到我在制作的东西时会感到激动吗？为什么？
- 我的游戏是否确实提升了行业标准？
- 我的游戏让世界变得更好吗？

多么美妙的梦想，不过我该叫醒你了，快去迎接客户！

插画：瑞安·伊

## 拓展阅读

《创新者的窘境》和《创新者的解答》，克莱顿·克里斯坦森著。这两本书包含很多有趣的技术创新的真实案例，以及我们可以从中学到的克服窘境的方法。

# 第30章

# 你的游戏总有一个客户

图 30.1

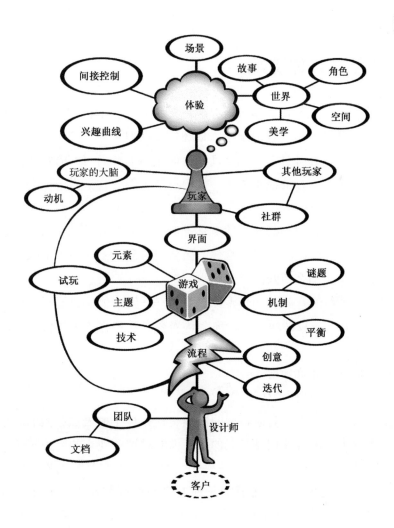

形式服从于功能。

——Louis Sullivan，建筑师

形式服从于乐趣。

——Susannah Rosenthal，玩具设计师

形式服从于资金。

——Bran Ferren，现实主义者

# 谁在乎客户的想法呢

理想世界中的游戏设计师只需要取悦两种人：你的团队和你的玩家。

而在现实世界中的多数情况下，你还需要随时考虑客户的想法。

什么是客户？有时是游戏发行商，有时是持有流行 IP 的媒体公司，有时甚至是一些毫无娱乐行业经验的人，他们只是突然想找人做一个游戏。客户有各种形式和规模。

为什么要了解客户的想法？除非你把制作游戏当作业余爱好，或者你已经实现了财务自由，客户就是那个给你的团队支付薪水制作游戏的人。如果他们不喜欢你的作品，那么游戏就结束了。

你可能会期待客户把你当作专家来看待——因为他们自己无法做出游戏，所以才会来找你——自然而然地，你会认为客户尊重你关于如何做出最棒游戏的看法。

有的时候确实如你所愿。

（我只是听到过这样的传说。）

可惜，大多数客户会对他希望的游戏是什么样子的表达强烈的观点。他们当然有这个权力，因为他们是花钱的人。你应对这些观点的能力至关重要，原因如下：世界上有两种游戏设计师——开心的设计师和暴怒的设计师。开心的设计师要么不愁吃喝，要么非常善于应对客户的强烈观点。而暴怒的设计师天天都在和客户观点的矛盾中度过。这听起来好像在抖机灵，但我其实是认

真的——你构建的妥协之桥能够让你和你的客户都能有一个好心情，而这种能力正是开心的设计师必备的标准技能。

为什么呢？客户的强烈观点一定是错误的吗？万一客户有很聪明的想法呢？这是很有可能的——有些时候客户的想法真的很周全和巧妙——这当然没什么可抱怨的。但还有很多时候客户的想法看起来如此的愚蠢和天真，甚至虚伪到令人费解。有的时候你能从客户口中听到你这辈子听过最蠢的意见，但你还是要设法让对方满意。你的处理方式是否妥当能决定很多东西，包括你和客户的关系、你作为设计师的声望、你接下来的人生，还有你的游戏的成败。

## 应付客户的烂点子

很多游戏设计师在听到客户提出的烂点子时，会像车头灯照射下的小鹿一样石化，吓得一个字都说不出来，你有以下三种应对选择：

1. 出于对客户的畏惧而同意这个烂点子，这是对你的游戏的伤害，也是对客户的欺骗。

2. 立刻反驳客户，告诉他们这个主意有多糟糕，你期待客户恍然大悟而认识到你的思想是多么的睿智。而这样做你通常会"死得很惨"。

3. 试图理解客户为什么会出这样的主意。

第 3 种应对选择是正确答案。当任何人提出愚蠢的建议时，并不意味着他们本人是愚蠢的——他们只是想帮忙而已。大多数情况下，这些烂点子是为了解决某个问题才提出的。这时我们应该请出我们的老朋友，14 号透镜"问题描述"！只要你能从客户的建议中推理出他们真正想解决的问题，你就很大可能想出解决这个问题的更好的方式，而客户也会对此感到满意。

举个例子，曾经有一个竞速游戏，客户在开发周期进行到一半时到访。在把玩了几分钟游戏原型后，他看着团队说，"这些车辆需要更多的铬合金外壳。"主美术师立刻向设计师投去惊恐的目光——车辆模型的制作已经全部结束了，而且客户在几个月以前就已经审核过了。主程同样吓坏了——目前的模型已经让性能很吃紧了，添加有更多反射效果的材质只会让消耗殆尽的 CPU 资源更加吃紧。

游戏设计师本来可以说"好的，就这么办（然后让美术师和工程师都见鬼去吧）"，或者"绝对不行"，然后看着事情变得无可挽回。但设计师只是说："为什么我们需要更多铬合金外壳？"客户的答复出人意料："我玩的时候觉得车速太慢了。我知道，这个时候调节车速对你们来说可能比较麻烦，所以让车上的反光变得更强烈可能会显得速度更快一点儿。"对于内行来说，这可能是很没道理的逻辑，但不管怎么说，客户只是想帮忙，而且还在考虑团队的工作量！实际上开发团队也觉得车速不够快，他们正想在试玩之后提出这个建议，而且已经想好了对策：一方面将车辆的移动速度调得更快（实际上非常简单），同时将摄像机的视角降低。最后他们就在客户眼前完成了这些修改，而客户不但马上看到了自己建议的效果，还了解了更多竞速游戏的开发知识。

以上是一个使用"问题描述"透镜拯救世界的直观例子。人类的大脑具有高速运转的能力，它们往往在还没认清需要解决的问题是什么之前就已经下了结论。大部分烂点子都可以用一句话来解决："你想解决的是什么问题？"

## 那块石头不行

客户还有其他能让设计师抓狂的方式，而且和前面介绍的强烈观点正好相反：觉得哪里不对，却不知道自己到底想要什么。我给这种情况起了一个叫作"那块石头不行"的代号，一般是这样的：

> 客户：我想要一块石头。
>
> 设计师：好的，你看这个怎么样？
>
> 客户：不好，那块石头不行。
>
> 设计师：啊……呃……要不这个？
>
> 客户：不对，这块也不行。

（重复 233 次……）

像这样的对话重复 10 到 20 次以后，设计师一般都会变得十分沮丧，对每个肯听他说话的人咆哮："我实在无法相信有这样的客户！他们连自己想要什么都不知道!"而人们不得不承认他说得没错。然而，如果客户能够决定一切细节，那么他们为什么不自己设计这个游戏呢? 游戏设计师的一大职责就是帮助客户搞清楚他们想要的究竟是什么。这个任务与听从测试玩家和用户的建议一样——你必须比客户更了解他们自己。下面是遇到上面情况时正确的解答:

> 客户：我想要一块石头。
>
> 设计师：什么样的石头?
>
> 客户：我不太确定…我也不是很懂石头。
>
> 设计师：那么，你想要这块石头派上什么用场?
>
> 客户：哦……我要把它放在我家的车道旁边，然后在上面写上地址门牌号。
>
> 设计师：啊哈……我知道什么最合适了，我会给你提供几种选择。

当你能设法让用户了解他们需要的是什么时，你不仅在完成自己设计工作的流程，而且同时让客户受到了设计方面的教育。如果你很擅长做这件事，那么客户会感觉自己变得越来越聪明，而你就可以设计出完美符合他需要的游戏。

## 愿望的三个层面

要给客户他们真正想要的设计，就必须了解对他们来说最重要的东西——你必须想他们之所想，急他们之所急，事先调查关于客户的一切，不管是生意上的还是私人性格上的，绝对不会浪费时间。你要了解，他们是想快速把游戏炒热赚一笔就走，还是想慢慢提高游戏的评价和影响力? 他们想开拓一片新的市场，还是利用现有的用户群? 他们认为什么样的游戏是好游戏? 你通过和客户交谈并询问他们的意图可以了解到很多东西——不过别忘了很多时候人们不愿意实话实说。在猜测客户的目的时，要记住每个人都有愿望的三个层面: 话语、想法和内心。

例如，客户可能会用她的"话语"对你说:"我想请你为 Rittenhouse 基金会制作一个向初中生教授代数的游戏。"

但在她的"想法"中，她未说明的秘密是："实际上，我想做一个太空主题，教玩家几何学的游戏。我把一切都计划好了，但我必须扯上代数，因为 Rittenhouse 的赞助者觉得代数更重要。"

最后，在她的"内心"深处，她想要的东西可能完全不同："我已经对做金融厌倦了，我只想让人们见识我的创造力。"

回到现实，如果你相信了她的"话语"并采取行动，那么在项目进行过程中，她会不断地反对本来的计划，并且试图将事情的发展方向朝着投资人预期相反的方向推进。总之，你会发现她的行为越来越矛盾。但是，如果你能够了解她的想法甚至内心，你就有可能在游戏中融入一些她真正想要的元素，并设法让她参与游戏的创意工作，或者至少采纳她的一些建议。如果你够聪明，你甚至能够满足她三个层面的愿望——当然这是很困难的任务，如果你能满足一个人内心的愿望，那么可能会成为她一辈子的挚友。

# 1498年的佛罗伦萨

我想用一篇我最喜欢的关于如何应对客户的故事来结束本章。故事发生在文艺复兴时期的意大利佛罗伦萨。这座城市在许多年前购买了一块巨大精致的大理石，想用来制作雕塑。但经验不足的雕塑师一开工就失手在上面凿出了一个大洞。市政厅对雕塑师失去了信心，炒了他的鱿鱼。那块优质的大理石就一直躺在大教堂后院慢慢腐化了很多年。到了 1498 年，当时的市长 Piero Soderini 下决心要把那块大理石做出一个作品。他去请达·芬奇，但对方对损坏的原材料不感兴趣。此外达·芬奇很清楚地记得之前的市政厅是怎样对待上一个犯了错误的雕塑师的，他可不想跳进同一个坑里。终于还是有一位雕塑师来找市长想接受这个任务——一位叫作米开朗琪罗的 26 岁年轻人。市长很怀疑这么年轻的雕塑师是否有足够的能力，而米开朗琪罗带来了原型：一块用蜡做的模型，很清楚地展示了他将如何设计雕像的身姿来正好利用损坏的大理石原料。Soderini 和其他政要终于同意由米开朗琪罗来承担这个重任，创造大卫的雕像。

在雕像快要完成的一天，市长决定去现场检查一下进度。大卫的雕像非常巨大，足有十四英尺高，所以米开朗琪罗必须在四周围满脚手架才能在上面工作。当时米开朗琪罗正在脚手架的高处完善细节，Soderini 为了看清楚雕像，走进了脚手架内部。自认为很懂雕塑的市长告诉米开朗琪罗，雕像看起来不错，但很显然鼻子做得太大了。

米开朗琪罗很清楚市长是因为站得离雕像太近才会产生这样的错觉，如果从正下方观察，那么每个人的鼻子都会显得很大。但市长的话很显然也不能代表他真正的想法——他有更深层次的愿望。所以米开朗琪罗并没有马上给 Soderini 上一堂透视课，而是邀请他爬上最高层的脚手架，两个人一起修复雕像的鼻子。在 Soderini 攀爬的时候，米开朗琪罗用小指头挖起了一点儿大理石的灰尘。当 Soderini 来到他身边时，米开朗琪罗把凿子贴近雕像鼻子，假装凿了几下，同时把小指上藏的灰尘抖了出来，就好像真的在雕刻一样。在这样子"表演"了几分钟后，米开朗琪罗往后退了几步，然后说，"看看现在怎么样？""我更喜欢现在这样子，"Soderini 回答道，"你给了他生命！"

听起来像对 Soderini 开的残酷玩笑？毫无疑问，他那天造访的真正目的就是声明对雕像的所有权——作为一个创意的提供者。当他离开时，这个愿望被满足了。在此之后，如果有人敢批评这座雕像，那么可以肯定，Soderini 会是第一个站出来反对的。我讲述这个故事并不是教大家如何欺骗客户，而是为了说明让他们实现参与游戏创意工作的愿望的重要性。既让客户参与进来，又不破坏整体创意的蓝图是完全可能的。永远记得客户能提供很多除资金外其他的支持，可能是人脉资源、商务帮助，或者是对游戏目标用户的深入理解。你会发现如果你认真、用心地倾听客户，那么他们也会听从于你。

## 107 号透镜：客户

如果你的游戏有一位雇主，那么你应该花心思搞清楚他想要的是什么。问自己以下问题：

插画：凯尔·盖勒布

- 客户的"话语"中说明他想要什么？
- 客户实际的"想法"中说明他想要的是什么？
- 在客户"内心"深处，他真正想实现的愿望又是什么？

当你想提出一个新的构想时，能够让客户听取和认同你的想法是非常重要的，这也是我们下一章的主题。

## 拓展阅读

《权力的 48 个法则》，作者是罗伯特·格林。这本书充满了对人类社会各种关系的深刻见解。

# 第31章
# 设计师要向客户推销
# 自己的想法[①]

图 31.1

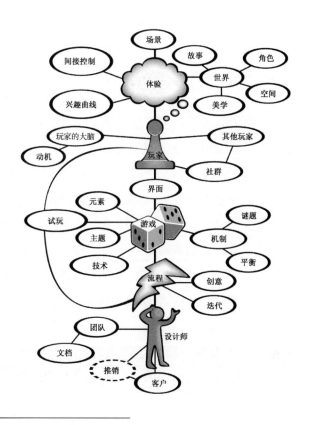

___

① 此处"推销"的原文为 pitch。

# 为什么是我

如果你需要别人投资、出版或者发行你的游戏，你就必须说服他们你的游戏值得他们承担风险，这就意味着你需要推销自己的游戏构想。你可能会想"为什么是我来做这件事？我设计游戏那么辛苦还不够吗？别人来搞定行不行？"但是仔细想想，谁能比游戏设计师更有资格做这件事呢？美术师？程序员？还是管理人员？作为游戏设计师，你应该比其他任何人更加了解这个游戏，了解它为什么比其他游戏更好。如果你自己对游戏都没有足够的信心，能够让你在其他人面前为它唱赞歌，那么其他人又有什么理由喜欢这个游戏呢？

那么你将向谁推销，又是在什么时候呢？答案和你所处的状况有很大关系。使用业余时间做游戏的独立开发者和拥有相当规模全职团队的大企业，在推销游戏想法时需要准备的内容天差地别，但不管你的身价几何，要做出成功的游戏就要先学会推销自己的游戏。一开始，你需要向团队成员和潜在的合作伙伴推销大概的想法。当团队成员认同了这些概念上的东西后，下一步你就要向管理层推销，获得开发原型的资金。原型做好后，你就要拿着原型向发行商或 Kickstarter 这样的众筹机构推销来获得游戏开发生产流程中需要的资金。如果前面都很顺利，项目顺利进入开发生产流程，你可能在某个时间点发现原来的概念必须做出某种程度的修改，你将向几乎所有人重新推销这个新想法。在游戏全部完成后，你要带着它参加各种游戏展会，并向各路记者推销。推销的目标可大可小，可能大到"因此，我需要 7.5 千万美元来完成这个 AAA 游戏。"也可以小到"鲍勃，这就是为什么太空船的角落需要设计得更圆滑一点儿。"只要你在游戏开发行业，你就需要持续地说服人们接受你的想法，甚至你需要让各种各样来自不同背景的有着不同理念的人们全部支持一个统一的想法和目标。当然压力最大的还是当你试图为游戏拉来资金时的推销，这一章的重点也会放在这里。

# 权力的谈判

在我们谈论如何计划一次完美的推销之前，我们应该先花时间理解什么是所谓的"推销"。要理解这一点，就要先搞清楚什么是"权力"。权力并不一定意味着财富或者对人的控制，尽管很多时候就是如此。权力其实就是获得你想要的东西的能力。如果你能够得到自己想要的东西，那么你就是一个有"权力"的人。相反，无法得到想要的东西的人就是没有"权力"的。

不过请注意我们对权力的定义有两部分："获取的能力"和"你想要的东西"。大部分人把精力都花在了前一部分，也就是如何获取"权力"上。但后一部分，自己想要的东西同样重要。如果你不清楚自己想要什么，那么你会发现自己永远在徒劳地努力索取却从来不会感到满足。如果你很了解自己想要什么，你就可以更有效地集中精力和资源来达到目的，这样的做法就能让你变得更有力。

在你推销你的游戏时，你就进入了一场"权力"的谈判中，你在这里的目的就是得到自己想要的东西，而手段就是让别人相信你的游戏会帮助他们得到他们想要的东西。因此，任何成功推销的基础都是很清楚地了解你想要什么和对方想要什么，这并不是一件容易完成的任务，别忘了我们上一章讲过的三层愿望的结构。

# 想法的层次

没经验的设计师经常会向人抱怨："这太扯了，我向他们展示了如此酷炫的一个想法，但没有人对此感兴趣！这些人的脑子都是怎么长的？"实际上发生这种情况的原因和听众关系不大——更有可能的是所谓的"酷炫想法"在下面所示的想法的层次中只有非常低的价值：

| 想法类型 | 描述 | 价值 |
|---|---|---|
| 一个想法 | 普通的旧点子 | $0.083（12 个这样的想法值一毛钱） |
| 酷炫的想法 | 引人想象的点子 | $5 |
| 确实酷炫的想法 | 能让人喊"酷炫"的点子 | $5 |
| 真正好想法 | 感觉有人确实能用上的想法 | $100 |
| 在最合适环境和时间出现的，经过有说服力陈述，值得马上去实现的想法 | 如前所述 | $1,000,000+ |

不用太在意我对这些想法的估值，我只是想说明，当你推销一个想法时，人们不会一条一条地考虑这个想法的优点和价值。一切评价的标准都是它在此时此刻对推销对象是否有用。对对方有实用价值且可以马上投入实践的想法就具有百万美元的价值。当你展示了一个"好想法"却没人认同时，不要咬牙切齿，把这个想法拿给能够利用它的人看，或者存放在你的口袋里，下一次你遇到更合适的推销对象时就可以拿出来用了。

## 成功推销的12条建议

你现在找准了合适的推销对象，也准备好了他们能够马上利用的不错的想法，你甚至对他们能为你做什么也想得很清楚了，下面你要做什么呢？

### 建议 1：敲开客户的门

就算准备得再充分，如果你无法敲开客户的房门，那么也没办法向他推销。有些门很容易进入，有些却很难。向大游戏发行商推销游戏设计的想法的机会是很难得到的。他们就像学校校花一样追求者甚众，而他们也很清楚自己的地位。他们往往会无视你发过去的电子邮件、短信，甚至在毫无通知的情况下单方面取消和你约定的会面。他们有自己惯常合作的明星开发商，所以除非你能让他们相信你的想法是独一无二的，否则基本上不可能通过正常的方式联系上他们："喂？是'超级大咖'游戏公司吗？我有一个游戏设计的想法要向你们展示，我应该跟谁联系呢？"

更好的方式是"走后门"——如果你有这个能力的话。也就是说，找到一个对方公司内部的联系人，让他为你的游戏项目背书。游戏发行商每天会无视成百上千的外来邮件，但他们不会忽视每天合作的同事发来的邮件。我可以肯定地说，绝大部分的游戏发行合同都是用这种方式牵线搭桥的——开发商和发行商由他们共同的朋友介绍认识。这就是为什么像 GDC（全球游戏开发者大会）和 IGDA（国际游戏开发者联合会）这样的行业活动如此重要——它们会帮助你建立人脉关系，这样当你有一个好的想法需要推销时才能敲开客户的门。

即使你只是在自己公司范围内推销想法，同样的原则也是适用的。有权力进行决策、制定计划和预算的人往往是最忙的，他们只会听从他们认识的、信任的人的意见。

## 建议 2：展示你的认真

当我在迪士尼工作时，有一项非常值得一提的每年举行两次的活动，叫作开放论坛。在这里你将有机会向掌管迪士尼主题公园的创意指导们展示你的精彩创意。公司里的所有人都可以参加这个活动，每个人都有 5 分钟的时间向有决策权的评委团推销自己的想法。在每个点子被说明后，评委团会花 5 分钟的时间私下讨论，再用 5 分钟的时间向点子提出者提供反馈意见。如果评委团喜欢你的主意，你就会晋级到下一轮和其他优秀的想法继续竞争，最后最出色的点子会出现在主题公园里！我个人非常喜欢这个活动，每次都会尽我所能地参与。一般来说我都会做好充足准备，但只有一次活动前我因为过于忙碌而没有准备好。这一次我没有准备好一个设想完整的方案，我想也许可以拿出两个构思没那么完整的小点子出来。第一个是会喷出肥皂泡的喷泉，第二个是在饭店的餐桌上提供迷你篝火，这样客人们就可以在他们的桌上自己烤棉花糖吃。当我介绍完这两个想法后，评委团开始一个接一个地提问：肥皂泡喷泉能够实现吗？迷你篝火是否安全？我是否事先考虑过这些问题并制作过原型？我只能承认我没有考虑过这些。一位评委变得有些生气了："如果你自己都不在乎这些主意，不去做实验来探究答案，为什么我们要在乎它们？"当时我尴尬极了，但他说的完全正确。

当你推销自己的游戏时，你必须证明自己很认真地想制作这个游戏。曾经有一段时期，游戏设计师只要向发行商展示几幅铅笔草图和几页纸的描述就可以拿下发行合同。但如今不太可能出现这种情况了——提前准备好一个可玩的原型是必需的。甚至只有原型也远远不够，你还要证明你对游戏的方方面面都已经考虑周全，包括目标市场和如何运营。你可以通过详尽的设计文档来提供这些信息（没人会读几十页的设计文档，但他们真的会通过页数来评判你的认真程度），或者更好的选择是配合原型做一次演讲，详细说明为什么你的游戏可以大卖。使人相信游戏好玩还不够，你还要做好功课来证明你的游戏不仅好玩，而且别人会付钱来玩。

## 建议3：条理分明

> 组织和条理并不是你的负担，反而会让你更自由。
>
> ——阿尔顿·布朗

人们常常有"搞创意的人做事缺乏条理"这样的错误观念。组织性和条理性是向别人展示你认真敬业的很好的方式。平时做事越是井井有条，把任何有用的东西都按照秩序放在触手可及的地方，在关键时刻才能更加冷静和掌握局势。发行商会认为条理分明的游戏设计师有着较低的风险，这将让他们更容易信任你。

所以请确保你的展示事先做好了周密的计划。如果你准备了纸质的印刷材料，请确保材料清晰易读，而且每个人都能拿到一份。如果你的演示需要计算机、投影仪或者（此处可能倒吸一口气）网络连接，请在开始之前确保它们都能正常工作——自己带好配套的线缆，提前很长时间到场测试以留出足够的时间应对问题。我曾经为了一次很重要的会谈和别人约好了日期，但我们都忘记约定时间了！结果在会面前一天我像疯了一样尝试各种方法联系对方，确认我们的会谈是否还有效，以及应该定在什么时间。整件事让人倍感压力而且十分尴尬，而这些情况本是可以通过更好的计划来避免的。

## 建议 4：充满激情

让我难以置信的是，我见到的很多展示者都对他们正在推销的游戏抱有一种矛盾的态度。我们都希望推销的对象能够对游戏想法感到兴奋——要做到这一点，首先要对自己的游戏充满激情！不要试图假装这种情绪，人们可以一眼识破虚假的情绪。如果你从内心深处对自己的游戏想法感到十分兴奋，迫切要把它变为现实的话，你在言谈举止中就能够把这种情绪传达给听众。在展示中，激情不仅是激动，更包含不惜一切代价制作出一个优质游戏的动力和承诺。如果要让投资者信任你并认可你的游戏想法，以至于拿出真金白银来实现它的话，就必须让他们看清楚这种决心和承诺。

## 建议 5：站在听众的角度

在前面几章我介绍了聆听你的用户和听众意见的重要性——面向客户的展示是另一个需要聆听技能的场合。有太多人相信推销的成功完全取决于推销者的技巧——只要我们步步紧逼，他们总会买下。但没人愿意接待一个咄咄逼人的推销员。我们希望遇到的是能聆听我们需求并解决问题的人。而你对客户的展示就需要达到这个目的。如果有可能，在展示会议开始之前就和你的听众接触，尽可能了解他们，尤其是确定你即将展示的游戏将是他们需要的，否则，还是不要浪费大家的时间了。

尽管你对要展示的游戏了如指掌，但千万别忘了你的听众从来没有见过和了解过你的游戏，所以一定要用一种他们很容易理解的方式介绍你的想法——尽可能避免使用专业术语。向不了解你的游戏的家人和朋友做展示练习，确保你的语言和材料都能够被人理解。

还有一点需要注意，你的听众可能已经看过上百次类似的游戏展示了，而且他们马上还要参加下一场。不要浪费任何时间，从第一分钟就直奔主题。如果他们对你在讲的某个概念点感到厌烦了，那么马上跳到下一个。如果他们需要了解更多信息，那么他们会直接提问。

另外一种站在客户角度思考的方式是：假设他们爱上了你的游戏想法，下面会发生什么？大多数情况下你还没办法拿到合同，你推销的对象很可能要把你的想法向他的同事或上级再做一次推销。你能够让他们也成功说服别人吗？下面就是一些帮助你的游戏的"粉丝"武装自己，好让他们说服更多人的建议：

- 开门见山地说明游戏的平台、受众、类型。新手游戏设计师经常想利用悬念调动听众情绪，直到演讲经过半程才揭开游戏的完整面纱。千万不要这么做。直接把游戏的概念、类型和市场定位在一开始就告诉他们。如果你保留这些信息，那么他们将一直被这些问题所困扰，导致听不进你精心准备的其他描述。这些商务人士总是想用最短时间搞清楚一个想法是否值得引起他们的兴趣。

- 不要用游戏的故事开头。我相信你有一个很精彩的故事。但你知道吗，很多糟糕的游戏都有一个不错的故事，而很多伟大的游戏故事都是鬼扯。与其向他们讲述你精心设计的史诗般的 Nurl 大陆的背景故事，还不如拿出 83 号透镜"幻想"，告诉他们你的游戏满足了人们的哪种幻想。

- 为你的概念加上"标签"。也就是用简短上口的词语来概括你的想法："保龄球和 RPG 的组合！""适合成年人玩的口袋妖怪！""像任天狗一样玩的动物园养成游戏！"这样的标签能够让他们更容易理解你的游戏概念，也让他们很容易向其他人解释。

- 展示代替讲述。如果你的游戏已经可以玩了，那么你可以在会谈中实机演示，或者更好的方法是展示一段游戏内容的精彩视频剪辑。如果游戏处在开发早期阶段，不具备这样的条件，那么至少制作一组包括概念图的幻灯片，帮助别人想象游戏玩起来是什么样子的。图像比语言更有力，更容易让人理解你大脑中的想法。

- 让听众更容易向其他人推销。你几乎不可能遇到推销对象完全独立决策的情况。通常最好的情况是他们喜欢你展示出来的东西，然后他们要说服自己的同事和上级这是一个好的想法。请为他们制作推销的材料，这样即使你不在下次推销的现场自卖自夸，他们也能用这些材料吸引其他人的注意。为他们准备关键的概念图、短视频，还有一看就能明白的要点清单，尽量让他们不费力气就能做出清晰有力的展示。

## 建议6：设计你的推销

推销本身也是一种体验。为什么不像设计你的游戏一样花费心思来设计你的推销展示呢？本书提到的很多透镜都能在这方面帮助你。你的展示应该很容易理解、充满惊喜、有着科学的兴趣曲线（包括钩子、铺设、紧张、释放、高潮各个阶段）。还应该有良好的美术设计，尽可能多用图片代替文字。你的展示应该优雅和富有逻辑，焦点集中在游戏最独特的地方，为什么它能够从竞争中脱颖而出，为什么它是最适合推销对象的投资。如果有可能，你的展示应该让人眼花缭乱。留意那些能让你通过表演技巧给人留下深刻印象的方法。丰富的动画细节、出人意料的音效、幽默的图片、实体道具，还有你能想到的任何让人记住这场展示的方法。甚至你选择的场地也能创造机会：有一次我要向正在纽约出差的发行商推销一个关于木乃伊的游戏。我事先做了安排，设法获得了在大都会艺术博物馆埃及展区做展示的机会。展示的概念配合周围真实的僵尸和墓穴，让发行商目眩神迷，而我们也最终获得了这个项目。就算没有这些机会，你也可以精心准备你的PPT材料来配合你的表演和口才，让整个概念活灵活现、引人注目。他们会相信，如果你有了足够的资源，游戏会做得更好。

你应该事先一步一步按照顺序构思好展示过程中会发生的所有事情。是否会有其他团队成员在场？你是否会向听众介绍他们？什么时候应该拿出原型做实机展示？如果你觉得"过度计划"会毁掉展示的灵性，就大错特错了。在有计划的情况下，你每时每刻都有偏离计划进行发挥的自由，而且准备好详细的计划能够让大脑的思考集中在如何让演示变得更精彩，而不需要担心你会忘记什么重要的东西。

## 建议7：熟悉所有细节

在展示中你一定会被人提问。资深且繁忙的发行商不会等到最后才提问——他们会打断你精心计划的演示，就他们认为更重要的事情提问。你需要在手边准备尽可能多的数据和信息，包括下面这些：

- 设计细节。你必须对你的设计了如指掌。对于并非由你亲手设计的部分，你至少要有自洽的理解。你要自信满满地回答这样的问题："游戏时间总共有多长？""完成一关需要多久？""多人游戏通过什么形式进行？"

- 时间表细节。你需要了解制作这个游戏一共需要多久，以及你的团队完成每个重要里程碑（设计文档完成、首个可玩原型、封闭测试、邀请测试、公开测试、正式发售、发售后更新周期等）需要的大概时间。确保这些时间真实可靠，否则他们会很快对你失去信心。准备好回答这些问题："你们最快能够用多少时间完成？"他们会记住你的答案，而且用这些答案里的时间来要求你的团队。

- 财务细节。你应该了解完成游戏制作需要的成本，包括制作团队需要多少人、每个人工作多少时间，以及其他预算。还要准备好回答："这个游戏能有多少销售额？"你可以参考其他类似游戏的市场和销售数据，不要随便给出一个武断的数字——用最好和最差情况估计一个范围。一定要确保最低销售额能够让投资人赚到钱，否则后面的事情都不用谈了。

- 风险控制。你将面对"什么是项目最大的风险"这个问题。你必须准确简洁地回答，再加上你将如何针对每一个技术、玩法、美术、市场、财务、法律等方面的风险进行控制的计划。

你还需要为展示对象可能感兴趣的问题做好准备。这里有一个关于工程师乔·罗德的传说，有一次他在为迪士尼动物王国主题公园做最后的推销展示，他面对的正是当时迪士尼的 CEO 迈克尔·艾斯纳。艾斯纳一直对于这个主题公园是不是一个好主意摇摆不定，而乔正试图抓住最后的机会解释这座公园的意义。在乔的展示之后，艾斯纳说："不好意思……我还是不理解活的动物有什么可让人兴奋的。"乔马上离开了会议室，不一会儿，他回来了，牵着一只孟加拉虎进了门！"看看，"他宣布，"这就是为什么活生生的动物让人感到兴奋！"动物王国项目就这样获得了资金。当你能够预料到别人的问题，并准备好完美的答案时，你将具有神一般的说服力。

## 建议 8：信心满满

我们知道了激情的重要性，而信心同样需要被重视。信心的表现方式和前者不同。信心体现在你确信你的游戏正是客户所需要的，而且你的团队是实现它的最佳人选。这意味着当你面对难以回答的问题时决不能动摇；意味着掌握所有的信息和细节。如果你看起来很紧张，则会让听众觉得你自己都不相信自己的话。当你展示令人惊叹的东西时，你应该表现得好像这没什么大不了的。如果你和团队成员一起做展示，那么应该以团队合作的方式回答问题，而且应该表现得对队友能够给出最佳答案抱有完全的信心。

当你的信心面临困难问题的挑战时，我送你一个万能的回答："绝对没问题。"面对像"你觉得这个在欧洲会大卖吗？""服务器能够承担这样的负载吗？"还有"你能把这个做成全年龄段的吗？"这样的问题，你可能想回答"可以"或者"应该没问题"，但我保证"绝对没问题"听起来好一百倍。当然你要事先为这样的答案想好更多细节作为支撑。

另一个关于握手的细节：在你确定你能够带着自信握手之前，应该多多特意练习。握手是潜意识的秘密语言，是人们（尤其男人）用来评估个性的隐藏系统。你的语言可能听起来很有自信，但如果你握手的方式表达出另外的内容，则会使人们不能轻易相信你说的话。不管怎么说，如果你无法和客户就一次快速的手掌接触和捏握之间达成某种程度的和谐，那么又怎么让别人对于你们接下来的关系有足够的信心呢？

如果你确实没有感觉信心满满，那么怎么办呢？万一你每次在一群人面前讲话就会紧张到死呢？最好的办法是在大脑中回想一个你百分之百确定自己有着极大信心的场合，将你置身于那个场合能让你回忆起充满信心的感觉是怎样的，从而帮助自己相信你能成为那个冷静的掌控局面的人。

## 建议 9：灵活应对

在展示过程中，你会面对各种难题。你面对的客户可能会突然表示出他对你陈述的概念的厌烦——你还有其他的主意吗？你还可能会在准备了一小时展示的情况下被告知"我只有 20 分钟"。你必须学会冷静和自信地应对这些状况。游戏设计师理查德·加菲曾经讲过他如何向发行商推销 *RoboRally* 的故事（*RoboRally* 是一个设计非常精妙的关于机器人从制造它们的工厂中脱逃的桌面游戏）。加菲对自己设计的这个游戏很有感情，整个展示充满了各种细节。一直耐心坐着听完的发行商代表最后说："对不起，我们不能采用这个点子，它（棋盘）太大了。我们需要小巧方便携带的游戏。你有小一点儿的游戏想法吗？"如果换了别人，这时可能会直接摔门而出，感觉自己受到了羞辱，但加菲始终保持着冷静客观的心态，他的目标是让他的游戏能够发行，而不一定必须是这个游戏。他对发行商说他还有另一个创新的卡牌游戏，也许下次他可以展示那个游戏。第二次他面对同样的发行商展示的游戏最终变成了席卷世界的《万智牌》系列。

## 建议 10：事先预演

事先计划好你的展示当然是一件好事，但更好的选择是按照计划进行预演。越是能够心情放松地谈论你的游戏，你的展示会变得越自然。寻找一切机会进行练习，比如当你的妈妈问"对了，最近你在忙什么？"的时候，趁机把准备好的内容向她讲出来。同样，你可以对你的同事、你的理发师甚至你的狗做演讲。你不需要记忆演讲中的具体词汇，但是一个接一个的观点必须按照正确的逻辑和顺序从你口中流畅地说出，就像你最爱唱的歌一样。

如果你要演示游戏的试玩，请事先排练。尽量避免在你操作游戏的同时进行演讲，这会让你的精神不集中，从而浪费宝贵的演讲时间。请你的同事操作游戏，这样你可以专心地介绍游戏或者回答问题。除非他们都超级感兴趣，否则不要邀请高管们试玩你的原型。他们不熟悉原型，所以陷入尴尬局面或者干脆玩到崩溃让大家都下不来台的危险是真实存在的。

## 建议 11：让他们成为创作者

在第 30 章，我们听过了米开朗琪罗让客户参与创意工作的机智故事。其实你没必要做得那么不留痕迹。在理想情况下，你想让他们听完你的推销离开房间时把游戏当作他们自己的作品。事先在要推销的群体中找到一个代言人很有用——就是那个已经被你的概念征服并会在自己同伴面前为这个游戏辩护的人。另一种让客户"拥有"项目的方法，是将客户在展示过程中提出的主意融合到整个概念中。如果在你上次会面时他们说："这是一个战争游戏，对吗？里面会出现直升机吗？我超爱直升机！"你就应该确保下次你的展示中一定会出现直升机。你甚至可以现场记住他们提问时带出的概念（"能不能加上巨型老鼠怪？"），在此后的说明中故意使用这个概念（"假设你进入一个房间，里面都是巨型老鼠……"）。你越是让他们容易想象游戏是他们自己的创意，就越能让他们接受你的游戏提案。

## 建议 12：跟进

在你做完推销之后，他们会感谢你的努力并保证他们会再联系你。当然他们可能会主动联系你，但也很可能不会。对方不主动联系你并不意味着不喜欢你的产品。可能是很感兴趣，但有其他要事而未能抽空联系你。推销完之后几天，你应该找个借口写邮件（"你上次问过关于贴图管理器的细节问题，我现在可以给出确定答复"）跟进一下，以此暗示对方尚未给出反馈意见。但不要去逼问一个明确的答复，如果你这么做了，那么很可能会马上得到一个"算了吧，谢谢"的答案。他们可能需要更多的时间去考虑、内部讨论，或者评估其他竞争对手的提案。你只需要每隔一段时间跟进（不要太频繁），直到你得到他们主动说出的答复。就算他们不回复，也不要气馁，要有耐心，要理解别人的处境。可能对你的想法来说最合适的时机还没有来到。很有可能在你对一个发行商做完展示的半年以后，对方才说："嘿，你能联系我太好了，还记得上次你展示的游戏吗？我们想和你约个时间聊聊，下周可以吗？"

## 要不要尝试Kickstarter

啊——众筹，听起来像完美的解决方案！如果你可以直接向最终用户推销游戏，并让他们在游戏做出来之前就付钱，那么为什么还要费尽心思对高管们推销呢？有些游戏设计师用这种方式筹集了百万美元的资金，为什么你不去试试？毫无疑问 Kickstarter 和各色同类产品对某些游戏设计师来说是奇迹般的存在，但大多数尝试众筹的游戏设计师都失败了。为什么？他们中的很多人没有遵从前述的推销建议——所有关于直奔主题、周密组织的计划、发挥想象力、用画面代替文字，以及让观众出乎意料的原则，在推销视频中也同样重要。而且关于众筹有很多人们不了解的秘密。

- **工作量很大**。筹划和运作一场众筹活动需要做巨量的工作。你应该留出一个月的时间来设计和制作活动的页面和视频，花一个月的时间推广你的活动，再花一个月的时间为付钱的客户实践你的承诺（邮寄 T 恤衫、在游戏中加入定制的内容等）。这样算起来你要额外花 2 到 3 个月的时间，这些时间本可以用来制作你的游戏，而且你还可能无法达到筹资的目标。

- **众筹其实是预购**。众筹不是投资系统，也不是慈善系统。大部分人会选择付费支持某个项目是因为他们迫不及待地要得到某个特别的东西，还要在所有其他人之前，还要享受预售折扣。这对于某些项目，比如创新的次时代游戏手柄来说很合适。但如果你要众筹你的免费氪金 iOS 游戏，就做好无人问津的准备吧。苹果（在本书截稿时）没有任何发行测试版游戏的方式，而且如果游戏本来就是免费的，那么为什么别人要花 25 美元在某个他们不确定是否喜欢的东西上？众筹最适合硬件创新方面的产品，或者原本售价在 20 美元以上的游戏。

- **尽可能降低筹资目标**。你可能认为筹资目标定得越高，越能够激励社区投入更多。但实际情况远非如此，在 KickStarter 上，如果你不能达到你的筹资目标，那么你将一无所获。将最低筹资目标设定为你能够运作项目所需的最低值，如果你的筹资活动很成功，那么自然会获得更多资金。

- **期限越短越好**。60 天的进账听起来总比 30 天的要多吧？但大多数情况下并非如此。多数筹资活动发现他们的资金大部分来自第一周（来自决心最强烈、最坚定的支持者）和最后一周（来自喜欢最后一分钟再做决定的人）。不管这两周之前相隔两周还是另外 6 周，对最终结果的影响都不大。但是你的活动持续时间越长，就要花费越多的时间在活动运作上，而且时间很长的筹资活动容易让"最后一分钟派"的人们忘记截止日期。

- 承诺尽量简单的回报。记住，这只是一种预售。大部分人只希望以一个折扣价格最早玩到你的游戏。T 恤和其他纪念品有一定吸引力但不会对你的筹资结果有太大影响，而且邮寄这些东西很费时间。最后，回报品种类太多也会让潜在支持者疲于选择。

- 画面代替文字。大部分成功的众筹视频能够将体现游戏特色的部分用游戏画面动态地展示出来，而且不会透露太多。为什么？因为众筹就是预售，给他们看一个优秀游戏的一些精彩展示，人们就会激起购买欲望。相反，如果巴啦巴啦地花 5 分钟讲述你将做一个多么伟大的游戏会很快让观众离开。

- 全力推动传播。尽你所能把你众筹活动的消息传播出去。通过 twitter 尽可能多地发布项目进展情况，制定每一步的里程碑："嘿，我们快要完成 10%了，你就是那个帮助我们达成第一个里程碑的人！"向任何有影响力的朋友求助，让他们帮忙扩散。不要以为你可以躺在沙发上看着活动自己生长，你必须花每一分钟时间去推动它。

- 为更高的目标留出空间。更高的目标（最低目标是 4 万美元，但如果能达到 5 万美元，那么我们将增加一个蓝色激光关卡！）在病毒式传播方面有很大帮助，因为已经付款支持你的游戏的人现在有了传播消息让更多人加入的理由——如果你能让别人也来入伙，那么我已经投入的钱就有了更多的价值！

- 要有名气。血淋淋的现实是，大部分成功完成筹资目标的游戏都来自已经有很多粉丝的知名人士。如果你没有名气，那么你的游戏需要比别人更加出类拔萃，或者有一个较低的筹资目标。

长话短说，众筹对某些游戏来说有着天生的优势，但对其他游戏收效甚微。而且归根结底这也是一场无异于其他形式的推销，需要花时间和精力来做到完美。每个游戏都从一个想法开始，通过一场了不起的推销来获得资金。记住下面的透镜，不要忘了在设计游戏的同时设计好你的推销和展示。

## 108 号透镜：推销

为了确保你的推销尽可能好，问自己以下问题：

- 为什么要向这位客户推销这个游戏？
- 你认为什么才是"一场成功的推销"？
- 你能够为你推销的对象实现哪些目标或带来哪些好处？
- 你推销的对象需要了解关于你的游戏的哪些信息？
- 如果你的推销对象是某位高管，那么对他来说最重要的事是你的游戏是否可以赚钱，能赚多少钱。这是我们下一章要讨论的内容。

插画：内森·马祖尔

# 拓展阅读

《我讨厌你的游戏 Pitch 的 30 大原因》，作者为布莱恩·厄普顿。布莱恩听了很多年推销，他的这份烦人清单值得注意。[链接 14]

《怎样向一个混球解释你的游戏》，作者为汤姆·弗朗西斯。这个简短的展示包括很多出色的建议，并且一针见血地指出关键问题所在。[链接 15]

# 第32章
# 设计师和客户都希望
# 游戏能够盈利

图 32.1

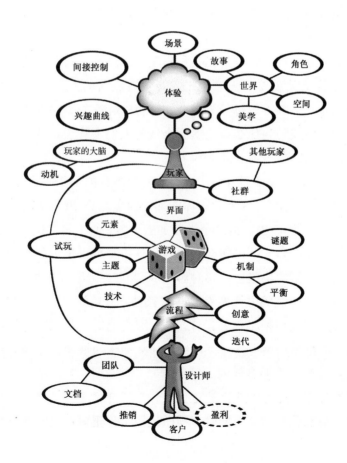

# 爱与金钱

现在我们要面对另一个痛苦的真相了。

我知道你是出于对游戏的热爱才来做游戏设计工作的。如果游戏设计师不是能够赚钱的职业，你也会在业余时间继续作为爱好来设计游戏。"业余"这个词的本义就是"有爱的人"。

但从另一个角度来说，金钱是能够推动游戏工业存活和发展的燃料。

如果制作和发行游戏不能赚钱，那么整个行业就会枯萎凋零直至灭亡。

在游戏行业的真实世界中，有很多这样的人：如果他们今天得知做开罐器会比留在游戏行业每年增加百分之二的收入，那么他们会毫不犹豫地转行，而且对自己的选择非常自豪。

或许你会蔑视这些人，至少在某种程度上。但这样的态度是否客观呢？利润对于行业来说至关重要——谁能比掌握金钱流向的人更适合掌管这个行业呢？我的意思是，你并不想每天为融资、销售、财务之类的事情发愁吧？你真正想做的是设计游戏，为什么不让追逐金钱的人们去管理金钱，让设计师管理设计，这样每个人都能开心，不是吗？

很遗憾，事情没有这么简单。还记得前两章提到的"形式服从于资金"吗？金钱管理者做出的决定（"这个游戏你能拿到的预算是 20 万美元，而不是你想要的 45 万美元"；"我们决定给这个游戏加上内购，而不是订阅付费模式"；"你必须在游戏里加入广告！"）可能会给游戏设计带来翻天覆地的影响。反过来也一样，游戏设计方面的决策也能够对游戏的利润产生极大的冲击。设计师和管理层手里都以一种奇怪的方式握着能够掌管对方命运的提线。正因为如此，金钱管理者才会很积极地插手你的设计工作，因为他们害怕你不了解设计对盈利能力的冲击。如果你们两方产生了冲突，那么你认为谁能占上风？请记住一个不变的真理：规则由掌握金钱的人制定。

由于这个原因，熟悉游戏商业运作对你来说非常重要，这样你才能和掌握金钱的人进行有意义的讨论。同时这样做还能给你更多的创意方面的把控，因为如果你能清楚地解释为什么你最看重的特性能够为游戏带来更多的收入，而且对方能够理解的话，你就有更好的机会让游戏朝你认为最优秀的方向发展。

说到这里你可能会想："我连最基本的商业知识都不懂，这些财务方面的会把我绕晕。"但作为游戏设计师，你一定已经了解了不少心理学的知识，而每个商业上的决策其实都是基于人们心理学考虑的赌博。你并不需要掌握所有的财务细节，你只需要熟悉游戏商业的运作，并且以此为基础思考和组织你的语言。这些知识毫无疑问会比学习概率学要容易，而你似乎对概率学掌握得也不错嘛。我敢肯定你曾经遇到某个持有 MBA 文凭的人，而他看起来并没有想象中聪明。如果那个资质平平的人都能理解这些知识，那么你也一定可以。另外，挣钱的方法和玩游戏是很相似的，如果你能从这个角度来看待这个问题，思考和学习商业知识也可以变得很有趣。

这一章并不会过多讨论游戏商业运作的细节，很多书会专门讨论这个问题。我们要讨论的是，如何掌握足够的知识使你能够和掌管金钱流向的人进行有意义的会谈和讨论。

## 了解你的商业模式

> 挣钱是一门艺术，工作也是一门艺术，而良好的商业模式是最好的艺术。
>
> ——安迪·沃霍尔

### 零售

要了解任何商业的模式，请跟踪金钱的去向。如果你能够理解钱从哪儿来、去了哪里和为什么的问题，你就已经理解了商业。例如，一名消费者购买了标价 50 美元的一个游戏，图 32.2 显示了这 50 美元最终的去向。

图 32.2

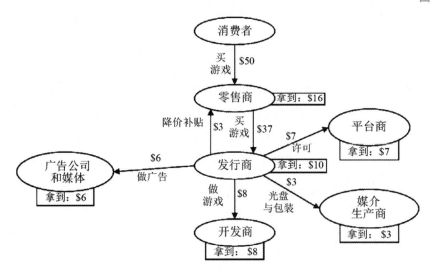

看这个图可能会产生下面的疑问。

Q：平台商是什么？

A：制造和运营某个特定游戏主机的公司（如索尼、任天堂、微软）。他们很可能在贩卖主机时不会获得任何利润（有时还会亏本，以低于成本价的价格贩卖！）他们通过向游戏发行商对每个公开发售的游戏收取"税费"的方式来挣钱。

Q：为什么零售商要拿走这么多？

A：零售商看起来很贪心对不对？但其实不是你想象的那样，通常零售行业都不会有很高的利润，他们还要挖空心思在各种地方节约成本才能赚钱。在繁华地区开店和运营的费用本身就很高了。

Q：为什么发行商要拿走这么多？

A：你要知道他们发行游戏时需要承担的工作就不会感到奇怪了！他们需要在图中出现的各个公司之间协调和斡旋，为每份合同讨价还价，如果游戏表现糟糕，那么他们是唯一会赔钱的人。相比之下，不管游戏好坏，开发商已经拿到了开发阶段的薪水；零售商会根据协议要求发行商回购积压的游戏盘。开发商分成中的很大一部分是用来覆盖赔钱的游戏发行成本的"保险"。

Q：什么是降价补贴？

A：不管什么游戏最终都会降价销售。零售商会基于合同要求发行商在游戏降价销售时弥补一部分降价损失。平均下来每降价销售一份游戏，发行商要补贴给零售商大概3美元。

要知道，这些数字只是行业平均水平。对每个游戏来说会根据情况不同而有大量不同的细节表现。但是通过这个图，我们已经可以理解玩家手上的50美元大部分都流向了和游戏开发完全无关的公司手上。你可以想象，在今天开发者发现可以直接把做好的游戏贩卖给最终用户时有多激动。直销模式一定是玩家和开发者双赢的局面，不是吗？消费者可以花更少的钱玩游戏，而开发商得到的分成更高！那么我们就来分析一下这个模式。

## 直接下载

来吧，这才是更理想的商业模式！简单直接的销售模式去掉了在传统零售模式中占大头的发行商、零售商和平台商，对了，出局的还包括光碟制造商。这个模式也是目前Steam和苹果App Store正在使用的，非常简洁。消费者支付一笔很低的费用，比如10美元，而开发商可以拿到70%的销售收入。听起来很美，不过……

图32.3

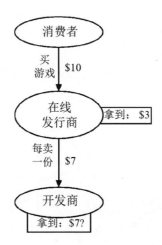

Q：开发商分到的7美元旁边为什么有个问号？

A：好吧，这是因为该图假设开发商在市场和广告方面没有花一分钱。有时候的确如此，但通常总会有一笔钱被投入在用户的获取上。在传统模式中，这部分工作完全是发行商的职责，但如果你自己发行游戏，就要想办法解决这个问题了。回过头来看图 32.2，发行商花在获取每个消费者身上的费用平均高达 6 美元；如果开发商用同样的成本来获取用户，那么游戏的每次售出只会留给开发商 1 美元！尝试决定要在获取用户方面花费多少成本是自发行模式的最大挑战，因为在用户获取上的投入往往没有保证一定能获得预想的回报，你需要仔细计算和权衡以免入不敷出。

## 免费游戏

在直接下载游戏出现后不久，开始有越来越多的游戏降价，我们稍后会说明原因。最终，大部分下载游戏的价格都一路降到了零，因为开发商发现只有免费游戏才能获得最多的用户。之后他们可以在玩家迫切需要游戏里的某些东西时再进行收费。从某个层面来说，这个模式对玩家很有好处（他们可以免费尝试玩游戏来决定自己是否喜欢），但试玩免费游戏的玩家也常常感到设计师故意引诱玩家进入各种不得不付钱的处境。讽刺的是，玩家的感觉完全正确！要么爱它，要么恨它，但免费游戏（F2P）就是这个样子的。而且很多这样做的游戏都取得了成功，获得了百万美元级的收入。我们来看看免费模式的图（图 32.4）。

图 32.4

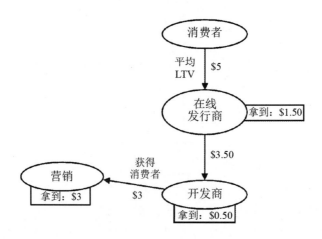

Q：什么是平均 LTV？

A：LTV 代表每个用户的价值，也就是平均每个游戏玩家在游戏运营期间总共会在游戏中花多少钱。对于 F2P 游戏来说，大部分玩家永远都不会付费，但有一小部分玩家会花费很多钱。所有玩家总共的花费，平均到每个玩家头上就得到了 LTV 值。不同游戏的 LTV 值有很大区别，图中的 5 美元只是一个武断的数值。

Q：什么是用户获取成本？

A：这是我们衡量每个下载并进入游戏的新玩家需要付出的平均成本。同样，这里的 3 美元也只是一个参考值，如果你的游戏有很强的传播能力，那么这个成本会大大降低，对于其他类型的游戏可能要付出更多。

Q：5 毛钱的利润？我岂不是需要很多用户才能赚钱！

A：是的，你发现问题了。如果你的游戏开发成本是 50 万美元（对免费手游来说是正常的开发成本），你需要有一百万名用户才能达到收支平衡。这就是为什么提高 LTV 和降低用户获取成本在免费游戏模式中如此重要的原因。

我敢肯定你现在一定还有很多像这样的问题——跟踪金钱的流向自然会产生问题，然后我们就会从探究答案的过程中学习商业模式的运作方式。除了前面介绍的，还有其他商业模式，比如订阅模式、桌面游戏、广告游戏、与实体玩具联动的游戏，等等。每个商业模式的特性决定了使用这些模式的游戏应该具备的属性，这也就是为什么你，一名游戏设计师，要认真学习商业模式。其实这并不难，当你面对一个全新的商业模式感到困惑时，你只需要问一个掌管金钱的人："嗨，你能告诉我这个模式里的钱是怎么流动的吗？"很快你就知道要通过哪些问题获得答案了。

## 了解你的竞争对手

在你公开发行你的游戏时，这些游戏并不会直接到达消费者手里。游戏需要在成百上千的其他游戏中杀出一条血路，才能吸引潜在玩家的目光。了解你的游戏面对哪些竞争对手会有很大帮助。你的游戏是市面上唯一一个饲养僵尸宠物的农场经营游戏，还是几十个同类游戏中的一个？你的游戏和其他同类竞争对手比起来画面够好吗？你的开发成本和制作水准是顶尖级别的，还是低成本靠特色取胜？你的游戏最好能够填补一项市场细分的空白——人们真心想要但市场还没提供的产品类型。如果你能够向投资方出示你对市场上所有同类型但缺少某个关键特效的游戏的"市场空白分析"，那么会让投资方对你抱有更大的信心。

# 了解你的受众

让我们回溯到第 9 章，我们讨论了了解游戏受众群体对于制作一个优秀游戏的重要性。但你需要了解的不仅是你的受众群体如何玩游戏，还要知道他们会怎样消费。怎样的定价对他们来说是"值得"的？他们是否喜欢免费游戏？高昂的定价是让他们立刻对游戏失去兴趣，还是被他们当作游戏价值的证明？具有什么样特色的游戏会让他们下决心购买？你对于这些问题的答案会在很大程度上塑造游戏的方方面面，所以你必须做好充分的准备。你在这里需要发挥设计师的力量来获得投资方无法拥有的见解。和金钱打交道的人眼里只有图和表格，如果你能透视玩家的内心，并且创造一种他们可以接受的新价格模型，你就能够对游戏的盈利能力做出比无数财务分析师更大的贡献。

让我们拿《龙与地下城在线版》做例子，设计师最初设想了一个订阅式的游戏，但游戏开发过程中这种商业模式已经日渐式微，所以他们决定转换到免费游戏模式。很多玩家对免费的冒险游戏并不感冒——玩家感觉所有的成就都是作弊获得的。这样的游戏就像在说："嗨，打不过那条龙对吧？不要紧，只要花 5 美元就可以获得这柄魔力战斧，然后你就攻无不克了！"然后你像一个胆小鬼一样付了钱，拿到了极品装备，杀死了那条龙。好像并没有胜利的感觉？其实《龙与地下城在线版》的设计师是这样做的：他们并没有向你兜售武器；他们向你兜售冒险内容。这样的模式听起来就不太一样了："你想不想去龙穴探险？花费 5 美元就可以开启这个冒险地图！"然后你会付钱开启这个地图，然后在无数次克服万难的尝试之后，终于消灭了巨龙。猜猜你在巨龙留下的财宝堆中发现了什么？就是一把本可以拿去出售的魔力战斧。在两种模式的游戏中，你都会花费 5 美元，最终得到一个威力无比的武器，但在其中一个模式的游戏中你感觉自己在作弊，而在另一个里感觉自己是一个英雄。两种设计的区别就在于是否理解了玩家的心理状态。

一个考量的重要标准是你制作的游戏是"硬核"还是"休闲"类型。老实说，现在已经很难在两种类型之间画出一条清晰的界线了，有时人们会用休闲的心态去玩《黑暗之魂》这样的游戏，每次只是尝试性地投入 1 小时看看是否能取得进展；另一些人则会每周花费 80 小时来非常"硬核"地玩 *FarmVille*（《开心农场》的同类产品）。我们所说的"硬核"和"休闲"的概念取决于用户本身是否自认为是"游戏玩家"。如果他们这样自称，那么他们一般都愿意花费金钱来获得更多他们非常需要的游戏内容。如果他们对游戏没有特别的追求，那么不代表他们不经常玩游戏，他们可能每周只会玩几次《愤怒的小鸟》和《地铁跑酷》，只是为了消磨无聊的时间。那么最重要的区别在哪儿？他们愿意为更好的游戏内容花费多少钱。可能世界上每出现一个硬核玩家，都会对应一百个休闲玩家，但硬核玩家愿意为他们喜爱的游戏花费更多的钱。这两种市场都是合理的，但追逐两种市场的方式截然不同。休闲用户市场在世界范围内有着十亿级的市场规模，听起来很有吸引力。但休闲用户的注意力很难被吸引，除非你足够幸运可以一下子变成流行风尚（就像 *Flappy Bird* 一样）。另一方面的硬核玩家，对于精工细作并且有一定深度的内容非常推崇。为他们开发游戏可能需要花费更多成本，但他们也愿意为这样的游戏花费更多。不管你如何选择，关键点都是搞清楚谁会更喜欢你的游戏，他们愿意为这样的游戏付出多少钱，为什么。

## 了解财务语言

每种商业模式都有自己专门的行话，用来描述游戏如何盈利。如果你希望投资和财务人员与你平等交流，就要学会用他们的语言来描述游戏。如果你能够和他们用同一种语言交流，他们就会愿意在会议桌上为你留出一个位置。如果你能够比他们说得更好，那么你会发现他们将更容易认同你的设计决策。下面是你需要掌握的概念。

## 一般游戏商务术语

SKU：发音为"skew"，代表"库存单位"。意思是一个商店中库存的独特商品标识。一个游戏可能具有很多 SKU，在不同主机平台上发售的游戏和同一主机的不同语言版本（比如 *Halo*3 的法语版）都有自己专属的 SKU。发行商会通过一年推出多少个 SKU 来评价自己的业绩。

COGS：这里不是机器上的齿轮的意思。COGS 代表 cost of goods sold，也就是每卖出一份游戏软件所需要的研发成本。

Burn rate（资金消耗率）：每月需要花费多少成本来维持你的研发团队运作？包括薪资、福利、房租等。

Sold in（出货）vs sold through（消费者购买）：当零售商从发行商那里购买游戏时，我们称之为游戏"出货"。当消费者从零售商那里买走游戏时，我们称之为"消费者购买"。由于发行商要从零售商那里回购卖不掉的拷贝，"出货"和"消费者购买"的数字可能差别很大。如果一个发行商吹嘘他刚刚发售一周的一个游戏已经有了 150 万的"销量"，那么你可以问"出货还是消费者购买？"来捅破牛皮。毕竟最后只有实际到消费者手里的销售量才是关键。

Units sold（销售量）：零售和下载游戏最重要的指标，这个概念就是指有多少份游戏被购买（下载）了。当推销一个新游戏时，大家都想判断最终销量能达到多少——通常都会和同类已发售游戏的销量做类比。

Breakeven（收支平衡点）：游戏销量要达到多少，发行商才能收回成本？比如，如果一个游戏需要 40 万美元的资金来研发和做市场推广，而每卖出一份可以获得 5 美元收入，那么这个游戏的收支平衡点就是 8 万份。低于这个数字发行商就会赔钱，高于这个数字的都是利润。

## 免费游戏商务术语

Churn（流失率）：你的游戏每个月会流失多少用户？理想情况下这个数字是零。流失率越高，你的留存就越差，然后大家就会问"我们要怎样留住用户？"

Cost of acquisition（用户获取成本）：用户下载和启动你的游戏需要花费的平均成本。

DAU：每日活跃用户。在过去的 24 小时里有多少人玩过你的游戏？这是免费游戏最容易理解的数据，很显然这个数字越大越好。人们都会非常关注 DAU 的表现。

MAU：每月活跃用户。有多少用户在之前一个月内玩过你的游戏？等等，这个数字难道不是 DAU×30 吗？当然不是，如果每天都是同一批人在玩你的游戏，那么游戏的 MAU 和 DAU 将完全一样。如果流失率很高，那么 MAU 将大大高于 DAU，我们能够从 MAU/DAU 的比值中看出很多问题。

ARPU：平均每用户价值。人们经常会用每月的用户付费量来衡量用户价值。换句话说，计算出之前三十天游戏的所有收入，然后除以 MAU，这样就得到了游戏的 ARPU 值。

ARPPU：平均付费用户价值。也就是从所有付费玩游戏的用户中算出平均每个用户付费的值。和 ARPU 类似，这个值通常也是按每月计算的。由于只考虑付费用户，所以 ARPPU 值会比 ARPU 值高出很多。

LTV：终身用户价值。从开始下载你的游戏，到删除游戏再也不玩，你能从一名用户身上获得多少收入？这个数字不太容易计算，但也是非常重要的指标，因为这个价值代表了你在获取用户时可以放心投入的成本。如果用户终身价值是 5 美元，那么在用户获取上投入 4 美元就是可以接受的成本，因为最终你会在每个获取的用户身上赚到 1 美元。但如果用户终身用户价值是 3 美元，那么投入 4 美元获得一个用户就很愚蠢了。

K-factor：K 指数，也被称为病毒传播指数。这是一个从病毒式营销体系中借鉴来的术语，而营销人员又是从医药学领域学到的这个词。简单地说：每个已有用户会带来多少个新用户？如果你的游戏病毒传播能力很强，每个人都会拉朋友来玩，那么 K 指数就会很高。K 指数也是非常重要的运营指标，因为在这个值较高的情况下用户获取成本就会大幅降低。

Whale：鲸鱼，也就是中国大陆俗称的"大 R"。这个词汇虽有"大"字但不含褒义，指的是会在免费游戏中一掷千金的重量级玩家。有的人为了取得游戏里的高排名和宝物，会在游戏里花费几百甚至几千美元。免费游戏的设计师非常重视"鲸鱼"，因为他们的消费组成了游戏收入的支柱。一项研究表明，很多游戏中有 50%的收入来自数量不足 0.15%的用户。如果你的游戏也是这样的，而你又发现了能让"鲸鱼"花费双倍的设计，那么你就要中大奖了。

除了上述这些，当然还有很多其他的术语，这里只是举一些必须了解的例子。你读过之后就会发现这些专有语言并不复杂难懂。如果你能够熟练掌握，碰到不懂的也能勇敢地发问，那么投资和财务人员会开始尊重你，因为他们发现你重视那些他们认为最重要的事情。这些事情确实非常重要，没有这些运营指标，游戏设计将不能成为一项工作，而只会是业余爱好。

## 了解销量榜单

试试完成这个任务：做一个列表，列出去年你最感兴趣的平台、你认为最赚钱的游戏的前十名。在你做完这个列表后，上网去查一下实际销售数据，看看和你的列表相比差别有多大。如果你猜中了前十名的大部分，那么恭喜你，你很有天赋！如果列表和实际相差甚远，那么你应该思考为什么会有这样的偏差。是你忽略了那些电影改编的游戏的巨大市场号召力吗？是你忘记了免费游戏的巨大吸金能力？你觉得《口袋妖怪》这种老古董不会再上榜了吗？你是不是觉得你喜欢的游戏也会被其他多数人喜欢？我敢向你保证任何一个听你推销游戏的投资方都能张口说出去年销量前十名的游戏。为什么？因为游戏业是追求爆款的行业。发行商通过取得巨大成功的游戏赚取巨额利润，因此他们会仔细研究每个销量巨大的游戏，试图了解是什么因素让它们如此成功。

如果你想理解发行商的思维模式，那么你也需要研究销量之王。有一家公司叫作 Electronic Entertainment Design and Research（电子娱乐设计和研究，[链接 16]），他们将游戏分析上升到了一个新的高度，能够将游戏特性一项一项拆分开，然后经过复杂的数学分析得出具体哪个特性对销售数据的贡献最大。比如多人游戏是否重要？通关所需游戏时间是否重要？这样开发者和发行商就可以参考这些数据开发接下来的游戏产品。

　　不管你怎么做，找到正确的方式了解同类市场中大卖的游戏，并且理解它们为什么取得这样的成功，这将帮助你建立和投资方的共识。如果你能够对某个特别的游戏设计造成销量成功的现象有独到的见解，那么我可以保证投资方会对你接下来要说的话洗耳恭听。

## 壁垒的重要性

也许多少年后在某个地方，

我将轻声叹息将往事回顾：

一片树林里分出两条路——

而我选择了人迹更少的一条，

从此决定了我一生的道路。

——罗伯特·弗罗斯特

　　当直接下载的游戏市场面世，从此发行商不再是"必需品"的时候，无数独立游戏开发者欣喜若狂，认为小人物们终于获得了一次重大胜利。确实，现在的游戏市场上完全会出现小开发商凭借创意以小博大的情况。比如在最初的iOS市场上很多开发者发现他们可以将自制的游戏定价到 6.99 美元，而且能够获得足够维持舒适生活的收入。很快，全世界都发现了这个金矿，而数以千计的游戏被一批又一批地生产出来。游戏的价格很快开始下跌：4.99 美元成为新的标准，然后是 3.99 美元，2.99 美元，1.99 美元，0.99 美元，最后，免费游戏成为首选的价格标准。讽刺的是，在一个标准售价是免费的游戏市场里，游戏制作者只有获得百万级的下载量和用户量，才有机会获得像样的收入，而在竞争激烈的市场环境下，百万级的下载量意味着市场推广经费的大量投入，所以到最后，能在这种市场玩得转的还是大的游戏发行商。现在将你的游戏推向商店已经不再是困难的挑战了，现在的挑战是在成千上万的竞争者中间脱颖而出。这个现实让每个在这些市场中开发游戏的人必须仔细思考市场推广方面的问题。像这样的供大于求的买方市场通常被称作"红海"市场，描绘了一张大鱼吃小鱼，水中尽是一片血红的残酷景象。那么要如何生存呢？或者成为海中最大的鱼，或者另外找寻一片"蓝海"。

　　"蓝海"就是指竞争对手相对较少的市场。有时在新兴的市场中常常出现蓝海的情况，另一些则是依靠各种"壁垒"阻止其他人进来。如果你能进入这些市场，就可以充分利用竞争对手少的优势了。在成书的时候，iOS 市场已经是一个 90%的游戏都在赔钱的丧心病狂的红海了。对比赌博游戏机产业，由于政府管制、标准特殊的硬件、特别的技能要求、特殊随机算法等因素，iOS 市场是电子游戏产业中最难进入的一块市场。但这个市场中 90%的游戏都会赚钱，只有 10%的游戏赔钱。壁垒对于利润率有决定性的作用，所以如果你能利用壁垒来占领市场，请一定不要犹豫。壁垒有很多不同的形式，下面介绍一些：

- 技术壁垒。包括为了制作创新游戏所研发的特殊算法、新的产品外观，或者新的满足前所未有的多人游戏方式的服务器技术。很多游戏通过解决困难的技术问题，从而获得了他人无法复制的成功。

- 硬件壁垒。如果你创造了一种新的硬件平台，那么最好是申请过专利保护的，这样其他软件开发者就很难在短时间内追赶上你的步伐。当 *Skylanders* 面世的时候，大家都同意这是一个非常好的创意，但很少有公司能够用足够的技术力生产出有竞争力的同类产品。

- 专业领域壁垒。也许你对儿童早期社交情感学习领域非常在行，而进一步发现有一个切实的游戏市场可以帮助儿童培养这方面的能力。其他在这个领域认知和经验无法达到你的水平的开发者将很难和你竞争。

- 销售和市场壁垒：我曾经建立过一个专门卖消防员训练游戏的公司，很快我们就发现市场要求我们建立一支庞大的销售团队来一个辖区一个辖区地推销产品。其他训练公司早已有了遍布各辖区的销售队伍，既然我们无法承担昂贵的团队建设费用，那么我们只能转移到其他业务领域。如果你在某个领域有特殊的销售关系（或者你能够找到具有这样资源的合伙人），那么可以认真考虑利用这个优势来开发软件和游戏。

- 想象力壁垒。任何人都有足够的技术来开发《我的世界》，技术上这真的不是一个很复杂的游戏。但只有一个人发现并制作了这样一个游戏，用一次性的下载收费的商业模式就可以取得成功。

● 关系壁垒。有些游戏需要很特别的合作伙伴，也许是电影或其他知名产品的授权。如果授权方只会和他们信任的人合作，那么这就是一个阻止其他人参与竞争的巨大壁垒。

● 不确定性壁垒。总有惊人创意的新平台在不断地发布，有时大部分人都会激动地第一时间参与进去。其他时候，开发者会很犹豫。当微软的 Kinect 公布时，大部分开发者都对它是否能取得成功持怀疑态度。但有一小部分人跨越了这道不确定性障碍，为这个新硬件开发游戏，进行了一场赌博。当游戏销售数字达到难以置信的高度时，他们满意地收获了作为第一批登陆新平台的游戏的分红。

大部分人在看到壁垒时都会选择绕开。比起开拓进取，他们更容易满足于随波逐流。但随大流的策略也意味着随时和许多人竞争。很多成功的开发者都发现选择较少人走的路确实能够帮他们取得非常不同的结果。

## 109 号透镜：利益

利益激发着整个游戏行业的活力。为了提高你的游戏的盈利能力，问自己以下问题：

● 我的游戏的商业模式中钱从哪儿来、往哪儿去？为什么？

插画：尼克·丹尼尔

● 我将需要多少成本来生产、推广、分销、运营这个游戏？为什么？

● 这个游戏可以获得多少销售收入？为什么我会这么觉得？

● 这个游戏所在市场的进入壁垒是什么？

在下一章中，我们会讨论比金钱更重要的东西。

## 拓展阅读

《职业中的玩家》，作者为摩根·拉姆齐。一座游戏行业商业实例宝库。

《免费游戏工具箱》，作者为罗布·费伊和尼吉拉斯·洛弗尔。最好的免费游戏设计师实战建议收集。

《剥削好莱坞》，作者为罗杰·科曼。科曼用令人难以置信的方法创造了廉价又迷人的电影大军，而游戏设计师可以从这些故事中获得很多有益的启发。

# 第33章

# 游戏改变玩家

图 33.1

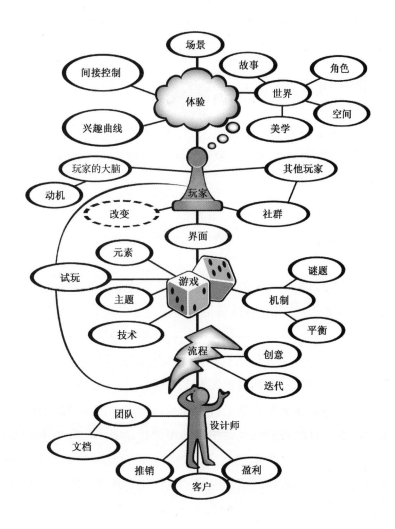

# 游戏怎么改变我们

关于游戏对人们大脑的长期影响的话题有很多不同的观点。有些人认为游戏并没有持久的影响，只是作为一种短期的干扰和刺激。另一些人认定游戏是危险的，能够煽动玩家心中的暴力倾向，并且会造成上瘾并毁掉他们的生活。还有一些人相信游戏有着得天独厚的教育能力，能够作为 21 世纪教育的基石。

游戏如何改变我们并不是一个可以轻易回答的问题，因为游戏出现后的社会变迁十分复杂，有一些好的变化，也有一些糟糕的变化。

# 游戏有益于玩家吗

游戏天生就能靠丰富的乐趣吸引人们，只有那些有着极端哲学倾向的人才会认定所有玩的行为都是有害的。我可以列举游戏的一些积极影响属性。

## 情感维护

游戏是人们用来维护和控制情绪/情感状态的诸多行为之一。人们玩游戏的目的可能是：

- 发泄怒火和沮丧情绪。游戏，尤其是涉及很多身体接触的球类运动（足球、篮球等），或者有着快节奏战斗的电子游戏，可以成为人们排泄有害情绪的灵药，而且在游戏世界的框架内没有人会受到伤害。
- 振作自己。当一个人情绪低落的时候，异想天开又有滑稽场面的游戏（如《脑力大作战》《马里奥派对》）就是一种很适合放松的方式，它们能够让你把烦恼丢到九霄云外，记得自己的生活还可以过得很有趣。
- 重建视点。有时我们被生活中的琐事困扰，陷在一些小事中无法自拔。这时玩游戏能让我们脱离现实世界，有机会从较远的地方看待真实世界中的麻烦，当我们回归的时候，就能够更加客观冷静地处理问题了。
- 建立信心。在经历一系列现实生活的失败后，很容易让人觉得自己什么事都干不好，接下去就会演变成对生活中的一切都失去控制。玩玩那些通过你的行为和选择能够带来成功结果的游戏，能够让你了解一切尽在掌握的感觉，帮助你提醒自己能够通过自己的行为掌握命运。

- 放松。有时我们就是无法摆脱自己的担忧心情，因为压力很大或者麻烦事的数量很多。游戏强迫我们的大脑与麻烦事彻底断开，让我们暂时逃离这些压力，得到非常重要的"情绪的休息"。

当然我们也得承认为了这些理由努力玩游戏会有很大副作用——假如游戏像真实生活一样令人沮丧。通常游戏能够较好地完成提供前文所述的任务，作为我们控制调节情绪的工具。

## 连接彼此

和其他人在社交生活中保持联系并不是一件容易做到的事。我们每个人常常疲于应付自己生活中的麻烦，而其他人也很难理解或在意这些问题。游戏能够作为一座"社交桥梁"，给我们理由来和其他人互动，让我们看到其他人在面对各种情况时如何应对，提供对话的谈资，展示我们之间的共同点，并且创造一同分享回忆的时刻。这些因素的组合让游戏成为帮助我们与生活中对我们重要的人之间建立和维持联系的出色工具。

## 练习

游戏，尤其是体育运动，是敦促我们经常参加体育锻炼的理由和动力。最近的研究表明，大脑的运动对健康有很大的促进作用，尤其是对中老年人来说。电子游戏"解决问题"的特性让它成为一种应用灵活的体力和脑力锻炼形式。电子科技产品变得越来越小和易于携带，人们会在如何使用它们来加强锻炼的领域持续取得突破。

## 教育

> 我总有一个梦想，有一天学习会变成像孩子们的玩耍和娱乐一样的形式。
>
> ——约翰·洛克，1692

有些人坚持认为教育是严肃的事情，而游戏不是；因此游戏无法成为教育的一种形式。但通过对教育系统的仔细研究表明，它确确实实符合游戏的特征！学生（玩家）首先收到一系列的作业（任务目标），他们必须在截止时间之前上交作业（完成任务）。之后每个人会得到打分和反馈（游戏得分和评价），而每一次作业（挑战）都比上一次更难，直到学期结束。每个人都要面对期末测试（最终 boss），他们只有掌握了这学期所有作业里的内容才能够通过测试（打败 boss）。最终测试结果出色的学生会被列在荣誉榜上（排行榜）。

那么为什么感觉教育和游戏一点儿都不像呢？本书的透镜非常清楚地揭示了原因：传统教育方法非常缺少"惊喜""投射""乐趣""社区"及有效的"兴趣曲线"这些元素。马歇尔·麦克卢汉说："任何认为教育和娱乐是完全不同的东西的人，其实并不了解其中任何一个。"其实并不是学习这件事本身没有乐趣，而是很多教育实践并没有经过好的设计。

那么为什么教育类的电子游戏没有能够在教室中得到更多的位置？可能有以下几方面的原因：

- **时间限制**。玩游戏可能会花费较长的时间，或者用时跨度较大，很多有教育意义的游戏由于耗时太长，并不适合每节课有固定时间的课堂。
- **进度不同**。游戏很擅长的事情之一就是允许玩家按照自己的进度来推进。在学校里，老师通常会保持大家的学习进度基本一致，才能同时对多数同学进行授课。
- **1965**。1965 年以前生人在长大过程中没有电子游戏可玩；因此游戏对他们来说不是一种熟悉的东西。直到最近几年，教育系统仍然是由 1965 年之前出生的人掌控的（高中校长的平均年龄是 49 岁）。
- **优秀的教育类游戏的开发难度很高**。创造一个能够向学生传达完整的、经过检验的、可以评估效果的课程，同时还要能吸引学生来玩是很困难的。而一般一个学期的学习过程中包括 20 多门必须覆盖到的不同课程。

抛开这些难题，游戏可以成为出色的教育工具，但目前还只适合作为工具来使用，无法代替完整的教育系统。一个聪明的教育者会使用正确的工具完成正确的任务，那么什么是游戏适合完成的教育任务呢？让我们来看一些游戏具有优势的教育领域。

### 给大脑真正想要的东西

让传统教育变得缺少吸引力的部分原因就是它的单调性。而游戏天生就擅长让大脑保持高活跃度——这是因为游戏能给大脑真正想要的东西。来看一些例子：

- 可视化的进程。就像我们在第 14 章讨论的，可视化的进程是人类的一大动力源泉。自然地，好的教育方式必须让学生体验到可视化的进展。像升级和完成任务这些游戏中的常见进程结构就能够充分体现这一优势。

- 将抽象概念具象化。人类的大脑经常会被抽象的概念搞晕。而在处理具体事物的内容时大脑往往更加自如。这就是为什么优秀的教师通常会使用具体的例子来解释抽象原则。游戏具有可以操控自如的特性，非常适合用来把抽象的概念具象化。这就是为什么战争游戏和模拟游戏在军事教育中有着重要作用的原因——军事战略原则是抽象的概念，只有在实际战场中看到他们的演练才能让学员了解他们真正的意义。

- 完全投入。当大脑没有工作可做时，就会变得很不耐烦，而我们就会感受到焦躁和不满足的情绪。我们在大脑的一部分正在工作（比如听演讲），而另外的部分（如音乐、社交、运动知觉）还闲置的情况下，也会有同样的感受。这就是为什么课堂上的学生经常窃窃私语、敲手指、哼歌的原因——大脑的其他部分渴望活动。游戏的拿手好戏就是让大脑充分投入，占据它们的视觉、听觉、双手、思考、经常还伴随音乐和社交的行为。当大脑的每个部分都处在一种有事可做的满足感中时，就不会出现令人分神的焦躁感觉，而教育也可以更加容易地达成目的。

- 细分目标。大脑很喜欢明确的、有趣的目标，而优秀的游戏正是由一连串具体的、可以完成的、有丰富回报的任务组成的长长链条。

当大脑完全投入的时候，它会学习哪些东西？

事实

人们最初希望电子游戏能够帮忙的教育领域就是事实的学习和记忆。因为往往学习和记忆事实（比如国家首都、时区表、传染病名称）是枯燥和重复的行为。所以把这些任务和游戏中能够给予用户丰厚回报的进程系统相结合，能够激励学生了解这些相对枯燥的知识。尤其是在电子游戏中可以利用各种酷炫的图像和有意义的上下文来帮助玩家学习和掌握这些知识。

解决问题

> 结合性的玩耍是富有成效的思想中最基本的特性。
>
> ——阿尔伯特·爱因斯坦

还记得我们对游戏的定义吗？即用游戏的态度来解决问题的行为。自然而然地在解决实际问题的实践中，游戏就有很大机会发挥优势了，尤其是在一些需要学生展示通过不同技能和技术的结合来解决问题的案例中。因此很可能会发生游戏形式的模拟测试被用来代替需要学生使用多种技术的结合来应付真实环境下各种问题的期末测试，比如警察训练、救援工作、地质勘探、建筑和管理等。

抛开课堂不论，值得注意的是，我们这一代人都是玩着非常复杂的，需要很多事先计划、策略和耐心的电子游戏长大的。有一些理论认为这一代人会在解决问题的能力上比上一代人更强，当然这是不是事实还需要观察。

关系系统

游戏最擅长教授的东西，可能就是这个禅宗公案[①]：

---

① 此处引用的是禅宗公案"趯倒净瓶"。《景德传灯录》卷九："百丈是夜召师入室，嘱云：'吾化缘在此，沩山胜境汝当居之，嗣续吾宗，广度后学。'时华林闻之曰：'某甲忝居上首，佑公何得住持？'百丈云：'若能对众下得一语出格，当与住持。'即指净瓶问云：'不得唤作净瓶，汝唤作甚么？'华林云：'不可唤作木突也。'……"

百丈怀海想派一名僧人去开一座新的寺院。他对两个弟子讲，回答他的问题最出众的人，就能当住持。他将一只净瓶放在地上，问："不得唤作净瓶，汝唤作甚么？"

首座和尚华林回答："不能叫它木屐。"

煮饭的和尚沩山一脚把瓶子踢翻，然后走了出去。

百丈怀海笑着说："首座和尚输了。"之后沩山就成为新寺院的住持。

首座和尚很清楚语言不能说明净瓶究竟是什么，所以只能发挥急智说它不是什么。而沩山和尚平日里的训练都是最有实用价值的技艺——煮饭。他知道很多事情用言语是说不清的，只能用实际演示来理解。

而互动演示正是游戏和模拟软件的长处。教育研究学者经常引用米勒的学习金字塔模型（图33.2）。

图33.2

在这个模型中，有能力做事情是知识的顶峰，而基于游戏的学习则几乎完全是为这个目的而生的。

课堂、阅读和视频都有着过于线性化的弱点，线性的媒介在表达复杂关系的系统时会有比较大的困难。理解复杂关系的系统的唯一方式就是通过"玩"来得到系统中各个元素如何关联的整体感觉。

适合通过游戏或模拟来了解的关系系统包括：

- 人体循环系统。
- 大城市的交通模式。
- 核反应堆。
- 细胞的工作原理。
- 濒危物种的生态系统。
- 地球大气加热和冷却系统。

仅了解这些知识的人和实际玩过这些系统的模拟游戏的人对目标系统的理解有着巨大的差距，因为这些模拟游戏的玩家不只是了解了知识，还实际体验了系统的运行。而体验系统运行的方式中，最有效的莫过于测试系统的极限，将模拟系统的参数推向极端直到系统崩溃。交通拥堵到什么程度，才会让通勤的时间超过上班的时间？核反应堆要缺少多少单位的水才会爆炸？什么样的气候会使极地冰帽全部融化？模拟游戏允许玩家失败，这是非常有教育意义的（而且还很有趣）——因为学习者不光看到失败的系统是什么样子的，而且还能够明白为什么会出现失败，只有这样才能充分理解为什么现有的系统可以正常工作。

一个最让我震惊的例子是 Impact Games 研发的游戏《和平使者》。这是一个模拟巴以冲突的游戏，玩家可以选择扮演以色列总理或巴勒斯坦总统，目标是让两国达成和平。当让这两个国家的公民试玩游戏时，他们最初往往抱定了只要对方国家做一些简单的努力就可以彻底解决冲突的想法。但当他们选择扮演对方国家领导人时，往往会很快发现那些看起来简单的条件并不能轻易达成，而来自国内外双方的压力使得冲突逐渐加剧，很难解决。玩家的好奇心很快就被勾了起来。起初，他们尝试找到能让双方发动全面战争的方法，排除了这种情况以后，接下来就是最大的挑战：有没有任何技术和方法能够成功地让这两个国家达成和平？

很多人反对为这种严肃的题材建立模拟系统，因为很难科学完美地模拟这样的复杂情况。万一有人在模拟系统中发现了一个完美的解决办法，但在现实社会中却会带来灾难呢？因此，这种模拟系统通常需要一个导师能够及时指出系统和现实的矛盾并且以此作为生动的教学例子。值得注意的是，人们通常不会期待模拟系统能够 100%准确，而模拟系统中出现的漏洞反而是非常有教育性的——他们可以让玩家思考："为什么这样的情况没有出现在真实世界中？"单单这个问题就可以引发玩家关于真实世界作用机制的深刻思考。换句话说，在某些情况下，有缺陷的模拟系统反而比完美的系统更有教育意义。

### 新的领悟

在电影《土拨鼠日》中，比尔莫瑞扮演了一个自私自大的角色，被困在同一天中无限循环，直到他把事情做对为止。在同一天的无数次重复中，他尝试用不同方式和身边的人们交互，越来越理解他身边的人。这份理解给了他新的领悟，让他渐渐改变了自己的行为，直到最后他变成了会主动为别人着想的好人，才最终从 2 月 2 日中逃离出来，而他的人生也从此变得完全不同。

模拟系统重要的组成意义之一就是玩家会获得新的领悟，他们能够以前所未有的视角看待这些系统。而游戏非常善于创造能够带来新领悟的视点变化，因为游戏能够创造新的、规则不同的现实，在那里玩家要扮演和自己完全不同的其他人。游戏的这种力量刚刚开始被人们重视而用于改善人们的生活。人们常说低收入家庭里长大的孩子往往没有很高的职业理想，因为他们无法想象那种生活。如果游戏能够帮助他们幻想成功，并且向他们展示如何取得成功呢？如果游戏能帮助人们了解如何从虐待的关系中逃脱，如何戒酒，或者如何做好一个志愿者呢？也许我们可以从此开始了解游戏改变生活的巨大力量。

### 好奇心

　　无聊的解药是好奇心，而好奇心是没有解药的。

——多萝西·帕克

拥有好奇心的学生会比他的同学有更大的优势，因为拥有好奇心的学生更愿意自学，而且主动学到的东西会记得更牢。从某种意义上说，好奇心让你自己掌握学习，而这样学到的东西才能真正为自己所用。最近互联网的爆炸式发展更是将自学的优势放大了无数倍。现在一个拥有好奇心的学生可以自学他们感兴趣的任何课题，而且可以尽情深入——现在人类所知的关于某个课题的所有信息都是点几下鼠标就可以获得的。我们可能很快就会使用"好奇心差距"来定义能够快速自学的人和其他对新知不感兴趣的人的差距，而且这种差距将是非常巨大的。而在接下来的几十年中，一个拥有好奇心的大脑可能是人类最大的财富。

出乎意料的是，我们对于好奇心的作用机制所知甚少。这是我们生下来就带有的特质？还是后天可以培养的能力？如果好奇心能够被教授、培养、强化，那么它是不是以后教育学的重点研究目标？现在回想一下第 4 章，我们对玩的定义是"能够满足好奇心的操控"。那么将我们的教育系统向着基于玩的模型转化是否能够让孩子们更加容易做好在 21 世纪取得成功的准备呢？

### 创造教育实例

知识无法直接像将咖啡倒进杯子一样向人脑中灌输。要学习知识，首先大脑要处在一个准备好的状态，这个状态要求特定种类的知识被大脑认为是"非常有用的"，而且大脑在饥饿地准备获取、吸收、立刻使用和永久保存这种知识。好的教师擅长描绘场景和提出实际问题，并将学生的大脑置于这种"做好准备学习"的状态。带有各种实际场景和待解决问题的游戏，可以作为一种帮助教师创造这样教育实例的出色工具。

# 塑造性游戏

教育类的游戏并不是唯一"有益"的游戏，游戏可以帮助我们练习、连接他人或者改变我们的习惯。为了概括这些更广泛的有益功能，有些人开始使用"严肃游戏"的概念来将其和其他娱乐性质的游戏作区分。我个人不是很满意这个用词，首先这样的定义对娱乐是一种冒犯（娱乐也是一种正当的活动），而且它暗示游戏的目的是"严肃"的，所以玩家在游戏中追求乐趣的行为将不被鼓励。我更倾向于使用"塑造性游戏"（transformational games）这个词，因为它不仅包括更多有益游戏的类别，而且道明了这些游戏的主要目的——改变玩家。近几年我做了很多关于塑造性游戏的研究，而且参与了很多这类游戏的开发。在这个过程中我积累了不少关于制作这类游戏的经验，下面让我们来看看其中的一些。

## 塑造性建议 1：定义你的改变

我使用"塑造性游戏"这个定义的主要原因可能就是为了提醒所有人创造游戏的目标：改变玩家。如果这是我们的目标，那么我们要如何改变他们呢？设计师常常会将他们的目标描述成"我的游戏教玩家数学"或"我的游戏让人们锻炼"。但这些描述是非常模糊的断言，无法表示玩家将通过游戏获得哪些改变，这些改变将如何发生。可以考虑这样描述来提高准确性："我的游戏通过向玩家介绍因式分解的概念，并且练习将数字分解为基本的因式来帮助他们熟悉因式分解过程"或者"我的游戏通过每天设立小的、可达成的挑战目标来帮助玩家培养每天锻炼的习惯"。要创造成功且有意义的改变，你必须非常明确地表明改变的内容，以及你的游戏具体将如何培养这种改变。事实上这是我们的老朋友 14 号透镜"问题描述"。当然，要创造成功的塑造性游戏，你必须对于如何开启这种改变有一个扎实的解决方案，但在明确地提出目标的改变和要求之前，是不可能先去找解决方案的。

## 塑造性建议 2：找到领域专家

你可能会想："我不可能制作一个教消防员防范和处理化学品泄漏的游戏，因为自己也不知道这种情况要如何处理！"当然你可能不了解改变的内容，你可以通过读书看报自学一点儿，但最好的办法还是找到那些将一生都奉献给掌握有关内容的各种细节并可以将知识传达给任何人的专家。他们通常都会对能够把他们的专业知识在一个全新的维度展现感到兴奋，而且会确保你将每个细节都还原到位。这样的专家可以分成两类，一类是对知识和技术极其精通，另一类是非常擅长教授这些知识和技术。如果你能够同时和两类专家合作，而且通过他们了解哪些知识更重要，那么你将有很大的机会制作一个出色的塑造性游戏。

## 塑造性建议 3：教师们需要什么

经常有塑造性和教育性游戏的设计师认为他们的目标是创造可以代替教

师的学习体验。过去有一阵子这样的游戏和应用非常流行，有时确实人们想学习知识却缺少有经验的教师指导。但塑造性游戏真正的意义应该在于可以被教师用来帮助他们更好地改变学生——如果真是这样的，那么为什么还要试图取代教师？这样的目的只会让优秀的教师感觉受到了侮辱，而且说真的，你的小小游戏怎么能代替别人一生的教育经验和知识？我们更应该设法了解如何让游戏变成教师的工具和好帮手。当然要实现这个目标，你需要跟教师深入交谈，了解他们面临的问题和困难（问题描述！），你的游戏将如何提供帮助。就像我们之前讨论的，教师常常在寻找能够创造教育实例的更好方法。相比代替教师，为什么不把教师当作《龙与地下城》里的"城主"，在各种主题设置下引导学生实际解决一系列困难的问题和挑战呢？这样你能够充分利用教师的智慧和经验，还会获得他们的感激，因为你创造了能够放大他们能力的工具，还能帮助他们达到将学生变得更好的目标。我相信在每个学生和教师都持有一台联网的平板电脑后，我们在塑造性游戏的作用方面能够看到非常巨大的变化。到那个时候，教师在多人联网模拟游戏中指导学生的经验会非常有用，而这些变化会深远地影响整个教育界。

## 塑造性建议 4：不要试图做太多

设立想取代整个课程的全能型塑造性游戏的目标是非常有诱惑力的。但通常如果你这么做了，那么只会得到一个各方面都做得不怎么样的产品。更好的方法是从一项关键的变化点入手，将它做到最好。如果这项变化卓有成效而且受到大家的欢迎，那么他们自然会要求更多的变化功能，接下来你就知道下一步要怎么走了。大部分非常有效的塑造性游戏（例如，《和平使者》《龙盒子 Plus》《僵尸除法》和《请出示证件》）都会专注于一类变化，通过将此类变化出色完成而取得巨大成功。

## 塑造性建议 5：合理地评估变化

创造塑造性游戏的最大挑战之一，就是获知目标的变化是否真实发生了。事实上大部分塑造性游戏都是实验性的，直到游戏完成之前都很难得知它是否对玩家造成所预期的影响。我总结了 5 个层面的评估项，严格程度越来越高。

1. 感觉大概有用。这是评估能得到的最低标准，设计师和玩家就目标的变化"感觉上"达成了一致看法。当然这个评价比"感觉没用"要好多了，但还是缺乏证据。

2. 故事趣闻。当你听某人说他的朋友玩了你的游戏并发现了有益的变化时，就可以归为这一类。故事趣闻可以起到振奋人心的作用，而且在推销中可以时不时拿出来讲讲，但仍然不能作为有效的证据。

3. 领域专家的认同。如果你和高等级的领域专家协作，那么他们的认同能够很好地证明游戏的有效性。这仍然不能作为对改变有实际效果的证据，但至少能够有力地说明你走在正确的方向上。

4. 非正式调查和评估。在玩游戏之前和之后对玩家进行相关能力测试，可以有效地证明游戏对玩家改变的成果。

5. 科学的测试和评估。由相关领域和拥有足够统计数据的科学家组织的正式测试，能够非常确切地了解你的玩家是否按照目标经历了充分的改变，这将是你的游戏能够获得的最佳证据。

当然，有意义的科学测试是非常昂贵和耗时的。不同的情况要求不同的方法，开发一个塑造性游戏项目，最重要的就是团队所有成员都能够理解产品需要的是怎样的效果证明，让大家能够有创造性和干劲地完成项目。

## 塑造性建议 6：选择正确的游戏场所

还记得第 3 章吗？仅仅完成游戏还不够，你还需要考虑玩家会在怎样的场景中玩你的游戏，此外还要考虑不同的场景对于改变的效果有怎样的影响。他们会在教室里玩？在路上玩？在一个安静舒适的阅读角落玩？还是在工作台上玩？他们会自己玩，还是和其他人一起？他们玩游戏的时间充裕，还是只能在有限的时间里玩游戏？有没有人在旁边指导和帮助他们？关于玩家场景的各种元素：地点、方式、同伴，都会对塑造性目标达成效果造成巨大的影响。

### 塑造性建议 7：接受市场现状

我总是能够遇到怀有利用游戏实现各种各样对人的改变的美好梦想的人们。然而真相是，将优秀的塑造性游戏变成可盈利可发展的商业模式是极具挑战性的。美好积极的想法并不能帮助你达成目标——能够帮助你的是对人们是否愿意及为什么会为它付钱有着非常清醒的认识。除非解决了研发经费和销售市场的问题，否则你那惊人出色的塑造性游戏不会改变任何人。因此，在这个领域，商业智慧和经验与优秀的游戏设计能力同等重要，而且可以使一切都变得不同。

## 游戏会对人有害吗

有些人会对任何新出现的事物感到恐慌。这并非不可理解：很多新事物确实是危险的。游戏和游戏性并不是新出现的事物，它们从人类出现起就如影随形。传统意义上的游戏有其危险的一面：运动可能造成身体的损伤，赌博可能导致破产，痴迷于任何消遣活动都可能让生活失去平衡。

区别在于，这些危险也不新鲜。它们被大众所熟知，而社会积累了足够的经验和手段去应对它们。使人们（尤其是家长）感到紧张的，是突然出现并成为流行文化的新型游戏带来的潜在危险。家长总是对不熟悉却能让孩子们沉迷的事物尤为紧张。作为家长，这样的情绪可以理解，因为他们无法得心应手地在这些事物上引导孩子，也不知道应该如何保证孩子们的安全。电子游戏中最让人担忧的就是暴力元素和成瘾性。

### 暴力元素

我们已经讨论过，游戏和其他形式的叙事经常会大肆渲染暴力主题，因为它们通常都是关于矛盾和戏剧冲突的，而暴力场面是一种简单直接的渲染冲突的方式。但没有人担心国际象棋、围棋或《吃豆人》中高度抽象化的暴力行为。国际象棋游戏中的吃子并不会让人联想到真实世界中俘虏主教和王后的行为。

人们担心的是通过图形技术展示的视觉上具体的暴力。我曾经观察过一个试图判断妈妈们如何划分那些"太过暴力"游戏的焦点测试小组。"《VR 战士》还可以接受,"妈妈们说,"但《真人快打》绝对不行。"区别在哪?血浆。游戏中出现的动作并不是她们担忧的主要内容(上面两个游戏里玩家角色的行为都是尽可能准确地踢中对方的脸),而《真人快打》中随处可见横飞的血浆在《VR 战士》里是不存在的。妈妈们觉得只要没有流血,那就还只是一个游戏,是想象的、虚构的东西。但血浆让游戏突然有了让人毛骨悚然的真实感,对于受访的母亲来说,以敌人的流血作为奖励的游戏是变态且危险的。

同样有很多游戏在没有出现任何可视的血浆的情况下饱受争议。1974 年的《死亡赛车》(改编自电影《死亡赛车 2000》)是一个鼓励玩家驾车碾过街道上走来走去的小人来获得奖励的游戏。当愤怒的家长开始在本地的街机厅抗议这个游戏的出现时,发行商试图让人们相信那些被碾死的小人并不是人类,而是"地精"。但没有人买账,因为鲁莽驾驶带来的危险太真实,后果太严重。

当我们刚为迪士尼探索世界完成《加勒比海盗:布坎南财宝争霸》的首次测试时,我们都被结果惊呆了。我们邀请一组组的家庭来玩游戏,他们的反应和反馈将决定游戏是否能够正式上市。开发团队的每个人都觉得很不舒服,因为哥伦拜中学枪击案仅仅发生在一周前,而我们展示的游戏中玩家需要一遍又一遍地按下加农炮的扳机,把眼前的一切炸飞。

让我们出乎意料的是,没有测试者联想到了那个事件,所有的家庭都很享受游戏的乐趣。没有人担心游戏太过渲染暴力,哪怕我们明确地就此事在访谈中提问。用海盗的大炮击落卡通化的敌人的行为,和真实世界中出现的任何暴力都相差太远,因此不会激发人们任何的担忧。

是什么造就了标准的差别和认知的不一致?这些都来自一个简单的恐惧:玩带有真实化的暴力内容的游戏会让人们对真实世界中的暴力感到麻木不仁,或者更糟糕的是,让人们觉得真实世界中的暴力是有趣和令人愉快的。

这样的担忧是否有道理?很难说。我们知道的确有办法让人变得对血浆麻木不仁:医生和护士每天都要在这样的环境下工作,还要在外科手术过程中随时做出清醒的决定。士兵和警察还要更进一步,变得对受伤和死亡都习以为常,这样他们才能在使用暴力完成任务的过程中保持冷静。上述这些麻木并不是家长担心的东西，毕竟如果玩游戏能让人成为更好的医生和执法者，那么人们也不会有太大的意见。然而人们对电子游戏中暴力的担忧，是来自电子游戏玩家和反社会的连环杀人犯之间的相似之处——他们都以杀人为乐。

问题是，包含暴力内容的游戏应该对这种反社会的麻木负责吗？或者有其他事在发生？我们讨论过，玩家玩一个游戏越多，他们就越能够穿透游戏画面的美学（我们这里将暴力图像也看作一种审美选择）并将他们的思想完全集中在游戏机制构成的"解决问题"的世界中。即使玩家在游戏中的化身即将展开一场大规模的杀戮，玩家本人考虑的并不是发泄怒火和谋杀，而是如何磨炼技术、解决难题、完成任务目标。喜欢暴力主题游戏的玩家超过数百万人，但很少听说玩家想复制游戏中的暴力到现实生活中的故事。正常人非常善于区分幻想世界和真实世界。除了那些在玩游戏之前就有不正常暴力倾向的人，我们中的大部分人都能够区分：游戏只是游戏。

但人们担忧的不仅是成人玩家，他们担心还没有完全建立世界观的儿童和青少年。他们能够安全地区分暴力游戏内容和现实吗？研究表明，对于某些类型的游戏他们能够区分。杰拉德·琼斯在他的著作《杀死怪物》中，提出了一定程度的暴力游戏内容不仅是自然的，而且对于身心健康成长有必要的作用。当然可以肯定的是，有益的暴力必然是有限度的。孩子们在他们的年纪对很多图像和概念都是没有做好应付的准备的，这也是为什么游戏分级系统是绝对必要的，这样家长就可以在信息充足的情况下对孩子们玩的游戏做出选择。

那么，暴力的电子游戏是否会让我们变坏？心理学还不是一门严谨到可以给出确切答案的学科，尤其是对于这种新兴事物的研究。到目前为止，看起来我们的集体心理并未受到伤害，但作为游戏设计师，我们必须防范所有可能的危险。技术上的进步会持续地把越来越多极端类型的暴力玩法变为可能，我们很可能在没有预警的情况下突然发现自己已经跨过了某条隐形的警戒线，而设计出确实会让人们变坏的游戏玩法。我个人虽然认为这样的事不太可能发生，但认定这种可能性不存在就太过狂妄和不负责任了。

## 成瘾性

人们不信任电子游戏的另一大根源是其成瘾性，也就是由于玩游戏的时间太长，严重干扰了生活中其他重要的事情，比如学习、工作、健康和亲友的关系。这并不是单纯担心玩的太多，毕竟过量摄入任何东西（包括锻炼、花椰菜、维生素 C、氧气）都会对人的身体有害。这里的恐惧是针对人明明知道某件事情会有有害的后果，却无法停止的强迫行为。

游戏设计师确实一直在探索如何创造能够完全获得人们大脑注意力的游戏——让你玩起来就停不下来的游戏。当人们为一个新游戏兴奋不已时，他们常会这样表达赞赏："我超爱这游戏，太上瘾了！"不过即使这样说，也不意味着这个游戏会破坏他们的生活，只不过游戏让他们觉得有反复去玩的欲望。

但有的人就会过度投入时间在游戏上，以至于严重影响正常生活。当代的多人在线游戏（MMO）有着巨大的世界、半强制性的社交和跨年度的长期游戏目标，的确把很多人拉向了自我毁灭性的游戏方式。

值得指出的是，自我毁灭性的游戏方式并不是电子游戏独有的。赌博就是很多世纪前就出现的这样的活动，但赌博活动的成瘾性源自外部的奖励。抛开那些有金钱奖励的活动，在历史上也能找到人们投入过多时间在其他游戏上的案例。最常见的例子都来自大学生活。我的祖父曾给我讲过他的同学因为打太多桥牌而被迫退学的故事。斯蒂芬·金的小说《亚特兰蒂斯之心》讲述的就是一个大学生因为痴迷于纸牌游戏而退学，之后只能入伍参加越战的故事（基于真实事件）。在 20 世纪 70 年代，过度地玩《龙与地下城》桌面游戏导致很多学生成绩下降，而今天《英雄联盟》则继续扮演让学生无法控制的上瘾来源的角色。

Nicholas Yee 曾经进行过一项严密的调查研究，关于游戏中容易产生"不当使用"的元素，他发现人们进行自我毁灭性游戏活动的原因因人而异：

> MMORPG 的成瘾原因非常复杂，因为不同的玩家会被游戏的不同方面所吸引，而受吸引的程度也不尽相同，不同人还可能会受到游戏外部因素的刺激，将游戏作为一个发泄的窗口。有的时候是游戏本

身将玩家拉进来，还有的时候是真实世界的问题将玩家推进游戏中去逃避或发泄，很多时候是两者共同的作用。我们无法找到一种特定的方法来治疗 MMORPG 的游戏瘾，因为人们有太多不同的原因被游戏所吸引。如果你觉得自己对 MMORPG 上瘾了，而且你的游戏习惯正在引起真实生活中的问题；或者你亲近的某人有强烈或不健康的游戏瘾，请寻求关于成瘾性问题的职业咨询师或治疗师的帮助。

无法否认的是，对某些人来说这是一个真正难以解决的问题。问题是"游戏设计师能够改善这个问题吗？"有人认为如果游戏设计师没有创造出如此具有吸引力的游戏，就不会有电子游戏瘾的问题。但如果认为游戏设计师创造的游戏"太好玩"而认为这个职业对社会不负责，就像在说暴饮暴食的问题是那些做出了"太好吃"食物的厨师的责任一样。我承认游戏设计师应该为他们创造的游戏体验负责，因此他们也有责任构建游戏结构来鼓励一种平衡的生活。这个任务应该记在我们所有人的心头，就像游戏设计师宫本茂在给孩子们签名时经常写的："天气好的时候要去外面玩。"

# 体验

那么游戏是否能改变人呢？我们曾经花很多的时间来讨论这样一个事实：我们不是在设计游戏，而是在设计一段体验。只有体验才是能够改变人的东西，有时还是以人们完全意料不到的方式。在我们制作《卡通城在线版》时，我们开发了一套能够让玩家快速从菜单中选择短语的聊天系统。我们认为有礼貌的交流互动是卡通城里必不可少的组成部分，而且我们认为这套系统会鼓励玩家之间的互相协作，因此大部分的短语都是支持性和鼓励性的（像"谢谢！""干得好！"）。这样的系统和传统的 MMO 文化形成了鲜明的对比——通常 MMO 游戏里都充斥着垃圾话，也就是羞辱你在游戏中的对手，用语越脏越好。在 beta 测试阶段，我们收到一位玩家的抱怨邮件。他之前是一名《卡米洛特的黑暗时代》的玩家，他同时在玩我们的卡通城游戏。渐渐地他玩卡通城的时间越来越多，而让他不满的地方在于，卡通城改变了他的习惯——他越来越不会说垃圾话了，反而经常感谢他的队友。他感到有点尴尬（但同时勉强地表达了感激），因为一个为孩子们设计的简单游戏竟然这么容易就操纵了他的想法和习惯。

你可能会觉得改变某人的交流习惯并不是什么大事，但回到刚才关于暴力的问题，考虑一下，真实世界中的暴力（不是游戏和故事中的）究竟是什么？在现实世界里，暴力通常并不是达成目的的方法；反而经常是一种交流的形式——当人们无法用其他任何方式沟通时。它就像在绝望地说："我要让你尝尝我受到的伤害！"

我们才刚刚开始了解游戏将如何改变我们。我们必须更多地了解这个改变过程，因为我们了解得越多，就越能够将游戏变成超越娱乐的、能够改变人类生活状况的更有意义的工具。请用下面的透镜来记住这个重要的想法。

## 110 号透镜：塑造性

游戏创造体验，体验改变人。为了确保你的游戏的玩家变得更好，问自己以下问题：

插画：内森·马祖尔

- 我的游戏怎样让玩家变得更好？
- 我的游戏怎样让玩家变得更糟？

担心游戏将怎样改变玩家是游戏设计师的工作吗？下一章我们将讨论这个问题。

# 拓展阅读

《塑造性的框架：开发塑造性游戏的流程工具》，作者为萨布丽娜·哈斯克尔·库利巴。这是一本全面而且易于操作的最佳实践指南，可以指导我们创作优秀且有效的塑造性游戏。可以从 ETC Press 免费下载。

《破碎的现实》，作者为简·麦戈尼格尔。这本书充满了游戏将如何改变世界的灵感。

《电子游戏教给我们关于学习和文学的哪些东西》，作者为詹姆斯·保罗·吉。这本书是关于电子游戏认知力量的严肃探索。

《传统游戏在学习中的使用案例》，作者为亚历克斯·莫斯利和尼克拉·惠顿。本书从不同教育学家那里收集了很多使用非电子游戏来帮助教学的优秀案例。

《走向复杂学习的十个步骤》，作者为杰伦·J·G·范·梅里恩堡和保罗·A·克斯纳。一本系统化和面向实践的对创造有效学习材料的介绍的图书。

《数学游戏与学习：研究与理论》，作者为尼古拉·惠顿。本书很好地连接了学习的研究和塑造性游戏的现实。

# 第34章
# 设计师担负的责任

图 34.1

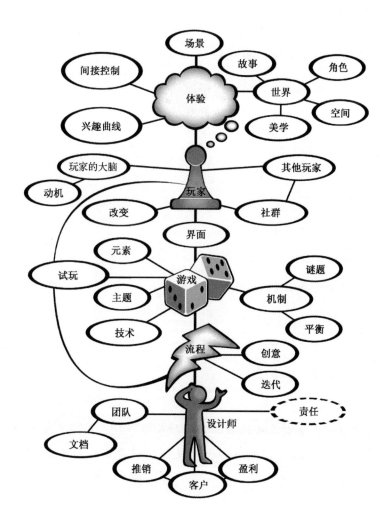

小小盒子，

小小盒子长出了牙齿，

和它小小的长度，

还有小小的宽度和盒子里小小的空间，

这就是它拥有的全部。

小小盒子越长越大了，

从前盒子放在碗柜上，

现在碗柜放在盒子里。

小小盒子越来越大，越来越大，

现在盒子里放下了整个房间，

整座房子，整个小镇，整块大陆，

还有整个世界。

小小盒子想起来童年，

在过于热切的渴望中，

它又变成了一个小小的盒子。

现在在小小盒子里面，

有一个小小的世界，

你可以把世界装进口袋，

别人也可以很容易地把它偷走，

守护好你的小小盒子。

——瓦斯科·波帕

出于对现有电视节目的痛恨我才加入这个行业。因为我认为应该有某种方式可以让这种无与伦比的设备能够更好地为想看和听节目的人提供营养。

——罗杰斯

# 默默无闻的风险

你应该了解作为一名游戏设计师，你可能无法获得普通人的尊重。如果你以游戏设计为职业，那么可能会遇到很多类似下面的对话：

朋友的朋友：你是做什么的？

你：设计电子游戏。

朋友的朋友（明显表现出局促）：噢…那么是像《侠盗猎车》那样的游戏？

这种感觉就好像作为电影人被人问道："噢……那么你是拍A片的？"

不过你无法指责这些普通人。在电子游戏的世界里有太多血腥的题材和元素，而这些往往会得到最多的报道。可以肯定的是，随着游戏变得越来越主流，这些偏见也会慢慢地改变。但即使以后作为游戏设计师不会让普通人觉得尴尬，这始终还是一个很难出名、受到普通人尊敬的职业。影视剧编剧也面临同样的问题：人们通常不在乎谁创造了他们最喜欢的东西，而作品发行方也不太愿意作者出名，因为出名意味着高身价和高成本。但我并不是在抱怨是否出名的问题，我只是想引出一个更大的危险：因为你在默默无闻的幕后工作，因此人们不会要求你为你创造的内容负责。

那么你可能会说："我的名字确实不在台前，发行商以自己的名义发行游戏，他们会非常担心由于内容问题被起诉，所以我确信他们不会让任何可能造成伤害的内容发布出去。"

但真的可以确定吗？随时都有大公司在犯错误。另外，企业没有道德方面的责任。他们当然需要遵守法律，但除此以外，他们唯一的目的就是赚钱，而道德准则不会进入考虑的范围，因为企业是没有灵魂的。银行账户，要有；法律责任，要有；灵魂和道德准则？对不起，这个没有。只有个人能够承担道德责任。你会假定游戏公司的管理人会承担道德方面的个人责任吗？也许会，但我们都知道他们更可能不会。所以唯一能够为你创造的东西承担道德责任的人，只有你。

## 负起责任

在第 33 章我们讨论了游戏可能会变得危险的几种情况。随着新技术的应用，游戏有了更多偶然造成伤害的可能。在所有游戏可能包含的危险中，最现实而且无法回避的是在线游戏的玩家有和危险的陌生人会面的潜在可能。当大部分人考虑让他们的在线游戏更"安全"时，他们所想的是确保孩子们不会看到其他人糟糕的语言文字。虽然不文明语言是需要考虑的问题，但实际上它和"安全"关系不大。实际上，在线游戏真正危险之处，是它为危险的人提供了匿名的面具，让他们可以接触到无辜的受害者。如果你正在设计一个包含陌生人实时交流的游戏，你必须为这个游戏的玩家可能遭遇的情况负责。这是你的游戏设计可能决定人们生死的极端情况。你可能会认为游戏玩家之间产生的犯罪只有百万分之一发生的概率，但如果你的游戏成功地吸引了五百万玩家，那么这样的悲剧就可能发生 5 次。

很多游戏设计师认定他们不会为游戏中发生的事情负责，所以他们将游戏交给律师来决定哪些内容是安全的。但你是否要把自己的道德责任也交给企业的律师？如果你不愿意为你制作的游戏承担个人责任，那么你就不应该制作它们。我曾经参与的一个项目的团队对此就有非常强烈的认知，我们请概念画师绘制了一幅空想的《时代》杂志封面图，展示由于缺少游戏中交流的安全机制导致一名儿童被绑架后的爆炸性新闻。我们从没把这张图透露给团队以外的人，但我们所有人都将这张图深深印在了脑海里，让我们牢记肩上负有的责任。

## 你的隐藏计划

你可能会争辩你的游戏本来就非常安全，没有任何制造伤害的可能。你可能是对的。那么考虑一下：你能否找到一种方法来让你的游戏做有益于人们的事？用某种方式改善人们的生活？如果你知道这是可能的，而选择不去这么做，那么这种行为是否和制作可能伤害别人的游戏一样坏？

不要误会，我不是在要求游戏公司担负改善全人类生活的责任，不管这么做是否会造成利润下降。游戏公司的唯一责任就是挣钱。而制作能够让人变好的游戏的责任全在你个人。我是不是在要求你说服管理层，要通过改善人类来让游戏变得更好？不是的。管理层才不会管这些，他们的工作是为企业服务，企业只在乎项目是否挣钱。

我要表达的是，如果你愿意，你可以为你的游戏设计出能够改善人们生活的功能，但你可能需要悄悄地做这份工作。基本上，如果你告诉管理层用游戏做善事对你来说有多重要，那么可能不会有太好的结果。因为如果他们知道了你的目标，那么他们会认为你的工作优先级完全乱套了。但其实你的目标并不会和公司的目标冲突，因为如果你只做了一个能够帮助人们，但完全不会有人喜欢的游戏（例如花椰菜奶昔的游戏版本），那么你并没有帮到任何人。你的游戏能够为人们服务的唯一条件是有尽可能多的人来玩。这里的关键点就在于了解你能够在你受欢迎的畅销游戏里加入什么样的内容和元素来让玩家变得更好。你认为这是不可能完成的任务——因为人们只喜欢对他们有用的东西？事实并非如此，有一件人们喜爱的胜过其他东西的事叫作被关心。如果你能设法通过你的游戏让玩家变得更好，那么他们会感受到，并且记起其他人关心他们会变成怎样的珍贵感觉。

## 一目了然中隐藏的秘密

我们为游戏可能对人们产生的影响进行这么多思考是否过于夸张了？不会的。游戏并不只是消磨时间的娱乐，游戏是创造体验的方法，而生活完全由各种体验构成。而且，游戏设计师创造的体验并不是人们每天都能经历的，这些体验让人们的各种幻想成真，并且变成他们心底一直偷偷憧憬的样子。为孩子们创造的幻想世界成为现代的神话——在他们接下来的整个生命中，这些故事中的世界都会像指南针一样伴随他们。我们创造乌托邦：一个理想的国度和社会。

只考虑现在游戏如何改变人们还不够，我们还必须考虑未来游戏如何影响人们。你正在参与制作和发明能够包括其他所有媒介的终极媒介，这种媒介能够使人们完全沉浸其中，在他们年轻时就定义了他们将如何思考和看待世界。随着我们继续发明和改进游戏这种媒介，我们在重新定义下一代人的思维方式，这可不是什么可以随便对待的小事。

请仔细考虑，有哪些人类活动不能被看作一种游戏，但享受优秀游戏设计带来的好处？

# 戒指

你仔细审视过你的小指吗？为什么它如此奇怪，比其他手指小这么多？感觉简直是一个意外，比如某种退化的附肢。但小指的存在有其独特的意义，而这个意义大多数人都不了解。你的小指引导你的手，每次你从一个平面上拾起或放下什么东西时，你的小指都会最先到达，像个小小触角一样感受着环境，接着安全地指引你的手到达所需要的位置。

1922 年，Rudyard Kipling 被多伦多大学邀请来创造一种帮助毕业的工程师记住他们社会责任的仪式。在庄严仪式的最后（直到今天这一习惯还在沿用），工程师们被授予一枚铁质戒指，戴在他们惯用手的小指上，作为他们这一生需要铭记责任的提醒。

总有一天，游戏设计师们策划出他们自己的责任铭记仪式，但你可不能等到那一天，你的责任从今天就开始，从这一时刻就开始。如果你真的相信游戏可以帮助人们，那么请接过这枚戒指。它是隐形的，就像我的一样，这样你永远不会丢掉它。如果你愿意承担作为游戏设计师的责任，那么你应该戴上这枚戒指，让它一直提醒你，让这些责任引导你的手。戴上戒指前请好好思考再做决定，因为它是摘不下来的。如果你仔细看这枚戒指，那么你能看到它上面刻着下面这个透镜。

111 号透镜：责任

为了担负起作为游戏设计师的责任，问自己以下问题：

插画：扎卡里·D·科尔

- 我的游戏能帮助别人吗？怎样做到？

# 拓展阅读

《杀死怪兽》，作者为杰拉德·琼斯。一本关于为什么涉及暴力的玩法是孩子健康发展中必要元素的引人入胜的探索图书。

《停止教孩子们杀戮》，作者为戴夫·格罗斯曼中校和格洛丽亚·德盖塔诺。这部备受争议但引人思考的作品展示了对包含暴力的媒介负面影响的极端视角。

"Fred Rogers 在众议院的证词"，这段短视频清楚地展示了认真对待媒介的力量。[链接 17]

# 第35章

# 每个设计师都有一个目标

图 35.1

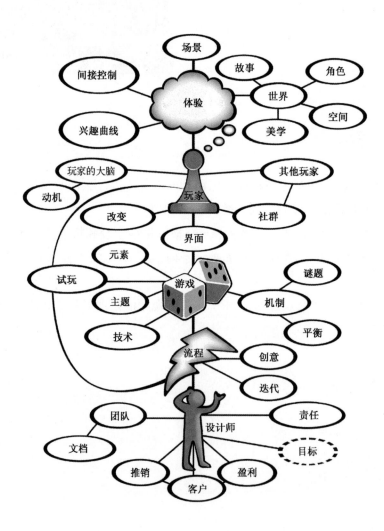

## 最深刻的主题

在本书的一开始，我们就讨论了为什么倾听是游戏设计师最重要的技能。接下来的各个章节中，我们检视了从受众用户、游戏本身、开发团队和客户那里获取各个方面信息的方法。

现在，是时候讨论最重要的一种倾听了——倾听你自己内心的声音。你可能会觉得这应该是最容易的，但我们的潜意识往往藏匿了很多秘密。我们经常会做自己也无法理解原因的事情。比如，为什么游戏设计对你来说如此重要？你能了解原因吗？也许你觉得这样的自我反思以后再做也不迟。但你不应该逃避这个问题，因为人生非常短暂。一眨眼之间，你会抬头看看自己要走的路，然后发现已经没有时间去走了。时间会摧毁和带走一切。就像爱伦坡笔下的乌鸦，它会一边对你嘲笑着"永远不再"，一边飞向窗外的夜空。你无法阻止时间，唯一的希望就是在你还有时间的时候完成对你来说最重要的事。你必须像被死神追赶一样全力奔跑，因为死神的确就在你身后。快，趁你忘记之前，赶快拿走这个透镜。

### 112 号透镜：乌鸦

为了铭记最重要的目标，问自己以下问题：

插画：汤姆·史密斯

- 现在制作的游戏值得我投入的时间吗？

那么什么才是重要的工作？怎样才能知道？这就是为什么你要学会倾听内心的声音。有些重要的目的总是隐藏在最深处，而你必须把它挖掘出来。要穿过层层麻烦和障碍来设计了不起的游戏的你，一定会有自己坚持的原因。也许你通过心灵之眼看到了你的游戏能够改变某些人的生活；也许你希望向全世界分享你曾经经历过的绝妙体验；也许你爱的人身上发生了不幸的事，而你不希望这样的事在任何人身上再发生。除了你自己，没有任何人了解这些目的，也没有人需要了解。我们说过如果贯彻某个主题，那么你的游戏能够变得更加有力量，但你是否了解你作为作者也有自己的主题？如果不知道，请尽快设法探索你的内心，因为一旦你掌握了自己的主题，就会经历创意上的重要改变：你的自觉意识和潜意识动机将首次团结一致，你的工作也将获得前所未有的激情和专注。

要找到你真正的动机，下面这个透镜可以帮助你。

## ∞号透镜：秘密目的

为了确保你在为自己唯一的、真正的目的工作，问自己下面这个重要的问题：

- 为什么我要做现在在做的事？

插画：托德·斯旺森

# 再见

图 36.1

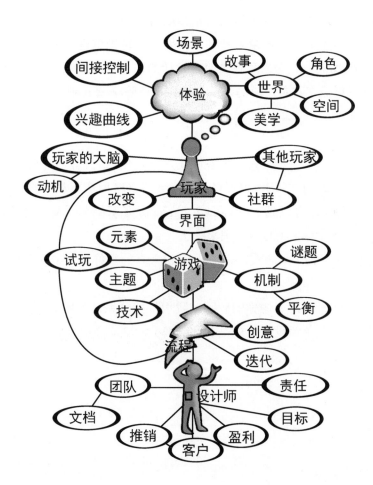

## 一切美好的事物……

> 要设立新目标，做一个新梦，你永远不会太老。
>
> ——C·S·刘易斯

天哪！看看时间！我说了这么久，都能写满一本书了。实在谢谢你顺道光临——我特别享受和你这样爱思考又有见地的人讨论这些事情。你刚才说了一个什么拼字游戏来着？如果我把"游戏设计的艺术（art of game design）"的字母打乱，可以拼成"破衣烂衫的……（ragged）"啥来着？哦，没错，特别好玩！我一定要记下来。

你带好地图了吗？戴好戒指了？全部透镜都有了？很好，很好。不，我认真的，你可以全部收下——只要你答应我，一定使用它们。你可以在 Amazon上买到一套很好用的透镜卡，也可以到安卓或者 iOS 商店下载免费的透镜（deck of lenses）应用。你可以到 artofgamedesign.com 了解细节。喜欢的话，还可以到 jesseschell.com 关注我的各种来来去去。

你要做的那个游戏，祝你好运——听起来真的很好玩！能玩的时候要告诉我哦！

再次谢谢你光临，谢谢你的倾听。我们保持联系，好吗？

说到底，我们游戏设计师就是要团结嘛。

# 致谢

这个项目持续时间已久，如今已经来到第 3 版。有许多人帮助它诞生在世上；我也知道自己一定会有些未曾提及。

Nyra 和 Emma，我的一生挚爱。她们永远鼓励着我，忍受我多年来在本该除草、洗碗、后院起火了要灭火的时候，只会目光游离，拿笔写写画画。

我母亲 Susanne Fahringer。她在我十二岁那年，不知怎地理解了《龙与地下城》是非常非常重要的东西。

我弟弟 Ben，教会我怎么玩《雷霆》——一个他四岁的时候在梦里发明的卡牌游戏。

Jeff McGinley。感谢他当年把整根冰激凌塞进嘴里，也感谢他忍受我长达三十年。

Reagan Heller，和我一起在无数餐馆、飞机、会议室里工作了无数小时，想出了在卡牌里怎样用视觉方法展现透镜，设计了卡面，并为书的各个方面进行了图形设计。

Kim Kiser 和 Dan Lin，挤出时间来设计了第 2 版封面。

Schell Games 的所有员工。感谢他们给出了宝贵的反馈，假装不在意我翘掉会议去写书。特别感谢试玩大师 Shawn Patton，为测试一章的修改贡献良多。WUBALEW 万岁！

Emma Backer，像灰姑娘一样做了所有的苦工——给卡片排版、和卡面画师纠结、修饰整理书中的插图、找到各种版权方，还有从壁炉里面搬灰。

第 1 版：Elsevier/Morgan Kaufmann 的团队。他们大度地令一个预定两年的计划持续了五年：Tim Cox、Georgia Kennedy、Beth Millett、Paul Gottehrer、Chris Simpson、Laura Lewin，以及 Kathryn Spencer。

第 2 版：Taylor & Francis 的团队，特别是 Rick Adams 和 Marsha Pronin。

他们允许本来六个月的编辑工作变成了十八个月的大修。

第 3 版：还是 Taylor & Francis 的 Rick Adams 和 Jessica Vega，以及 codeMantra 的 Sofia Buono。本来还是六个月，延宕了两年。有彩印真好！还感谢 Josh Hendryx 设计了酷炫的新橙蓝封面。

Barbara Chamberlin，给我情感支持，让我对测试理解更深，还忍耐我为了本书导致的项目一再延期。

Disney VR Studio 的各位，忍受我这么多年空谈理论。特别是 Mike Goslin、Joe Shochet、Mark Mine、David Rose、Bruce Woodside、Felipe Lara、Gary Daines、Mk Haley、Daniel Aasheim、Jan Wallace。

Katherine Isbister，在许多方面都是我的导师。因为撰写了本系列第一本书 *Better Game Characters by Design*，也在写作过程中给予我实践、技术和精神的支持。

卡耐基梅隆大学娱乐技术中心（CMU ETC）的全体教职工和同学们，万分有幸能获准教授游戏设计和建造虚拟世界两门课程，因此我才逼迫自己研究出这些。特别感谢 Don Marinelli、Randy Pausch、Brenda Harger、Ralph Vituccio、Chris Klug、Charles Palmer、Ruth Comley、Shirley Josh Yelon、Mike Christel、Scott Stevens、John Dessler、Dave Culyba、Mk Haley、Anthony Daniels、Jessica Trybus、John Wesner、Carl Rosendahl、Ji-Young Lee、Shirley Yee、Drew Davidson。尤其感谢 Drew Davidson 的详细笔记，还有第一位真正欣赏本书的 John Dessler。

Randy Pausch 值得再次感谢。因为在我以为完不成的时候，他用神奇的透镜看到我可以做到。谢谢你，Randy。